脉冲系统的分析与控制

孙继涛　张　瑜　赵寿为　著

科学出版社

北京

内 容 简 介

本书介绍了作者所在团队的部分成果. 全书共分 7 章, 内容包括: 脉冲系统的有限时间稳定性、时滞脉冲系统的稳定性、一般时间尺度上(时滞)脉冲系统的稳定性、离散脉冲系统的稳定性、具有 Markov 跳的随机脉冲系统的稳定性、脉冲系统的边值问题与周期解、脉冲系统与切换脉冲系统的可控性和可观性、复域上脉冲系统的可达性与可观性、随机脉冲系统的镇定问题、随机脉冲系统与离散脉冲系统的 H_∞ 滤波器设计问题等. 阅读本书可使读者到达一些问题的研究前沿.

本书可作为大学数学、应用数学、控制与系统科学和其他有关专业的高年级本科生、研究生、教师与有关科研人员的参考书.

图书在版编目(CIP)数据

脉冲系统的分析与控制/孙继涛, 张瑜, 赵寿为著. —北京: 科学出版社, 2013.1

ISBN 978-7-03-036329-9

Ⅰ. ①脉⋯　Ⅱ. ①孙⋯　②张⋯　③赵⋯　Ⅲ. ①脉冲系统-控制方法-高等学校-教学参考资料　Ⅳ. ①O231

中国版本图书馆 CIP 数据核字 (2013) 第 001292 号

责任编辑: 陈玉琢 / 责任校对: 钟　洋
责任印制: 徐晓晨 / 封面设计: 王　浩

科 学 出 版 社 出版
北京东黄城根北街 16 号
邮政编码: 100717
http://www.sciencep.com

北京厚诚则铭印刷科技有限公司 印刷
科学出版社发行　各地新华书店经销

*

2013 年 1 月第 一 版　　开本: B5(720×1000)
2018 年 4 月第二次印刷　　印张: 18 1/2
字数: 363 000

定价: 128.00元
(如有印装质量问题, 我社负责调换)

前　言

脉冲现象作为一种瞬时突变现象, 大量存在于现代科技、社会科学各领域的实际问题中, 其数学模型往往是脉冲微分系统, 从控制论的角度去看, 又可以利用脉冲以达到控制系统的目的, 因此, 近几十年来关于脉冲系统的分析与脉冲控制问题取得了大量的研究成果, 但亟待解决的问题也还有很多.

脉冲微分方程的理论研究始于 20 世纪 60 年代 Mil'man 和 Myshkis 的工作, Lakshmikantham 等在 1989 年出版了第一本脉冲微分系统的专著 *Theory of Impulsive Differential Equations*, Yang 在 2001 年出版了两本脉冲控制的专著 *Impulsive Systems and Control: Theory and Application* 和 *Impulsive Control Theory*.

本书介绍近年来同济大学脉冲系统与脉冲控制团队的部分创新性成果, 内容包括脉冲系统的有限时间稳定性、时滞脉冲系统的稳定性、一般时间尺度上 (时滞) 脉冲系统的稳定性、离散脉冲系统的稳定性、具有 Markov 跳的随机脉冲系统的稳定性、脉冲系统的边值问题与周期解、脉冲系统与切换脉冲系统的可控性和可观性、复域上脉冲系统的可达性与可观性、随机脉冲系统的镇定问题、随机脉冲系统与离散脉冲系统的 H_∞ 滤波器设计问题等.

本书的部分内容获 2010 年高等学校科学研究优秀成果奖自然科学奖. 研究工作获国家自然科学基金 (60474008, 60874027, 60904027, 10926114, 61203128)、上海市自然科学基金、上海市 "晨光计划"(10CG18, 12CG65) 等的资助, 其出版得到了同济大学教材、学术著作出版基金委员会的资助, 在此一并表示感谢.

由于著者学识与研究水平有限, 书中难免有疏漏和不妥之处, 敬请读者批评指正.

孙继涛　张　瑜　赵寿为

2013 年 1 月于同济大学致远楼

目　　录

第1章 绪 论

1.1 研 究 背 景

在自然界、人类社会的生产生活和科学技术领域 (如生物学、物理学、医学、经济学、金融学、控制理论等) 中, 许多动态系统具有下列特点: 在某些时刻系统的运动状态可能会发生突然改变, 并且这些突然改变所经历的时间相对于整个系统过程的运动时间而言是非常短暂的、可忽略不计的. 因而, 这种系统的运动状态发生的突然改变可以看成瞬时发生的, 也就是以脉冲的形式出现. 这种现象就称为所谓的 "脉冲" 现象, 其发生突变的瞬间称为脉冲时刻, 具有脉冲变化现象的系统称为脉冲系统. 常见的脉冲系统中, 一些具体的脉冲变化形式有: "鱼群生态系统的定时捕捞或补给" 影响各种鱼群的数量的突然改变、"电路系统中开关的断开或闭合" 会引起系统中电流的突然改变、"药剂的注射" 导致生物体内病菌数量的突然变化、"国家调控政策的实施或国内外市场环境的改变" 使得股票价格表现出的突变式的涨或跌等. 对于这类系统的研究, 如果仍然采用通常的无脉冲的微分方程来描述系统模型就不够合理, 因而利用具有脉冲作用的微分方程 (或差分方程) 来刻画其系统模型是比较理想的选择, 它能更真实地刻画和反映这些运动过程.

脉冲能引起系统状态的突然变化. 正因为如此, 在生态学、医学、经济、金融、化工、通信等各个领域的系统研究中, 脉冲有着广泛的应用. 人们根据自身的需求, 设计出脉冲控制使系统具有所期望的稳定性, 即制造合适的脉冲使之对于系统起到积极作用. 例如通过定时捕捞或补给可以控制鱼群的生态平衡, 通过某些开关的断开或闭合可以控制电路中电流的大小, 通过国家调控政策的实施使得资本市场保持积极稳定的状态等. 脉冲控制是基于脉冲微分方程的控制方法.

一般来说, 研究脉冲微分方程是以无脉冲微分方程的方法为依据, 并克服由于脉冲所引起的困难. 因此, 对于脉冲微分方程的研究无疑要比研究相应的无脉冲微分方程复杂得很多. 脉冲的作用表现在数学模型上, 就是适当的脉冲能使不稳定的系统变得稳定, 使无界的解变得有界等 "积极" 作用. 当然, 不恰当的脉冲能使稳定的系统变得不稳定, 起到相反的作用, 它符合任何事物都存在两面性的自然规律, 这也正是脉冲控制的意义和目的所在.

时滞是自然界中广泛存在的一种现象. 例如, 带式运输机中物料传输的延迟, 卫星通讯中信号传递的延迟, 网络系统中数据传送的延迟等都是典型的时滞现象. 时滞是引起系统不稳定, 导致系统产生不良性能的主要因素之一, 因此研究具有时滞的脉冲系统是十分有必要的.

在控制系统中, 状态变化的规律性的直观表现在于系统的周期解的存在性、唯一性及其稳定性等特性. 在现实生活中, 有不少非线性系统可以由周期的脉冲系统来描述. 例如, 满足一定环境条件下生物种群的捕获系统, 往复运动的机械系统等.

一般的, 系统的研究对象分为确定性现象和不确定现象 (随机现象). 确定性现象是指对所关注的对象的结果能够预先确定的现象, 随机现象则是指对所关注的对象的结果不能预先确定的现象. 它们都大量存在于自然界和人类社会当中, 因而研究随机脉冲系统是十分必要的.

Stefan Hilger 在 1988 年的一篇博士论文中开始了对一般时间尺度的理论研究, 随后该理论发展迅速. 2001 年专著 *Dynamic Equations on Time Scales: An Introduction with Applications* 的发表标志着一般时间尺度理论达到了一个高峰. 这个理论的初衷就是要统一连续和离散的情况, 以往对于这两种情况不得不分开分析. 由于一般时间尺度的统一性, 一般时间尺度上脉冲系统的稳定性研究无疑对整个学科的发展具有重要的理论价值和应用前景.

由于计算机容量的快速增长和微电子技术的不断进步, 吸引系统分析与建模工作者、控制系统设计者尽可能采用数字计算机或微处理装置解决他们希望解决的问题. 而利用计算机或微处理装置对系统进行实时控制或对系统进行模拟、分析或控制系统设计时, 必须将时间变量考虑为离散变量. 因此要将所研究的系统考虑为离散系统. 由于上述原因, 自 20 世纪 50 年代以来, 离散控制系统的理论研究与实际应用工作逐渐受到控制理论界的广泛重视, 取得了很大成就, 使离散控制系统的分析设计成为控制理论的一个重要组成部分.

随着科学技术的迅猛发展, 人们着眼的系统规模也越来越大, 随机现象越来越复杂. 以往的理论体系已难以适用于这些新的问题, 导致脉冲系统研究同时包含离散事件过程和连续变量过程的混杂动态系统的需要. 目前, 混杂系统研究给控制理论及系统工程的研究带来了新的机遇和挑战. 其中切换系统和脉冲系统是两类典型的混杂系统, 吸引着大量来自于应用数学、计算机科学、系统工程等领域的科学家的兴趣.

本书的内容安排如下:

在本书的第 1 章简要介绍一下脉冲系统研究的背景意义及一些本书中常用的记号、定义和引理.

第 2 章研究脉冲系统的稳定性.

第 2.1 节给出一般时间尺度上脉冲系统稳定性、渐近稳定性、一致 Lipschitz 稳定性的判据.

第 2.2 节介绍线性脉冲系统和线性时变奇异脉冲系统的有限时间稳定性.

第 3 章研究时滞脉冲系统的稳定性.

第 3.1 节给出时滞脉冲线性系统的一致稳定性判据, 在脉冲点状态变量与时滞有关的时滞脉冲线性系统一致稳定的判据.

第 3.2 节研究脉冲泛函微分方程的稳定性. 给出脉冲泛函微分方程严格稳定的判据, 并给出在脉冲点状态变量与时滞有关的这类方程一致稳定、渐近稳定和实用稳定的判据.

第 3.3 节研究一般时间尺度上时滞脉冲系统的稳定性. 给出一般时间尺度上时滞脉冲系统一致稳定、渐近稳定以及不稳定的判据; 并给出双测度下一般时间尺度上时滞脉冲系统一致稳定和渐近稳定的判据.

第 4 章研究脉冲系统的可控性、可观性.

第 4.1 节给出分片线性时变脉冲系统的可控性、可观性分析.

第 4.2 节介绍复数域上脉冲系统的可达性、可观性分析.

第 4.3 节研究线性和线性时变切换脉冲系统的可控性、可观性.

第 5 章研究脉冲系统的边值问题和周期解.

第 5.1 节研究一阶脉冲微分方程的非线性边值问题.

第 5.2 节研究一阶脉冲泛函微分方程的非线性边值问题.

第 5.3 节介绍脉冲控制系统的平稳振荡.

第 5.4 节给出一类变时刻单种群捕获系统的周期解.

第 6 章研究随机脉冲系统的稳定与控制问题.

第 6.1 节介绍随机脉冲开关系统的 p 阶稳定性及一类线性随机脉冲滞后系统的稳定性.

第 6.2 节研究随机脉冲系统的 H_∞ 滤波. 研究一类带脉冲效应的随机 Markovian 切换系统 H_∞ 滤波问题以及一类不确定随机脉冲系统的鲁棒 H_∞ 滤波.

第 6.3 节研究随机脉冲系统的镇定与控制问题. 具体地, (1) 讨论一类带脉冲效应和 Markovian 切换的不确定随机系统的鲁棒稳定性, 设计了线性输出反馈控制器使系统鲁棒随机稳定, 并提出了计算线性输出反馈控制器的增益的方法; (2) 研究一类带 Markovian 切换的不确定随机脉冲系统的保成本控制问题; (3) 探讨一类带脉冲效应的随机非线性系统的 H_∞ 镇定问题, 给出系统的线性状态反馈镇定控制器的设计方法; (4) 讨论一类随机非线性 Markovian 切换系统的混杂控制问题, 首先给出了系统在脉冲控制下的镇定条件, 并在脉冲控制下, 设计系统的线性输出反馈控制器.

第 7 章研究离散脉冲系统的控制问题.

第 7.1 节讨论离散脉冲线性系统的 H_∞ 滤波和 H_∞ 输出反馈镇定. 分别研究了离散线性脉冲系统的 H_∞ 输出反馈镇定. 一类离散脉冲不确定系统的 H_∞ 滤波器设计以及分片离散脉冲系统的滤波器设计问题.

第 7.2 节给出离散脉冲时滞线性系统的镇定问题.

1.2 记 号

在本书中, 如无特别说明, 我们采用下面的记号:

(1) $\mathbf{R}^+ = [0, \infty)$.

(2) $\mathbf{Z}^+$ 表示正整数集合, $\mathbf{N}$ 表示自然数集合.

(3) $\mathbf{C}$ 表示复数域.

(4) I 表示单位矩阵.

(5) Q^{T} 矩阵 Q 的转置.

(6) $\lambda_{\max}(A)$, $\lambda_{\min}(A)$ 分别表示方阵 A 的最大特征值和最小特征值.

(7) 对于对称矩阵 X 与 Y; $X \geqslant Y$ (类似的, $X > Y$) 表示矩阵 $X - Y$ 是半正定的 (类似的, 正定的).

(8) $x(t^+) = \lim_{h \to 0^+} x(t+h)$ 为状态右极限, $x(t^-) = \lim_{h \to 0^+} x(t-h) = x(t)$ 为状态左极限.

(9) $E\{\cdot\}$ 表示随机变量 P 的期望算子.

(10) $\|\cdot\|$ 表示 Euclidean 向量范数.

(11) $L_2[0, +\infty)$ 表示二次可积向量函数空间, 类似的 $l_2[0, +\infty)$ 表示二次可和向量序列空间.

(12) $\|\cdot\|_{L_2}$ 表示 $L_2[0, +\infty)$ 空间范数; $\|\cdot\|_{l_2}$ 表示 $l_2[0, +\infty)$ 空间范数.

(13) 令 $(\Omega, \mathscr{F}, \mathscr{F}_t, P)$ 为一个完备的概率空间.

(14) 令 $\{r(t), t \geqslant 0\}$(也记为 $\{r_t, t \geqslant 0\}$) 是完备概率空间 $(\Omega, \mathscr{F}, \mathscr{F}_t, P)$ 上的右连续 Markovian 链, 取值于有限离散状态空间 $S = \{1, 2, \cdots, N\}$, 其生成元为 $\Gamma = (\gamma_{ij})_{N \times N}$, 转移概率为

$$P\{r(t+\Delta) = j | r(t) = i\} = \begin{cases} \gamma_{ij}\Delta + o(\Delta), & \text{若} \quad i \neq j, \\ 1 + \gamma_{ii}\Delta + o(\Delta), & \text{若} \quad i = j. \end{cases}$$

这里 $\Delta > 0$ 且有 $\lim_{\Delta \to 0} o(\Delta)/\Delta = 0$. $\gamma_{ij} \geqslant 0 \ (i \neq j)$ 表示从模态 i 到模态 j 的转移速率, 而且 $\gamma_{ii} = -\sum_{j \neq i} \gamma_{ij}$.

(15) 脉冲时刻记作 τ_k(或 t_k)($k \in \mathbf{Z}^+$), 满足 $0 < \tau_1 < \tau_2 < \cdots < \tau_k < \tau_{k+1} < \cdots$, $\lim_{k \to +\infty} \tau_k = +\infty$.

(16) $PC(D, F)$ 表示函数 $\psi : D \to F$ 的集合, 且该类函数具有性质: 对于 $t \in D$, 当 $t \neq \tau_k$ 是连续的, 在不连续点 τ_k 是第一类的并且是左连续的.

(17) $S(\rho) = \{x \in \mathbf{R}^n | \|x\| < \rho\}$.

本书中, 基本定义与记号来源于相关参考文献, 将不逐一标记出处. 如无特别说明, 本书中采用下面的定义.

定义1.2.1 函数 $\varphi \in C[[0, r], \mathbf{R}^+]$ 是严格单调上升函数, 且有 $\varphi(0) = 0$, 则称 φ 是属于 K 类函数也称楔类函数, 记为 $\varphi \in K$. 若 $\varphi \in C[\mathbf{R}^+, \mathbf{R}^+]$, 且 $\varphi \in K$, $\lim\limits_{r \to +\infty} \varphi(r) = +\infty$, 则称 φ 是属于 KR 类函数, 记为 $\varphi \in KR$.

定义1.2.2 函数 $V : [t_0, +\infty) \times \mathbf{R}^n \to \mathbf{R}^+$ 属于 v_0 类, 如果满足下列条件:

(1) 函数 V 在每一个集合 $[\tau_{k-1}, \tau_k] \times \mathbf{R}^n$ 上是连续的并且对于所有的 $t \geqslant t_0, V(t, 0) = 0$;

(2) $V(t, x)$ 在 $x \in \mathbf{R}^n$ 上是局部 Lipschitzian 的;

(3) 对于每一个 $k = 1, 2, \cdots$, 这里存在有限极限

$$\lim_{(t,y) \to (\tau_k^-, x)} V(t, y) = V(\tau_k^-, x),$$

$$\lim_{(t,y) \to (\tau_k^+, x)} V(t, y) = V(\tau_k^+, x),$$

并且满足 $V(\tau_k^+, x) = V(\tau_k, x)$.

定义1.2.3 令 $V \in v_0$, 对于 $t \in (\tau_{k-1}, \tau_k)$, $V'(t, x(t))(D^+V(t, x(t)))$ 由下面的式子定义

$$V'(t, x(t)) = D^+V(t, x(t)) = \lim_{\delta \to 0^+} \sup \frac{1}{\delta}\{V(t+\delta, x(t+\delta)) - V(t, x(t))\}.$$

本书中常用的引理如下:

引理 1.2.1 线性矩阵不等式 $\begin{bmatrix} X & Y^{\mathrm{T}} \\ Y & Z \end{bmatrix} > 0$ 或 $\begin{bmatrix} Z & Y \\ Y^{\mathrm{T}} & X \end{bmatrix} > 0$ 等价于

$$Z > 0, \quad X - Y^{\mathrm{T}}Z^{-1}Y > 0,$$

其中 X, Z 是对称矩阵, 并且矩阵 X, Y 和 Z 具有适当的维数.

上述等价关系称为 Schur 补.

引理 1.2.2 [126] 若 P 为 n 阶正定矩阵, Q 为 n 阶对称矩阵, 则对任意的 $x \in \mathbf{R}^n$ 有

$$\lambda_{\min}(P^{-1}Q)x^{\mathrm{T}}Px \leqslant x^{\mathrm{T}}Qx \leqslant \lambda_{\max}(P^{-1}Q)x^{\mathrm{T}}Px.$$

引理 1.2.3 [66] 设 X, Y 是具有适当维数的实矩阵, ε 是正常数, 则有

$$\pm 2X^{\mathrm{T}}Y \leqslant \varepsilon X^{\mathrm{T}}X + \varepsilon^{-1}Y^{\mathrm{T}}Y.$$

第2章 脉冲系统的稳定性理论

2.1 一般时间尺度上脉冲系统的稳定性理论

首先给出一般时间尺度上脉冲系统的稳定性理论的一些基本概念. 这些概念主要来自文献 [8],[68].

设 T 是一般时间尺度 (一种非空的闭的实数集) 满足有最小元素 $t_0 \geqslant 0$, 没有最大元素.

定义2.1.1   映射 $\sigma, \rho : T \to T$ 分别定义为 $\sigma(t) = \inf\{s \in T : s > t\}$ 和 $\rho(t) = \sup\{s \in T : s < t\}$.

定义2.1.2   如果 $\sigma(t) > t$, 则 t 被称为右断的; 如果 $\rho(t) < t$, 则 t 被称为左断的. 如果 $t < \sup T$ 并且 $\sigma(t) = t$, 则称 t 是右密的; 如果 $t > \inf T$ 并且 $\rho(t) = t$, 则称 t 是左密的.

定义2.1.3   跳跃函数 $\mu : T \to [0, +\infty)$ 定义为

$$\mu(t) = \sigma(t) - t.$$

定义2.1.4 T 上的区间 $[a,b]^*$ 定义为

$$[a,b]^* = \{t \in T : a \leqslant t \leqslant b\}.$$

开区间和半开半闭区间类似定义.

定义2.1.5   假设 $f : T \to \mathbf{R}^n$ 是一个函数并且 $t \in T$. 定义 $f^\Delta(t)$ 为满足以下性质的值: 对任意的 $\varepsilon > 0$, 存在 t 的一个邻域 $U(U = (t - \delta, t + \delta) \cap T$, 这里 $\delta > 0$ 为固定的常数) 和所有的 $s \in U$, 满足

$$\|[f(\sigma(t)) - f(s)] - f^\Delta(t)[\sigma(t) - s]\| \leqslant \varepsilon \mid \sigma(t) - s \mid.$$

称 $f^\Delta(t)$ 为 f 在点 t 的 Δ 导数.

定义2.1.6   函数 $f : T \to \mathbf{R}^n$ 称为右密连续, 如果其在 T 的右密点连续并且在左密点极限存在. 这样的函数集合 $f : T \to \mathbf{R}^n$ 记为 C_{rd}.

定义2.1.7   设 $\phi : [-\tau, 0]^* \to \mathbf{R}^n$ 并且 $\phi \in C_{rd}$. 对任意的 $\rho > 0$, 设 $PC(\rho) = \{\phi \in PC : |\phi| < \rho\}$, 这里 $PC = PC([-\tau, 0]^*, \mathbf{R}^n)$.

定义2.1.8 对函数 $V \in C_{rd}[T \times \mathbf{R}^n, \mathbf{R}^+]$, 定义 $V^\Delta(t, x(t))$ 为对任意的 $\varepsilon > 0$, 存在 t 的一个邻域 $U(U = (t - \delta, t + \delta) \cap T$, 这里 $\delta > 0$ 为固定的常数) 和所有的 $s \in U$, 满足

$$|[V(\sigma(t), x(\sigma(t))) - V(s, x(\sigma(t)))] - \mu(t, s)f(t, x(t)) - \mu(t, s)V^\Delta(t, x(t))| \leqslant \varepsilon |\mu(t, s)|.$$

定义 $D^+V^\Delta(t, x(t))$ 为对任意的 $\varepsilon > 0$, 存在 $U_\varepsilon \subset U$ 对所有的 $s \in U_\varepsilon, s > t$, 满足

$$\frac{1}{\mu(t, s)}[V(\sigma(t), x(\sigma(t))) - V(s, x(\sigma(t)) - \mu(t, s)f(t, x(t)))] < D^+V^\Delta(t, x(t)) + \varepsilon.$$

定义2.1.9 $V(t, x) : T \times \mathbf{R}^n \to \mathbf{R}^+$ 称为属于集合 V_0, 如果条件

(i) V 在 $(t_{k-1}, t_k]^* \times \mathbf{R}^n$ 上连续并且对每个 $x \in \mathbf{R}^n$, $k = 1, 2, \cdots$, 有极限 $\lim\limits_{(t,y) \to (t_k^+, x)} V(t, y) = V(t_k^+, x)$ 存在;

(ii) V 在 $x \in \mathbf{R}^n$ 上满足局部 Lipschitzian 条件并且 $V(t, 0) = 0$ 成立. 如果 $V \in V_0$ 并且在 $(t_{k-1}, t_k]^* \times \mathbf{R}^n$ 上是连续 Δ 可导的, 那么 V 称为属于集合 V_1.

定义2.1.10 泛函 $V(t, \phi) : T \times PC(\rho) \longrightarrow \mathbf{R}^+$ 称为属于集合 $\nu_0(\cdot)$, 如果条件

(i) V 在 $(t_{k-1}, t_k]^* \times PC(\rho)$ 上连续并且对所有的 $\varphi \in PC(\rho)$, 极限 $\lim\limits_{(t,\phi) \to (t_k^+, \varphi)} V(t, \phi) = V(t_k^+, \varphi)$ 存在, 这里 $k = 1, 2, \cdots$;

(ii) V 在 $PC(\rho)$ 上的每个完备集关于 ϕ 满足局部 Lipschitzian 条件并且 $V(t, 0) = 0$. 成立.

定义2.1.11 泛函 $V(t, \phi) : T \times PC(\rho) \longrightarrow \mathbf{R}^+$ 称为属于集合 $\nu_0^*(\cdot)$, 如果 $V(t, \phi) \in \nu_0(\cdot)$, 并且对任意的 $x \in PC((t_0 - \tau, \infty)^*, \mathbf{R}^n)$, $x \in C_{rd}$, $V(t, x_t)$ 连续, 这里 $t \geqslant t_0, t \in T$.

定义2.1.12 定义以下集合:

$$\Omega = \{\psi \in C(\mathbf{R}^+, \mathbf{R}^+) : \psi(0) = 0, \psi(s) > 0 \ (s > 0)\}$$

$$\Omega^* = \{\psi \in C(\mathbf{R}^+, \mathbf{R}^+) : 非减, \psi(0) = 0, \psi(s) > 0 \ (s > 0)\}.$$

定义2.1.13 函数 $p : T \to \mathbf{R}$ 称为回归的, 如果对 $t \in T$, 有 $1 + \mu(t)p(t) \neq 0$. 如果 p 是一个回归函数, 则指数函数 e_p 定义为

$$e_p(t, s) = \exp\left\{\int_s^t \xi_{\mu(\tau)}(p(\tau))\Delta\tau\right\}, \ s, t \in T,$$

这里

$$\xi_h(z) = \begin{cases} \dfrac{\text{Log}(1 + hz)}{h}, & h \neq 0, \\ z, & h = 0, \end{cases}$$

其中 Log 是主对数函数.

2.1.1   一般时间尺度上脉冲系统稳定性研究

本小节我们将讨论如下两种一般时间尺度上脉冲系统的稳定性.

第一种是带固定时刻脉冲的:

$$\begin{cases} x^\Delta = f(t,x), & t \neq t_k, \\ x(t_k^+) = x(t_k) + I_k(x(t_k)), & t = t_k, \\ x(t_0^+) = x_0. \end{cases} \tag{2.1.1}$$

第二种是带变脉冲的:

$$\begin{cases} x^\Delta = f(t,x), & t \neq \tau_k(x), \\ x(t_k^+) = x(t_k) + I_k(x(t_k)), & t = \tau_k(x), \\ x(t_0^+) = x_0. \end{cases} \tag{2.1.2}$$

为了给出主要结论, 还需要给出一些定义.

定义2.1.14   如果函数 $\tau_k(x) : S(\rho) \to R^+, k \in Z^+$ 连续, 并且 $0 - \tau_0(x) < \tau_1(x) < \tau_2(x) < \cdots, \lim\limits_{k \to +\infty} \tau_k(x) = +\infty$, 定义 $G_k = \{(t,x) \in T \times \mathbf{R}^n : \tau_{k-1}(x) < t < \tau_k(x)\}$, 并且 $G = \bigcup\limits_{k=1}^{\infty} G_k$.

定义2.1.15   对 $t \in T, \alpha \in \mathbf{R}^+, V \in V_0, a \in K$, 定义集合

$$V_{t,\alpha}^{-1} = \{x \in S(\rho) : V(t^+, x) < a(\alpha)\}.$$

为了便于研究式 (2.1.1), 我们还需要一个引理. 考虑如下比较系统:

$$\begin{cases} u^\Delta = g(t,u), & t \neq t_k, \\ u(t_k^+) = \psi_k(u(t_k)), & t = t_k, \\ u(t_0^+) = u_0 \geqslant 0. \end{cases} \tag{2.1.3}$$

引理 2.1.1[8]   假设以下条件成立:

(i) $V \in C_{rd}[T \times \mathbf{R}^n, \mathbf{R}^+]$ 并且 $V(t,x)$ 关于 x 满足局部 Lipschitzian 条件, 这里 t 是右密的. 当 $t \in (t_k, t_{k+1})^*, k = 1, 2, \cdots$ 时, 有 $D^+V^\Delta(t,x) \leqslant g(t, V(t,x))$;

(ii) 存在 $\psi_k \in C[\mathbf{R}^+, \mathbf{R}], \psi_k(r)$ 关于 r 非减并且满足 $V(t_k^+, x_k + I_k(x)) \leqslant \psi_k(V(t_k, x))$, 这里 $k = 1, 2 \cdots$;

(iii) $g(t,u)\mu(t) + u$ 关于 u 非减, 这里 $g \in C_{rd}[T \times \mathbf{R}^+, \mathbf{R}]$;

(iv) 系统 (2.1.3) 的最大解 $r(t) = r(t, t_0, u_0)$ 在 $t \geqslant t_0, t \in T$ 上存在.

则对系统 (2.1.1) 的任一个解 $x(t, t_0, x_0)$, 如果 $V(t_0, x_0) \leqslant u_0$, 就有

$$V(t, x(t)) \leqslant r(t), \quad t \geqslant t_0, \quad t \in T.$$

为了便于研究系统 (2.1.2), 需要假设以下一些条件成立, 以保证其解的存在和唯一性.

(H1) 函数 $f : T \times S(\rho) \to \mathbf{R}^n$ 在 T 上连续并且 $f(t,0) = 0$; 存在常数 $L > 0$, 满足对 $t \in T, x \in S(\rho), y \in S(\rho)$, 有 $\|f(t,x) - f(t,y)\| \leqslant L\|x - y\|$;

(H2) 函数 $I_k : S(\rho) \to \mathbf{R}^n, (k \in \mathbf{Z}^+)$ 都连续并且 $I_k(0) = 0$;

(H3) 存在常数 $\rho_0 \in (0, \rho)$, 满足如果 $x \in S(\rho_0)$, 则 $x + I_k(x) \in S(\rho), k \in \mathbf{Z}^+$;

(H4) 函数 $\tau_k(x) : S(\rho) \to \mathbf{R}^+, k \in \mathbf{Z}^+$ 都连续并且 $0 = \tau_0(x) < \tau_1(x) < \tau_2(x) < \cdots, \lim\limits_{k \to +\infty} \tau_k(x) = +\infty, \tau_k(x) \in T, k = 1, 2, \cdots$.

我们有以下主要结果.

定理 2.1.1 假设以下条件成立 $(t_k \in T, k = 1, 2, \cdots)$

(1) $V : T \times \mathbf{R}^n \to \mathbf{R}^+, V \in V_0, D^+ V^\Delta(t,x) \leqslant g(t, V(t,x)), t \neq t_k$, 这里 $g : T \times \mathbf{R}^+ \to \mathbf{R}, g(t,0) = 0, g$ 在 $(t_{k-1}, t_k]^* \times \mathbf{R}^+$ 上连续并且对每个 $p \in \mathbf{R}^+, k = 1, 2, \cdots$, 有极限 $\lim\limits_{(t,q) \to (t_k^+, p)} g(t,q) = g(t_k^+, p)$ 存在;

(2) 存在 $\psi_k \in C[\mathbf{R}^+, \mathbf{R}]$ 使 $\psi_k(r)$ 关于 r 非减并且 $V(t_k^+, x_k + I_k(x)) \leqslant \psi_k(V(t_k, x))$, $k = 1, 2, \cdots$;

(3) $g(t,u)\mu(t) + u$ 在 T 上关于 u 非减;

(4) $b(\|x\|) \leqslant V(t,x) \leqslant a(\|x\|)$ 这里 $(t,x) \in T \times \mathbf{R}^n$ 并且 $a, b \in K$, 则系统 (2.1.3) 的解的稳定性性质蕴涵着系统 (2.1.1) 的解的稳定性性质.

证明 假设系统 (2.1.3) 的平凡解稳定. 设 $\varepsilon > 0$ 并且 $t_0 \in T$, 则对于给定的 $b(\varepsilon) > 0$, 存在 $\delta_1(t_0, \varepsilon) > 0$, 满足如果 $0 \leqslant u_0 < \delta_1$, 则有 $u(t) = u(t, t_0, u_0) < b(\varepsilon), t \geqslant t_0$, 这里 $u(t) = u(t, t_0, u_0)$ 是系统 (2.1.3) 的任一个解.

设 $u_0 = a(\|x_0\|)$ 并且选择 $\delta_2 = \delta_2(\varepsilon)$, 满足 $a(\delta_2) < b(\varepsilon)$. 定义 $\delta = \min(\delta_1, \delta_2)$. 对此 δ, 我们有可以说如果 $\|x_0\| < \delta$, 则对 $t \geqslant t_0$ 有 $\|x(t)\| < \varepsilon$, 这里 $x(t) = x(t, t_0, x_0)$ 是系统 (2.1.1) 的任一个解.

如果不成立, 则存在系统 (2.1.1) 的解 $x(t) = x(t, t_0, x_0)$(这里 $\|x_0\| < \delta$), 满足存在一个 $t^* > t_0, t^* \in T$, 使 $\|x(t^*)\| \geqslant \varepsilon$, 而在 $t_0 \leqslant t < t^*$ 上, 有 $\|x(t)\| < \varepsilon$. 对 $t_0 \leqslant t \leqslant t^*$ 利用条件 (1), 条件 (2), 条件 (3) 和 $V(t_0) \leqslant u_0$, 由引理 2.1.1 可得

$$V(t, x(t)) \leqslant r(t, t_0, a(\|x_0\|)), \quad t_0 \leqslant t \leqslant t^*, t \in T,$$

这里 $r(t, t_0, a(\|x_0\|))$ 是系统 (2.1.3) 的最大解. 由条件 (4) 得到下列矛盾

$$b(\varepsilon) \leqslant b(\|x(t^*)\|) \leqslant V(t^*, x(t^*)) \leqslant r(t^*, t_0, a(\|x_0\|)) < b(\varepsilon),$$

这样就证明了系统 (2.1.1) 的解 $x = 0$ 是稳定的.

接下来假设系统 (2.1.3) 的解 $u = 0$ 是渐近稳定的, 则首先系统 (2.1.1) 的解 $x = 0$ 是稳定的.

设 $\varepsilon > 0$ 并且 $t_0 \in T$. 由于系统 (2.1.3) 的解 $u = 0$ 是吸引的, 则对于 $b(\varepsilon) > 0$ 和 $t_0 \in T$, 存在 $\delta_0 = \delta_0(t_0) > 0$ 和一个 $T_0 = T_0(t_0, \varepsilon)$, 满足如果 $0 \leqslant u_0 < \delta_0$, 则有

$$u(t) = u(t, t_0, u_0) < b(\varepsilon), t \geqslant t_0 + T_0, t \in T,$$

设 $\|x_0\| < \delta_0$, 由引理 2.1.1 可得

$$V(t, x(t)) \leqslant r(t, t_0, a(\|x_0\|)), t \geqslant t_0, t \in T,$$

进而得到

$$b(\|x(t)\|) \leqslant V(t, x(t)) \leqslant r(t, t_0, a(\|x_0\|)) < b(\varepsilon), t \geqslant t_0 + T_0, t \in T,$$

这就证明了系统 (2.1.1) 的解 $x = 0$ 是吸引的. 所以系统 (2.1.1) 的解 $x = 0$ 是渐近稳定的.

一致稳定和一致渐近稳定有类似的方法可同样得到. 这里不再赘述. ∎

定理 2.1.2　假设以下条件成立:

(1) 条件 (H1)~ 条件 (H4) 成立;

(2) 存在 $V \in V_1$ 和 $b \in K$ 满足 $b(\|x\|) \leqslant V(t, x)$, 这里 $(t, x) \in T \times S(\rho)$, $V^{\Delta}(t, x) \leqslant 0$, 这里 $(t, x) \in G$, 当 $t = \tau_k(x)$ 时, $V(t^+, x + I_k(x)) \leqslant V(t, x)$,

则系统 (2.1.2) 的平凡解是稳定的.

证明　设 $t_0 \in T$ 和 $\varepsilon > 0$ 是给定的. 由函数 V 的性质可知存在 $\delta = \delta(t_0, \varepsilon)$, 满足如果 $\|x\| < \delta$, 则有 $\sup |V(t_0^+, x)| < \min(b(\varepsilon), b(\rho_0))$. 设 $x_0 \in S(\rho), \|x_0\| < \delta$, $x(t) = x(t, t_0, x_0)$ 是系统 (2.1.2) 的解. 则由条件 (2) 可得到 $V(t, x(t))$ 在 T 上非增. 可以得到

$$b(\|x(t, t_0, x_0)\|) \leqslant V(t, x(t)) \leqslant V(t_0^+, x_0) < \min(b(\varepsilon), b(\rho_0)),$$

$$\|x(t, t_0, x_0)\| < \min(\varepsilon, \rho_0),$$

这里 $t \geqslant t_0, t \in T$. 所以系统 (2.1.2) 的解 $x = 0$ 是稳定的. ∎

定理 2.1.3　假设以下条件成立:

(1) 条件 (H1)~ 条件 (H4) 成立;

(2) $a(\|x\|) \leqslant V(t, x), b(\|x\|) \leqslant W(t, x)$, 这里 $(t, x) \in T \times S(\rho), a, b \in K$;

(3) $V^{\Delta}(t, x) \leqslant -c(W(t, x))$, 这里 $(t, x) \in G, c \in K$;

(4) 当 $t = \tau_k(x)$ 时, $V(t^+, x(t^+)) \leqslant V(t, x)$;

(5) 函数 $W^\Delta(t,x)$ 在 $T \times S(\rho)$ 上有上确界 (或有下确界) 并且 $W(t^+, x + I_k(x)) \leqslant W(t,x)$ (或者 $W(t^+, x + I_k(x)) \geqslant W(t,x)$), 这里 $t = \tau_k(x)$, 则系统 (2.1.2) 的平凡解是渐近稳定的.

证明 设 $0 < \alpha < \rho_0 < \rho$, 则根据条件 (2) 有

$$V_{t,\alpha}^{-1} = \{x \in S(\rho) : V(t_0, x) < a(\alpha)\} \subset S(\alpha) \subset S(\rho),$$

这里 $t \geqslant t_0, t \in T$.

设 $t_0 \in T, x_0 \in V_{t_0,\alpha}^{-1}$ 并且 $x(t) = x(t, t_0, x_0)$, 是系统 (2.1.2) 的一个解. 我们将证明: 对任意的 $x_0 \in V_{t_0,\alpha}^{-1}$, 有

$$\lim_{t \to +\infty} \|x(t)\| = \lim_{t \to +\infty} \|x(t, t_0, x_0)\| = 0. \tag{2.1.4}$$

假设不成立, 则存在 $x_0 \in V_{t_0,\alpha}^{-1}, \beta > 0, r > 0$ 和一个序列 $\{t_k\}_1^{+\infty}, t_k \in T$, 满足 $t_k - t_{k-1} \geqslant \beta$, 并且 $\|x(t_k, t_0, x_0)\| \geqslant r$, 这里 $k \in \mathbf{Z}^+$. 则由条件 (2) 有

$$|W(t_k, x(t_k))| \geqslant b(r), \quad k \in \mathbf{Z}^+. \tag{2.1.5}$$

设

$$\sup_{(t,x) \in G} W^\Delta(t,x) < p \quad (p > 0). \tag{2.1.6}$$

选择 $\gamma > 0$, 满足 $\gamma < \min(\beta, b(r)/2p)$.

由式 (2.1.5), 式 (2.1.6) 和条件 (5), 得到对于 $t \in [t_k - \gamma, t_k]^*$, 有

$$W(t, x(t)) \geqslant W(t_k, x(t_k)) + \int_{t_k}^t W(\tau, x(\tau))^\Delta \Delta\tau$$

$$= W(t_k, x(t_k)) - \int_t^{t_k} W(\tau, x(\tau))^\Delta \Delta\tau$$

$$\geqslant b(r) - p(t_k - t)$$

$$\geqslant b(r) - p\gamma > b(r)/2. \tag{2.1.7}$$

由式 (2.1.7)、条件 (3) 和条件 (5), 我们有

$$0 \leqslant V(t_j, x(t_j))$$

$$\leqslant V(t_0^+, x_0) + \int_{t_0}^{t_j} V(\tau, x(\tau))^\Delta \Delta\tau$$

$$\leqslant V(t_0^+, x_0) - \int_{t_0}^{t_j} c(W(\tau, x(\tau)))\Delta\tau$$

$$\leqslant V(t_0^+, x_0) - \sum_{k=1}^j \int_{t_k-\gamma}^{t_k} c(W(\tau, x(\tau)))\Delta\tau$$

$$\leqslant V(t_0^+, x_0) - j\gamma c(b(r)/2).$$

当 j 足够大时这是不可能的. 所以对于任意的 $x_0 \in V_{t_0,\alpha}^{-1}$, 式 (2.1.4) 成立. 由定理 2.1.2 我们得到 (2.1.2) 的解 $x = 0$ 是稳定的. 由于对于 $t_0 \in T$, 集合 $V_{t_0,\alpha}^{-1}$ 是点 $x = 0$ 的一个邻域, 则 $x = 0$ 是吸引的, 所以 $x = 0$ 是渐近稳定的.

如果函数 $W^\Delta(t, x)$ 有下确界并且 $W(t^+, x + I_k(x)) \geqslant W(t, x)$ 由相同的分析可以得到一样的结论. ∎

下面给出一个数值例子来说明所得结果的有效性.

例2.1.1   考虑如下一般时间尺度 T 上的脉冲系统:

$$\begin{cases} x^\Delta(t) = \dfrac{y(t)}{2(1 + x^2(t))} - x(t), & t \neq 3k, \\[2mm] y^\Delta(t) = \dfrac{x(t)}{2(1 + y^2(t))} - y(t), & t \neq 3k, \\[2mm] x(t^+) = \dfrac{1}{2}x(t), & t = 3k, \\[2mm] y(t^+) = \dfrac{1}{2}y(t), & t = 3k, \end{cases} \tag{2.1.8}$$

这里 $3k \in T, k = 1, 2, \cdots$.

设 $V(x, y) = x^2(t) + y^2(t), t \neq 3k, V(t^+, x(t^+), y(t^+)) = \dfrac{1}{2}[x^2(t) + y^2(t)], t = 3k$. 则当 $t \neq 3k$ 时

$$\begin{aligned} V^\Delta(x, y) &= [x^2(t) + y^2(t)]^\Delta \\ &= x^\Delta(t)[2x(t) + \mu(t)x^\Delta(t)] + y^\Delta(t)[2y(t) + \mu(t)y^\Delta(t)]. \end{aligned}$$

将 $x^\Delta(t)$ 和 $y^\Delta(t)$ 代入上式得到当 $t \neq 3k$ 时,

$$\begin{aligned} V^\Delta(x, y) = &\, 2x\left(\frac{y}{2(1 + x^2)} - x\right) + 2y\left(\frac{x}{2(1 + y^2)} - y\right) \\ &+ \mu(t)\left[\left(\frac{y}{2(1 + x^2)} - x\right)^2 + \left(\frac{x}{2(1 + y^2)} - y\right)^2\right]. \end{aligned}$$

当 $T = \mathbf{R}$ 时, 则 $\mu(t) = 0$, 系统 (2.1.8) 变成

$$\begin{cases} x'(t) = \dfrac{y(t)}{2(1 + x^2(t))} - x(t), & t \neq 3k, \\[2mm] y'(t) = \dfrac{x(t)}{2(1 + y^2(t))} - y(t), & t \neq 3k, \\[2mm] x(t^+) = \dfrac{1}{2}x(t), & t = 3k, \\[2mm] y(t^+) = \dfrac{1}{2}y(t), & t = 3k(k = 1, 2, \cdots). \end{cases} \tag{2.1.9}$$

$$V^\Delta(x, y) = 2x \left(\frac{y}{2(1+x^2)} - x \right) + 2y \left(\frac{x}{2(1+y^2)} - y \right)$$

$$\leqslant -(x^2 + y^2)$$

$$= -V(x, y), \quad t \neq 3k.$$

由定理 2.1.3 可知, 系统 (2.1.9) 的解是渐近稳定的.

当 $T = \left\{ \frac{1}{2}\mathbf{Z}^+ \right\} = \left\{ \frac{1}{2}k, k \in \mathbf{Z}^+ \right\}$ 时, 则 $\mu(t) = \frac{1}{2}$, 系统 (2.1.8) 变成

$$\begin{cases} x^\Delta \left(\frac{1}{2}k \right) = \dfrac{y\left(\frac{1}{2}k \right)}{2 \left(1 + x^2 \left(\frac{1}{2}k \right) \right)} - x\left(\frac{1}{2}k \right), & k \neq 6n, \\[4mm] y^\Delta \left(\frac{1}{2}k \right) = \dfrac{x\left(\frac{1}{2}k \right)}{2 \left(1 + y^2 \left(\frac{1}{2}k \right) \right)} - y\left(\frac{1}{2}k \right), & k \neq 6n, \\[4mm] x \left(\left(\frac{1}{2}k \right)^+ \right) = \frac{1}{2}x\left(\frac{1}{2}k \right), & k = 6n, \\[4mm] y \left(\left(\frac{1}{2}k \right)^+ \right) = \frac{1}{2}x\left(\frac{1}{2}k \right), & k = 6n(n \in \mathbf{Z}^+). \end{cases} \tag{2.1.10}$$

$$V^\Delta(x, y) = 2x \left(\frac{y}{2(1+x^2)} - x \right) + 2y \left(\frac{x}{2(1+y^2)} - y \right)$$

$$+ \frac{1}{2} \left[\left(\frac{y}{2(1+x^2)} - x \right)^2 + \left(\frac{x}{2(1+y^2)} - y \right)^2 \right]$$

$$= \frac{\frac{1}{2}xy(1+x^2) + \frac{1}{8}y^2}{(1+x^2)^2} + \frac{\frac{1}{2}xy(1+y^2) + \frac{1}{8}x^2}{(1+y^2)^2} - \frac{3}{2}(x^2 + y^2)$$

$$\leqslant \frac{\frac{1}{4}(x^2+y^2)(1+x^2) + \frac{1}{8}(x^2+y^2)}{(1+x^2)^2} + \frac{\frac{1}{4}(x^2+y^2)(1+y^2) + \frac{1}{8}(x^2+y^2)}{(1+y^2)^2}$$

$$- \frac{3}{2}(x^2 + y^2)$$

$$\leqslant \left[\left(\frac{1}{4} + \frac{1}{8} \right) \times 2 \right] (x^2 + y^2) - \frac{3}{2}(x^2 + y^2)$$

$$= -\frac{3}{4}(x^2 + y^2)$$

$$= -\frac{3}{4}V(x, y), \quad k \neq 6n.$$

由定理 2.1.3 可知, 系统 (2.1.10) 的解是渐近稳定的.

2.1.2   一般时间尺度上脉冲系统一致 Lipschitz 稳定性研究

本小节将给出一般时间尺度上脉冲系统一致 Lipschitz 稳定性判据. 文献 [58] 中, 研究了脉冲系统的一致 Lipschitz 稳定性问题, 由于一般时间尺度的统一性, 使得有必要对一般时间尺度上脉冲系统一致 Lipschitz 稳定性进行研究. 本小节将要研究系统 (2.1.1), 其比较系统是系统 (2.1.3), 同样在证明过程中将用到引理 2.1.1.

定义2.1.16   一般时间尺度上脉冲系统 (2.1.1) 的平凡解称为一致 Lipschitz 稳定: 如果对于任意的 $\varepsilon > 0$, 存在 $M > 0, \delta(\varepsilon) > 0$ 和 $\tau(\varepsilon) > 0$; 满足对于 $x_0 \in \mathbf{R}^n$ 有

$$||x_0|| < \delta(\varepsilon) \Rightarrow ||x(t; t_0, x_0)|| \leqslant M||x_0||, \quad t \geqslant t_0 \geqslant \tau(\varepsilon), t \in T.$$

定理 2.1.4   假设以下条件成立

(1) $V : T \times \mathbf{R}^n \to \mathbf{R}^+, V \in V_0$, 当 $t \neq t_k$ 时, $D^+[K(t)V(t,x)]^\Delta \leqslant g(t, K(t)V(t,x))$, 这里 $g : T \times \mathbf{R}^+ \to \mathbf{R}, g(t,0) = 0, g$ 在 $(t_{k-1}, t_k]^* \times \mathbf{R}^+$ 上连续并且对每个 $p \in \mathbf{R}^+$, $k = 1, 2, \cdots$, 有极限 $\lim\limits_{(t,q) \to (t_k^+, p)} g(t, q) = g(t_k^+, p)$ 存在, $K(t)$ 有界且 $K(t) \geqslant m > 0$;

(2) 存在 $\psi_k \in C[\mathbf{R}^+, \mathbf{R}]$, 满足 $\psi_k(r)$ 关于 r 非减并且

$$K(t_k^+)V(t_k^+, x_k + I_k(x)) \leqslant \psi_k(K(t_k)V(t_k, x)), \quad k = 1, 2, \cdots;$$

(3) $g(t, u)\mu(t) + u$ 在 T 上关于 u 非减;

(4) $V(t, 0) = 0, a(||x||) \leqslant V(t, x), a^{-1}(pq) \leqslant b(p)q$, 这里 $a, b \in K, p > 0, q \geqslant 0$, 则如果系统 (2.1.3) 的平凡解一致 Lipschitz 稳定, 那么系统 (2.1.1) 的平凡解也一致 Lipschitz 稳定.

证明   假设系统 (2.1.3) 的平凡解一致 Lipschitz 稳定, 则对任意的 $\varepsilon > 0$, $t_0 \in \mathbf{R}^+$, 存在 $\delta_1 > 0, M > 0$ 和 $\tau(\varepsilon) > 0$, 满足

$$0 < r_0 < \delta_1 \Rightarrow r(t; t_0, r_0) \leqslant Mr_0, \quad t \geqslant t_0 \geqslant \tau(\varepsilon), \quad t \in T,$$

由于 $V(t, 0) = 0$ 并且 $K(t)$ 有界, 所以存在 $\delta_2 = \delta_2(\delta_1) > 0$ 满足对于 $||x_0|| < \delta_2$, 有 $K(t_0^+)V(t_0^+, x_0) \leqslant r_0 < \delta_1$.

由引理 2.1.1 知, 当 $||x_0|| < \delta = \min(\delta_1, \delta_2)$ 时, 有

$$ma(||x||) \leqslant K(t)V(t, x(t; t_0, x_0)) \leqslant r(t; t_0, r_0) \leqslant Mr_0,$$

这里 $||x_0|| < \delta, t \geqslant t_0 \geqslant \tau(\varepsilon)$.

选择 $V(t_0, x_0) = \dfrac{r_0}{K(t_0^+)}$, 则

$$a(||x||) \leqslant \frac{M}{m}r_0 = \frac{M}{mK(t_0^+)}V(t_0, x_0) \leqslant \frac{ML}{mK(t_0^+)}||x_0||.$$

因此

$$\|x(t;t_0,x_0)\| \leqslant a^{-1}\left(\frac{ML}{mK(t_0^+)}\|x_0\|\right)$$

$$\leqslant b\left(\frac{ML}{m}\right)\frac{\|x_0\|}{K(t_0^+)} \leqslant b\left(\frac{ML}{m}\right)\frac{\|x_0\|}{m} = \widetilde{M}\|x_0\|.$$

这里 $\|x_0\| < \delta, t \geqslant t_0 \geqslant \tau(\varepsilon)$, 所以系统 (2.1.1) 的平凡解一致 Lipschitz 稳定. ■

定理 2.1.5 假设定理 2.1.4 及以下条件成立:

(1) $\lambda(t)$ 在 $(t_k, t_{k+1}]^*$ 上 Δ 可导并且非减, $\lim\limits_{t \to t_k^+} \lambda(t) = \lambda(t_k^+), t \in T, k = 0, 1, 2, \cdots$;

(2) $\sup_i\{d_i \exp[\lambda(t_{i+1}) - \lambda(t_i^+)]\} = \varepsilon_0 < +\infty$;

(3) 存在 γ_k 满足对于所有的 $d_{2k+1}d_{2k} \neq 0$, 有 $\lambda(t_{2k+2}) + \lambda(t_{2k+1}) + \ln(d_{2k+1}d_{2k}/\gamma_k) \leqslant \lambda(t_{2k+1}^+) + \lambda(t_{2k}^+)$ 并且 $\prod\gamma_k \leqslant M$(或存在 γ_k 满足 $\lambda(t_{k+1}) + \ln(d_k/\gamma_k) \leqslant \lambda(t_k^+)$ 并且 $\prod\gamma_k \leqslant M$), 这里 $M > 0, \gamma_k > 0, k = 0, 1, 2, \cdots, \gamma_0 = 1$

则系统 (2.1.1) 的平凡解一致 Lipschitz 稳定.

证明 考虑比较系统:

$$\begin{cases} \omega^\Delta = \lambda^\Delta(t)\omega(t), & t \in (t_k, t_{k+1}]^*, \quad k = 0, 1, 2, \cdots, \\ \omega(t_k^+) = d_k(\omega(t_k)), & k = 1, 2, \cdots, \\ \omega(t_0^+) = \omega_0 \geqslant 0. \end{cases} \quad (2.1.11)$$

如果 $t \in [t_0^+, t_1]^*$, 则

$$\omega(t) = e_{\lambda^\Delta(t)}(t, t_0)\omega_0.$$

由于 $\lambda(t)$ 非减, 则 $\lambda^\Delta(t) \geqslant 0$, 所以 $\lambda^\Delta(t)\mu(t) \geqslant 0$, 我们有

$$\xi_{\mu(\tau)}(\lambda^\Delta(\tau)) = \begin{cases} \dfrac{\mathrm{Log}(1 + \mu(\tau)\lambda^\Delta(\tau))}{\mu(\tau)} = \dfrac{\ln[1 + \mu(\tau)\lambda^\Delta(\tau)]}{\mu(\tau)} \leqslant \lambda^\Delta(\tau), \mu(\tau) \neq 0, \\ \lambda^\Delta(\tau), \mu(\tau) = 0. \end{cases}$$

因此

$$\omega(t) \leqslant e^{\int_{t_0}^t \lambda^\Delta(\tau)\Delta\tau}\omega_0$$

$$= \omega_0 e^{\lambda(t) - \lambda(t_0)}$$

$$\leqslant \omega_0 e^{\lambda(t_1) - \lambda(t_0)}.$$

如果 $t \in [t_1^+, t_2]^*$, 则

$$\omega(t) \leqslant \omega(t_1^+)e^{\lambda(t) - \lambda(t_1^+)} = d_1\omega(t_1)e^{\lambda(t) - \lambda(t_1^+)}$$

$$\leqslant d_1 e^{\lambda(t_1)-\lambda(t_0)}\omega_0 e^{\lambda(t)-\lambda(t_1^+)}$$

$$\leqslant d_1\omega_0 e^{\lambda(t_2)-\lambda(t_1^+)}e^{\lambda(t_1)-\lambda(t_0)}.$$

如果 $t \in [t_2^+, t_3]^*$, 则

$$\omega(t) \leqslant \omega(t_2^+)e^{\lambda(t)-\lambda(t_2^+)} = d_2\omega(t_2)e^{\lambda(t)-\lambda(t_2^+)}$$

$$\leqslant d_1 d_2\omega(t_1)e^{\lambda(t_2)-\lambda(t_1^+)+\lambda(t_3)-\lambda(t_2^+)}$$

$$= \omega_0 d_1 d_2 e^{\lambda(t_3)-\lambda(t_2^+)}e^{\lambda(t_2)-\lambda(t_1^+)}e^{\lambda(t_1)-\lambda(t_0)}.$$

以此类推, 当 $t \in [t_{2k-1}^+, t_{2k}]^*$ 时, 这里 $k = 1, 2, \cdots$, 有

$$\omega(t; t_0, \omega_0) \leqslant \omega_0 d_1 e^{\lambda(t_2)-\lambda(t_1^+)} d_2 e^{\lambda(t_3)-\lambda(t_2^+)}$$

$$\cdots d_{2k-1}e^{\lambda(t_{2k})-\lambda(t_{2k-1}^+)}e^{\lambda(t_1)-\lambda(t_0)}$$

$$\leqslant \prod_{k-1}\gamma_i\varepsilon_0\omega_0 e^{\lambda(t_1)-\lambda(t_0)} \text{或} \leqslant \prod_{2k-1}\gamma_i\omega_0 e^{\lambda(t_1)-\lambda(t_0)}.$$

当 $t \in [t_{2k}^+, t_{2k+1}]^*$ 时, 这里 $k = 0, 1, 2, \cdots$, 有

$$\omega(t; t_0, \omega_0) \leqslant \omega_0 d_1 e^{\lambda(t_2)-\lambda(t_1^+)} d_2 e^{\lambda(t_3)-\lambda(t_2^+)} \cdots d_{2k}e^{\lambda(t_{2k+1})-\lambda(t_{2k}^+)}e^{\lambda(t_1)-\lambda(t_0)}$$

$$\leqslant \prod_k\gamma_i\omega_0 e^{\lambda(t_1)-\lambda(t_0)}\left(\text{或} \leqslant \prod_{2k}\gamma_i\omega_0 e^{\lambda(t_1)-\lambda(t_0)}\right).$$

所以系统 (2.1.11) 的平凡解一致 Lipschitz 稳定, 根据定理 2.1.4, (2.1.1) 的平凡解一致 Lipschitz 稳定. ∎

下面我们给出一个数值例子来说明所得结果的有效性.

例2.1.2　考虑如下一般时间尺度上的脉冲系统:

$$\begin{cases} x^\Delta(t) = -(e^{-t}+1)x(t) - \dfrac{xy^2}{1+y^2}, & t \in (t_k, t_{k+1}]^*, k = 0, 1, 2, \cdots, \\[2mm] y^\Delta(t) = -(e^{-t}+1)y(t) - \dfrac{yx^2}{1+x^2}, & t \in (t_k, t_{k+1}]^*, k = 0, 1, 2, \cdots, \\[2mm] x(t_k^+) = \dfrac{1}{2}x(t_k), & k = 1, 2, \cdots, \\[2mm] y(t_k^+) = \dfrac{1}{2}y(t_k), & k = 1, 2, \cdots, \end{cases} \quad (2.1.12)$$

该系统定义在 T 上满足 $\mu(t) \leqslant \dfrac{1}{9}$, $t_k \in T$, $k = 0, 1, 2, \cdots$.

设 $V(x, y) = x^2(t) + y^2(t)$, $t \in (t_k, t_{k+1}]^*$, $k = 0, 1, 2, \cdots$.

$V(t_k^+, x(t_k^+), y(t_k^+)) = \dfrac{1}{2}[x^2(t) + y^2(t)]$, $k = 1, 2, \cdots$.

$K(t) = e^{-t} + 1$, 则当 $t \in (t_k, t_{k+1}]^*$, $k = 0, 1, 2, \cdots$ 时

$$V^\Delta(x, y) = [x^2(t) + y^2(t)]^\Delta$$

$$= 2xx^\Delta + 2yy^\Delta + \mu(t)[(x^\Delta)^2 + (y^\Delta)^2],$$

将 $x^\Delta(t)$ 和 $y^\Delta(t)$ 代入, 得到

$$2xx^\Delta + 2yy^\Delta = -2(e^{-t}+1)[x^2(t)+y^2(t)] - 2\frac{x^2y^2}{1+y^2} - 2\frac{x^2y^2}{1+x^2}$$
$$\leqslant -2(e^{-t}+1)[x^2(t)+y^2(t)],$$

又因为

$$(x^\Delta)^2 + (y^\Delta)^2$$
$$= (e^{-t}+1)^2[x^2(t)+y^2(t)] + 2(e^{-t}+1)\left[\frac{x^2y^2}{1+y^2}+\frac{x^2y^2}{1+x^2}\right] + \frac{x^2y^4}{(1+y^2)^2} + \frac{y^2x^4}{(1+x^2)^2}$$
$$\leqslant (e^{-t}+1)^2[x^2(t)+y^2(t)] + 2(e^{-t}+1)[x^2(t)+y^2(t)] + x^2(t)+y^2(t)$$
$$\leqslant 4[x^2(t)+y^2(t)] + 4[x^2(t)+y^2(t)] + x^2(t)+y^2(t)$$
$$= 9[x^2(t)+y^2(t)],$$

所以

$$V^\Delta(x,y) \leqslant -2(e^{-t}+1)[x^2(t)+y^2(t)] + 9\mu(t)[x^2(t)+y^2(t)]$$
$$\leqslant (-2e^{-t}-1)[x^2(t)+y^2(t)].$$

当 t 是右断时

$$D^+[K(t)V(t,x)]^\Delta = D^+K^\Delta(t)V(t) + K(\sigma(t))D^+V^\Delta(t)$$
$$= \frac{e^{-\sigma(t)}-e^{-t}}{\sigma(t)-t}V(t) + (e^{-\sigma(t)}+1)(-2e^{-t}-1)V(t)$$
$$\leqslant (-2e^{-t}-1)V(t)$$
$$\leqslant (-e^{-t}-1)V(t)$$
$$= -K(t)V(t);$$

当 t 是右密时,

$$D^+[K(t)V(t,x)]^\Delta = D^+K^\Delta(t)V(t) + K(t)D^+V^\Delta(t)$$
$$= -e^{-t}V(t) + (e^{-t}+1)(-2e^{-t}-1)V(t)$$
$$\leqslant (-2e^{-t}-1)V(t)$$
$$\leqslant (-e^{-t}-1)V(t)$$
$$= -K(t)V(t),$$

所以 $D^+[K(t)V(t,x)]^\Delta \leqslant -K(t)V(t),\ t \in (t_k,t_{k+1}]^*,\ t \in T$.

考虑比较系统:

$$\begin{cases} u^\Delta = -u, & t \in (t_k,t_{k+1}]^*, k=0,1,2,\cdots, \\ u(t_k^+) = \frac{1}{2}u(t_k), & k=1,2,\cdots, \\ u(t_0^+) = u_0 \geqslant 0. \end{cases} \tag{2.1.13}$$

如果 $t \in [t_0^+, t_1]^*$, 则 $u(t) = e^{-(t, t_0)} u_0$, 由于 $1 - \mu(\tau) > 0$, 所以

$$
\xi_{\mu(\tau)}(-1) = \begin{cases} \dfrac{\text{Log}(1 - \mu(\tau))}{\mu(\tau)} = \dfrac{\ln[1 - \mu(\tau)]}{\mu(\tau)} \leqslant -1, & \mu(\tau) \neq 0, \\ -1, & \mu(\tau) = 0, \end{cases}
$$

则

$$
\begin{aligned}
u(t) &\leqslant e^{\int_{t_0}^t -\Delta \tau} u_0 \\
&\leqslant e^{-(t - t_0)} u_0 \\
&\leqslant u_0.
\end{aligned}
$$

当 $t \in [t_1^+, t_2]^*$ 时, 有

$$
\begin{aligned}
u(t) &= e_{-1}(t, t_0) u(t_1^+) \\
&\leqslant \frac{1}{2} e^{\int_{t_0}^t -\Delta \tau} u_0 \\
&\leqslant \frac{1}{2} e^{-(t - t_0)} u_0 \\
&\leqslant \frac{1}{2} u_0.
\end{aligned}
$$

以此类推, 当 $t \in [t_{2k-1}^+, t_{2k}]^*$ 时, 这里 $k = 1, 2, \cdots$, 得到

$$
u(t) \leqslant \frac{1}{2^{2k-1}} u_0;
$$

当 $t \in [t_{2k}^+, t_{2k+1}]^*$ 时, 这里 $k = 0, 1, 2, \cdots$, 得到

$$
u(t) \leqslant \frac{1}{2^{2k}} u_0.
$$

所以

$$
u(t) \leqslant u_0, \quad t \geqslant t_0, \quad t \in T,
$$

因此比较系统 (2.1.13) 的平凡解一致 Lipschitz 稳定, 由定理 2.1.4, 系统 (2.1.12) 的平凡解一致 Lipschitz 稳定.

本节内容由文献 [140], [141] 改写而成.

2.2　脉冲系统的有限时间稳定性

本节将工程学上经常使用的有限时间稳定性 (FTS) 的概念引入到脉冲控制系统中, 主要研究线性时不变脉冲系统 (包括固定脉冲时刻和变脉冲时刻两种情况) 以及线性时变奇异脉冲系统的有限时间稳定性. 首先给出它们的严格的定义, 再得到有限时间稳定的充分条件, 这些条件将以矩阵不等式的形式给出. 同时将看到, 脉冲控制是实现系统有限时间稳定的一种有效的方法.

2.2.1 线性脉冲系统的有限时间稳定性

下面主要讨论线性时不变脉冲系统的有限时间稳定性, 其中包括固定脉冲时刻点和变脉冲时刻点两种情况.

首先, 考虑如下固定脉冲时刻点的线性系统:

$$\begin{cases} \dot{x}(t) = Ax(t) + \omega, & t \neq \tau_k, \\ \Delta x(t) = B_k x(t), & t = \tau_k, \\ x(0) = x_0, & k = 1, 2, \cdots, \end{cases} \tag{2.2.1}$$

其中 $t \in \mathbf{R}^+$, $x \in \mathbf{R}^n$ 是系统的状态变量. $A, B_k \in \mathbf{R}^{n \times n}$, $\omega \in \mathbf{R}^n$, x_0 是状态变量 x 的初值. 固定时刻的脉冲效应为 $\{\tau_k, B_k x(\tau_k)\}$, 其含义指在每一固定时刻 τ_k, 给予状态变量一个突变 $\Delta x = x(t^+) - x(t^-)$.

下面寻找某种初始条件, 使得系统 (2.2.1) 在某一段有限时间内, 其状态变量不会超过预先给定的边界, 这便是脉冲系统有限时间稳定性. 其严格定义如下.

定义2.2.1 预先给定正常数 c_1, c_2, T, 一个正定矩阵 M 和一类常向量集合 S, 系统 (2.2.1) 称为对 (c_1, c_2, T, M, S) 是有限时间稳定的, 若

$$x_0^{\mathrm{T}} M x_0 < c_1 \Rightarrow x^{\mathrm{T}}(t) M x(t) < c_2, \quad \forall \omega \in S, \quad \forall t \in (0, T]. \tag{2.2.2}$$

注2.2.1 有限时间稳定不同于经典的 Lyapunov 意义下的稳定, 脉冲系统的有限时间稳定性和 Lyapunov 渐近稳定性是两个独立的概念. 形如系统 (2.2.1) 可能是有限时间稳定的, 但未必是 Lyapunov 渐近稳定的; 反之也是.

为了更好地研究系统 (2.2.1), 假设以下条件成立:

(H1) 对于任意给定的有限时间区间 $(0, T]$, 存在自然数 $m \in \mathbf{N}$, 使得

$$0 < \tau_1 < \cdots < \tau_m = T < \tau_{m+1} < \cdots, \quad \lim_{k \to +\infty} \tau_k = +\infty;$$

(H2) 脉冲效应中的矩阵 B_k 都是对称矩阵, 且行列式 $\det(I + B_k) \neq 0$, $k = 1, 2, \cdots, m$;

(H3) $\omega \in S$, 其中 $S \triangleq \{\omega | \omega \in \mathbf{R}^n, h \leqslant \omega^{\mathrm{T}} \omega \leqslant d\}$, $0 < h \leqslant d$.

假设 (H1)∼ 假设 (H3) 保证了系统 (2.2.1) 在区间 $[0, T]$ 上解的存在性[9].

对于预先给定的正常数 $c_1, c_2, T \in \mathbf{R}^+$ 及正定矩阵 M, 有如下关于有限时间稳定性的定理.

定理 2.2.1 条件 (H1)∼ 条件 (H3) 成立, 若存在正定矩阵 $Q_1, Q_2 \in \mathbf{R}^{n \times n}$ 和正常数 $\alpha > 0$, 使得条件 (H4)∼ 条件 (H6) 成立.

(H4)
$$\begin{pmatrix} A^{\mathrm{T}}\tilde{Q}_1 + \tilde{Q}_1 A - \alpha\tilde{Q}_1 & \tilde{Q}_1 \\ \tilde{Q}_1 & -\alpha Q_2 \end{pmatrix} \leqslant 0,$$

其中 $\tilde{Q}_1 = M^{\frac{1}{2}} Q_1 M^{\frac{1}{2}}$;

(H5) $\mathrm{e}^{\alpha\tau_1}[\lambda_{\max}(Q_1)c_1 + \lambda_{\max}(Q_2)d] \leqslant \lambda_{\min}(Q_1)c_2 + \lambda_{\min}(Q_2)h$;

(H6) 对于任意的 $k = 2, \cdots, m$, 有

$$a^{k-1}c + b\sum_{i=0}^{k-2} a^i \leqslant c_2,$$

其中

$$a \triangleq \max\left\{ \frac{\lambda_{\max}(Q_1)\lambda_{\max}[M^{-1}(I+B_k)^{\mathrm{T}}M(I+B_k)]}{\lambda_{\min}(Q_1)}\mathrm{e}^{\alpha(\tau_{k+1}-\tau_k)}, \right.$$
$$\left. k = 1, 2, \cdots, m-1 \right\},$$

$$b \triangleq \max\left\{ \frac{\lambda_{\max}(Q_2)}{\lambda_{\min}(Q_1)}d\mathrm{e}^{\alpha(\tau_{k+1}-\tau_k)} - \frac{\lambda_{\min}(Q_2)}{\lambda_{\min}(Q_1)}h, k = 1, 2, \cdots, m-1 \right\},$$

$$c \triangleq \frac{\mathrm{e}^{\alpha\tau_1}[\lambda_{\max}(Q_1)c_1 + \lambda_{\max}(Q_2)d] - \lambda_{\min}(Q_2)h}{\lambda_{\min}(Q_1)}.$$

那么系统 (2.2.1) 对于 (c_1, c_2, T, M, S) 是有限时间稳定的.

证明 构造 Lyapunov 函数

$$V(x(t)) = x^{\mathrm{T}}(t)\tilde{Q}_1 x(t) + \omega^{\mathrm{T}} Q_2 \omega. \tag{2.2.3}$$

当 $t \in [0, \tau_1)$, 沿系统 (2.2.1) 轨线关于 t 求导, 得到

$$\begin{aligned} \dot{V} &= (Ax(t) + \omega)^{\mathrm{T}}\tilde{Q}_1 x(t) + x^{\mathrm{T}}(t)\tilde{Q}_1(Ax(t) + \omega) \\ &= x^{\mathrm{T}}(t)(A^{\mathrm{T}}\tilde{Q}_1 + \tilde{Q}_1 A)x(t) + \omega^{\mathrm{T}}\tilde{Q}_1 x(t) + x^{\mathrm{T}}(t)\tilde{Q}_1\omega. \end{aligned} \tag{2.2.4}$$

构造新的向量 $z(t) \triangleq \begin{pmatrix} x(t) \\ \omega \end{pmatrix}$. 当条件 (H4) 成立时, 有

$$z^{\mathrm{T}}(t)\begin{pmatrix} A^{\mathrm{T}}\tilde{Q}_1 + \tilde{Q}_1 A - \alpha\tilde{Q}_1 & \tilde{Q}_1 \\ \tilde{Q}_1 & -\alpha Q_2 \end{pmatrix} z(t)$$
$$= x^{\mathrm{T}}(t)(A^{\mathrm{T}}\tilde{Q}_1 + \tilde{Q}_1 A - \alpha\tilde{Q}_1)x(t) + \omega^{\mathrm{T}}\tilde{Q}_1 x(t) + x^{\mathrm{T}}(t)\tilde{Q}_1\omega - \alpha\omega^{\mathrm{T}} Q_2 \omega$$
$$< 0.$$

于是, 由式 (2.2.3) 和式 (2.2.4) 得

$$\dot{V}(x(t)) < \alpha V(x(t)). \tag{2.2.5}$$

将式 (2.2.5) 两边同时从 0 积分到 t, 其中 $t \in [0, \tau_1)$, 得到

$$V(x(t)) < V(x_0) \mathrm{e}^{\alpha t}. \tag{2.2.6}$$

同时, 由假设 (H3), 并且注意到 Q_1, Q_2 正定, 易知有下列不等式成立

$$\begin{aligned}
\lambda_{\min}(Q_1) x^{\mathrm{T}}(t) M x(t) + \lambda_{\min}(Q_2) h &< V(t) \leqslant \mathrm{e}^{\alpha t} V(x_0) \\
&\leqslant \mathrm{e}^{\alpha t} [\lambda_{\max}(Q_1) x_0^{\mathrm{T}} M x_0 + \lambda_{\max}(Q_2) d] \\
&\leqslant \mathrm{e}^{\alpha t} [\lambda_{\max}(Q_1) c_1 + \lambda_{\max}(Q_2) d].
\end{aligned}$$

于是我们得到

$$x^{\mathrm{T}}(t) M x(t) < \frac{\mathrm{e}^{\alpha t} [\lambda_{\max}(Q_1) c_1 + \lambda_{\max}(Q_2) d] - \lambda_{\min}(Q_2) h}{\lambda_{\min}(Q_1)}, \quad t \in [0, \tau_1). \tag{2.2.7}$$

由于 $x(\tau_1) = x(\tau_1^-)$, 并且 $\tau_1^- \in [0, \tau_1)$, 因此由不等式 (2.2.7) 可以得到当 $t = \tau_1^-$ 时, 有

$$\begin{aligned}
x^{\mathrm{T}}(\tau_1) M x(\tau_1) &= x^{\mathrm{T}}(\tau_1^-) M x(\tau_1^-) \\
&\leqslant \frac{\mathrm{e}^{\alpha \tau_1} [\lambda_{\max}(Q_1) c_1 + \lambda_{\max}(Q_2) d] - \lambda_{\min}(Q_2) h}{\lambda_{\min}(Q_1)}.
\end{aligned} \tag{2.2.8}$$

这样由不等式 (2.2.7) 和不等式 (2.2.8), 假设 (H5) 可以推出

$$x^{\mathrm{T}}(t) M x(t) < c_2, \quad t \in [0, \tau_1].$$

当 $t \in (\tau_1, \tau_2)$ 时, 不等式 (2.2.5) 同样成立. 在其两边同时从 τ_1^+ 积分到 t, 得到

$$V(x(t)) < \mathrm{e}^{\alpha(t - \tau_1)} V(x(\tau_1^+)). \tag{2.2.9}$$

由式 (2.2.9), 可类似得到以下的一系列不等式.

$$\begin{aligned}
&\lambda_{\min}(Q_1) x^{\mathrm{T}}(t) M x(t) + \lambda_{\min}(Q_2) h \\
&\leqslant V(t) < \mathrm{e}^{\alpha(t - \tau_1)} (x^{\mathrm{T}}(\tau_1^+) \tilde{Q}_1 x(\tau_1^+) + \omega^{\mathrm{T}} Q_2 \omega) \\
&\leqslant \mathrm{e}^{\alpha(t - \tau_1)} [\lambda_{\max}(Q_1) x^{\mathrm{T}}(\tau_1)(I + B_1)^{\mathrm{T}} M (I + B_1) x(\tau_1) + \lambda_{\max}(Q_2) d] \\
&\leqslant \mathrm{e}^{\alpha(t - \tau_1)} \{\lambda_{\max}(Q_1) \lambda_{\max}[M^{-1}(I + B_1)^{\mathrm{T}} M (I + B_1)] x^{\mathrm{T}}(\tau_1) M x(\tau_1) \\
&\quad + \lambda_{\max}(Q_2) d\}
\end{aligned}$$

于是, 当 $t \in (\tau_1, \tau_2)$ 时, 下列不等式成立,

$$
\begin{aligned}
x^{\mathrm{T}}(t)Mx(t) \leqslant & \frac{\lambda_{\max}(Q_1)}{\lambda_{\min}(Q_1)}\lambda_{\max}(M^{-1}(I+B_k)^{\mathrm{T}}M(I+B_k)) \\
& \times \mathrm{e}^{\alpha(t-\tau_1)}x^{\mathrm{T}}(\tau_1)Mx(\tau_1) \\
& + \frac{\lambda_{\max}(Q_2)}{\lambda_{\min}(Q_1)}d\mathrm{e}^{\alpha(t-\tau_1)} - \frac{\lambda_{\min}(Q_2)}{\lambda_{\min}(Q_1)}h.
\end{aligned} \tag{2.2.10}
$$

同理, 不等式 (2.2.10) 对 $t = \tau_2$ 也成立. 因此对 $\forall t \in (\tau_1, \tau_2]$, 不等式 (2.2.10) 成立.

重复相同的推导过程, 可得当 $t \in (\tau_k, \tau_{k+1}], k < m$, 有

$$
\begin{aligned}
x^{\mathrm{T}}(t)Mx(t) \leqslant & \frac{\lambda_{\max}(Q_1)}{\lambda_{\min}(Q_1)}\lambda_{\max}(M^{-1}(I+B_k)^{\mathrm{T}}M(I+B_k))\mathrm{e}^{\alpha(t-\tau_k)} \\
& \times x^{\mathrm{T}}(\tau_k)Mx(\tau_k) + \frac{\lambda_{\max}(Q_2)}{\lambda_{\min}(Q_1)}d\mathrm{e}^{\alpha(t-\tau_k)} \\
& - \frac{\lambda_{\min}(Q_2)}{\lambda_{\min}(Q_1)}h.
\end{aligned} \tag{2.2.11}
$$

注意到条件 (H6) 中关于 a, b, c 的定义, 由不等式 (2.2.8) 和不等式 (2.2.11) 可以得到如下递推不等式序列:

$$
\begin{cases}
x^{\mathrm{T}}(t)Mx(t) \leqslant ax^{\mathrm{T}}(\tau_k)Mx(\tau_k) + b, \ t \in (\tau_k, \tau_{k+1}], \quad k = 1, \cdots, m-1, \\
x^{\mathrm{T}}(\tau_1)Mx(\tau_1) \leqslant c, a, c, x^{\mathrm{T}}(t)Mx(t) > 0, \quad \forall t \in [0, T].
\end{cases} \tag{2.2.12}
$$

由式 (2.2.12), 用数学归纳法可得

$$
x^{\mathrm{T}}(t)Mx(t) \leqslant a^k c + b\sum_{i=0}^{k-1}a^i, \quad t \in (\tau_k, \tau_{k+1}].
$$

因此, 当条件 (H5) 和条件 (H6) 成立时, 有

$$
x^{\mathrm{T}}(t)Mx(t) < c_2, \quad t \in (0, T].
$$

■

下面, 讨论变脉冲时刻系统的有限时间稳定性. 当形如 (2.2.1) 的脉冲系统的脉冲效应发生的时刻并非固定的时候, 即脉冲时刻可变时, 式 (2.2.1) 可以改写成如下形式:

$$
\begin{cases}
\dot{x}(t) = Ax(t) + \omega, \quad P(t, x) \neq 0, \\
\Delta x(t) = B_k x(t), \quad P(t, x) = 0, \\
x(0) = x_0, \quad k = 1, 2, \cdots,
\end{cases} \tag{2.2.13}
$$

其中 $x, A, B_k, \omega, \Delta x$ 的含义同系统 (2.2.1). 函数 $P \in C(\mathbf{R}^+, \mathbf{R})$, 与固定脉冲时刻的情况不同, 变脉冲时刻系统中, 脉冲发生的时刻和状态的集合都在超曲面 $P(t, x) = 0$ 上, 即集合

$$\{(t, x)|P(t, x) = 0\}.$$

另外, 若方程 $P(t, x) = 0$ 对于 t 来说, 它的解的集合是可数的, 那么就可以用 $t = \tau_k(x)$ 来表示系统 (2.2.13) 脉冲时刻点序列. 正是因为对 t 的可数性, 因此我们可以将脉冲效应发生的时刻点序列化, 而使其相对简单地表示成状态变量 x 的函数 $\tau_k(x)$.

为了更进一步研究系统 (2.2.13), 给出下列假设条件:

(H7) $P(t, x) = 0$ 的解集对于 t 来说可数, 可以将其序列化地表示为 $t = \tau_k(x)$;

(H8) 函数 $\tau_k \in C^1(\mathbf{R}^n, \mathbf{R}), k = 1, 2, \cdots$, 且存在正整数 $m \in \mathbf{Z}^+$, 使得

$$0 < \tau_1(x) < \cdots < \tau_m(x) = T < \tau_{m+1}(x) < \cdots, \forall x \in \mathbf{R}^n;$$

(H9) $\tau_k(B_k x) < \tau_k(x) < \tau_{k+1}(B_k x)$, B_k 是对称矩阵, 并且行列式满足 $\det(I + B_k) \neq 0, k = 1, 2, \cdots, m$;

(H10) 对于任意 $(t, x) \in [0, T] \times \mathbf{R}^n$, 有 $\langle \tau_k'(x), Ax(t) + \omega \rangle \neq 1, k = 1, \cdots, m$, 其中 $\langle \cdot, \cdot \rangle$ 表示欧氏空间 $\mathbf{R}^n$ 上的数量积

那么系统 (2.2.13) 可以表示为

$$\begin{cases} \dot{x}(t) = Ax(t) + \omega, & t \neq \tau_k(x), \\ \Delta x(t) = B_k x(t), & t = \tau_k(x), \\ x(0) = x_0, & k = 1, 2, \cdots. \end{cases} \quad (2.2.14)$$

由参考文献 [9],[133] 知, 当假设 (H7)∼ 假设 (H10) 成立时, 系统 (2.2.14) 的解存在唯一. 类似定理 2.2.1 的证明, 我们可以得到如下关于变脉冲时刻点系统的定理.

定理 2.2.2 若假设 (H7)∼ 假设 (H10) 成立, 并且存在正定矩阵 $Q_1, Q_2 \in \mathbf{R}^{n \times n}$ 和正常数 $\alpha > 0$, 满足条件 (H4)∼ 条件 (H6), 那么系统 (2.2.13) 对于 (c_1, c_2, T, M, S) 是有限时间稳定的.

在研究有限时间稳定性时, 可以从两个角度去考虑. 一种情况是预先给定了状态变量的界 c_2, 寻求最长的时间区间 $(0, T_{\max}]$, 使它在这段区间上有限时间稳定. 另外一种情况则是预先给定一段有限的时间区间 $(0, T]$, 要寻求最小的状态变量的界 $x_{\min}$, 使其在 $(0, T]$ 上有限时间稳定.

下面给出数值例子说明定理的有效性. 考虑如下的脉冲系统:

$$
\begin{cases}
\dot{x} = \begin{pmatrix} 0 & 1 \\ 2 & 0 \end{pmatrix} x + \begin{pmatrix} 0.05 \\ 0.03 \end{pmatrix}, & t \neq \tau_k, \\[2mm]
\Delta x(t) = \begin{pmatrix} -2 & 0.2 \\ 0.2 & -1.1 \end{pmatrix} x(t), & t = \tau_k, \\[2mm]
x(0) = \begin{pmatrix} 3 \\ 2 \end{pmatrix}, & k = 1, 2, \cdots.
\end{cases}
\tag{2.2.15}
$$

显然条件 (H2) 满足, 并且 $\omega^{\mathrm{T}}\omega = 0.0034$. 对于给定的正定矩阵 $M = \begin{pmatrix} 1 & 0 \\ 0 & 16 \end{pmatrix}$, 系统的初值满足 $c_1 = x_0^{\mathrm{T}} M x_0 = 160$. 若给定有限时间区间 $[0, 0.1]$ $(T = 0.1\mathrm{s})$, $c_2 = 7 \times 10^5$, 可设计如下脉冲时刻 $\tau_k = 0.05k$ 使得系统有限时间稳定. 在上述条件下, 存在正定矩阵 $Q_1 = \begin{pmatrix} 5 & 2 \\ 2 & 1 \end{pmatrix}$, $Q_2 = \begin{pmatrix} 2 & 1 \\ 1 & 4 \end{pmatrix}$ 和正常数 $\alpha = 8$, 使条件 (H4) 满足

$$
\begin{pmatrix} A^{\mathrm{T}}\tilde{Q}_1 + \tilde{Q}_1 A - \alpha\tilde{Q}_1 & \tilde{Q}_1 \\ \tilde{Q}_1 & -\alpha Q_2 \end{pmatrix} = \begin{pmatrix} -8 & -27 & 5 & 8 \\ -27 & -112 & 8 & 16 \\ 5 & 8 & -16 & -8 \\ 8 & 16 & -8 & -32 \end{pmatrix} < 0.
$$

又因为 $\lambda_{\max}(Q_1) = 5.8284$, $\lambda_{\min}(Q_1) = 0.1716$, $\lambda_{\max}(Q_2) = 4.4142$, $\lambda_{\min}(Q_2) = 1.5858$, $\lambda_{\max}(M^{-1}(I+B_k)^{\mathrm{T}}M(I+B_k)) = 1.6503$, 计算得 $a = 83.62, b = 0.0991, c = 7690$. 由定理 2.2.1, 系统 (2.2.15) 对于 $c_1 = 160, c_2 = 6.4304 \times 10^5, T = 0.1, M = \begin{pmatrix} 1 & 0 \\ 0 & 16 \end{pmatrix}$, $S = \{\omega | \omega^{\mathrm{T}}\omega = 0.0034\}$ 是有限时间稳定的.

本小节介绍了线性时不变脉冲系统的有限时间稳定性, 分别给出了固定脉冲时刻点和变脉冲时刻点系统 FTS 的充分条件. 有限时间稳定这一概念在工程学的领域中应用十分的广泛, 通过本小节的内容, 可以了解到, 脉冲控制是系统在有限时间区间内, 使状态变量达到稳定的一种很好的控制方法.

2.2.2　线性时变奇异脉冲系统的有限时间稳定

令 $J = [t_0, t_0 + T]$, 对时变矩阵 $A(t) \in \mathbf{R}^{n \times n}$, $\lambda_{\max}(A(\tilde{t}))$ 和 $\lambda_{\min}(A(\tilde{t}))$ 分别表示在 $t = \tilde{t}$ 时刻的 $A(t)$ 的最大特征值和最小特征值.

定义2.2.2　时变矩阵 $E(t)$ 称为在时间区间 J 上是奇异的, 如果存在 $\tilde{t} \in J$ 使得 $\det(E(\tilde{t})) = 0$.

定义2.2.3 时变矩阵 $Q(t)$ 称为在时间区间 J 上是非负定的,如果对所有的 $\tilde{t} \in J$ 使得 $Q(\tilde{t})$ 是非负定的.

考虑如下系统:

$$\begin{cases} E(t)\dot{x}(t) = A(t)x(t), & t \neq \tau_k, \\ \Delta x(t) = B_k x(t), & t = \tau_k, \\ x(t_0) = x_0, & k = 1, 2, \cdots, \end{cases} \qquad (2.2.16)$$

其中, $t \in \mathbf{R}^+$, $x \in \mathbf{R}^n$ 是系统状态. $A(t)$ 和 $E(t)$ 是关于时间 t 的连续时变矩阵, $B_k \in \mathbf{R}^{n \times n}$. $E(t)$ 是奇异的. x_0 为系统在时刻 t_0 的初始状态. 固定时刻的脉冲效应 $\{\tau_k, B_k x(\tau_k)\}$ 如前所述. 若系统 (2.2.16) 的脉冲控制一旦确定,则脉冲时刻 τ_k 就确定了. 对任意状态向量 $x(t)$, 定义 $\|x(t)\|_Q^2 = x^{\mathrm{T}}(t)Q(t)x(t)$, 其中 $Q(t)$ 是 J 上的非负定矩阵满足 $Q(t) = E^{\mathrm{T}}(t)P(t)E(t)$, 其中 $P(t) = P^{\mathrm{T}}(t) > 0$ 是任意给定的矩阵并关于时间连续. 给出有限时间稳定的定义如下.

定义2.2.4 给定两个正实数 c_1, c_2 和一个非负定矩阵 $Q(t)$, 系统 (2.2.16) 称为对 $\{c_1, c_2, J, Q(t)\}$ 是有限时间稳定的, 当且仅当

$$\|x(t_0)\|_Q^2 < c_1 \Rightarrow \|x(t)\|_Q^2 < c_2, \quad \forall t \in J.$$

另外, 若给定系统 (2.2.16) 一个常数信号 $\omega \in S$, 其中 S 是一个常向量集合, 则系统可表示为

$$\begin{cases} E(t)\dot{x}(t) = A(t)x(t) + \omega, & t \neq \tau_k, \\ \Delta x(t) = B_k x(t), & t = \tau_k, \\ x(t_0) = x_0, & k = 1, 2, \cdots. \end{cases} \qquad (2.2.17)$$

相应的, 对于系统 (2.2.17) 给出如下定义.

定义2.2.5 给定两个正实数 c_1, c_2 和一个非负定矩阵 $Q(t)$, 和一个常向量集合 S, 系统 (2.2.17) 称为对 $\{c_1, c_2, J, Q(t), S\}$ 是有限时间稳定的, 当且仅当

$$\|x(t_0)\|_Q^2 < c_1 \Rightarrow \|x(t)\|_Q^2 < c_2, \quad \forall t \in J, \omega \in S.$$

为研究系统 (2.2.16) 的有限时间稳定性, 首先做出如下假设:

(H1) 时变矩阵 $A(t), E(t)$ 在 J 上连续;

(H2) $\lim\limits_{k \to +\infty} \tau_k = +\infty$, 并存在 $m \in \mathbf{N}$ 使得

$$0 \leqslant t_0 < \tau_1 < \cdots < \tau_m \leqslant t_0 + T < \tau_{m+1} < \cdots;$$

(H3) 对任意 $t \in J$, 矩阵对 $(E(t), A(t))$ 是正则的, 即存在复数 c, 使得 $\det[cE(t) - A(t)] \neq 0$.

由文献 [134] 知, 假设 (H1)~ 假设 (H3) 保证了系统 (2.2.16) 在区间 J 上解的存在唯一性. 同时假设

(H4) 矩阵 B_k 是对称的且有 $\det(I + B_k) \neq 0$;

(H5) 对每个 $\tau_k, k = 1, \cdots, m$, 有 $\det(E(\tau_k)) \neq 0$.

对两个正实数 c_1, c_2, 有如下关于系统 (2.2.16) 有限时间稳定的定理.

定理 2.2.3 若假设 (H1)~ 假设 (H5) 成立, 则 $Q(t) = Q^{\mathrm{T}}(t) = E^{\mathrm{T}}(t)P(t)E(t) \geqslant 0$ 和 $P(t) = P^{\mathrm{T}}(t) > 0$. 系统 (2.2.16) 关于 $\{c_1, c_2, J, Q(t)\}$ 是有限时间稳定的, 如果

(H6) $c_1 \mathrm{e}^{\int_{t_0}^{\tau_1} \Lambda(M(t))\mathrm{d}t} \leqslant c_2$, 且对每个 $0 < k \leqslant m$, 有 $c_1 \mathrm{e}^{\int_{t_0}^{\tau_{k+1}} \Lambda(M(t))\mathrm{d}t} \prod_{i=1}^{k} r_i \leqslant c_2, \forall t \in J$, 其中

$$r_k = \lambda_{\max}\{[E^{\mathrm{T}}(\tau_k)P(\tau_k)E(\tau_k)]^{-1}(I + B_k)^{\mathrm{T}}E^{\mathrm{T}}(\tau_k)P(\tau_k)E(\tau_k)(I + B_k)\},$$

$$\Lambda(M(t)) = \max\{x^{\mathrm{T}}(t)M(t)x(t) : x^{\mathrm{T}}(t)Q(t)x(t) = 1\},$$

$$M(t) = \dot{E}^{\mathrm{T}}(t)P(t)E(t) + A^{\mathrm{T}}(t)P(t)E(t) + E^{\mathrm{T}}(t)P(t)\dot{E}(t)$$
$$+ E^{\mathrm{T}}(t)P(t)A(t) + E^{\mathrm{T}}(t)\dot{P}(t)E(t).$$

证明　构造如下类 Lyapunov 函数.

$$V(t, x(t)) = x^{\mathrm{T}}(t)E^{\mathrm{T}}(t)P(t)E(t)x(t).$$

在区间 (t_0, τ_1) 上关于时间 t 求导, 有

$$\begin{aligned}
\dot{V}(t, x(t)) =& x^{\mathrm{T}}(t)(\dot{E}^{\mathrm{T}}(t)P(t)E(t) + A^{\mathrm{T}}(t)P(t)E(t) \\
& + E^{\mathrm{T}}(t)P(t)\dot{E}(t) + E^{\mathrm{T}}(t)P(t)A(t) \\
& + E^{\mathrm{T}}(t)\dot{P}(t)E(t))x(t) \\
=& x^{\mathrm{T}}(t)M(t)x(t).
\end{aligned} \tag{2.2.18}$$

对两边从 t_0 到 τ_1 积分, 由 $\Lambda(M(t))$ 的定义知,

$$V(t, x(t)) \leqslant \mathrm{e}^{\int_{t_0}^{\tau_1} \Lambda(M(t))\mathrm{d}t}V(t_0, x_0), \quad t \in (t_0, \tau_1). \tag{2.2.19}$$

因为 $\|x(t)\|_Q^2 = x^{\mathrm{T}}(t)Q(t)x(t) = V(t, x(t))$ 和 $\|x(t_0)\|_Q^2 = x^{\mathrm{T}}(t_0)Q(t_0) \times x(t_0) = V(t_0, x(t_0))$, 由式 (2.2.19) 和假设 (H6) 知, $\|x(t)\|_Q^2 < c_2$, $t \in (t_0, \tau_1)$. 当 $t = \tau_1$, 由于 $x(\tau_1^-) = x(\tau_1)$ 和 $\tau_1^- \in (t_0, \tau_1)$, 因此, 根据式 (2.2.19) 有

$$V(\tau_1, x(\tau_1)) \leqslant \mathrm{e}^{\int_{t_0}^{\tau_1} \Lambda(M(t))\mathrm{d}t}V(t_0, x_0). \tag{2.2.20}$$

式 (2.2.20) 说明 $\|x(\tau_1)\|_Q^2 < c_2$. 现考虑 $t \in (\tau_1, \tau_2)$ 的情形, 式 (2.2.18) 仍然成立. 对式 (2.2.18) 从 τ_1^+ 到 τ_2 积分, 有

$$V(t, x(t)) \leqslant \mathrm{e}^{\int_{\tau_1}^{\tau_2} \Lambda(M(t))\mathrm{d}t} V(\tau_1^+, x(\tau_1^+)), t \in (\tau_1, \tau_2). \qquad (2.2.21)$$

由假设 (H1), 假设 (H4) 和假设 (H5) 知,

$$
\begin{aligned}
V(\tau_1^+, x(\tau_1^+)) &= x^{\mathrm{T}}(\tau_1^+) E^{\mathrm{T}}(\tau_1) P(\tau_1) E(\tau_1) x(\tau_1^+) \\
&= [(I + B_1)x(\tau_1)]^{\mathrm{T}} E^{\mathrm{T}}(\tau_1) P(\tau_1) E(\tau_1)[(I + B_1)x(\tau_1)] \\
&\leqslant r_1 x^{\mathrm{T}}(\tau_1) E^{\mathrm{T}}(\tau_1) P(\tau_1) E(\tau_1) x(\tau_1) \\
&= r_1 V(\tau_1, x(\tau_1)).
\end{aligned}
\qquad (2.2.22)
$$

因此, 由不等式 (2.2.20)∼ 不等式 (2.2.22), 当 $t \in (\tau_1, \tau_2]$, 有下式成立

$$V(t, x(t)) \leqslant r_1 \mathrm{e}^{\int_{\tau_1}^{\tau_2} \Lambda(M(t))\mathrm{d}t} V(\tau_1, x(\tau_1)) < r_1 c_1 \mathrm{e}^{\int_{t_0}^{\tau_2} \Lambda(M(t))\mathrm{d}t}.$$

同时由假设 (H6), 我们有 $\|x(t)\|_Q^2 \leqslant c_2, t \in (\tau_1, \tau_2]$.

类似推导可得, 对任意 $t \in (\tau_k, \tau_{k+1}]$, 都有式 (2.2.23) 成立

$$V(t, x(t)) < c_1 \mathrm{e}^{\int_{t_0}^{\tau_{k+1}} \Lambda(M(t))\mathrm{d}t} \prod_{i=1}^{k} r_i, t \in (\tau_k, \tau_{k+1}]. \qquad (2.2.23)$$

由式 (2.2.23) 和假设 (H6), 系统状态满足 $\|x(t)\|_Q^2 < c_2$. ∎

在研究系统 (2.2.17) 的有限时间稳定之前, 给出如下假设:

(H7) $\omega \in S$, 其中向量集合 $S = \{\omega | \omega \in \mathbf{R}^n, d \leqslant \omega^{\mathrm{T}} \omega \leqslant h\}, 0 < d \leqslant h$.

由文献 [34] 知, 假设 (H1)∼ 假设 (H3) 及假设 (H7) 保证了系统 (2.2.17) 解的存在唯一性. 类似的, 对系统 (2.2.17) 有如下有限时间稳定的结论.

定理 2.2.4 若假设 (H1)∼ 假设 (H5), 假设 (H7) 成立, $Q(t) = Q^{\mathrm{T}}(t) = E^{\mathrm{T}}(t) P(t) E(t) \geqslant 0$, 且有 $P(t) = P^{\mathrm{T}}(t) > 0$. 系统 (2.2.17) 关于 $\{c_1, c_2, J, Q(t), S\}$ 是有限时间稳定的, 若存在常数 $\alpha > 0$ 和正定矩阵 $G > 0$, 使得下式成立:

(H8) $\begin{pmatrix} M(t) - \alpha E^{\mathrm{T}}(t) P(t) E(t) & E^{\mathrm{T}}(t) P(t) \\ P(t) E(t) & -\alpha G \end{pmatrix} \leqslant 0$;

(H9) $c \triangleq \mathrm{e}^{\alpha \tau_1}(c_1 + \lambda_{\max}(G)h) - \lambda_{\min}(G)d \leqslant c_2$;

(H10) 对任意的 k 满足 $2 \leqslant k \leqslant m$ 有 $a^{k-1}c + b \sum_{i=0}^{k-2} a^i \leqslant c_2$, 其中 $a = \max\{\mathrm{e}^{\alpha(\tau_{k+1} - \tau_k)} r_k\}$, $b = \max\{\mathrm{e}^{\alpha(\tau_{k+1} - \tau_k)} \lambda_{\max}(G)h - \lambda_{\min}(G)d\}$, $k = 1, \cdots, m - 1$, 且 $M(t), r_k$ 如定理 2.2.3 定义.

证明　构造 Lyapunov 函数

$$V(t,x(t)) = x^{\mathrm{T}}(t)E^{\mathrm{T}}(t)P(t)E(t)x(t) + \omega^{\mathrm{T}}G\omega.$$

当 $t \in (t_0, \tau_1)$ 时, 其导数为

$$\dot{V}(t,x(t)) = x^{\mathrm{T}}(t)M(t)x(t) + \omega^{\mathrm{T}}P(t)E(t)x(t) + x^{\mathrm{T}}(t)E^{\mathrm{T}}(t)P(t)\omega. \quad (2.2.24)$$

构造一个新的向量 $z(t) \triangleq \begin{pmatrix} x(t) \\ \omega \end{pmatrix}$. 当假设 (H8) 成立时有

$$z^{\mathrm{T}}(t)\begin{pmatrix} M(t) - \alpha E^{\mathrm{T}}(t)P(t)E(t) & E^{\mathrm{T}}(t)P(t) \\ P(t)E(t) & -\alpha G \end{pmatrix}z(t)$$
$$= x^{\mathrm{T}}(t)[M(t) - \alpha E^{\mathrm{T}}(t)P(t)E(t)]x(t) + \omega^{\mathrm{T}}P(t)E(t)x(t)$$
$$+ x^{\mathrm{T}}(t)E^{\mathrm{T}}(t)P(t)\omega - \alpha\omega^{\mathrm{T}}G\omega \leqslant 0. \quad (2.2.25)$$

式 (2.2.24) 和式 (2.2.25) 表明

$$\dot{V}(t,x(t)) \leqslant \alpha V(t,x(t)), \forall t \in (t_0, \tau_1). \quad (2.2.26)$$

对式 (2.2.26) 两边从 t_0 到 t 积分, 有

$$V(t,x(t)) \leqslant \mathrm{e}^{\alpha(t-t_0)}V(t_0,x_0), t \in (t_0, \tau_1). \quad (2.2.27)$$

由 $V(t,x(t))$ 的定义和假设 (H7) 知, 不等式 (2.2.27) 表示

$$\lambda_{\min}(G)d + x^{\mathrm{T}}(t)E^{\mathrm{T}}(t)P(t)E(t)x(t)$$
$$\leqslant \mathrm{e}^{\alpha(t-t_0)}[c_1 + \lambda_{\max}(G)h], \quad t \in (t_0, \tau_1). \quad (2.2.28)$$

因此, 由式 (H9) 知, $x^{\mathrm{T}}(t)E^{\mathrm{T}}(t)P(t)E(t)x(t) < c_2$, $t \in (t_0, \tau_1)$. 对于 $t = \tau_1$, 由于 $x(\tau_1^-) = x(\tau_1)$ 和 $\tau_1^- \in (t_0, \tau_1)$. 故式 (2.2.27) 在时刻 $t = \tau_1$ 也成立, 即

$$V(\tau_1, x(\tau_1)) \leqslant \mathrm{e}^{\alpha(\tau_1-t_0)}V(t_0,x_0). \quad (2.2.29)$$

由式 (H9) 知, $x^{\mathrm{T}}(\tau_1)E^{\mathrm{T}}(\tau_1)P(\tau_1)E(\tau_1)x(\tau_1) < \mathrm{e}^{\alpha\tau_1}[c_1 + \lambda_{\max}(G)h] - \lambda_{\min}(G)d \leqslant c_2$, 有

$$x^{\mathrm{T}}(t)E^{\mathrm{T}}(t)P(t)E(t)x(t) < \mathrm{e}^{\alpha\tau_1}[c_1 + \lambda_{\max}(G)h] - \lambda_{\min}(G)d$$
$$\leqslant c_2, \quad t \in (t_0, \tau_1]. \quad (2.2.30)$$

在区间 (τ_1, τ_2) 上继续考虑. 不等式在 (τ_1, τ_2) 上仍然成立. 对式 (2.2.26) 从 τ_1^+ 到 $t \in (\tau_1, \tau_2)$ 积分有

$$V(t, x(t)) \leqslant \mathrm{e}^{\alpha(t-\tau_1)} V(\tau_1^+, x(\tau_1^+)), \quad t \in (\tau_1, \tau_2). \tag{2.2.31}$$

由假设 (H5) 和 r_k 的定义, 可得

$$\begin{aligned}
V(\tau_1^+, x(\tau_1^+)) &= x^{\mathrm{T}}(\tau_1^+) E^{\mathrm{T}}(\tau_1) P(\tau_1) E(\tau_1) x(\tau_1^+) + \omega^{\mathrm{T}} G \omega \\
&= [(I + B_1) x(\tau_1)]^{\mathrm{T}} E^{\mathrm{T}}(\tau_1) P(\tau_1) E(\tau_1) \\
&\quad \times [(I + B_1) x(\tau_1)] + \omega^{\mathrm{T}} G \omega \\
&\leqslant r_1 x^{\mathrm{T}}(\tau_1) E^{\mathrm{T}}(\tau_1) P(\tau_1) E(\tau_1) x(\tau_1) + \lambda_{\max}(G) h. \tag{2.2.32}
\end{aligned}$$

由式 (2.2.31) 和式 (2.2.32) 有下式成立

$$\begin{aligned}
& x^{\mathrm{T}}(t) E^{\mathrm{T}}(t) P(t) E(t) x(t) + \lambda_{\min}(G) d \\
&\leqslant V(t, x(t)) \leqslant \mathrm{e}^{\alpha(t-\tau_1)} V(\tau_1^+, x(\tau_1^+)) \\
&\leqslant \mathrm{e}^{\alpha(t-\tau_1)} [r_1 x^{\mathrm{T}}(\tau_1) E^{\mathrm{T}}(\tau_1) P(\tau_1) E(\tau_1) x(\tau_1) + \lambda_{\max}(G) h]. \tag{2.2.33}
\end{aligned}$$

不等式 (2.2.33) 说明

$$\begin{aligned}
& x^{\mathrm{T}}(t) E^{\mathrm{T}}(t) P(t) E(t) x(t) \\
&\leqslant \mathrm{e}^{\alpha(t-\tau_1)} [r_1 x^{\mathrm{T}}(\tau_1) E^{\mathrm{T}}(\tau_1) P(\tau_1) E(\tau_1) x(\tau_1) + \lambda_{\max}(G) h] - \lambda_{\min}(G) d, \, t \in (\tau_1, \tau_2).
\end{aligned}$$
$$\tag{2.2.34}$$

同理知, 式 (2.2.34) 当 $t = \tau_2$ 时也满足, 故式 (2.2.34) 对任意 $t \in (\tau_1, \tau_2]$ 均成立. 类似推导知, 当 $t \in (\tau_k, \tau_{k+1}], k = 1, 2, \cdots$, 有

$$\begin{aligned}
& x^{\mathrm{T}}(t) E^{\mathrm{T}}(t) P(t) E(t) x(t) \\
&\leqslant \mathrm{e}^{\alpha(\tau_{k+1}-\tau_k)} [r_k x^{\mathrm{T}}(\tau_k) E^{\mathrm{T}}(\tau_k) P(\tau_k) E(\tau_k) x(\tau_k) + \lambda_{\max}(G) h] - \lambda_{\min}(G) d.
\end{aligned}$$
$$\tag{2.2.35}$$

因此由式 (2.2.27) 和式 (2.2.30), 初始条件及 a, b 的定义, 有如下不等式成立:

$$\begin{cases}
x^{\mathrm{T}}(t_0) E^{\mathrm{T}}(t_0) P(t_0) E(t_0) x(t_0) < c_1, \\
x^{\mathrm{T}}(\tau_1) E^{\mathrm{T}}(\tau_1) P(\tau_1) E(\tau_1) x(\tau_1) < \mathrm{e}^{\alpha \tau_1} [c_1 + \lambda_{\max}(G) h] - \lambda_{\min}(G) d, \\
x^{\mathrm{T}}(t) E^{\mathrm{T}}(t) P(t) E(t) x(t) \leqslant a x^{\mathrm{T}}(\tau_k) E^{\mathrm{T}}(\tau_k) P(\tau_k) E(\tau_k) x(\tau_k) + b, \\
k = 1, \cdots, m, \, t \in (\tau_k, \tau_{k+1}].
\end{cases} \tag{2.2.36}$$

由式 (2.2.36), 应用数学归纳法可得

$$\begin{aligned}
x^{\mathrm{T}}(t) E^{\mathrm{T}}(t) P(t) E(t) x(t) &\leqslant a^{k-1} x^{\mathrm{T}}(\tau_1) E^{\mathrm{T}}(\tau_1) P(\tau_1) E(\tau_1) x(\tau_1) \\
&\quad + b \sum_{i=0}^{k-2} a^i, \, t \in (\tau_k, \tau_{k+1}].
\end{aligned}$$

因此, 当式 (H9) 和式 (H10) 成立时, 可得

$$\|x(t)\|_Q^2 = x^T(t)E^T(t)P(t)E(t)x(t) < c_2, \ t \in (0, T].$$

∎

下面给出数值例子说明上述方法的有效性.

例2.2.1   考虑如下系统

$$\begin{cases} \begin{pmatrix} 1 & 0 \\ 0 & \sin(0.07-t) \end{pmatrix} \dot{x}(t) = \begin{pmatrix} 1 & 0 \\ 0 & \cos(0.07-t) \end{pmatrix} x(t) + \begin{pmatrix} 0.03 \\ 0.06 \end{pmatrix}, \ t \neq \tau_k, \\ \Delta x(t) = \begin{pmatrix} -2 & 0 \\ 0 & -1.8 \end{pmatrix} x(t), \ t = \tau_k, \ k = 1, 2, \cdots, \end{cases} \quad (2.2.37)$$

其中 $x(0) = [1 \ 2]^T$. 令 $P = I$. 易知条件满足且 $\omega^T\omega = 0.0045$. 简单计算可得 $x_0^T Q(0)x_0 = 1.0014$. 对于给定的有限时间区间 $[0, 0.1]$ ($T = 0.1s$), 且 $c_2 = 2.3$, 在此仅设计两个脉冲: $\tau_k = 0.05k$ 可使得系统有限时间稳定. 若对于给定的 $\alpha = 8$ 和一个正定矩阵 $G = \begin{pmatrix} 1 & 0 \\ 0 & 1.25 \end{pmatrix}$, 可得

$$M(t) = \begin{pmatrix} -6 & 0 & 1 & 0 \\ 0 & -8\sin^2(0.07-t) & 0 & \sin(0.07-t) \\ 1 & 0 & -8 & 0 \\ 0 & \sin(0.07-t) & 0 & -10 \end{pmatrix} \leqslant 0,$$

说明条件 (H8) 成立. 由于 $\lambda_{\max}(G) = 1.25$, $\lambda_{\min}(G) = 1$, 可得 $a = 1.4918$, $b = 0.0039$, $c = 1.4978$. 由定理 2.2.3 知, 系统 (2.2.37) 关于 $c_1 = 1.1$, $c_2 = 2.3$, $T = 0.1s$, $Q = \begin{pmatrix} 1 & 0 \\ 0 & \sin^2(0.07-t) \end{pmatrix}$, $S = \{\omega^T\omega = 0.0045\}$ 是有限时间稳定的.

本节内容由文献 [149], [150] 改写.

第3章　时滞脉冲系统的稳定性理论

3.1　时滞脉冲线性系统的稳定性研究

3.1.1　具有时滞的脉冲线性系统的稳定性

在工业控制领域中, 各种生产过程、生产设备、运输系统以及许多其他的被控对象, 通常用线性系统来近似描述. 线性系统通常是现实系统的一类理想化模型. 稳定性问题历来是控制系统的分析与综合中需要考虑的一个极其重要的方面. 脉冲可以使不稳定的系统变得稳定, 因此基于脉冲微分方程理论的脉冲控制近来引起了研究者们新的兴趣. 时滞是指信号传输的延迟, 从频率角度的特性来说, 它是指相频特性对频率导数的负值.

在本小节中, 我们考虑具有时滞的脉冲线性系统. 通过利用分段连续的 Lyapunov 函数, 我们得到一些稳定性的结果. 我们也给出一个例子来说明所得结果的有效性. 在文献 [10] 中, 作者用已经存在的结果来研究脉冲系统, 在本小节中利用分段连续的 Lyapunov 函数或是 Lyapunov 泛函来得到新的结果. 此外, 在文献 [10] 中不存在时滞. 应该注意到我们所用的方法与文献 [37] 和 [41] 中的方法是不同的, 由于在文献 [37] 中用比较原理, 在文献 [41] 用解的表达式的直接方法, 因此我们所得的结果是新的. 我们所得到的结果与文献 [38] 也是不同的, 因为在文献 [38] 中作者考虑了解的有界性问题, 而在本小节中我们考虑的是解的稳定性问题.

考虑下面具有时滞的脉冲线性微分系统:

$$
\begin{cases}
\dot{x}(t) = Ax(t) + Bx(t-\tau), & t \geqslant t_0, t \neq \tau_k; \\
\Delta x(t) \triangleq x(t) - x(t^-) = Cx(t^-), & t = \tau_k, k \in \mathbf{Z}^+.
\end{cases}
\tag{3.1.1}
$$

其中 $x \in \mathbf{R}^n$, $A, B, C \in \mathbf{R}^{n \times n}$, B 是非奇异的, $\tau_0 = 0, \tau > 0$. 显然 $x(t) = 0$ 是系统 (3.1.1) 的一个解, 我们称为零解.

对于任意的 $\rho > 0$, 令 $PC(\rho) = \{\phi \in PC([-\tau, 0], \mathbf{R}^n) : |\phi| < \rho\}$, 其中 $|\phi| = \sup_{-\tau \leqslant s \leqslant 0} \|\phi\|$. 对于 $s \in [-\tau, 0]$, $x_t(s) = x(t+s)$.

对于给定的 $\sigma \geqslant t_0$ 和 $\varphi \in PC([-\tau, 0], \mathbf{R}^n)$, 初始值问题 (3.1.1) 是

$$
\begin{cases}
\dot{x}(t) = Ax(t) + Bx(t-\tau), & t \geqslant \sigma, t \neq \tau_k; \\
\Delta x(\tau_k) \triangleq x(\tau_k) - x(\tau_k^-) = Cx(\tau_k^-), \\
x(\sigma + t) = \varphi(t), & t \in [-\tau, 0], k \in \mathbf{Z}^+.
\end{cases}
\tag{3.1.2}
$$

我们有下面的定义.

定义3.1.1   系统 (3.1.1) 的零解被称为是稳定的, 如果对于任意的 $\sigma \geqslant t_0$ 和 $\varepsilon > 0$, 存在 $\delta = \delta(\sigma, \varepsilon) > 0$, 使得当 $\varphi \in PC(\delta), t \geqslant \sigma$ 时, 有

$$\|x(t, \sigma, \varphi)\| < \varepsilon, \quad t \geqslant \sigma.$$

系统 (3.1.1) 的零解被称为是一致稳定的, 如果 δ 与 σ 是独立的.

现在我们考虑具有时滞的脉冲线性微分系统 (3.1.1), 我们有下面的结果.

定理 3.1.1   如果存在 $n \times n$ 阶对称正定矩阵 P, 满足对于 $k = 1, 2, \cdots$, 有 $\left(\lambda_3 + \dfrac{\lambda_4}{\lambda_5}\right)(\tau_k - \tau_{k-1}) < -\ln \lambda_5$, 那么系统 (3.1.1) 的零解是一致稳定的, 其中 λ_3 是 $P^{-1}(A^{\mathrm{T}}P + PA + PP)$ 的最大特征值, λ_4 是 $P^{-1}B^{\mathrm{T}}B$ 的最大特征值, $0 < \lambda_5 < 1$ 是 $P^{-1}(I + C)^{\mathrm{T}}P(I + C)$ 的最大特征值.

证明   令 $\lambda_1 > 0, \lambda_2 > 0$ 分别是 P 的最小特征值和最大特征值. 对于任意的 $\varepsilon > 0$, 存在 $\delta = \delta(\varepsilon) > 0$, 满足 $\delta < \sqrt{\dfrac{\lambda_1 \lambda_5}{\lambda_2}} \varepsilon$.

取一个 Lyapunov 函数 $V(t, x(t)) = x^{\mathrm{T}}(t)Px(t)$, 那么

$$\lambda_1 \|x(t)\|^2 \leqslant V(t, x(t)) \leqslant \lambda_2 \|x(t)\|^2.$$

当 $t \neq \tau_k, k = 1, 2, \cdots$, 时, 我们有

$$
\begin{aligned}
V'(t, x(t)) &= (x^{\mathrm{T}}(t))'Px(t) + x^{\mathrm{T}}(t)Px'(t) \\
&= (x^{\mathrm{T}}(t)A^{\mathrm{T}} + x^{\mathrm{T}}(t - \tau)B^{\mathrm{T}})Px(t) + x^{\mathrm{T}}(t)P(Ax(t) + Bx(t - \tau)) \\
&= x^{\mathrm{T}}(t)A^{\mathrm{T}}Px(t) + x^{\mathrm{T}}(t - \tau)B^{\mathrm{T}}Px(t) + x^{\mathrm{T}}(t)PAx(t) + x^{\mathrm{T}}(t)PBx(t - \tau) \\
&= x^{\mathrm{T}}(t)(A^{\mathrm{T}}P + PA)x(t) + 2x^{\mathrm{T}}(t - \tau)B^{\mathrm{T}}Px(t) \\
&\leqslant x^{\mathrm{T}}(t)(A^{\mathrm{T}}P + PA)x(t) + x^{\mathrm{T}}(t - \tau)B^{\mathrm{T}}Bx(t - \tau) + x^{\mathrm{T}}(t)PPx(t) \\
&= x^{\mathrm{T}}(t)(A^{\mathrm{T}}P + PA + PP)x(t) + x^{\mathrm{T}}(t - \tau)B^{\mathrm{T}}Bx(t - \tau) \\
&\leqslant \lambda_3 x^{\mathrm{T}}(t)Px(t) + \lambda_4 x^{\mathrm{T}}(t - \tau)Px(t - \tau).
\end{aligned}
$$

对于任意的 $\sigma \geqslant t_0$ 和 $\varphi \in PC(\delta)$, 令 $x(t) = x(t, \sigma, \varphi)$ 是系统 (3.1.1) 通过 (σ, φ) 的解. 令 $\sigma \in [\tau_{m-1}, \tau_m)$ 对某一 $m \in \mathbf{Z}^+$ 成立. 首先证明

$$V(t, x(t)) \leqslant \frac{\lambda_2}{\lambda_5}\delta^2, \quad \sigma \leqslant t < \tau_m. \tag{3.1.3}$$

显然对每一个 $t \in [\sigma - \tau, \sigma]$, 这里都存在一个 $a \in [-\tau, 0]$, 满足 $t = \sigma + a$, 因此我们

有

$$V(t, x(t)) = V(\sigma + a, x(\sigma + a)) = V(\sigma + a, \varphi(a))$$

$$\leqslant \lambda_2 \|\varphi(a)\|^2 \leqslant \lambda_2 \delta^2 < \frac{\lambda_2}{\lambda_5} \delta^2, \quad \sigma - \tau \leqslant t \leqslant \sigma.$$

因此如果不等式 (3.1.3) 不成立, 那么存在 $\hat{s} \in (\sigma, \tau_m)$, 满足

$$V(\hat{s}, x(\hat{s})) > \frac{\lambda_2}{\lambda_5} \delta^2 > \lambda_2 \delta^2 \geqslant V(\sigma, x(\sigma)).$$

由 $V(t, x(t))$ 在 $[\sigma, \tau_m)$ 上的连续性, 存在 $s_1 \in (\sigma, \hat{s})$, 满足

$$V(s_1, x(s_1)) = \frac{\lambda_2}{\lambda_5} \delta^2,$$

$$V(t, x(t)) \leqslant \frac{\lambda_2}{\lambda_5} \delta^2, \quad \sigma - \tau \leqslant t \leqslant s_1 \tag{3.1.4}$$

$$V'(s_1, x(s_1)) \geqslant 0.$$

由不等式 $\frac{\lambda_2}{\lambda_5} \delta^2 > \lambda_2 \delta^2$, 当 $t \in [\sigma - \tau, \sigma]$ 时, $V(t, x) \leqslant \lambda_2 \delta^2$, 这里也存在一个 $s_2 \in (\sigma, s_1)$, 满足

$$V(s_2, x(s_2)) = \lambda_2 \delta^2,$$

$$V(t, x(t)) \geqslant \lambda_2 \delta^2, \quad s_2 \leqslant t \leqslant s_1$$

$$V'(s_2, x(s_2)) \geqslant 0. \tag{3.1.5}$$

由不等式 (3.1.4), 当 $\sigma - \tau \leqslant t \leqslant s_1$ 时, 有 $V(t, x(t)) \leqslant \frac{\lambda_2}{\lambda_5} \delta^2$. 由不等式 (3.1.5), 当 $t \in [s_2, s_1]$ 时, $V(t, x(t)) \geqslant \lambda_2 \delta^2$. 因此对于 $t \in [s_2, s_1]$, 有

$$V(t + s, x(t + s)) \leqslant \frac{\lambda_2}{\lambda_5} \delta^2 \leqslant \frac{1}{\lambda_5} V(t, x(t)), \quad s \in [-\tau, 0].$$

所以有 $x^{\mathrm{T}}(t - \tau) P x(t - \tau) \leqslant \frac{1}{\lambda_5} x^{\mathrm{T}}(t) P x(t)$, 那么对于 $t \in [s_2, s_1]$, 有

$$V'(t, x(t)) \leqslant \left(\lambda_3 + \frac{\lambda_4}{\lambda_5}\right) x^{\mathrm{T}}(t) P x(t) = \left(\lambda_3 + \frac{\lambda_4}{\lambda_5}\right) V(t, x(t)). \tag{3.1.6}$$

在 $t \in [s_2, s_1]$ 上对不等式 (3.1.6) 进行积分, 有

$$\int_{s_2}^{s_1} \frac{V'(t, x(t))}{V(t, x(t))} \mathrm{d}t \leqslant \int_{s_2}^{s_1} \left(\lambda_3 + \frac{\lambda_4}{\lambda_5}\right) \mathrm{d}t \leqslant \int_{\tau_{m-1}}^{\tau_m} \left(\lambda_3 + \frac{\lambda_4}{\lambda_5}\right) \mathrm{d}t$$

$$= \left(\lambda_3 + \frac{\lambda_4}{\lambda_5}\right) (\tau_m - \tau_{m-1}) < -\ln \lambda_5.$$

同时

$$\int_{s_2}^{s_1} \frac{V'(t,x(t))}{V(t,x(t))} \mathrm{d}t = \int_{V(s_2,x(s_2))}^{V(s_1,x(s_1))} \frac{\mathrm{d}u}{u} = \int_{\lambda_2\delta^2}^{\frac{\lambda_2}{\lambda_5}\delta^2} \frac{\mathrm{d}u}{u}$$
$$= \ln\left(\frac{\lambda_2}{\lambda_5}\delta^2\right) - \ln(\lambda_2\delta^2) = -\ln\lambda_5.$$

这是一个矛盾, 因此式 (3.1.3) 成立.

由不等式 (3.1.3) 和给定的条件, 我们有

$$V(\tau_m, x(\tau_m)) = x^{\mathrm{T}}(\tau_m)Px(\tau_m)$$
$$= (x(\tau_m^-) + Cx(\tau_m^-))^{\mathrm{T}} P(x(\tau_m^-) + Cx(\tau_m^-))$$
$$= x^{\mathrm{T}}(\tau_m^-)(I+C)^{\mathrm{T}} P(I+C)x(\tau_m^-)$$
$$\leqslant \lambda_5 x^{\mathrm{T}}(\tau_m^-)Px(\tau_m^-) = \lambda_5 V(\tau_m^-, x(\tau_m^-)) \leqslant \lambda_2\delta^2.$$

下面证明

$$V(t,x(t)) \leqslant \frac{\lambda_2}{\lambda_5}\delta^2, \quad \tau_m \leqslant t < \tau_{m+1} \tag{3.1.7}$$

如果式 (3.1.7) 不成立, 那么存在 $\hat{r} \in (\tau_m, \tau_{m+1})$ 满足

$$V(\hat{r}, x(\hat{r})) > \frac{\lambda_2}{\lambda_5}\delta^2 > \lambda_2\delta^2 \geqslant V(\tau_m, x(\tau_m)).$$

由 $V(t,x(t))$ 在 $[\tau_m, \tau_{m+1})$ 上的连续性知, 存在 $r_1 \in (\tau_m, \hat{r})$, 满足

$$V(r_1, x(r_1)) = \frac{\lambda_2}{\lambda_5}\delta^2,$$
$$V(t,x(t)) \leqslant \frac{\lambda_2}{\lambda_5}\delta^2, \quad \sigma - \tau \leqslant t \leqslant r_1$$
$$V'(r_1, x(r_1)) \geqslant 0. \tag{3.1.8}$$

由不等式 $\frac{\lambda_2}{\lambda_5}\delta^2 > \lambda_2\delta^2$ 知, $V(\tau_m, x(\tau_m)) \leqslant \lambda_2\delta^2$, 这里也存在一个 $r_2 \in (\tau_m, r_1)$, 满足

$$V(r_2, x(r_2)) = \lambda_2\delta^2,$$
$$V(t,x(t)) \geqslant \lambda_2\delta^2, \quad r_2 \leqslant t \leqslant r_1$$
$$V'(r_2, x(r_2)) \geqslant 0. \tag{3.1.9}$$

由不等式 (3.1.8), 当 $\sigma - \tau \leqslant t \leqslant r_1$ 时, $V(t,x(t)) \leqslant \frac{\lambda_2}{\lambda_5}\delta^2$. 由不等式 (3.1.9) 可得当 $r_2 \leqslant t \leqslant r_1$ 时, $V(t,x(t)) \geqslant \lambda_2\delta^2$. 因此, 对于 $t \in [r_2, r_1]$, 有

$$V(t+s, x(t+s)) \leqslant \frac{\lambda_2}{\lambda_5}\delta^2 \leqslant \frac{1}{\lambda_5}V(t,x(t)), \quad s \in [-\tau, 0].$$

因此 $x^{\mathrm{T}}(t-\tau)Px(t-\tau) \leqslant \dfrac{1}{\lambda_5}x^{\mathrm{T}}(t)Px(t)$, 那么对于 $t \in [r_2, r_1]$, 有

$$V'(t, x(t)) \leqslant \left(\lambda_3 + \frac{\lambda_4}{\lambda_5}\right)x^{\mathrm{T}}(t)Px(t) = \left(\lambda_3 + \frac{\lambda_4}{\lambda_5}\right)V(t, x(t)). \tag{3.1.10}$$

在 $t \in [r_2, r_1]$ 上对不等式 (3.1.10) 进行积分, 有

$$\int_{r_2}^{r_1}\frac{V'(t, x(t))}{V(t, x(t))}\mathrm{d}t \leqslant \int_{r_2}^{r_1}\left(\lambda_3 + \frac{\lambda_4}{\lambda_5}\right)\mathrm{d}t \leqslant \int_{\tau_m}^{\tau_{m+1}}\left(\lambda_3 + \frac{\lambda_4}{\lambda_5}\right)\mathrm{d}t$$

$$= \left(\lambda_3 + \frac{\lambda_4}{\lambda_5}\right)(\tau_{m+1} - \tau_m) < -\ln\lambda_5.$$

同时我们有

$$\int_{r_2}^{r_1}\frac{V'(t, x(t))}{V(t, x(t))}\mathrm{d}t = \int_{V(r_2, x(r_2))}^{V(r_1, x(r_1))}\frac{\mathrm{d}u}{u}$$

$$= \int_{\lambda_2\delta^2}^{\frac{\lambda_2}{\lambda_5}\delta^2}\frac{\mathrm{d}u}{u} = \ln\left(\frac{\lambda_2}{\lambda_5}\delta^2\right) - \ln(\lambda_2\delta^2) = -\ln\lambda_5.$$

这是一个矛盾, 因此式 (3.1.7) 成立.

由不等式 (3.1.7) 和已知的条件, 我们有

$$\begin{aligned}
V(\tau_{m+1}, x(\tau_{m+1})) &= x^{\mathrm{T}}(\tau_{m+1})Px(\tau_{m+1}) \\
&= (x(\tau_{m+1}^-) + Cx(\tau_{m+1}^-))^{\mathrm{T}}P(x(\tau_{m+1}^-) + Cx(\tau_{m+1}^-)) \\
&= x^{\mathrm{T}}(\tau_{m+1}^-)(I + C)^{\mathrm{T}}P(I + C)x(\tau_{m+1}^-) \\
&\leqslant \lambda_5 x^{\mathrm{T}}(\tau_{m+1}^-)Px(\tau_{m+1}^-) = \lambda_5 V(\tau_{m+1}^-, x(\tau_{m+1}^-)) \leqslant \lambda_2\delta^2.
\end{aligned}$$

通过简单的推导, 可以证明一般的对 $k = 0, 1, 2, \cdots$, 有

$$V(t, x(t)) \leqslant \frac{\lambda_2}{\lambda_5}\delta^2, \quad \tau_{m+k} \leqslant t < \tau_{m+k+1}$$

$$V(\tau_{m+k+1}, x(\tau_{m+k+1})) \leqslant \lambda_2\delta^2.$$

上式与不等式 (3.1.3) 和不等式 $\dfrac{\lambda_2}{\lambda_5}\delta^2 \geqslant \lambda_2\delta^2$ 相结合得

$$V(t, x(t)) \leqslant \frac{\lambda_2}{\lambda_5}\delta^2, \quad t \geqslant \sigma.$$

因此

$$\lambda_1\|x(t)\|^2 \leqslant V(t, x(t)) = x^{\mathrm{T}}(t)Px(t) \leqslant \frac{\lambda_2}{\lambda_5}\delta^2, \quad t \geqslant \sigma.$$

这就意味着

$$\|x(t)\| \leqslant \sqrt{\frac{\lambda_2}{\lambda_1 \lambda_5}} \delta < \varepsilon, \quad t \geqslant \sigma.$$

因此系统 (3.1.1) 的零解是一致稳定的. ∎

定理 3.1.2 如果存在 $n \times n$ 阶对称正定矩阵 P, 满足对于 $k = 1, 2, \cdots$, 有 $\lambda_3(\tau_k - \tau_{k-1}) < -\ln \lambda_7$, 那么系统 (3.1.1) 的零解是一致稳定的, 其中 λ_3 是 $P^{-1}(A^{\mathrm{T}}P + PA + B^{\mathrm{T}}B + PP)$ 的最大特征值, $0 < \lambda_5 < 1$ 是 $P^{-1}(I+C)^{\mathrm{T}}P(I+C)$ 的最大特征值, $0 < \lambda_6 < 1$ 是 $(B^{\mathrm{T}}B)^{-1}(I+C)^{\mathrm{T}}B^{\mathrm{T}}B(I+C)$ 的最大特征值, $\lambda_7 = \max\{\lambda_5, \lambda_6\}$.

证明 令 $\lambda_1 > 0, \lambda_2 > 0$ 分别是 P 的最小特征值和最大特征值, $\lambda_4 > 0$ 是 $B^{\mathrm{T}}B$ 的最大特征值. 对于任意的 $\varepsilon > 0$, 存在 $\delta = \delta(\varepsilon) > 0$, 满足 $\delta < \sqrt{\frac{\lambda_1 \lambda_7}{\lambda_2 + \tau \lambda_4}} \varepsilon$.

取一个 Lyapunov 泛函

$$
\begin{aligned}
V(t, x(t)) &= x^{\mathrm{T}}(t)Px(t) + \int_{t-\tau}^{t} x^{\mathrm{T}}(s)B^{\mathrm{T}}Bx(s)ds \\
&= x^{\mathrm{T}}(t)Px(t) + \int_{-\tau}^{0} x^{\mathrm{T}}(y+t)B^{\mathrm{T}}Bx(y+t)\mathrm{d}y,
\end{aligned}
$$

那么 $\lambda_1\|x(t)\|^2 \leqslant V(t, x(t)) \leqslant \lambda_2\|x(t)\|^2 + \tau\lambda_4 \sup_{-\tau \leqslant s \leqslant 0} \|x(t+s)\|^2$.

当 $t \neq \tau_k, k = 1, 2, \cdots$, 时, 我们有

$$
\begin{aligned}
V'(t, x(t)) &= (x^{\mathrm{T}}(t))'Px(t) + x^{\mathrm{T}}(t)Px'(t) \\
&\quad + x^{\mathrm{T}}(t)B^{\mathrm{T}}Bx(t) - x^{\mathrm{T}}(t-\tau)B^{\mathrm{T}}Bx(t-\tau) \\
&= x^{\mathrm{T}}(t)(A^{\mathrm{T}}P + PA + B^{\mathrm{T}}B)x(t) + 2x^{\mathrm{T}}(t-\tau)B^{\mathrm{T}}Px(t) \\
&\quad - x^{\mathrm{T}}(t-\tau)B^{\mathrm{T}}Bx(t-\tau) \\
&\leqslant x^{\mathrm{T}}(t)(A^{\mathrm{T}}P + PA + B^{\mathrm{T}}B)x(t) + x^{\mathrm{T}}(t-\tau)B^{\mathrm{T}}Bx(t-\tau) \\
&\quad + x^{\mathrm{T}}(t)PPx(t) - x^{\mathrm{T}}(t-\tau)B^{\mathrm{T}}Bx(t-\tau) \\
&= x^{\mathrm{T}}(t)(A^{\mathrm{T}}P + PA + B^{\mathrm{T}}B + PP)x(t) \\
&\leqslant \lambda_3 x^{\mathrm{T}}(t)Px(t) \\
&\leqslant \lambda_3 \left(x^{\mathrm{T}}(t)Px(t) + \int_{t-\tau}^{t} x^{\mathrm{T}}(s)B^{\mathrm{T}}Bx(s)\mathrm{d}s \right) \\
&= \lambda_3 V(t, x(t)).
\end{aligned}
$$

对于任意的 $\sigma \geqslant t_0$ 和 $\varphi \in PC(\delta)$, 令 $x(t) = x(t, \sigma, \varphi)$ 是式 (3.1.1) 通过 (σ, φ)

的解. 令 $\sigma \in [\tau_{m-1}, \tau_m)$ 对某一 $m \in \mathbf{Z}^+$ 成立. 首先证明

$$V(t, x(t)) \leqslant \frac{(\lambda_2 + \tau\lambda_4)}{\lambda_7}\delta^2, \quad \sigma \leqslant t < \tau_m. \tag{3.1.11}$$

显然, 当 $t = \sigma$ 时,

$$V(t, x(t)) = V(\sigma, x(\sigma)) = V(\sigma, \varphi(0)) \leqslant \lambda_2\|\varphi(0)\|^2 + \tau\lambda_4 \sup_{-\tau \leqslant s \leqslant 0} \|\varphi(s)\|^2$$

$$\leqslant (\lambda_2 + \tau\lambda_4)|\varphi|^2 \leqslant (\lambda_2 + \tau\lambda_4)\delta^2 < \frac{\lambda_2 + \tau\lambda_4}{\lambda_7}\delta^2.$$

因此如果不等式 (3.1.11) 不成立, 那么存在 $\hat{s} \in (\sigma, \tau_m)$, 满足

$$V(\hat{s}, x(\hat{s})) > \frac{\lambda_2 + \tau\lambda_4}{\lambda_7}\delta^2 > (\lambda_2 + \tau\lambda_4)\delta^2 \geqslant V(\sigma, x(\sigma)).$$

由 $V(t, x(t))$ 在 $[\sigma, \tau_m)$ 上的连续性知, 存在 $s_1 \in (\sigma, \hat{s})$, 满足

$$V(s_1, x(s_1)) = \frac{\lambda_2 + \tau\lambda_4}{\lambda_7}\delta^2,$$

$$V(t, x(t)) \leqslant \frac{\lambda_2 + \tau\lambda_4}{\lambda_7}\delta^2, \quad \sigma \leqslant t \leqslant s_1$$

$$V'(s_1, x(s_1)) \geqslant 0.$$

由不等式 $\frac{\lambda_2 + \tau\lambda_4}{\lambda_7}\delta^2 > (\lambda_2 + \tau\lambda_4)\delta^2$, $V(\sigma, x(\sigma)) \leqslant (\lambda_2 + \tau\lambda_4)\delta^2$, 这里也存在一个 $s_2 \in (\sigma, s_1)$ 满足

$$V(s_2, x(s_2)) = (\lambda_2 + \tau\lambda_4)\delta^2,$$

$$V(t, x(t)) \geqslant (\lambda_2 + \tau\lambda_4)\delta^2, \quad s_2 \leqslant t \leqslant s_1$$

$$V'(s_2, x(s_2)) \geqslant 0.$$

在 $t \in [s_2, s_1]$ 上对下面的不等式进行积分

$$V'(t, x(t)) \leqslant \lambda_3 V(t, x(t)).$$

我们有

$$\int_{s_2}^{s_1} \frac{V'(t, x(t))}{V(t, x(t))}\mathrm{d}t \leqslant \int_{s_2}^{s_1} \lambda_3 \mathrm{d}t \leqslant \int_{\tau_{m-1}}^{\tau_m} \lambda_3 \mathrm{d}t = \lambda_3(\tau_m - \tau_{m-1}) < -\ln\lambda_7.$$

同时

$$\int_{s_2}^{s_1} \frac{V'(t, x(t))}{V(t, x(t))}\mathrm{d}t = \int_{V(s_2, x(s_2))}^{V(s_1, x(s_1))} \frac{\mathrm{d}u}{u} = \int_{(\lambda_2 + \tau\lambda_4)\delta^2}^{\frac{\lambda_2 + \tau\lambda_4}{\lambda_7}\delta^2} \frac{\mathrm{d}u}{u}$$

$$= \ln\left(\frac{\lambda_2 + \tau\lambda_4}{\lambda_7}\delta^2\right) - \ln[(\lambda_2 + \tau\lambda_4)\delta^2] = -\ln\lambda_7.$$

这是一个矛盾. 因此不等式 (3.1.11) 成立.

由不等式 (3.1.11) 和给定的条件, 我们有

$$
\begin{aligned}
V(\tau_m, x(\tau_m)) &= V(\tau_m, (I+C)x(\tau_m^-)) \\
&= x^{\mathrm{T}}(\tau_m^-)(I+C)^{\mathrm{T}}P(I+C)x(\tau_m^-) \\
&\quad + \int_{-\tau}^{0} x^{\mathrm{T}}(y+\tau_m^-)(I+C)^{\mathrm{T}}B^{\mathrm{T}}B(I+C)x(y+\tau_m^-)\mathrm{d}y \\
&\leqslant \lambda_5 x^{\mathrm{T}}(\tau_m^-)Px(\tau_m^-) + \lambda_6 \int_{-\tau}^{0} x^{\mathrm{T}}(y+\tau_m^-)B^{\mathrm{T}}Bx(y+\tau_m^-)\mathrm{d}y \\
&\leqslant \lambda_7 [x^{\mathrm{T}}(\tau_m^-)Px(\tau_m^-) + \int_{-\tau}^{0} x^{\mathrm{T}}(y+\tau_m^-)B^{\mathrm{T}}Bx(y+\tau_m^-)\mathrm{d}y] \\
&= \lambda_7 V(\tau_m^-, x(\tau_m^-)) \leqslant (\lambda_2 + \tau\lambda_4)\delta^2.
\end{aligned}
$$

和前面的证明类似, 可以很容易的证明不等式 (3.1.12) 成立

$$
V(t, x(t)) \leqslant \frac{\lambda_2 + \tau\lambda_4}{\lambda_7}\delta^2, \quad \tau_m \leqslant t < \tau_{m+1}, \tag{3.1.12}
$$

通过简单的推导, 可以证明一般的, 对 $k = 0, 1, 2, \cdots$, 有

$$
V(t, x(t)) \leqslant \frac{\lambda_2 + \tau\lambda_4}{\lambda_7}\delta^2, \quad \tau_{m+k} \leqslant t < \tau_{m+k+1},
$$
$$
V(\tau_{m+k+1}, x(\tau_{m+k+1})) \leqslant (\lambda_2 + \tau\lambda_4)\delta^2.
$$

这与不等式 (3.1.11) 和不等式 $\dfrac{\lambda_2 + \tau\lambda_4}{\lambda_7}\delta^2 \geqslant (\lambda_2 + \tau\lambda_4)\delta^2$ 相结合有

$$
V(t, x(t)) \leqslant \frac{\lambda_2 + \tau\lambda_4}{\lambda_7}\delta^2, \quad t \geqslant \sigma.
$$

因此

$$
\lambda_1 \|x(t)\|^2 \leqslant V(t, x(t)) \leqslant \frac{\lambda_2 + \tau\lambda_4}{\lambda_7}\delta^2, \quad t \geqslant \sigma.
$$

这就意味着

$$
\|x(t)\| \leqslant \sqrt{\frac{\lambda_2 + \tau\lambda_4}{\lambda_1\lambda_7}}\delta < \varepsilon, \quad t \geqslant \sigma.
$$

因此系统 (3.1.1) 的零解是一致稳定的. ∎

例3.1.1 考虑下面的具有时滞的脉冲线性微分系统:

$$
\begin{cases}
\dot{x}(t) = \begin{pmatrix} 2 & \dfrac{5}{3} \\ \dfrac{1}{2} & 4 \end{pmatrix} x(t) + \begin{pmatrix} 3 & 5 \\ \dfrac{1}{3} & 1 \end{pmatrix} x(t-\tau), \quad t \geqslant 0, t \neq \tau_k, \\[4mm]
x(\tau_k) = \begin{pmatrix} \dfrac{1}{5} & 0 \\ 0 & \dfrac{1}{5} \end{pmatrix} x(\tau_k^-), \qquad\qquad\quad k = 1, 2, \cdots.
\end{cases} \tag{3.1.13}
$$

其中 $x(t) = (x_1(t), x_2(t)) \in \mathbf{R}^2$, $0 = \tau_0 < \tau_1 < \tau_2 < \cdots < \tau_k < \cdots$, 当 $k \to +\infty$ 时, $\tau_k \to +\infty$, $\tau > 0$. 那么如果对于 $k = 1, 2, \cdots$, 有 $\tau_k - \tau_{k-1} < \dfrac{36\ln 5}{442 + \sqrt{134569}}$, 方程 (3.1.13) 的零解是一致稳定的.

证明 在系统 (3.1.13) 中 $A = \begin{pmatrix} 2 & \dfrac{5}{3} \\ \dfrac{1}{2} & 4 \end{pmatrix}$, $B = \begin{pmatrix} 3 & 5 \\ \dfrac{1}{3} & 1 \end{pmatrix}$, $I + C = \begin{pmatrix} \dfrac{1}{5} & 0 \\ 0 & \dfrac{1}{5} \end{pmatrix}$.

令 $V(t, x(t)) = x^{\mathrm{T}}(x)x(t) + \displaystyle\int_{t-\tau}^{t} x^{\mathrm{T}}(s)B^{\mathrm{T}}Bx(s)\mathrm{d}s$, 那么在定理 3.1.2 中 $P = I$. 因此 $\lambda_1 = \lambda_2 = 1$,

$$
\begin{aligned}
M &= P^{-1}(A^{\mathrm{T}}P + PA + B^{\mathrm{T}}B + PP) = A^{\mathrm{T}} + A + B^{\mathrm{T}}B + I \\
&= \begin{pmatrix} 2 & \dfrac{1}{2} \\ \dfrac{5}{3} & 4 \end{pmatrix} + \begin{pmatrix} 2 & \dfrac{5}{3} \\ \dfrac{1}{2} & 4 \end{pmatrix} + \begin{pmatrix} 3 & \dfrac{1}{3} \\ 5 & 1 \end{pmatrix} \begin{pmatrix} 3 & 5 \\ \dfrac{1}{3} & 1 \end{pmatrix} + \begin{pmatrix} 1 & 0 \\ 0 & 1 \end{pmatrix} = \begin{pmatrix} \dfrac{127}{9} & \dfrac{35}{2} \\ \dfrac{35}{2} & 35 \end{pmatrix}.
\end{aligned}
$$

令 $|\lambda I - M| = 0$, 有 $\lambda = \dfrac{442 \pm \sqrt{134569}}{18}$. 因此 $\lambda_3 = \dfrac{442 + \sqrt{134569}}{18}$. 并且由 $|\lambda I - P^{-1}(I+C)^{\mathrm{T}}P(I+C)| = 0$, 有 $\lambda_5 = \dfrac{1}{25}$; 由 $|\lambda I - (B^{\mathrm{T}}B)^{-1}(I+C)^{\mathrm{T}}B^{\mathrm{T}}B(I+C)| = 0$, 有 $\lambda_6 = \dfrac{1}{25}$, 因此 $\lambda_7 = \max\{\lambda_5, \lambda_6\} = \dfrac{1}{25}$. 那么如果 $\tau_k - \tau_{k-1} < \dfrac{36\ln 5}{442 + \sqrt{134569}}$, 对于 $k = 1, 2, \cdots$, 成立, 有 $\lambda_3(\tau_k - \tau_{k-1}) < -\ln\lambda_7$, 对于 $k = 1, 2, \cdots$, 都成立. 定理 3.1.2 的所有条件都满足, 因此系统 (3.1.13) 的零解是一致稳定的. ∎

3.1.2 脉冲点状态变量与时滞有关的脉冲线性时滞微分系统的稳定性

对于工程系统, 时滞是设计者们遇到的一个重要的问题. 时滞经常存在于传输和信息系统、化学和冶金学过程、环境模型、动力网络等. 关于具有时滞的脉冲系统已经有一些结果. 在文献 [16] 中, 通过利用 Lyapunov 函数和 Lyapunov 泛函, 作者得到了具有时滞的脉冲控制系统的一些稳定性判据. 在文献 [31] 中, 作者得到了关于大尺度时滞不确定脉冲动力系统的鲁棒指数镇定的一些结果. 在文献 [39] 中, 作者得到了关于脉冲控制系统低保守性的渐近稳定的结果.

可以看出在以前的脉冲系统的研究工作中, 作者经常假设我们所加的脉冲仅依赖于当前的状态变量. 但是在许多情况下, 更加实用的是所加的脉冲与之前的状态变量也有关系. 例如, 在一个化学反应堆中, 我们每隔一段时间加一次试剂, 有时更加合理的是每次所加的试剂量与当前溶液的浓度和之前溶液的浓度都有关系. 然而, 关于这一类型的脉冲系统, 目前还没有什么结果.

在本小节中, 考虑在脉冲点状态变量与时滞有关的脉冲线性时滞微分系统的稳定性. 通过利用 Lyapunov 函数, 得到该系统稳定的一个结果. 我们也给出一个例子来说明所得结果的有效性.

考虑下面的在脉冲点状态变量与时滞有关的脉冲线性时滞微分系统:

$$
\begin{cases}
\dot{x}(t) = Ax(t) + Bx(t-\tau), & t \geqslant t_0, t \neq \tau_k, \\
x(t_0 + s) = \varphi(s), & s \in [-\tau, 0], \\
x(t) = Cx(t^-) + Dx(t^- - \tau), & t = \tau_k, k = 1, 2, \cdots.
\end{cases}
\tag{3.1.14}
$$

其中 $A, B, C, D \in \mathbf{R}^{n \times n}$, $\tau_0 = 0$, $\tau > 0$. 显然 $x(t) = 0$ 是系统 (3.1.14) 的一个解, 我们称为零解.

现在, 考虑在脉冲点状态变量与时滞有关的脉冲线性时滞微分系统 (3.1.14) 的稳定性, 我们有下面的结果.

定理 3.1.3   如果存在对称正定矩阵 $P \in \mathbf{R}^{n \times n}$, 满足 $\left(\lambda_3 + \dfrac{\lambda_4}{\lambda_8}\right)(\tau_k - \tau_{k-1}) < -\ln \lambda_8$, 对于 $k = 1, 2, \cdots$, 成立, 那么系统 (3.1.14) 的零解是一致稳定的, 其中 λ_3 是 $P^{-1}(A^{\mathrm{T}} P + PA + PP)$ 的最大特征值, λ_4 是 $P^{-1} B^{\mathrm{T}} B$ 的最大特征值, λ_5 是 $P^{-1} C^{\mathrm{T}} PC$ 的最大特征值, λ_6 是 $P^{-1} C^{\mathrm{T}} PPC$ 的最大特征值, λ_7 是 $P^{-1} D^{\mathrm{T}} D$ 的最大特征值, $\lambda_8 = \lambda_5 + \lambda_6 + 2\lambda_7$ 并且 $0 < \lambda_8 < 1$.

证明   令 $\lambda_1 > 0, \lambda_2 > 0$ 分别是 P 的最小特征值和最大特征值. 对于任意的 $\varepsilon > 0$, 存在 $\delta = \delta(\varepsilon) > 0$, 满足 $\delta < \sqrt{\dfrac{\lambda_1 \lambda_8}{\lambda_2}} \varepsilon$.

我们取 Lyapunov 函数为 $V(t, x(t)) = x^{\mathrm{T}}(t) Px(t)$, 那么 $\lambda_1 \|x(t)\|^2 \leqslant V(t, x(t)) \leqslant \lambda_2 \|x(t)\|^2$.

当 $t \neq \tau_k, k = 1, 2, \cdots$ 时, 有

$$
\begin{aligned}
V'(t, x(t)) &= (x^{\mathrm{T}}(t))' Px(t) + x^{\mathrm{T}}(t) Px'(t) \\
&= x^{\mathrm{T}}(t)(A^{\mathrm{T}} P + PA)x(t) + 2x^{\mathrm{T}}(t-\tau) B^{\mathrm{T}} Px(t) \\
&\leqslant x^{\mathrm{T}}(t)(A^{\mathrm{T}} P + PA + PP)x(t) + x^{\mathrm{T}}(t-\tau) B^{\mathrm{T}} Bx(t-\tau) \\
&\leqslant \lambda_3 x^{\mathrm{T}}(t) Px(t) + \lambda_4 x^{\mathrm{T}}(t-\tau) Px(t-\tau).
\end{aligned}
\tag{3.1.15}
$$

对于任意的 $\sigma \geqslant t_0$ 和 $\varphi \in PC(\delta)$, 令 $x(t) = x(t, \sigma, \varphi)$ 是系统 (3.1.14) 通过

(σ, φ) 的解. 令 $\sigma \in [\tau_{m-1}, \tau_m)$ 对于某一 $m \in \mathbf{Z}^+$ 成立. 首先证明

$$V(t, x(t)) \leqslant \frac{\lambda_2}{\lambda_8} \delta^2, \quad \sigma \leqslant t < \tau_m. \tag{3.1.16}$$

显然, 对每一个 $t \in [\sigma - \tau, \sigma]$, 这里都存在一个 $a \in [-\tau, 0]$, 满足 $t = \sigma + a$, 因此有

$$V(t, x(t)) = V(\sigma + a, x(\sigma + a)) = V(\sigma + a, \varphi(a))$$
$$\leqslant \lambda_2 \|\varphi(a)\|^2 \leqslant \lambda_2 \delta^2 < \frac{\lambda_2}{\lambda_8} \delta^2, \quad \sigma - \tau \leqslant t \leqslant \sigma. \tag{3.1.17}$$

如果不等式 (3.1.16) 不成立, 那么存在 $\hat{s} \in (\sigma, \tau_m)$, 满足

$$V(\hat{s}, x(\hat{s})) > \frac{\lambda_2}{\lambda_8} \delta^2 > \lambda_2 \delta^2 \geqslant V(\sigma, x(\sigma)).$$

由 $V(t, x(t))$ 在 $[\sigma, \tau_m)$ 上的连续性可知, 存在 $s_1 \in (\sigma, \hat{s})$, 满足

$$V(s_1, x(s_1)) = \frac{\lambda_2}{\lambda_8} \delta^2,$$
$$V(t, x(t)) \leqslant \frac{\lambda_2}{\lambda_8} \delta^2, \quad \sigma - \tau \leqslant t \leqslant s_1. \tag{3.1.18}$$
$$V'(s_1, x(s_1)) \geqslant 0.$$

由不等式 $\frac{\lambda_2}{\lambda_8} \delta^2 > \lambda_2 \delta^2$, 当 $t \in [\sigma - \tau, \sigma]$ 时, $V(t, x) \leqslant \lambda_2 \delta^2$, 这里也存在一个 $s_2 \in (\sigma, s_1)$, 满足

$$V(s_2, x(s_2)) = \lambda_2 \delta^2,$$
$$V(t, x(t)) \geqslant \lambda_2 \delta^2, \quad s_2 \leqslant t \leqslant s_1. \tag{3.1.19}$$
$$V'(s_2, x(s_2)) \geqslant 0.$$

因此, 对于 $t \in [s_2, s_1]$ 由不等式 (3.1.18) 和不等式 (3.1.19), 有

$$V(t+s, x(t+s)) \leqslant \frac{\lambda_2}{\lambda_8} \delta^2 \leqslant \frac{1}{\lambda_8} V(t, x(t)), \quad s \in [-\tau, 0].$$

因此当 $t \in [s_2, s_1]$ 时, $x^{\mathrm{T}}(t-\tau) P x(t-\tau) \leqslant \frac{1}{\lambda_8} x^{\mathrm{T}}(t) P x(t)$, 那么由不等式 (3.1.15), 对于 $t \in [s_2, s_1]$, 有

$$V'(t, x(t)) \leqslant \left(\lambda_3 + \frac{\lambda_4}{\lambda_8} \right) V(t, x(t)). \tag{3.1.20}$$

在 $t \in [s_2, s_1]$ 上对不等式 (3.1.20) 进行积分, 我们有

$$\int_{s_2}^{s_1} \frac{V'(t,x(t))}{V(t,x(t))} \mathrm{d}t \leqslant \int_{s_2}^{s_1} \left(\lambda_3 + \frac{\lambda_4}{\lambda_8} \right) \mathrm{d}t$$

$$\leqslant \int_{\tau_{m-1}}^{\tau_m} \left(\lambda_3 + \frac{\lambda_4}{\lambda_8} \right) \mathrm{d}t = \left(\lambda_3 + \frac{\lambda_4}{\lambda_8} \right)(\tau_m - \tau_{m-1}) < -\ln \lambda_8.$$

同时

$$\int_{s_2}^{s_1} \frac{V'(t,x(t))}{V(t,x(t))} \mathrm{d}t = \int_{V(s_2,x(s_2))}^{V(s_1,x(s_1))} \frac{\mathrm{d}u}{u} = \int_{\lambda_2 \delta^2}^{\frac{\lambda_2}{\lambda_8} \delta^2} \frac{\mathrm{d}u}{u}$$

$$= \ln \left(\frac{\lambda_2}{\lambda_8} \delta^2 \right) - \ln(\lambda_2 \delta^2) = -\ln \lambda_8.$$

这是一个矛盾, 因此式 (3.1.16) 成立.

由不等式 (3.1.16) 和不等式 (3.1.17) 有

$$V(t,x(t)) \leqslant \frac{\lambda_2}{\lambda_8} \delta^2, \quad \sigma - \tau \leqslant t < \tau_m.$$

因此 $V(\tau_m^- - \tau, x(\tau_m^- - \tau)) \leqslant \frac{\lambda_2}{\lambda_8} \delta^2$, 也就是说,

$$x^{\mathrm{T}}(\tau_m^- - \tau)Px(\tau_m^- - \tau) \leqslant \frac{\lambda_2}{\lambda_8} \delta^2,$$

由上式和给定的条件有

$$\begin{aligned}
V(\tau_m, x(\tau_m)) &= x^{\mathrm{T}}(\tau_m)Px(\tau_m) \\
&= x^{\mathrm{T}}(\tau_m^-)C^{\mathrm{T}}PCx(\tau_m^-) + x^{\mathrm{T}}(\tau_m^- - \tau)D^{\mathrm{T}}PCx(\tau_m^-) \\
&\quad + x^{\mathrm{T}}(\tau_m^-)C^{\mathrm{T}}PDx(\tau_m^- - \tau) + x^{\mathrm{T}}(\tau_m^- - \tau)D^{\mathrm{T}}Dx(\tau_m^- - \tau) \\
&\leqslant x^{\mathrm{T}}(\tau_m^-)C^{\mathrm{T}}PCx(\tau_m^-) + 2x^{\mathrm{T}}(\tau_m^- - \tau)D^{\mathrm{T}}Dx(\tau_m^- - \tau) \\
&\quad + x^{\mathrm{T}}(\tau_m^-)C^{\mathrm{T}}PPCx(\tau_m^-) \\
&\leqslant \lambda_5 x^{\mathrm{T}}(\tau_m^-)Px(\tau_m^-) + 2\lambda_7 x^{\mathrm{T}}(\tau_m^- - \tau)Px(\tau_m^- - \tau) \\
&\quad + \lambda_6 x^{\mathrm{T}}(\tau_m^-)Px(\tau_m^-) \\
&\leqslant (\lambda_5 + \lambda_6)V(\tau_m^-, x(\tau_m^-)) + 2\lambda_7 \frac{\lambda_2}{\lambda_8} \delta^2 \\
&= (\lambda_5 + \lambda_6 + 2\lambda_7) \frac{\lambda_2}{\lambda_8} \delta^2 = \lambda_2 \delta^2.
\end{aligned}$$

下面证明

$$V(t,x(t)) \leqslant \frac{\lambda_2}{\lambda_8} \delta^2, \quad \tau_m \leqslant t < \tau_{m+1}. \tag{3.1.21}$$

如果该式不成立, 那么存在 $\hat{r} \in (\tau_m, \tau_{m+1})$, 满足

$$V(\hat{r}, x(\hat{r})) > \frac{\lambda_2}{\lambda_8}\delta^2 > \lambda_2\delta^2 \geqslant V(\tau_m, x(\tau_m)).$$

由 $V(t, x(t))$ 在 $[\tau_m, \tau_{m+1}]$ 上的连续性可知, 存在 $r_1 \in (\tau_m, \hat{r})$, 满足

$$V(r_1, x(r_1)) = \frac{\lambda_2}{\lambda_8}\delta^2,$$

$$V(t, x(t)) \leqslant \frac{\lambda_2}{\lambda_8}\delta^2, \quad \sigma - \tau \leqslant t \leqslant r_1. \tag{3.1.22}$$

$$V'(r_1, x(r_1)) \geqslant 0.$$

由不等式 $\frac{\lambda_2}{\lambda_8}\delta^2 > \lambda_2\delta^2$ 可知, $V(\tau_m, x(\tau_m)) \leqslant \lambda_2\delta^2$, 这里也存在一个 $r_2 \in (\tau_m, r_1)$ 满足

$$V(r_2, x(r_2)) = \lambda_2\delta^2,$$

$$V(t, x(t)) \geqslant \lambda_2\delta^2, \quad r_2 \leqslant t \leqslant r_1. \tag{3.1.23}$$

$$V'(r_2, x(r_2)) \geqslant 0.$$

因此, 对于 $t \in [r_2, r_1]$ 由不等式 (3.1.22) 和不等式 (3.1.23), 我们有

$$V(t+s, x(t+s)) \leqslant \frac{\lambda_2}{\lambda_8}\delta^2 \leqslant \frac{1}{\lambda_8}V(t, x(t)), \quad s \in [-\tau, 0].$$

因此当 $t \in [r_2, r_1]$ 时, $x^{\mathrm{T}}(t-\tau)Px(t-\tau) \leqslant \frac{1}{\lambda_8}x^{\mathrm{T}}(t)Px(t)$, 由不等式 (3.1.15), 对于 $t \in [r_2, r_1]$, 有

$$V'(t, x(t)) \leqslant \left(\lambda_3 + \frac{\lambda_4}{\lambda_8}\right)V(t, x(t)). \tag{3.1.24}$$

在 $t \in [r_2, r_1]$ 上对 (3.1.24) 进行积分有

$$\int_{r_2}^{r_1} \frac{V'(t, x(t))}{V(t, x(t))}\mathrm{d}t \leqslant \int_{r_2}^{r_1}\left(\lambda_3 + \frac{\lambda_4}{\lambda_8}\right)\mathrm{d}t$$

$$\leqslant \int_{\tau_m}^{\tau_{m+1}}\left(\lambda_3 + \frac{\lambda_4}{\lambda_8}\right)\mathrm{d}t = \left(\lambda_3 + \frac{\lambda_4}{\lambda_8}\right)(\tau_{m+1} - \tau_m) < -\ln\lambda_8.$$

同时

$$\int_{r_2}^{r_1} \frac{V'(t, x(t))}{V(t, x(t))}\mathrm{d}t = \int_{V(r_2, x(r_2))}^{V(r_1, x(r_1))} \frac{\mathrm{d}u}{u} = \int_{\lambda_2\delta^2}^{\frac{\lambda_2}{\lambda_8}\delta^2} \frac{\mathrm{d}u}{u}$$

$$= \ln\left(\frac{\lambda_2}{\lambda_8}\delta^2\right) - \ln(\lambda_2\delta^2) = -\ln\lambda_8.$$

这是一个矛盾, 因此式 (3.1.21) 成立.

由不等式 (3.1.16), 不等式 (3.1.17) 和不等式 (3.1.21) 有

$$V(t, x(t)) \leqslant \frac{\lambda_2}{\lambda_8}\delta^2, \quad \sigma - \tau \leqslant t < \tau_{m+1}.$$

因此 $V(\tau_{m+1}^- - \tau, x(\tau_{m+1}^- - \tau)) \leqslant \frac{\lambda_2}{\lambda_8}\delta^2$, 也就是说,

$$x^{\mathrm{T}}(\tau_{m+1}^- - \tau)Px(\tau_{m+1}^- - \tau) \leqslant \frac{\lambda_2}{\lambda_8}\delta^2.$$

由上式和给定的条件有

$$\begin{aligned}
V(\tau_{m+1}, x(\tau_{m+1})) &= x^{\mathrm{T}}(\tau_{m+1})Px(\tau_{m+1}) \\
&= x^{\mathrm{T}}(\tau_{m+1}^-)C^{\mathrm{T}}PCx(\tau_{m+1}^-) + x^{\mathrm{T}}(\tau_{m+1}^- - \tau)D^{\mathrm{T}}PCx(\tau_{m+1}^-) \\
&\quad + x^{\mathrm{T}}(\tau_{m+1}^-)C^{\mathrm{T}}PDx(\tau_{m+1}^- - \tau) + x^{\mathrm{T}}(\tau_{m+1}^- - \tau)D^{\mathrm{T}}Dx(\tau_{m+1}^- - \tau) \\
&\leqslant \lambda_5 x^{\mathrm{T}}(\tau_{m+1}^-)Px(\tau_{m+1}^-) + 2\lambda_7 x^{\mathrm{T}}(\tau_{m+1}^- - \tau)Px(\tau_{m+1}^- - \tau) \\
&\quad + \lambda_6 x^{\mathrm{T}}(\tau_{m+1}^-)Px(\tau_{m+1}^-) \\
&\leqslant (\lambda_5 + \lambda_6)V(\tau_{m+1}^-, x(\tau_{m+1}^-)) + 2\lambda_7 \frac{\lambda_2}{\lambda_8}\delta^2 \\
&= (\lambda_5 + \lambda_6 + 2\lambda_7)\frac{\lambda_2}{\lambda_8}\delta^2 = \lambda_2\delta^2.
\end{aligned}$$

通过简单的推导, 可以证明, 一般的, 对 $k = 0, 1, 2, \cdots$, 有

$$V(t, x(t)) \leqslant \frac{\lambda_2}{\lambda_8}\delta^2, \quad \tau_{m+k} \leqslant t < \tau_{m+k+1}.$$
$$V(\tau_{m+k+1}, x(\tau_{m+k+1})) \leqslant \lambda_2\delta^2.$$

该式与不等式 (3.1.16) 和 $\frac{\lambda_2}{\lambda_8}\delta^2 \geqslant \lambda_2\delta^2$ 相结合有

$$V(t, x(t)) \leqslant \frac{\lambda_2}{\lambda_8}\delta^2, \quad t \geqslant \sigma.$$

因此

$$\lambda_1\|x(t)\|^2 \leqslant V(t, x(t)) = x^{\mathrm{T}}(t)Px(t) \leqslant \frac{\lambda_2}{\lambda_8}\delta^2, \quad t \geqslant \sigma.$$

$$\|x(t)\| \leqslant \sqrt{\frac{\lambda_2}{\lambda_1\lambda_8}}\delta < \varepsilon, \quad t \geqslant \sigma.$$

系统 (3.1.14) 的零解是一致稳定的. ∎

例3.1.2 考虑下面的在脉冲点状态变量与时滞有关的脉冲线性时滞微分系统:

$$
\begin{cases}
\dot{x}(t) = \begin{pmatrix} -2 & -3 \\ \dfrac{1}{5} & 1 \end{pmatrix} x(t) + \begin{pmatrix} \dfrac{1}{2} & -\dfrac{1}{3} \\ \dfrac{1}{3} & \dfrac{1}{2} \end{pmatrix} x(t-\tau), \qquad t \geqslant 0, t \neq \tau_k, \\[4mm]
x(\tau_k) = \begin{pmatrix} \dfrac{1}{8} & \dfrac{1}{4} \\ -\dfrac{1}{4} & \dfrac{1}{8} \end{pmatrix} x(\tau_k^-) + \begin{pmatrix} \dfrac{1}{3} & \dfrac{1}{7} \\ -\dfrac{1}{7} & \dfrac{1}{3} \end{pmatrix} x(\tau_k^- - \tau), \quad k = 1, 2, \cdots,
\end{cases}
\tag{3.1.25}
$$

其中 $0 = \tau_0 < \tau_1 < \tau_2 < \cdots < \tau_k < \cdots$, $\tau_k \to +\infty$, 对于 $k \to +\infty$.

在定理 3.1.3 中令 $P = I$, 我们有 $\lambda_1 = \lambda_2 = 1$, $\lambda_3 = \dfrac{\sqrt{421}}{5}$, $\lambda_4 = \dfrac{13}{36}$, $\lambda_5 = \dfrac{5}{64}$, $\lambda_6 = \dfrac{5}{64}$, $\lambda_7 = \dfrac{58}{441}$, 因此 $\lambda_8 = \lambda_5 + \lambda_6 + 2\lambda_7 = \dfrac{5917}{14112}$. 那么如果 $\tau_k - \tau_{k-1} < \dfrac{\ln \dfrac{14112}{5912}}{\dfrac{\sqrt{421}}{5} + \dfrac{45864}{53253}}$, 对于 $k = 1, 2, \cdots$, 成立, 我们有 $\left(\lambda_3 + \dfrac{\lambda_4}{\lambda_8} \right)(\tau_k - \tau_{k-1}) < -\ln \lambda_8$,

对于 $k = 1, 2, \cdots$, 成立. 因此系统 (3.1.25) 的零解是一致稳定的.

例 3.1.2 表明定理 3.1.3 中的条件是合理的可以实现的.

本节部分内容由文献 [143] 改写而成.

3.2 脉冲泛函微分方程的稳定性分析

3.2.1 脉冲泛函微分方程的严格稳定性

严格稳定性是可以给出解的衰减速度的信息的一类稳定性. 关于微分方程的严格稳定性已经有一些结果了. 严格稳定与 Lyapunov 的渐近稳定是类似的. 在文献 [3] 中作者关于微分方程的严格实用稳定性得到了一些结果. 在文献 [4] 中作者将严格稳定的定义延伸到微分方程并且得到了一些结果. 但是在这些系统中不存在脉冲. 脉冲可以使得不稳定的系统变得稳定, 因此脉冲被广泛的应用于许多诸如物理、化学、生物学、人口动力系统、工业机器人等领域. 脉冲微分方程和微分方程相比, 它给出了一种描述许多现实现象的数学模型的一个更为普通的框架. 最近一些年, 关于脉冲微分方程理论的研究有了很大进展. 在文献 [6] 中作者关于没有时滞的脉冲系统给出了许多结论. 但是时滞系统在工程、生态、经济和其他学科经常遇到, 因此研究时滞系统是十分有必要的. 关于脉冲泛函微分方程和具有时滞的脉冲系统有一些结果, 但是关于脉冲泛函微分方程的严格稳定性还没有什么结果.

在本小节中, 将考虑脉冲泛函微分方程零解的严格稳定性. 通过利用分段连续的 Lyapunov 函数以及 Razumikhin 技巧, 可以得到一些关于脉冲泛函微分方程零解的严格稳定的一些判据. 可以看到脉冲的确对系统的严格稳定性起的作用.

考虑下面的脉冲泛函微分方程:

$$\begin{cases} \dot{x}(t) = f(t, x_t), & t \geqslant t_0, t \neq \tau_k, \\ \Delta x(t) \triangleq x(\tau_k) - x(\tau_k^-) = I_k(x(\tau_k^-)), & k = 1, 2, \cdots. \end{cases} \quad (3.2.1)$$

其中 $f \in C[\mathbf{R}^+ \times D, \mathbf{R}^n]$, D 是集合 $PC([-\tau, 0], \mathbf{R}^n)$ 中的一个开集, 其中 $\tau > 0$, 对于所有的 $t \in \mathbf{R}$, $f(t, 0) = 0$, 对于所有的 $k \in \mathbf{Z}^+$, $I_k(0) = 0$, $\tau_0 = 0$, 对于每一个 $t \geqslant t_0, x_t \in D$ 是由 $x_t(s) = x(t+s), -\tau \leqslant s \leqslant 0$ 定义的. 对于 $\phi \in PC([-\tau, 0], \mathbf{R}^n)$, $|\phi|_1$ 被定义为 $|\phi|_1 = \sup_{-\tau \leqslant s \leqslant 0} \|\phi\|$, $|\phi|_2$ 被定义为 $|\phi|_2 = \inf_{-\tau \leqslant s \leqslant 0} \|\phi\|$. 我们可以看到 $x(t) = 0$ 是系统 (3.2.1) 的一个解, 我们称这个解为零解.

对于给定的 $\sigma \geqslant t_0$ 和 $\varphi \in PC([-\tau, 0], \mathbf{R}^n)$, 方程 (3.2.1) 的初始值问题由下面方程描述:

$$\begin{cases} \dot{x}(t) = f(t, x_t), & t \geqslant \sigma, t \neq \tau_k, \\ \Delta x(t) \triangleq x(\tau_k) - x(\tau_k^-) = I_k(x(\tau_k^-)), & k = 1, 2, \cdots. \\ x_\sigma = \varphi. \end{cases} \quad (3.2.2)$$

在本小节中假设下面的条件成立:

(H1) 对于每一个函数 $x(s) : [\sigma - \tau, +\infty) \to \mathbf{R}^n, \sigma \geqslant t_0$, 它除了在点 τ_k 之外处处连续, 在不连续点上有 $x(\tau_k^+)$ 和 $x(\tau_k^-)$ 成立, 并且 $x(\tau_k^+) = x(\tau_k)$, $f(t, x_t)$ 对几乎所有的 $t \in [\sigma, \infty)$ 是连续的并且在不连续点上 f 是左连续的.

(H2) $f(t, \phi)$ 关于 ϕ 在每一个属于 $PC([-\tau, 0], \mathbf{R}^n)$ 的紧集上是 Lipschitzian 的.

(H3) 函数 $I_k : \mathbf{R}^n \to \mathbf{R}^n, k = 1, 2, \cdots$, 满足对于任意的 $H > 0$, 存在 $\rho > 0$, 使得如果 $x \in S(\rho) = \{x \in \mathbf{R}^n : \|x\| < \rho\}$, 那么 $\|x + I_k(x)\| < H$ 成立.

在假设 (H1)~ 假设 (H3) 下, 问题 (3.2.2) 通过点 (σ, φ) 存在一个唯一的解.

令

$$K_1 = \{w \in C[\mathbf{R}^+, \mathbf{R}^+] : w(t) \in K \text{并且} 0 < w(s) < s, s > 0\},$$
$$PC_1(\rho) = \{\phi \in PC([-\tau, 0], \mathbf{R}^n) : |\phi|_1 < \rho\},$$
$$PC_2(\theta) = \{\phi \in PC([-\tau, 0], \mathbf{R}^n) : |\phi|_2 > \theta\}.$$

我们有下面的定义.

定义3.2.1　方程 (3.2.1) 的零解被称为

(A_1) 严格稳定的, 如果对于任意的 $\sigma \geqslant t_0$ 和 $\varepsilon_1 > 0$, 存在 $\delta_1 = \delta_1(\sigma, \varepsilon_1) > 0$ 使得当 $\varphi \in PC_1(\delta_1)$ 时, 有 $\|x(t; \sigma, \varphi)\| < \varepsilon_1, t \geqslant \sigma$, 并且对于任意的 $0 < \delta_2 \leqslant \delta_1$, 存在 $0 < \varepsilon_2 < \delta_2$, 使得当 $\varphi \in PC_2(\delta_2)$ 时, 有 $\varepsilon_2 < \|x(t; \sigma, \varphi)\|, t \geqslant \sigma$;

(A_2) 严格一致稳定的, 如果 δ_1, δ_2 和 ε_2 与 σ 无关;

(A$_3$) 严格吸引的, 如果给定 $\sigma \geqslant t_0$ 和 $\alpha_1 > 0, \varepsilon_1 > 0$, 对于任意的 $\alpha_2 \leqslant \alpha_1$, 存在 $\varepsilon_2 < \varepsilon_1$, $T_1 = T_1(\sigma, \varepsilon_1)$, $T_2 = T_2(\sigma, \varepsilon_2)$, 使得 $\varphi \in PC_1(\alpha_1) \cap PC_2(\alpha_2)$, 有 $\varepsilon_2 < \|x(t; \sigma, \varphi)\| < \varepsilon_1$, 对于 $\sigma + T_1 \leqslant t \leqslant \sigma + T_2$ 成立;

(A$_4$) 严格一致吸引的, 如果在 (A$_3$) 中的 T_1, T_2 与 σ 无关;

(A$_5$) 严格渐近稳定的, 如果 (A$_3$) 成立并且初始值是稳定的;

(A$_6$) 严格一致渐近稳定的, 如果 (A$_4$) 成立并且初始值是一致稳定的.

很明显 (A$_1$) 和 (A$_3$), 或者 (A$_2$) 和 (A$_4$) 不能同时成立.

现在考虑脉冲泛函微分方程 (3.2.1) 的严格稳定性. 有下面的结果.

定理 3.2.1 如果

(i) 存在 $V_1 \in v_0$, 满足 $b_1(\|x\|) \leqslant V_1(t, x) \leqslant a_1(\|x\|)$, 其中 $a_1, b_1 \in K$;

(ii) 对于方程 (3.2.1) 的任意解 $x(t)$, $V_1(t+s, x(t+s)) \leqslant V_1(t, x(t))$, $s \in [-\tau, 0]$ 意味着 $D^+ V_1(t, x(t)) \leqslant 0$, 并且, 对于所有的 $k \in \mathbf{Z}^+$ 和 $x \in S(\rho)$, $V_1(\tau_k, x(\tau_k^-) + I_k(x(\tau_k^-))) \leqslant (1 + d_k) V_1(\tau_k^-, x(\tau_k^-))$, 其中 $d_k \geqslant 0$ 并且 $\sum_{k=1}^{+\infty} d_k < +\infty$;

(iii) 存在 $V_2 \in v_0$, 满足 $b_2(\|x\|) \leqslant V_2(t, x) \leqslant a_2(\|x\|)$, 其中 $a_2, b_2 \in K$;

(iv) 对于方程 (3.2.1) 的任意解 $x(t)$, $V_2(t+s, x(t+s)) \geqslant V_2(t, x(t))$, $s \in [-\tau, 0]$ 意味着 $D^+ V_2(t, x(t)) \geqslant 0$, 并且对于所有的 $k \in \mathbf{Z}^+$ 和 $x \in S(\rho)$,

$$V_2(\tau_k, x(\tau_k^-) + I_k(x(\tau_k^-))) \geqslant (1 - c_k) V_2(\tau_k^-, x(\tau_k^-)),$$

其中 $0 \leqslant c_k < 1$ 并且 $\sum_{k=1}^{+\infty} c_k < +\infty$ 那么方程 (3.2.1) 的零解是严格一致稳定的.

证明 由于 $\sum_{k=1}^{+\infty} d_k < +\infty$, $\sum_{k=1}^{+\infty} c_k < +\infty$, 那么有 $\prod_{k=1}^{+\infty}(1 + d_k) = M$ 和 $\prod_{k=1}^{+\infty}(1 - c_k) = N$, 显然 $1 \leqslant M < +\infty$, $0 < N \leqslant 1$.

令 $0 < \varepsilon_1 < \rho$ 和 $\sigma \geqslant t_0$ 已给定, 并且 $\sigma \in [\tau_{k-1}, \tau_k)$ 对某一 $k \in \mathbf{Z}^+$ 成立. 选择 $\delta_1 = \delta_1(\varepsilon_1) > 0$, 满足 $Ma_1(\delta_1) < b_1(\varepsilon_1)$.

首先我们将证明当 $\varphi \in PC_1(\delta_1)$ 时, 有 $\|x(t)\| < \varepsilon_1$, $t \geqslant \sigma$ 成立.

显然对每一个 $t \in [\sigma - \tau, \sigma]$, 这里都存在一个 $\theta \in [-\tau, 0]$, 满足

$$V_1(t, x(t)) = V_1(\sigma + \theta, x(\sigma + \theta)) \leqslant a_1(\|x(\sigma + \theta)\|) = a_1(\|x_\sigma(\theta)\|)$$
$$= a_1(\|\varphi(\theta)\|) \leqslant a_1(\delta_1).$$

那么有

$$V_1(t, x(t)) \leqslant a_1(\delta_1), \quad \sigma \leqslant t < \tau_k. \tag{3.2.3}$$

如果不等式 (3.2.3) 不成立, 那么存在 $\hat{t} \in (\sigma, \tau_k)$, 满足

$$V_1(\hat{t}, x(\hat{t})) > a_1(\delta_1) \geqslant V_1(\sigma, x(\sigma)).$$

这意味着这里有一个 $\check{t} \in (\sigma, \hat{t}]$, 满足

$$D^+ V_1(\check{t}, x(\check{t})) > 0 \tag{3.2.4}$$

和

$$V_1(\check{t} + s, x(\check{t} + s)) \leqslant V_1(\check{t}, x(\check{t})), \quad s \in [-\tau, 0].$$

由条件 (ii), 有 $D^+ V_1(\check{t}, x(\check{t})) \leqslant 0$. 这与不等式 (3.2.4) 相矛盾, 因此不等式 (3.2.3) 成立.

由条件 (ii), 有

$$\begin{aligned}
V_1(\tau_k, x(\tau_k)) &= V_1(\tau_k, x(\tau_k^-) + I_k(x(\tau_k^-))) \\
&\leqslant (1 + d_k) V_1(\tau_k^-, x(\tau_k^-)) \leqslant (1 + d_k) a_1(\delta_1).
\end{aligned}$$

下面, 我们证明

$$V_1(t, x(t)) \leqslant (1 + d_k) a_1(\delta_1), \quad \tau_k \leqslant t < \tau_{k+1}. \tag{3.2.5}$$

如果不等式 (3.2.5) 不成立, 那么存在 $\hat{s} \in (\tau_k, \tau_{k+1})$, 满足

$$V_1(\hat{s}, x(\hat{s})) > (1 + d_k) a_1(\delta_1) \geqslant V_1(\tau_k, x(\tau_k)).$$

这意味着存在 $\check{s} \in (\tau_k, \hat{s})$, 满足

$$D^+ V_1(\check{s}, x(\check{s})) > 0 \tag{3.2.6}$$

和

$$V_1(\check{s} + s, x(\check{s} + s)) \leqslant V_1(\check{s}, x(\check{s})), \quad s \in [-\tau, 0].$$

由条件 (ii), 有 $D^+ V_1(\check{s}, x(\check{s})) \leqslant 0$. 这与不等式 (3.2.6) 相矛盾, 因此不等式 (3.2.5) 成立. 并且由条件 (ii), 有

$$\begin{aligned}
V_1(\tau_{k+1}, x(\tau_{k+1})) &= V_1(\tau_{k+1}, x(\tau_{k+1}^-) + I_{k+1}(x(\tau_{k+1}^-))) \\
&\leqslant (1 + d_{k+1}) V_1(\tau_{k+1}^-, x(\tau_{k+1}^-)) \\
&\leqslant (1 + d_{k+1})(1 + d_k) a_1(\delta_1).
\end{aligned}$$

通过简单的推导, 可以很容易的证明, 一般的, 对 $m = 0, 1, 2, \cdots$, 有

$$V_1(t, x(t)) \leqslant (1 + d_{k+m}) \cdots (1 + d_k) a_1(\delta_1), \quad \tau_{k+m} \leqslant t < \tau_{k+m+1}.$$

上式结合不等式 (3.2.3) 和条件 (i) 有

$$b_1(\|x(t)\|) \leqslant V_1(t, x(t)) \leqslant M a_1(\delta_1) < b_1(\varepsilon_1), \quad t \geqslant \sigma.$$

因此有

$$\|x(t)\| < \varepsilon_1, \quad t \geqslant \sigma.$$

现在令 $0 < \delta_2 \leqslant \delta_1$ 并且选择 $0 < \varepsilon_2 < \delta_2$, 满足 $a_2(\varepsilon_2) < N b_2(\delta_2)$.

下一步我们证明当 $\varphi \in PC_2(\delta_2)$ 时, 有 $\|x\| > \varepsilon_2, t \geqslant \sigma$ 成立.

如果上式成立, 那么当 $\varphi \in PC_1(\delta_1) \bigcap PC_2(\delta_2)$ 时, 有 $\varepsilon_2 < \|x\| < \varepsilon_1, t \geqslant \sigma$ 成立.

显然对每一个 $t \in [\sigma - \tau, \sigma]$, 这里都存在一个 $\theta \in [-\tau, 0]$, 满足

$$V_2(t, x(t)) = V_2(\sigma + \theta, x(\sigma + \theta)) \geqslant b_2(\|x(\sigma + \theta)\|) = b_2(\|x_\sigma(\theta)\|)$$
$$= b_2(\|\varphi(\theta)\|) \geqslant b_2(\delta_2).$$

下面证明

$$V_2(t, x(t)) \geqslant b_2(\delta_2), \quad \sigma \leqslant t < \tau_k. \tag{3.2.7}$$

如果不等式 (3.2.7) 不成立, 那么存在 $\bar{t} \in (\sigma, \tau_k)$, 满足

$$V_2(\bar{t}, x(\bar{t})) < b_2(\delta_2) \leqslant V_2(\sigma, x(\sigma)).$$

这意味着存在 $t_1 \in (\sigma, \bar{t})$, 满足

$$D^+ V_2(t_1, x(t_1)) < 0 \tag{3.2.8}$$

和

$$V_2(t_1 + s, x(t_1 + s)) \geqslant V_2(t_1, x(t_1)), \quad s \in [-\tau, 0].$$

由条件 (iv), 有 $D^+ V_2(t_1, x(t_1)) \geqslant 0$, 这与不等式 (3.2.8) 矛盾, 因此不等式 (3.2.7) 成立.

由条件 (iv), 有

$$V_2(\tau_k, x(\tau_k)) = V_2(\tau_k, x(\tau_k^-) + I_k(x(\tau_k^-)))$$
$$\geqslant (1 - c_k) V_2(\tau_k^-, x(\tau_k^-)) \geqslant (1 - c_k) b_2(\delta_2).$$

下一步, 证明

$$V_2(t, x(t)) \geqslant (1 - c_k) b_2(\delta_2), \quad \tau_k \leqslant t < \tau_{k+1}. \tag{3.2.9}$$

如果不等式 (3.2.9) 不成立, 那么存在 $\bar{r} \in (\tau_k, \tau_{k+1})$, 满足

$$V_2(\bar{r}, x(\bar{r})) < (1 - c_k)b_2(\delta_2) \leqslant V_2(\tau_k, x(\tau_k)).$$

这意味着这里存在一个 $\check{r} \in (\tau_k, \bar{r})$, 满足

$$D^+ V_2(\check{r}, x(\check{r})) < 0 \qquad\qquad (3.2.10)$$

和

$$V_2(\check{r} + s, x(\check{r} + s)) \geqslant V_2(\check{r}, x(\check{r})), \quad s \in [-\tau, 0].$$

由条件 (iv), 有 $D^+ V_2(\check{r}, x(\check{r})) \geqslant 0$, 这与不等式 (3.2.10) 相矛盾, 因此不等式 (3.2.9) 成立. 并且由条件 (iv) 有

$$\begin{aligned}
V_2(\tau_{k+1}, x(\tau_{k+1})) &= V_2(\tau_{k+1}, x(\tau_{k+1}^-) + I_{k+1}(x(\tau_{k+1}^-))) \\
&\geqslant (1 - c_{k+1})V_2(\tau_{k+1}^-, x(\tau_{k+1}^-)) \\
&\geqslant (1 - c_{k+1})(1 - c_k)b_2(\delta_2).
\end{aligned}$$

通过简单的推导, 可以证明, 一般的, 对 $m = 0, 1, 2, \cdots$, 有

$$V_2(t, x(t)) \geqslant (1 - c_{k+m}) \cdots (1 - c_k)b_2(\delta_2), \quad \tau_{k+m} \leqslant t < \tau_{k+m+1}.$$

上式结合不等式 (3.2.7) 和条件 (iii) 有

$$a_2(\|x(t)\|) \geqslant V_2(t, x(t)) \geqslant Nb_2(\delta_2) > a_2(\varepsilon_2), \quad t \geqslant \sigma.$$

因此

$$\|x(t)\| > \varepsilon_2, \quad t \geqslant \sigma.$$

这就表明系统 (3.2.1) 的零解是严格一致稳定的. ∎

定理 3.2.2　*如果*
(i) *存在* $V_1 \in v_0$, *满足*

$$b_1(\|x\|) \leqslant V_1(t, x(t)) \leqslant a_1(\|x\|), \quad a_1, b_1 \in K;$$

(ii) *对系统* (3.2.1) *的任意解* $x(t)$, *存在* $\psi_1 \in K_1$, *满足* $V_1(t + s, x(t + s)) \leqslant \psi_1^{-1}(V_1(t, x(t)))$, $s \in [-\tau, 0]$, *意味着* $D^+ V_1(t, x(t)) \leqslant g(t)w(V_1(t, x))$, *其中* $g, w : C[\mathbf{R}^+, \mathbf{R}^+]$ *局部可积, 并且对于所有的* $k \in \mathbf{Z}^+$, $V_1(\tau_k, x(\tau_k)) \leqslant \psi_1(V_1(\tau_k^-, x(\tau_k^-)))$;

(iii) 存在常数 $A > 0$, 满足

$$\int_{\tau_{k-1}}^{\tau_k} g(s)\mathrm{d}s < A, \quad k \in \mathbf{Z}^+,$$

并且对于任意的 $u > 0$,

$$\int_u^{\psi_1^{-1}(u)} \frac{\mathrm{d}s}{w(s)} \geqslant A;$$

(iv) 存在 $V_2 \in v_0$, 满足

$$b_2(\|x\|) \leqslant V_2(t, x(t)) \leqslant a_2(\|x\|), \quad a_2, b_2 \in K;$$

(v) 对系统 (3.2.1) 的任意解 $x(t)$, 存在 $\psi_2 \in K_1$, 满足 $V_2(t + s, x(t + s)) \geqslant \psi_2(V_2(t, x(t)))$, $s \in [-\tau, 0]$ 意味着 $D^+ V_2(t, x(t)) \leqslant h(t)p(V_2(t, x))$, 其中 $h, p : C[\mathbf{R}^+, \mathbf{R}^+]$ 局部可积, 并且对于所有的 $k \in \mathbf{Z}^+$, $V_2(\tau_k, x(\tau_k)) \geqslant \psi_2^{-1}(V_2(\tau_k^-, x(\tau_k^-)))$;

(vi) 存在常数 $B > 0$, 满足

$$\int_{\tau_{k-1}}^{\tau_k} h(s)\mathrm{d}s < B, \quad k \in \mathbf{Z}^+,$$

并且对于任意的 $u > 0$,

$$\int_u^{\psi_2(u)} \frac{\mathrm{d}s}{p(s)} \geqslant B$$

那么系统 (3.2.1) 的零解是严格一致稳定的.

证明 对于给定的 $0 < \varepsilon_1 < \rho$, $\sigma \geqslant t_0$. 选择 $\delta_1 = \delta_1(\varepsilon_1) > 0$, 满足 $\psi_1^{-1}(a_1(\delta_1)) < b_1(\varepsilon_1)$. 令 $\sigma \in [\tau_{k-1}, \tau_k)$ 对某一 $k \in \mathbf{Z}^+$ 成立.

当 $\varphi \in PC_1(\delta_1)$ 时, 有 $\|x\| < \varepsilon_1$, $t \geqslant \sigma$ 成立.

首先, 我们有

$$V_1(t, x(t)) \leqslant \psi_1^{-1}(a_1(\delta_1)), \quad \sigma \leqslant t < \tau_k. \tag{3.2.11}$$

很明显对每一个 $t \in [\sigma - \tau, \sigma]$, 这里都存在一个 $\theta \in [-\tau, 0]$, 满足

$$V_1(t, x(t)) = V_1(\sigma + \theta, x(\sigma + \theta)) \leqslant a_1(\|x(\sigma + \theta)\|)$$
$$= a_1(\|x_\sigma(\theta)\|) = a_1(\|\varphi(\theta)\|) \leqslant a_1(\delta_1) < \psi_1^{-1}(a_1(\delta_1)).$$

因此如果不等式 (3.2.11) 不成立, 那么存在 $\hat{s} \in (\sigma, \tau_k)$, 满足

$$V_1(\hat{s}, x(\hat{s})) > \psi_1^{-1}(a_1(\delta_1)) > a_1(\delta_1) \geqslant V_1(\sigma, x(\sigma)).$$

由 $V_1(t, x(t))$ 在 $[\sigma, \tau_k)$ 上的连续性知, 存在 $s_1 \in (\sigma, \hat{s})$, 满足

$$V_1(s_1, x(s_1)) = \psi_1^{-1}(a_1(\delta_1)),$$
$$V_1(t, x(t)) \leqslant \psi_1^{-1}(a_1(\delta_1)), \quad \sigma - \tau \leqslant t \leqslant s_1.$$

这里也存在一个 $s_2 \in [\sigma, s_1)$, 满足

$$V_1(s_2, x(s_2)) = a_1(\delta_1)$$
$$V_1(t, x(t)) \geqslant a_1(\delta_1), \quad t \in [s_2, s_1].$$

因此对于 $t \in [s_2, s_1]$ 和 $-\tau \leqslant s \leqslant 0$, 有

$$V_1(t + s, x(t + s)) \leqslant \psi_1^{-1}(a_1(\delta_1)) \leqslant \psi_1^{-1}(V_1(t, x(t))).$$

由条件 (ii) 有

$$D^+ V_1(t, x(t)) \leqslant g(t) w(V_1(t, x)), \quad s_2 \leqslant t \leqslant s_1. \tag{3.2.12}$$

在 $[s_2, s_1]$ 上对式 (3.2.12) 进行积分, 由条件 (iii) 有

$$\int_{V_1(s_2, x(s_2))}^{V_1(s_1, x(s_1))} \frac{\mathrm{d}u}{w(u)} \leqslant \int_{s_2}^{s_1} g(s)\mathrm{d}s \leqslant \int_{\tau_{k-1}}^{\tau_k} g(s)\mathrm{d}s < A.$$

此外

$$\int_{V_1(s_2, x(s_2))}^{V_1(s_1, x(s_1))} \frac{\mathrm{d}u}{w(u)} = \int_{a_1(\delta_1)}^{\psi_1^{-1}(a_1(\delta_1))} \frac{\mathrm{d}u}{w(u)} \geqslant A.$$

这是一个矛盾, 因此不等式 (3.2.11) 成立.

由条件 (ii) 和不等式 (3.2.11) 有

$$V_1(\tau_k, x(\tau_k)) = V_1(\tau_k, x(\tau_k^-) + I_k(x(\tau_k^-))) \leqslant \psi_1(V_1(\tau_k^-, x(\tau_k^-))) \leqslant a_1(\delta_1).$$

下面证明

$$V_1(t, x(t)) \leqslant \psi_1^{-1}(a_1(\delta_1)), \quad \tau_k \leqslant t < \tau_{k+1}. \tag{3.2.13}$$

由于 $a_1(\delta_1) < \psi_1^{-1}(a_1(\delta_1))$, 如果不等式 (3.2.13) 不成立, 那么存在 $\hat{r} \in (\tau_k, \tau_{k+1})$, 满足

$$V_1(\hat{r}, x(\hat{r})) > \psi_1^{-1}(a_1(\delta_1)) > a_1(\delta_1) \geqslant V_1(\tau_k, x(\tau_k)).$$

由 $V_1(t, x(t))$ 在 $[\tau_k, \tau_{k+1})$ 上的连续性可知, 存在 $r_1 \in (\tau_k, \hat{r})$, 满足

$$V_1(r_1, x(r_1)) = \psi_1^{-1}(a_1(\delta_1)),$$
$$V_1(t, x(t)) \leqslant \psi_1^{-1}(a_1(\delta_1)), \quad \sigma - \tau \leqslant t \leqslant r_1.$$

并且这里也存在一个 $r_2 \in [\tau_k, r_1)$, 满足

$$V_1(r_2, x(r_2)) = a_1(\delta_1),$$
$$V_1(t, x(t)) \geqslant a_1(\delta_1), \quad t \in [r_2, r_1].$$

因此对于 $t \in [r_2, r_1]$ 和 $-\tau \leqslant s \leqslant 0$ 有

$$V_1(t + s, x(t + s)) \leqslant \psi_1^{-1}(a_1(\delta_1)) \leqslant \psi_1^{-1}(V_1(t, x(t))).$$

由条件 (ii) 可以得到

$$D^+ V_1(t, x(t)) \leqslant g(t)w(V_1(t, x)), \quad r_2 \leqslant t \leqslant r_1. \tag{3.2.14}$$

和前面类似, 在区间 $[r_2, r_1]$ 上对不等式 (3.2.14) 进行积分, 由条件 (iii) 可以得到一个矛盾, 因此不等式 (3.2.13) 成立.

由条件 (ii) 和不等式 (3.2.13) 有

$$V_1(\tau_{k+1}, x(\tau_{k+1})) = V_1(\tau_{k+1}, x(\tau_{k+1}^-) + I_{k+1}(x(\tau_{k+1}^-)))$$
$$\leqslant \psi_1(V_1(\tau_{k+1}^-, x(\tau_{k+1}^-))) \leqslant a_1(\delta_1).$$

通过简单的推导可以证明, 一般的, 对 $i = 0, 1, 2, \cdots$, 有

$$V_1(t, x(t)) \leqslant \psi_1^{-1}(a_1(\delta_1)), \quad \tau_{k+i} \leqslant t < \tau_{k+i+1},$$
$$V_1(\tau_{k+i+1}, x(\tau_{k+i+1})) \leqslant a_1(\delta_1). \tag{3.2.15}$$

由于 $a_1(\delta_1) < \psi_1^{-1}(a_1(\delta_1))$, 由条件 (i) 和不等式 (3.2.11) 和不等式 (3.2.15) 有

$$b_1(\|x\|) \leqslant V_1(t, x(t)) \leqslant \psi_1^{-1}(a_1(\delta_1)) \leqslant b_1(\varepsilon_1), \quad t \geqslant \sigma.$$

因此 $\|x\| < \varepsilon_1$, 对 $t \geqslant \sigma$ 成立.

现在令 $0 < \delta_2 \leqslant \delta_1$ 并且选取一个 $0 < \varepsilon_2 < \delta_2$, 满足 $a_2(\varepsilon_2) < \psi_2(b_2(\delta_2))$.

下一步证明当 $\varphi \in PC_2(\delta_2)$ 时, 有 $\|x\| > \varepsilon_2, t \geqslant \sigma$ 成立.

如果该式成立, 那么当 $\varphi \in PC_1(\delta_1) \cap PC_2(\delta_2)$ 时, 有 $\varepsilon_2 < \|x\| < \varepsilon_1, t \geqslant \sigma$ 成立.

首先证明

$$V_2(t, x(t)) \geqslant \psi_2(b_2(\delta_2)), \quad \sigma \leqslant t < \tau_k. \tag{3.2.16}$$

显然对每一个 $t \in [\sigma - \tau, \sigma]$, 这里都存在一个 $\theta \in [-\tau, 0]$, 满足

$$V_2(t, x(t)) = V_2(\sigma + \theta, x(\sigma + \theta)) \geqslant b_2(\|x(\sigma + \theta)\|)$$
$$= b_2(\|x_\sigma(\theta)\|) = b_2(\|\varphi(\theta)\|) \geqslant b_2(\delta_2) > \psi_2(b_2(\delta_2)).$$

因此如果不等式 (3.2.16) 不成立, 那么存在 $\bar{t} \in (\sigma, \tau_k)$, 满足

$$V_2(\bar{t}, x(\bar{t})) < \psi_2(b_2(\delta_2)) < b_2(\delta_2) \leqslant V_2(\sigma, x(\sigma)).$$

由 $V_2(t, x(t))$ 在区间 $[\sigma, \tau_k)$ 上的连续性可知, 存在 $t_1 \in (\sigma, \bar{t})$, 满足

$$V_2(t_1, x(t_1)) = \psi_2(b_2(\delta_2)),$$
$$V_2(t, x(t)) \geqslant \psi_2(b_2(\delta_2)), \quad \sigma - \tau \leqslant t \leqslant t_1.$$

并且这里也存在一个 $t_2 \in [\sigma, t_1)$, 满足

$$V_2(t_2, x(t_2)) = b_2(\delta_2), V_2(t, x(t)) \leqslant b_2(\delta_2), \quad t \in [t_2, t_1].$$

因此, 对于 $t \in [t_2, t_1]$ 和 $-\tau \leqslant s \leqslant 0$, 我们有

$$V_2(t + s, x(t + s)) \geqslant \psi_2(b_2(\delta_2)) \geqslant \psi_2(V_2(t, x(t))).$$

由条件 (v) 有

$$D^+ V_2(t, x(t)) \leqslant h(t)p(V_2(t, x)), \quad t_2 \leqslant t \leqslant t_1. \tag{3.2.17}$$

将不等式 (3.2.17) 在区间 $[t_2, t_1]$ 上进行积分, 由条件 (vi) 有

$$\int_{V_2(t_2, x(t_2))}^{V_2(t_1, x(t_1))} \frac{\mathrm{d}u}{p(u)} \leqslant \int_{t_2}^{t_1} h(s)\mathrm{d}s \leqslant \int_{\tau_{k-1}}^{\tau_k} h(s)\mathrm{d}s < B.$$

同时有

$$\int_{V_2(t_2, x(t_2))}^{V_2(t_1, x(t_1))} \frac{\mathrm{d}u}{p(u)} = \int_{b_2(\delta_2)}^{\psi_2(b_2(\delta_2))} \frac{\mathrm{d}u}{p(u)} \geqslant B.$$

这是一个矛盾. 因此不等式 (3.2.16) 成立.

由条件 (v) 和不等式 (3.2.16) 有

$$V_2(\tau_k, x(\tau_k)) \geqslant \psi_2^{-1}(V_2(\tau_k^-, x(\tau_k^-))) \geqslant b_2(\delta_2).$$

下一步, 我们证明

$$V_2(t, x(t)) \geqslant \psi_2(b_2(\delta_2)), \quad \tau_k \leqslant t < \tau_{k+1}. \tag{3.2.18}$$

如果不等式 (3.2.18) 不成立, 那么存在 $\hat{q} \in (\tau_k, \tau_{k+1})$, 满足

$$V_2(\hat{q}, x(\hat{q})) < \psi_2(b_2(\delta_2)) < b_2(\delta_2) \leqslant V_2(\tau_k, x(\tau_k))$$

由 $V_2(t, x(t))$ 在区间 $[\tau_k, \tau_{k+1})$ 上的连续性可知, 存在 $q_1 \in (\tau_k, \hat{q})$, 满足

$$V_2(q_1, x(q_1)) = \psi_2(b_2(\delta_2)),$$
$$V_2(t, x(t)) \geqslant \psi_2(b_2(\delta_2)), \quad \sigma - \tau \leqslant t \leqslant q_1.$$

并且这里也存在一个 $q_2 \in [\tau_k, q_1)$, 满足

$$V_2(q_2, x(q_2)) = b_2(\delta_2),$$
$$V_2(t, x(t)) \leqslant b_2(\delta_2), \quad t \in [q_2, q_1].$$

因此对于 $t \in [q_2, q_1]$ 和 $-\tau \leqslant s \leqslant 0$ 有

$$V_2(t + s, x(t + s)) \geqslant \psi_2(b_2(\delta_2)) \geqslant \psi_2(V_2(t, x(t)))$$

由条件 (v), 我们有

$$D^+ V_2(t, x(t)) \leqslant h(t)p(V_2(t, x)), \quad q_2 \leqslant t \leqslant q_1. \tag{3.2.19}$$

和前面类似我们在 $[q_2, q_1]$ 上对不等式 (3.2.19) 进行积分, 由条件 (vi) 可以得到一个矛盾, 因此不等式 (3.2.18) 成立.

由条件 (v) 和不等式 (3.2.18) 有

$$\begin{aligned}
V_2(\tau_{k+1}, x(\tau_{k+1})) &= V_2(\tau_{k+1}, x(\tau_{k+1}^-) + I_{k+1}(x(\tau_{k+1}^-))) \\
&\geqslant \psi_2^{-1}(V_2(\tau_{k+1}^-, x(\tau_{k+1}^-))) \geqslant b_2(\delta_2)
\end{aligned}$$

通过简单的推导, 可以证明, 一般的, 有对 $i = 0, 1, 2, \cdots$, 式 (3.2.20) 成立

$$\begin{aligned}
V_2(t, x(t)) &\geqslant \psi_2(b_2(\delta_2)), \quad \tau_{k+i} \leqslant t < \tau_{k+i+1}, \\
V_2(\tau_{k+i+1}, x(\tau_{k+i+1})) &\geqslant b_2(\delta_2).
\end{aligned} \tag{3.2.20}$$

由于 $b_2(\delta_2) > \psi_2(b_2(\delta_2))$, 由不等式 (3.2.16) 和不等式 (3.2.20) 有

$$V_2(t, x(t)) \geqslant \psi_2(b_2(\delta_2)), \quad t \geqslant \sigma.$$

上式与条件 (iv) 相结合有

$$a_2(\|x\|) \geqslant V_2(t, x(t)) \geqslant \psi_2(b_2(\delta_2)) > a_2(\varepsilon_2), \quad t \geqslant \sigma.$$

因此当 $t \geqslant \sigma$ 时, $\|x\| > \varepsilon_2$. 因此方程 (3.2.1) 的零解是严格一致稳定的. ∎

3.2.2　在脉冲点状态变量与时滞有关的脉冲泛函微分方程的稳定性

泛函微分方程在社会中有很多的应用, 因此研究这类方程是必要的. 关于泛函微分方程的研究已经有一定的结果如文献 [5]、文献 [42] 和文献 [43]. 也有一些作者考虑了脉冲泛函微分方程[27]. 可以很容易的看出在以前的脉冲控制工作中, 作者经常假设所加的脉冲仅仅依赖于当前的状态变量. 但是在许多情况下, 更实用的是所加的脉冲与之前的状态变量也有关系. 然而, 关于这一类型的脉冲泛函微分方程, 目前还没有什么结果.

在许多情况下, 一些设计很好的渐近稳定控制方案不能像预想的那样起作用. 其中一个原因是吸引域太小了. 可以克服这个问题的方法是用实用稳定性. 实用稳定只需要镇定一个系统到一个相空间区域, 因此它有很重要的应用价值. 在最近一些年, 实用稳定的研究取得了很大进展, 但是在脉冲点状态变量与时滞有关的脉冲泛函微分方程的结果几乎没有.

本小节考虑在脉冲点状态变量与时滞有关的脉冲泛函微分方程的稳定性. 通过利用 Lyapunov 函数和 Razumikhin 技巧, 我们得到关于这类方程的一致稳定、一致渐近稳定和实用稳定的一些结果.

考虑下面的在脉冲点状态变量与时滞有关的脉冲泛函微分方程:

$$\begin{cases} \dot{x}(t) = f(t, x_t), & t \geqslant t_0, t \neq \tau_k, \\ x(\tau_k) = I_k(x(\tau_k^-)) + J_k(x(\tau_k^- - \tau)), & k \in \mathbf{Z}^+. \end{cases} \quad (3.2.21)$$

其中, $x \in \mathbf{R}^n$, $f \in C[\mathbf{R}^+ \times D, \mathbf{R}^n]$, I_k, $J_k \in C[\mathbf{R}^n, \mathbf{R}^n]$, $k = 1, 2, \cdots$, D 是 $PC([-\tau, 0], \mathbf{R}^n)$ 中的一个开集, 其中 τ 为大于零的常数, 对于任意的 $t \geqslant t_0$, $x_t \in PC([-\tau, 0], \mathbf{R}^n)$ 被定义为 $x_t(s) = x(t + s), -\tau \leqslant s \leqslant 0, \tau > 0$. 令 $\mathbf{R}_\tau^+ = [-\tau, +\infty)$, $\tau_0 = 0$.

函数 $x(t)$ 被称为是方程 (3.2.21) 的一个具有初始条件

$$x_\sigma = \varphi \quad (3.2.22)$$

的解, 其中 $\sigma \geqslant t_0$, $\varphi \in PC([-\tau, 0], \mathbf{R}^n)$, 如果它同时满足方程 (3.2.21) 和条件 (3.2.22).

在本小节中, 有下面的假设成立:

(H1) 对于 $t \in [\sigma - \tau, \sigma]$, 解 $x(t; \sigma, \varphi)$ 与函数 $\varphi(t - \sigma)$ 相一致;

(H2) 对于每一个函数 $x(s) : [\sigma - \tau, +\infty) \to \mathbf{R}^n$, 它在每一处都连续除了点 $\{\tau_k\}$ 在该点 $x(\tau_k^+)$ 和 $x(\tau_k^-)$ 存在并且 $x(\tau_k^+) = x(\tau_k), f(t, x_t)$ 对于几乎所有的 $t \in [\sigma, +\infty)$ 都连续并且在不连续点 f 是左连续的;

(H3) $f(t, \phi)$ 关于 ϕ 在 $PC([-\tau, 0], \mathbf{R}^n)$ 上的每一个紧集上是 Lipschitzian 的;

(H4) 函数 $I_k, J_k, k = 1, 2, \cdots$, 满足如果 $x \in D, I_k \neq 0, J_k \neq 0$, 那么 $I_k(x) + J_k(x(t - \tau)) \in D$;

(H5) $f(t, 0) = 0$ 和 $I_k(0) = 0, J_k(0) = 0, k = 1, 2, \cdots$, 因此 $x(t) = 0$ 是方程 (3.2.21) 的一个解, 我们称之为零解.

在条件 (H1)~ 条件 (H5) 下, 方程 (3.2.21) 通过 (σ, φ) 存在唯一的解. (证明与文献 [14] 相似, 因此我们在这里省略它.)

用 $x(t; \sigma, \varphi)$ 来表示脉冲泛函微分方程 (3.2.21)~ 方程 (3.2.22) 的解. 用 $J(\sigma, \varphi)$ 来表示 $x(t; \sigma, \varphi)$ 所定义的 $[\sigma - \tau, \beta)$ 类的最大存在区间.

我们用下面的符号:

$$S(\rho) = \{x \in \mathbf{R}^n : \|x\| < \rho\},$$

$$PC(\rho) = \{\phi \in PC([-\tau, 0], \mathbf{R}^n) : \mid \phi \mid < \rho\},$$

$$\Gamma^n = \{h \in C[\mathbf{R}^+ \times \mathbf{R}^n, \mathbf{R}^+] : \forall t \in \mathbf{R}^+, \inf_x h(t, x) = 0\},$$

$$\Gamma_\tau^n = \{h \in C[\mathbf{R}_\tau^+ \times \mathbf{R}^n, \mathbf{R}^+] : \forall t \in \mathbf{R}_\tau^+, \inf_x h(t, x) = 0\}.$$

定义3.2.2 令 $h_0 \in \Gamma_\tau^n, \phi \in PC([-\tau, 0], \mathbf{R}^n)$, 对于任意的 $t \in \mathbf{R}^+, \widetilde{h}_0(t, \phi)$ 被定义为

$$\widetilde{h}_0(t, \phi) = \sup_{-\tau \leqslant \theta \leqslant 0} h_0(t + \theta, \phi(\theta)).$$

定义3.2.3 系统 (3.2.21) 的零解被称为是

(D1) 稳定的, 如果对于任意的 $\sigma \geqslant t_0$ 和 $\varepsilon > 0$, 存在 $\delta = \delta(\sigma, \varepsilon) > 0$, 使得当 $\varphi \in PC(\delta)$ 时, 有 $\|x(t; \sigma, \varphi)\| < \varepsilon, t \geqslant \sigma$.

(D2) 一致稳定的, 如果 (D1) 中的 δ 与 σ 是无关的.

(D3) 渐近稳定的, 如果 (D1) 成立并且对于任意的 $\sigma \geqslant t_0$, 存在 $\delta = \delta(\sigma) > 0$, 满足如果 $\varphi \in PC(\delta)$, 那么 $\lim_{t \to \infty} x(t; \sigma, \varphi) = 0$.

(D4) 一致渐近稳定的, 如果 (D2) 成立并且存在 $\delta > 0$ 使得对于任意的 $\varepsilon > 0$, 存在 $T = T(\delta, \varepsilon) > 0$, 满足如果 $\varphi \in PC(\delta)$, 那么 $\|x(t; \sigma, \varphi)\| \leqslant \varepsilon$, 对于 $t \geqslant \sigma + T$ 成立.

定义3.2.4 令 $h_0 \in \Gamma_\tau^n, h \in \Gamma^n$, 系统 (3.2.21) 被称为是

(A_1) $(\widetilde{h}_0, h)$—— 实用稳定的, 如果给定 $(u, v), 0 < u < v$, 当 $\widetilde{h}_0(\sigma, \varphi) < u$ 时, 有 $h(t, x(t)) < v, t \geqslant \sigma$, 对于某些 $\sigma \in \mathbf{R}^+$ 成立;

(A₂) $(\widetilde{h}_0, h)$—— 一致实用稳定的, 如果 (A₁) 对于所有的 $\sigma \in \mathbf{R}^+$ 都成立;

令集合 K_1, K_2 被定义为

$K_1 = \{\varphi \in C(\mathbf{R}^+, \mathbf{R}^+) :$ 单调增加并且对于 $s > 0, \varphi(s) < s\}$,

$K_2 = \{\varphi \in C(\mathbf{R}^+, \mathbf{R}^+) :$ 单调增加 $\}$.

首先我们考虑在脉冲点状态变量与时滞有关的脉冲泛函微分方程 (3.2.21) 的一致稳定性. 有下面的关于系统 (3.2.21) 一致稳定的两个结果.

定理 3.2.3　如果存在函数 $a, b \in K, V \in v_0$ 满足

(i) $a(\|x\|) \leqslant V(t, x) \leqslant b(\|x\|)$, 对于所有的 $(t, x) \in [t_0 - \tau, +\infty) \times S(\rho)$ 成立;

(ii) $D^+ V(t, x) < 0$;

(iii) $V(\tau_k, I_k(x(\tau_k^-)) + J_k(x(\tau_k^- - \tau))) \leqslant \dfrac{1 + b_k}{2}[V(\tau_k^-, x(\tau_k^-)) + V(\tau_k^- - \tau, x(\tau_k^- - \tau))]$, 其中 $b_k \geqslant 0, \displaystyle\sum_{k=1}^{+\infty} b_k < +\infty$.

那么系统 (3.2.21) 的零解是一致稳定的.

证明　由于 $\displaystyle\sum_{k=1}^{+\infty} b_k < +\infty$, 那么 $\displaystyle\prod_{k=1}^{+\infty}(1 + b_k) = M$, 显然 $1 \leqslant M < +\infty$.

对于任意的 $\varepsilon > 0$, 存在 $\delta = \delta(\varepsilon) > 0$ 满足 $\delta < b^{-1}\left(\dfrac{a(\varepsilon)}{M}\right)$. 将证明如果 $\varphi \in PC(\delta)$, 那么对于 $t \geqslant \sigma$, 有 $\|x(t; \sigma, \varphi)\| < \varepsilon$ 成立. 令 $x(t) = x(t; \sigma, \varphi)$ 表示系统 (3.2.21) 通过 (σ, φ) 的解.

令 $\sigma \in [\tau_{m-1}, \tau_m)$ 对某一 $m \in \mathbf{Z}^+$ 成立. 我们先证明

$$V(t, x(t)) \leqslant b(\delta), \qquad \sigma \leqslant t < \tau_m. \tag{3.2.23}$$

显然, 对每一个 $t \in [\sigma - \tau, \sigma]$, 这里都存在一个 $s \in [-\tau, 0]$ 满足 $t = \sigma + s$, 那么

$$V(t, x(t)) = V(\sigma + s, x(\sigma + s)) \leqslant b(\|x(\sigma + s)\|) \leqslant b(\|\varphi(s)\|) \leqslant b(\delta).$$

因此如果不等式 (3.2.23) 不成立, 那么存在 $\hat{r} \in (\sigma, \tau_m)$ 满足

$$V(\hat{r}, x(\hat{r})) > b(\delta),$$

$$V(t, x(t)) \leqslant b(\delta), \qquad t \in [\sigma - \tau, \hat{r}].$$

$$D^+ V(\hat{r}, x(\hat{r})) \geqslant 0.$$

这与条件 (ii) 相矛盾, 因此式 (3.2.23) 成立.

由不等式 (3.2.23) 和条件 (iii), 我们有

$$\begin{aligned}
V(\tau_m, x(\tau_m)) &= V(\tau_m, I_m(x(\tau_m^-)) + J_m(x(\tau_m^- - \tau))) \\
&\leqslant \frac{1 + b_m}{2}[V(\tau_m^-, x(\tau_m^-)) + V(\tau_m^- - \tau, x(\tau_m^- - \tau))] \leqslant (1 + b_m)b(\delta).
\end{aligned}$$

下面我们证明

$$V(t, x(t)) \leqslant (1 + b_m)b(\delta), \qquad \tau_m \leqslant t < \tau_{m+1}. \tag{3.2.24}$$

如果该式不成立, 那么存在 $\hat{s} \in (\tau_m, \tau_{m+1})$, 满足

$$V(\hat{s}, x(\hat{s})) > (1 + b_m)b(\delta),$$

$$V(t, x(t)) \leqslant (1 + b_m)b(\delta), \qquad t \in [\sigma - \tau, \hat{s}).$$

$$D^+ V(\hat{s}, x(\hat{s})) \geqslant 0.$$

这与条件 (ii) 相矛盾, 因此式 (3.2.24) 成立.

由不等式 (3.2.24) 和条件 (iii), 有

$$
\begin{aligned}
V(\tau_{m+1}, x(\tau_{m+1})) &= V(\tau_{m+1}, I_{m+1}(x(\tau_{m+1}^-)) + J_{m+1}(x(\tau_{m+1}^- - \tau))) \\
&\leqslant \frac{1 + b_{m+1}}{2}[V(\tau_{m+1}^-, x(\tau_{m+1}^-)) + V(\tau_{m+1}^- - \tau, x(\tau_{m+1}^- - \tau))] \\
&\leqslant (1 + b_{m+1})(1 + b_m)b(\delta).
\end{aligned}
$$

通过简单的推导可以证明, 一般的, 对于 $k = 0, 1, 2, \cdots$, 有

$$V(t, x(t)) \leqslant (1 + b_{m+k}) \cdots (1 + b_m)b(\delta), \qquad \tau_{m+k} \leqslant t < \tau_{m+k+1}.$$

$$V(\tau_{m+k+1}, x(\tau_{m+k+1})) \leqslant (1 + b_{m+k+1})(1 + b_{m+k}) \cdots (1 + b_m)b(\delta).$$

这与不等式 (3.2.23) 相结合有

$$V(t, x(t)) \leqslant Mb(\delta), \qquad t \geqslant \sigma.$$

由上式和条件 (i) 有

$$a(\|x(t)\|) \leqslant V(t, x(t)) \leqslant Mb(\delta) < a(\varepsilon), \qquad t \geqslant \sigma.$$

因此

$$\|x(t)\| < \varepsilon, \qquad t \geqslant \sigma.$$

系统 (3.2.21) 的零解是一致稳定的. ∎

定理 3.2.4 如果存在函数 $a, b \in K, V \in v_0, g_1, g_2 \in K_2, g = g_1 + g_2$ 和 $g \in K_1$ 满足

(i) $a(\|x\|) \leqslant V(t, x) \leqslant b(\|x\|)$, 对于所有的 $(t, x) \in [t_0 - \tau, +\infty) \times S(\rho)$ 成立;

(ii) 当 $g^{-1}(V(t,x(t))) \geqslant V(t+s,x(t+s)), s \in [-\tau,0]$ 时, $D^+V(t,x) \leqslant p(t)c(V(t,x(t)))$ 对于所有的 $t \neq \tau_k$ 成立, 其中 $p,c:[t_0-\tau,\infty) \to \mathbf{R}^+$ 局部可积;

(iii) $V(\tau_k, I_k(x(\tau_k^-)) + J_k(x(\tau_k^- - \tau))) \leqslant g_1(V(\tau_k^-, x(\tau_k^-))) + g_2(V(\tau_k^- - \tau, x(\tau_k^- - \tau)))$, 并且存在 $A > 0$, 满足 $\int_{\tau_k}^{\tau_{k+1}} p(s)\mathrm{d}s < A$ 及 $\int_q^{g^{-1}(q)} \dfrac{\mathrm{d}s}{c(s)} \geqslant A$

那么系统 (3.2.21) 的零解是一致稳定的.

证明　对于任意的 $\varepsilon > 0$, 存在 $\delta = \delta(\varepsilon) > 0$, 满足 $\delta < b^{-1}(g(a(\varepsilon)))$. 将证明如果 $\varphi \in PC(\delta)$, 那么 $\|x(t;\sigma,\varphi)\| < \varepsilon$, 对于 $t \geqslant \sigma$ 成立. 令 $x(t) = x(t;\sigma,\varphi)$ 表示系统 (3.2.21) 通过 (σ,φ) 的解.

令 $\sigma \in [\tau_{m-1},\tau_m)$ 对于某一 $m \in \mathbf{Z}^+$ 成立. 我们先证明

$$V(t,x(t)) \leqslant g^{-1}(b(\delta)), \quad \sigma \leqslant t < \tau_m. \tag{3.2.25}$$

显然, 对每一个 $t \in [\sigma-\tau,\sigma]$, 这里都存在一个 $s \in [-\tau,0]$, 满足 $t = \sigma+s$, 那么

$$V(t,x(t)) = V(\sigma+s,x(\sigma+s)) \leqslant b(\|x(\sigma+s)\|) \leqslant b(\|\varphi(s)\|) \leqslant b(\delta).$$

因此如果不等式 (3.2.25) 不成立, 那么存在 $\hat{s} \in (\sigma,\tau_m)$ 满足

$$V(\hat{s},x(\hat{s})) > g^{-1}(b(\delta)) > b(\delta) \geqslant V(\sigma,x(\sigma)).$$

由 $V(t,x(t))$ 在 $[\sigma,\tau_m)$ 上的连续性可知, 存在 $s_1 \in (\sigma,\hat{s})$, 满足

$$V(s_1,x(s_1)) = g^{-1}(b(\delta)), V(t,x(t)) \leqslant g^{-1}(b(\delta)), \quad t \in [\sigma-\tau,s_1].$$

并且这里也存在一个 $s_2 \in [\sigma,s_1)$, 满足

$$V(s_2,x(s_2)) = b(\delta), V(t,x(t)) \geqslant b(\delta), \quad t \in [s_2,s_1].$$

因此, 对于 $t \in [s_2,s_1]$ 和 $-\tau \leqslant s \leqslant 0$ 有

$$V(t+s,x(t+s)) \leqslant g^{-1}(b(\delta)) \leqslant g^{-1}(V(t,x(t))).$$

由条件 (ii) 得

$$D^+V(t,x(t)) \leqslant p(t)c(V(t,x(t))), \quad s_2 \leqslant t \leqslant s_1.$$

在 $[s_2,s_1]$ 上对上面不等式进行积分, 由条件 (iii) 得

$$\int_{V(s_2,x(s_2))}^{V(s_1,x(s_1))} \frac{\mathrm{d}u}{c(u)} \leqslant \int_{s_2}^{s_1} p(s)\mathrm{d}s \leqslant \int_{\tau_{m-1}}^{\tau_m} p(s)\mathrm{d}s < A.$$

此外,

$$\int_{V(s_2,x(s_2))}^{V(s_1,x(s_1))} \frac{\mathrm{d}u}{c(u)} = \int_{b(\delta)}^{g^{-1}(b(\delta))} \frac{\mathrm{d}u}{c(u)} \geqslant A.$$

这是一个矛盾, 因此式 (3.2.25) 成立.

由不等式 (3.2.25) 和条件 (iii) 得

$$\begin{aligned}
V(\tau_m, x(\tau_m)) &= V(\tau_m, I_m(x(\tau_m^-)) + J_m(x(\tau_m^- - \tau))) \\
&\leqslant g_1(V(\tau_m^-, x(\tau_m^-))) + g_2(V(\tau_m^- - \tau, x(\tau_m^- - \tau))) \\
&\leqslant g_1(g^{-1}(b(\delta))) + g_2(g^{-1}(b(\delta))) = g(g^{-1}(b(\delta))) = b(\delta).
\end{aligned}$$

下面, 我们证明

$$V(t, x(t)) \leqslant g^{-1}(b(\delta)), \quad \tau_m \leqslant t < \tau_{m+1}. \tag{3.2.26}$$

如果式 (3.2.26) 不成立, 那么存在 $\hat{r} \in (\tau_m, \tau_{m+1})$, 满足

$$V(\hat{r}, x(\hat{r})) > g^{-1}(b(\delta)) > b(\delta) \geqslant V(\tau_m, x(\tau_m)).$$

由 $V(t, x(t))$ 在 $[\tau_m, \tau_{m+1}]$ 上的连续性可知, 存在 $r_1 \in (\tau_m, \hat{r})$ 满足

$$V(r_1, x(r_1)) = g^{-1}(b(\delta)), V(t, x(t)) \leqslant g^{-1}(b(\delta)), \quad t \in [\sigma - \tau, r_1].$$

并且这里也存在一个 $r_2 \in [\tau_m, r_1)$ 满足

$$V(r_2, x(r_2)) = b(\delta), V(t, x(t)) \geqslant b(\delta), \quad t \in [r_2, r_1]$$

因此, 对于 $t \in [r_2, r_1]$ 和 $-\tau \leqslant s \leqslant 0$ 有

$$V(t+s, x(t+s)) \leqslant g^{-1}(b(\delta)) \leqslant g^{-1}(V(t, x(t))).$$

由条件 (ii) 得到

$$D^+ V(t, x(t)) \leqslant p(t)c(V(t, x(t))), \quad r_2 \leqslant t \leqslant r_1.$$

在 $[r_2, r_1]$ 上对这个不等式进行积分, 由条件 (iii) 得

$$\int_{V(r_2,x(r_2))}^{V(r_1,x(r_1))} \frac{\mathrm{d}u}{c(u)} \leqslant \int_{r_2}^{r_1} p(s)\mathrm{d}s \leqslant \int_{\tau_m}^{\tau_{m+1}} p(s)\mathrm{d}s < A.$$

另一方面,

$$\int_{V(r_2,x(r_2))}^{V(r_1,x(r_1))} \frac{\mathrm{d}u}{c(u)} = \int_{b(\delta)}^{g^{-1}(b(\delta))} \frac{\mathrm{d}u}{c(u)} \geqslant A.$$

这是一个矛盾, 因此不等式 (3.2.26) 成立.

由不等式 (3.2.26) 和条件 (iii) 得

$$V(\tau_{m+1}, x(\tau_{m+1})) = V(\tau_{m+1}, I_{m+1}(x(\tau_{m+1}^-)) + J_{m+1}(x(\tau_{m+1}^- - \tau)))$$

$$\leqslant g_1(V(\tau_{m+1}^-, x(\tau_{m+1}^-))) + g_2(V(\tau_{m+1}^- - \tau, x(\tau_{m+1}^- - \tau)))$$

$$\leqslant g_1(g^{-1}(b(\delta))) + g_2(g^{-1}(b(\delta))) = g(g^{-1}(b(\delta))) = b(\delta).$$

通过简单的推导可以证明, 一般的, 对 $i = 0,1,2,\cdots$, 有

$$V(t, x(t)) \leqslant g^{-1}(b(\delta)), \quad \tau_{m+i} \leqslant t < \tau_{m+i+1}.$$
$$V(\tau_{m+i+1}, x(\tau_{m+k+1})) \leqslant b(\delta). \tag{3.2.27}$$

因为 $b(\delta) < g^{-1}(b(\delta))$, 由不等式 (3.2.25) 和不等式 (3.2.27), 有

$$V(t, x(t)) \leqslant g^{-1}(b(\delta)), \quad t \geqslant \sigma.$$

由上式和条件 (i) 有

$$a(\|x(t)\|) \leqslant V(t, x(t)) \leqslant g^{-1}(b(\delta)) < a(\varepsilon), \quad t \geqslant \sigma.$$

因此

$$\|x(t)\| < \varepsilon, \quad t \geqslant \sigma.$$

系统 (3.2.21) 的零解是一致稳定的. ■

其次考虑在脉冲点状态变量与时滞有关的脉冲泛函微分方程 (3.2.21) 的一致渐近稳定性. 我们有下面的关于系统 (3.2.21) 的一致渐近稳定的定理.

定理 3.2.5　如果存在函数 $a, b \in K, V \in v_0, g_1, g_2 \in K_2, g = g_1 + g_2$ 和 $g \in K_1$, 满足

(i) 定理 3.2.4 的条件 (i) 和条件 (ii) 成立;

(ii) $V(\tau_k, I_k(x(\tau_k^-)) + J_k(x(\tau_k^- - \tau))) \leqslant g_1(V(\tau_k^-, x(\tau_k^-))) + g_2(V(\tau_k^- - \tau, x(\tau_k^- - \tau)))$, 令 $r = \sup_{k \in \mathbf{N}}\{\tau_k - \tau_{k-1}\} < +\infty, M_1 = \sup_{t \geqslant 0} \int_t^{t+r} p(s)\mathrm{d}s < +\infty$, 并且

$M_2 = \inf_{q>0} \int_{g(q)}^q \frac{\mathrm{d}s}{c(s)} > M_1$,

那么在脉冲点状态变量与时滞有关的脉冲泛函微分方程 (3.2.21) 是一致渐近稳定的.

证明 显然该定理的条件成立意味着定理 3.2.4 的条件成立, 因此系统 (3.2.21) 是一致稳定的. 那么对于给定的 $\eta > 0$, 存在 $\delta > 0$, 满足 $g^{-1}(b(\delta)) = a(\eta)$, 并且当 $\varphi \in PC(\delta)$ 时, 有 $\|x\| < \eta$, 对于 $t \geqslant \sigma$ 成立. 此外有

$$V(t, x(t)) \leqslant g^{-1}(b(\delta)) = a(\eta), \quad t \geqslant \sigma - \tau. \tag{3.2.28}$$

令 $\sigma \in [\tau_{m-1}, \tau_m)$ 对某一 $m \in \mathbf{Z}^+$ 成立. 现在, 令 $\varepsilon > 0$ 并且假设不失一般性, $\varepsilon < \eta$. 定义 $M = M(\varepsilon) = \sup\left\{\dfrac{1}{c(s)} \middle| g(a(\varepsilon)) \leqslant s \leqslant b(\eta)\right\}$, 并且注意到 $0 < M < +\infty$.

对于 $a(\varepsilon) \leqslant q \leqslant b(\eta)$, 我们有 $g(a(\varepsilon)) \leqslant g(q) < q \leqslant b(\eta)$. 因此 $M_2 \leqslant \displaystyle\int_{g(q)}^{q} \dfrac{\mathrm{d}s}{c(s)} \leqslant M(q - g(q))$, 由此得到 $g(q) \leqslant q - \dfrac{M_2}{M} < q - d$, 其中 $d = d(\varepsilon) > 0$, 满足 $d < \dfrac{M_2 - M_1}{M}$.

令 $N = N(\varepsilon)$ 是满足 $b(\eta) < a(\varepsilon) + Nd$ 的最小正整数, 定义 $T = T(\varepsilon) = r + (N-1)(r + \tau)$, 将证明如果 $\varphi \in PC(\delta)$, 那么 $\|x(t)\| < \varepsilon$, 对于 $t \geqslant \sigma + T$ 成立.

给定 $0 < A \leqslant b(\eta)$ 和 $j \in \mathbf{Z}^+$, 将证明

(a) 如果对于 $t \in [\tau_j - \tau, \tau_j)$, 有 $V(t, x(t)) \leqslant A$, 那么对于 $t \geqslant \tau_j$, 有 $V(t, x(t)) \leqslant A$;

(b) 如果附加的有 $A \geqslant a(\varepsilon)$, 那么对于 $t \geqslant \tau_j$ 有 $V(t, x(t)) \leqslant A - d$.

首先, 我们证明 (a).

如果 (a) 不成立, 那么存在一些 $t \geqslant \tau_j$ 使得 $V(t, x(t)) > A$. 令 $t^* = \inf\{t \geqslant \tau_j | V(t, x(t)) > A\}$, 那么对于某一 $k \in \mathbf{N}$ 和 $k \geqslant j$, 有 $t^* \in [\tau_k, \tau_{k+1})$. 既然由条件 (ii), $V(\tau_k, x(\tau_k)) = V(\tau_k, I_k(x(\tau_k^-)) + J_k(x(\tau_k^- - \tau))) \leqslant g_1(V(\tau_k^-, x(\tau_k^-))) + g_2(V(\tau_k^- - \tau, x(\tau_k^- - \tau))) \leqslant g_1(A) + g_2(A) = g(A) < A$, 那么 $t^* \in (\tau_k, \tau_{k+1})$, 并且 $V(t^*, x(t^*)) = A$ 和 $V(t, x(t)) \leqslant A$, 对于 $t \in [\tau_j - \tau, t^*]$ 成立.

令 $\bar{t} = \sup\{t \in [\tau_k, t^*] | V(t, x(t)) \leqslant g(A)\}$. 既然 $V(t^*, x(t^*)) = A > g(A)$, 那么 $\bar{t} \in [\tau_k, t^*), V(\bar{t}, x(\bar{t})) = g(A)$ 并且 $V(t, x(t)) \geqslant g(A)$, 对于 $t \in [\bar{t}, t^*]$ 成立.

因此, 对于 $t \in [\bar{t}, t^*], s \in [-\tau, 0]$, 有 $g(V(t+s, x(t+s))) \leqslant g(A) \leqslant V(t, x(t))$. 因此由条件 (i), 对于 $t \in [\bar{t}, t^*]$ 下面的不等式成立

$$D^+ V(t, x(t)) \leqslant p(t) c(V(t, x(t))).$$

我们得到 $\displaystyle\int_{V(\bar{t}, x(\bar{t}))}^{V(t^*, x(t^*))} \dfrac{\mathrm{d}s}{c(s)} \leqslant \int_{\bar{t}}^{t^*} p(s)\mathrm{d}s \leqslant \int_{\tau_k}^{\tau_{k+1}} p(s)\mathrm{d}s \leqslant M_1$. 但是同时 $\displaystyle\int_{V(\bar{t}, x(\bar{t}))}^{V(t^*, x(t^*))} \dfrac{\mathrm{d}s}{c(s)} = \int_{g(A)}^{A} \dfrac{\mathrm{d}s}{c(s)} \geqslant M_2 > M_1$. 这是一个矛盾, 因此 (a) 成立.

下一步, 我们证明 (b).

假设为了矛盾起见存在一些 $t \geqslant \tau_j, V(t, x(t)) > A - d$. 定义 $r_1 = \inf\{t \geqslant \tau_j | V(t, x(t)) > A - d\}$, 取 $k \geqslant j$, 满足 $r_1 \in [\tau_k, \tau_{k+1})$.

由于 $a(\varepsilon) \leqslant A \leqslant b(\eta)$, 那么 $g(A) < A - d$. 因此由 (a),

$$V(\tau_k, x(\tau_k)) = V(\tau_k, I_k(x(\tau_k^-)) + J_k(x(\tau_k^- - \tau)))$$
$$\leqslant g_1(V(\tau_k^-, x(\tau_k^-))) + g_2(V(\tau_k^- - \tau, x(\tau_k^- - \tau)))$$
$$\leqslant g_1(A) + g_2(A) = g(A) < A - d.$$

因此 $r_1 \in (\tau_k, \tau_{k+1})$ 并且 $V(r_1, x(r_1)) = A - d$, 对于 $t \in [\tau_k, r_1]$, 有 $V(t, x(t)) \leqslant A - d$.

令 $\bar{r} = \sup\{t \in [\tau_k, r_1] | V(t, x(t)) \leqslant g(A)\}$, 由于 $V(r_1, x(r_1)) = A - d > g(A) \geqslant V(\tau_k, x(\tau_k))$, 那么 $\bar{r} \in [\tau_k, r_1), V(\bar{r}, x(\bar{r})) = g(A)$, 并且 $V(t, x(t)) \geqslant g(A)$ 对于 $t \in [\bar{r}, r_1]$ 成立. 因此, 对于 $t \in [\bar{r}, r_1], s \in [-\tau, 0]$, 由 (a) 我们有 $g(V(t + s, x(t + s))) \leqslant g(A) \leqslant V(t, x(t))$. 因此由条件 (i), 对于 $t \in [\bar{r}, r_1]$ 下面的不等式成立:

$$D^+V(t, x(t)) \leqslant p(t)c(V(t, x(t))).$$

那么, 可以得到不等式

$$\int_{V(\bar{r}, x(\bar{r}))}^{V(r_1, x(r_1))} \frac{\mathrm{d}s}{c(s)} \leqslant M_1.$$

但是此外,

$$\int_{V(\bar{r}, x(\bar{r}))}^{V(r_1, x(r_1))} \frac{\mathrm{d}s}{c(s)} = \int_{g(A)}^{A-d} \frac{\mathrm{d}s}{c(s)} = \int_{g(A)}^{A} \frac{\mathrm{d}s}{c(s)} - \int_{A-d}^{A} \frac{\mathrm{d}s}{c(s)}.$$

由于 $a(\varepsilon) \leqslant A \leqslant b(\eta)$, 我们有 $g(a(\varepsilon)) \leqslant g(A) < A - d < A \leqslant b(\eta)$. 因此对于 $A - d \leqslant s \leqslant A$ 有 $\frac{1}{c(s)} \leqslant M$ 成立.

因此, 我们得到

$$\int_{V(\bar{r}, x(\bar{r}))}^{V(r_1, x(r_1))} \frac{\mathrm{d}s}{c(s)} \geqslant M_2 - \int_{A-d}^{A} M\mathrm{d}s$$
$$= M_2 - dM > M_2 + M_1 - M_2 = M_1.$$

这是一个矛盾, 因此 (b) 成立.

对于 $i = 1, 2, \cdots, N$, 定义如下的索引 $k^{(i)}$. 令 $k^{(1)} = m$, 对于 $i = 2, \cdots, N$, 令 $k^{(i)}$ 被选择满足 $\tau_{k^{(i)}-1} < \tau_{k^{(i-1)}} + \tau \leqslant \tau_{k^{(i)}}$.

那么由条件 (ii), 我们有 $\tau_{k^{(1)}} = \tau_m \leqslant \tau_{m-1} + r \leqslant \sigma + r$ 并且对于 $i = 2, \cdots, N$, $\tau_{k^{(i)}} \leqslant \tau_{k^{(i)}-1} + r < \tau_{k^{(i-1)}} + r + \tau$. 结合这些不等式得

$$\tau_{k^{(N)}} \leqslant \sigma + r + (r + \tau)(N - 1) = \sigma + T.$$

我们称对每一个 $i = 1, 2, \cdots, N$, 对于 $t \geqslant \tau_{k(i)}$, 有 $V(t, x(t)) \leqslant b(\eta) - id$. 因为由式 (3.2.28) 对于 $t \in [\sigma - \tau, \tau_{k(1)})$, 有 $V(t, x(t)) \leqslant a(\eta) \leqslant b(\eta)$, 那么通过在我们之前的论断 (b) 中令 $A = b(\eta)$, 得到对于 $t \geqslant \tau_{k(1)}$, 有 $V(t, x(t)) \leqslant b(\eta) - d$, 这就建立了基本的情况. 我们现在用归纳法来证明并且假设 $V(t, x(t)) \leqslant b(\eta) - jd$, 对于 $t \geqslant \tau_{k(j)}$, 对一些 $1 \leqslant j \leqslant N - 1$ 成立. 令 $A = b(\eta) - jd$, 那么 $a(\varepsilon) \leqslant A \leqslant b(\eta)$. 由于 $\tau_{k(j)} \leqslant \tau_{k(j+1)} - \tau$, 那么对于 $t \in [\tau_{k(j+1)} - \tau, \tau_{(j+1)})$ 有 $V(t, x(t)) \leqslant A$, 因此对于 $t \geqslant \tau_{k(j+1)}$, 有 $V(t, x(t)) \leqslant A - d = b(\eta) - (j+1)d$. 通过归纳法证明了我们的宣称.

当 $j = N - 1$ 时得

$$V(t, x(t)) \leqslant b(\eta) - Nd < a(\varepsilon), \quad t \geqslant \tau_{k(N)}.$$

由于 $\sigma + T \geqslant \tau_{k(N)}$, 通过条件 (i), 我们得到

$$\|x(t)\| \leqslant \varepsilon, \ t \geqslant \sigma + T.$$

因此系统 (3.2.21) 是一致渐近稳定的. ∎

最后我们考虑在脉冲点状态变量与时滞有关的脉冲泛函微分方程 (3.2.21) 的一致实用稳定性. 我们有下面的关于系统 (3.2.21) 一致实用稳定的两个定理.

定理 3.2.6 假设下面的条件成立:

(i) $0 < u < v$ 是已经给定的;

(ii) $\tilde{h}_0, h \in \Gamma^n$, 只要 $\tilde{h}_0(t, x_t) < u$, 就有 $h(t, x) \leqslant \phi(\tilde{h}_0(t, x_t))$, 其中 $\phi \in K$;

(iii) 存在函数 $V \in v_0$, 满足 $\beta(h(t, x)) \leqslant V(t, x) \leqslant \alpha(h_0(t, x))$, 对于 $(t, x) \in [t_0 - \tau, +\infty) \times S(\rho)$ 成立, 其中 $\alpha, \beta \in K, h_0 \in \Gamma_\tau^n$;

(iv) $V(t, x(t)) \geqslant \sup\{V(t+s, x(t+s)) : s \in [-\tau, 0]\}$ 意味着 $D^+ V(t, x(t)) < 0$;

(v) 对于所有的 $k \in \mathbf{Z}^+$ 和 $x \in S(\rho)$, $V(\tau_k, I_k(x(\tau_k^-)) + J_k(x(\tau_k^- - \tau))) \leqslant \dfrac{1 + c_k}{2}[V(\tau_k^-, x(\tau_k^-)) + V(\tau_k^- - \tau, x(\tau_k^- - \tau))]$, 其中 $c_k \geqslant 0$, $\sum\limits_{k=1}^{+\infty} c_k < +\infty$;

(vi) $\phi(u) < v, M\alpha(u) < \beta(v)$ 其中 $\prod\limits_{k=1}^{+\infty}(1 + c_k) = M$

那么系统 (3.2.21) 关于 (u, v) 是 $(\tilde{h}_0, h)$ 一致实用稳定的.

证明 由于 $\sum\limits_{k=1}^{+\infty} c_k < +\infty$, 那么 $1 \leqslant M < +\infty$.

令 $\sigma \in [\tau_{m-1}, \tau_m)$ 对某一 $m \in \mathbf{Z}^+$ 成立. 如果 $(\sigma, x_\sigma) \in \mathbf{R}^+ \times PC([-\tau, 0], \mathbf{R}^n)$, 满足 $\tilde{h}_0(\sigma, x_\sigma) < u$, 那么由条件 (ii) 和条件 (vi)

$$h(\sigma, x(\sigma))) \leqslant \phi(\tilde{h}_0(\sigma, x_\sigma)) < \phi(u) < v.$$

下面证明

$$V(t, x(t)) \leqslant M\alpha(u), \quad t \geqslant \sigma. \tag{3.2.29}$$

对每一个 $t \in [\sigma - \tau, \sigma]$, 这里都存在一个 $\theta \in [-\tau, 0]$ 满足 $t = \sigma + \theta$, 那么由定义 3.2.2, 对于 $t \in [\sigma - \tau, \sigma]$ 有

$$h_0(t, x(t)) = h_0(\sigma + \theta, x(\sigma + \theta)) = h_0(\sigma + \theta, x_\sigma(\theta)) \leqslant \tilde{h}_0(\sigma, x_\sigma) < u.$$
$$V(t, x(t)) \leqslant \alpha(h_0(t, x)) \leqslant \alpha(\tilde{h}_0(\sigma, x_\sigma)) < \alpha(u). \tag{3.2.30}$$

下面, 我们证明

$$V(t, x(t)) \leqslant \alpha(u), \quad \sigma \leqslant t < \tau_m. \tag{3.2.31}$$

如果式 (3.2.31) 不成立, 那么存在 $\hat{s} \in [\sigma, \tau_m)$ 满足

$$V(\hat{s}, x(\hat{s})) > \alpha(u) > V(\sigma, x(\sigma)).$$

我们令 $\bar{s} = \inf\{t | V(t, x(t)) > \alpha(u), t \in [\sigma, \tau_m)\}$, 那么 $V(\bar{s}, x(\bar{s})) = \alpha(u)$, $D^+V(\bar{s}, x(\bar{s})) \geqslant 0$, 由式 (3.2.30) $V(\bar{s}+s, x(\bar{s}+s)) \leqslant \alpha(u) = V(\bar{s}, x(\bar{s}))$, 对于 $s \in [-\tau, 0]$ 成立. 由条件 (iv), 我们有 $D^+V(\bar{s}, x(\bar{s})) < 0$.

这是一个矛盾, 因此式 (3.2.31) 成立.

由条件 (v) 和不等式 (3.2.31) 我们有

$$\begin{aligned} V(\tau_m, x(\tau_m)) &= V(\tau_m, I_m(x(\tau_m^-)) + J_m(x(\tau_m^- - \tau))) \\ &\leqslant \frac{1 + c_m}{2}[V(\tau_m^-, x(\tau_m^-)) + V(\tau_m^- - \tau, x(\tau_m^- - \tau))] \leqslant (1 + c_m)\alpha(u). \end{aligned}$$

下一步, 我们证明

$$V(t, x(t)) \leqslant (1 + c_m)\alpha(u), \quad \tau_m \leqslant t < \tau_{m+1}. \tag{3.2.32}$$

如果该式不成立, 那么存在 $\hat{r} \in [\tau_m, \tau_{m+1})$, 满足

$$V(\hat{r}, x(\hat{r})) > (1 + c_m)\alpha(u).$$

令 $\bar{r} = \inf\{t | V(t, x(t)) > (1 + c_m)\alpha(u), t \in [\tau_m, \tau_{m+1})\}$, 那么 $V(\bar{r}, x(\bar{r})) = (1 + c_m)\alpha(u)$, $D^+V(\bar{r}, x(\bar{r})) \geqslant 0$, 并且由式 (3.2.30), 式 (3.2.31), $V(\bar{r}+s, x(\bar{r}+s)) \leqslant (1 + c_m)\alpha(u) = V(\bar{r}, x(\bar{r}))$, 对于 $s \in [-\tau, 0]$ 都成立. 由条件 (iv), 我们有 $D^+V(\bar{r}, x(\bar{r})) < 0$, 这是一个矛盾, 因此式 (3.2.32) 成立.

由条件 (v) 和式 (3.2.32) 我们有

$$V(\tau_{m+1}, x(\tau_{m+1})) = V(\tau_{m+1}, I_{m+1}(x(\tau_{m+1}^{-})) + J_{m+1}(x(\tau_{m+1}^{-} - \tau)))$$
$$\leqslant \frac{1 + c_{m+1}}{2}[V(\tau_{m+1}^{-}, x(\tau_{m+1}^{-})) + V(\tau_{m+1}^{-} - \tau, x(\tau_{m+1}^{-} - \tau))]$$
$$\leqslant (1 + c_{m+1})(1 + c_m)\alpha(u).$$

用和以前类似讨论, 我们可以证明对于 $k = 1, 2, \cdots,$

$$V(t, x(t)) \leqslant (1 + c_m)(1 + c_{m+1}) \cdots (1 + c_{m+k})\alpha(u), \quad \tau_{m+k} \leqslant t < \tau_{m+k+1}.$$

上式与式 (3.2.31) 相结合, 我们有

$$V(t, x(t)) \leqslant M\alpha(u), \quad t \geqslant \sigma.$$

由条件 (vi) 得

$$V(t, x(t)) \leqslant M\alpha(u) < \beta(v), \quad t \geqslant \sigma.$$

因此, 由条件 (iii), 得

$$h(t, x(t)) \leqslant \beta^{-1}(V(t, x(t))) < \beta^{-1}(\beta(v)) = v, \quad t \geqslant \sigma.$$

因此, 系统 (3.2.21) 关于 (u, v) 是 $(\tilde{h}_0, h)$ 一致实用稳定的. ∎

定理 3.2.7 假设下面的条件成立:

(i) 定理 3.2.6 的条件 (i)~ 条件 (iii) 成立;

(ii) 存在函数 $\psi_1, \psi_2 \in K_2$, $\psi = \psi_1 + \psi_2$ 和 $\psi \in K_1$ 满足对于系统 (3.2.21) 的任意的解 $x(t)$, $\psi^{-1}(V(t, x(t))) > \sup\{V(t + s, x(t + s)) : s \in [-\tau, 0]\}$ 意味着 $D^+ V(t, x(t)) \leqslant g(t)w(V(t, x(t)))$, 其中 $g, w : [t_0 - \tau, +\infty) \to \mathbf{R}^+$ 局部可积, 并且对于所有的 $k \in \mathbf{Z}^+$ 和 $x \in S(\rho)$, $V(\tau_k, I_k(x(\tau_k^{-})) + J_k(x(\tau_k^{-} - \tau))) \leqslant \psi_1(V(\tau_k^{-}, x(\tau_k^{-}))) + \psi_2(V(\tau_k^{-} - \tau, x(\tau_k^{-} - \tau)))$;

(iii) $\phi(u) < v$, $\alpha(u) < \psi(\beta(v))$;

(iv) 存在常数 $A > 0$, 满足 $\displaystyle\int_{\tau_{k-1}}^{\tau_k} g(s)\mathrm{d}s < A$, 并且对于任意的 $q > 0$,
$$\int_{q}^{\psi^{-1}(q)} \frac{\mathrm{d}s}{w(s)} \geqslant A$$

那么系统 (3.2.21) 关于 (u, v) 是 $(\tilde{h}_0, h)$ 一致实用稳定的.

证明 令 $\sigma \in [\tau_{m-1}, \tau_m)$ 对某一 $m \in \mathbf{Z}^+$ 成立. 如果 $(\sigma, x_\sigma) \in \mathbf{R}^+ \times PC([-\tau, 0], \mathbf{R}^n)$, 满足 $\tilde{h}_0(\sigma, x_\sigma) < u$. 那么由条件 (i) 和条件 (iii)

$$h(\sigma, x(\sigma))) \leqslant \phi(\tilde{h}_0(\sigma, x_\sigma)) < \phi(u) < v.$$

将证明

$$V(t, x(t)) \leqslant \psi^{-1}(\alpha(u)), \quad t \geqslant \sigma. \tag{3.2.33}$$

对每一个 $t \in [\sigma - \tau, \sigma]$, 这里都存在一个 $\theta \in [-\tau, 0]$, 满足 $t = \sigma + \theta$, 那么由定义 3.2.2, 对于 $t \in [\sigma - \tau, \sigma]$ 有

$$h_0(t, x(t)) = h_0(\sigma + \theta, x(\sigma + \theta)) = h_0(\sigma + \theta, x_\sigma(\theta)) \leqslant \tilde{h}_0(\sigma, x_\sigma) < u.$$

由于 $\psi \in K_1$, 由条件 (i), 对于 $t \in [\sigma - \tau, \sigma]$ 有

$$V(t, x(t)) \leqslant \alpha(h_0(t, x)) \leqslant \alpha(\tilde{h}_0(\sigma, x_\sigma)) < \alpha(u) < \psi^{-1}(\alpha(u)). \tag{3.2.34}$$

首先, 我们证明

$$V(t, x(t)) \leqslant \psi^{-1}(\alpha(u)), \quad \sigma \leqslant t < \tau_m. \tag{3.2.35}$$

如果式 (3.2.35) 不成立, 那么存在 $\hat{s} \in [\sigma, \tau_m)$, 满足

$$V(\hat{s}, x(\hat{s})) > \psi^{-1}(\alpha(u)) > \alpha(u) > V(\sigma, x(\sigma)).$$

令 $\bar{s} = \inf\{t | V(t, x(t)) > \psi^{-1}(\alpha(u)), t \in [\sigma, \tau_m)\}$, 那么 $V(\bar{s}, x(\bar{s})) = \psi^{-1}(\alpha(u))$, 由于 $V(\sigma, x(\sigma)) < \psi^{-1}(\alpha(u))$, 我们有 $\bar{s} > \sigma$, 并且对于 $\bar{s} < t \leqslant \hat{s}$, $V(t, x(t)) > \psi^{-1}(\alpha(u))$. 由式 (3.2.34) 和 $\bar{s}$ 的定义, 我们也有对于 $\sigma - \tau \leqslant t \leqslant \bar{s}$, $V(t, x(t)) \leqslant \psi^{-1}(\alpha(u))$. 由 $\alpha(u) < \psi^{-1}(\alpha(u))$, $V(\sigma, x(\sigma)) < \alpha(u)$, $V(\bar{s}, x(\bar{s})) = \psi^{-1}(\alpha(u))$ 和 $V(t, x(t))$ 在 $[\sigma, \tau_m)$ 上的连续性可知, 知存在 $s_1 \in [\sigma, \bar{s})$, 满足 $V(s_1, x(s_1)) = \alpha(u)$ 并且对于 $s_1 \leqslant t < \bar{s}, V(t, x(t)) \geqslant \alpha(u)$.

因此, 由不等式 (3.2.34), 对于 $t \in [s_1, \bar{s}]$ 和 $s \in [-\tau, 0]$, 有

$$V(t + s, x(t + s)) \leqslant \psi^{-1}(\alpha(u)) \leqslant \psi^{-1}(V(t, x(t))).$$

由条件 (ii), 对于 $t \in [s_1, \bar{s}]$ 有

$$D^+ V(t, x(t)) \leqslant g(t)w(V(t, x(t))).$$

在 $[s_1, \bar{s}]$ 上对该不等式进行积分, 由条件 (iv) 得

$$\int_{V(s_1, x(s_1))}^{V(\bar{s}, x(\bar{s}))} \frac{\mathrm{d}x}{w(x)} \leqslant \int_{s_1}^{\bar{s}} g(t)\mathrm{d}t \leqslant \int_{\sigma}^{\tau_m} g(t)\mathrm{d}t < A.$$

同时

$$\int_{V(s_1, x(s_1))}^{V(\bar{s}, x(\bar{s}))} \frac{\mathrm{d}x}{w(x)} = \int_{\alpha(u)}^{\psi^{-1}(\alpha(u))} \frac{\mathrm{d}x}{w(x)} \geqslant A.$$

这是一个矛盾, 因此式 (3.2.35) 成立.

由条件 (ii) 和式 (3.2.35) 得

$$
\begin{aligned}
V(\tau_m, x(\tau_m)) &= V(\tau_m, I_m(x(\tau_m^-)) + J_m(x(\tau_m^- - \tau))) \\
&\leqslant \psi_1(V(\tau_m^-, x(\tau_m^-))) + \psi_2(V(\tau_m^- - \tau, x(\tau_m^- - \tau))) \\
&\leqslant \psi_1(\psi^{-1}(\alpha(u))) + \psi_2(\psi^{-1}(\alpha(u))) = \psi(\psi^{-1}(\alpha(u))) = \alpha(u).
\end{aligned}
$$

下面我们证明

$$
V(t, x(t)) \leqslant \psi^{-1}(\alpha(u)), \qquad \tau_m \leqslant t < \tau_{m+1}. \tag{3.2.36}
$$

如果式 (3.2.36) 不成立, 那么存在 $\hat{r} \in [\tau_m, \tau_{m+1})$, 满足

$$
V(\hat{r}, x(\hat{r})) > \psi^{-1}(\alpha(u)) > \alpha(u) > V(\tau_m, x(\tau_m)).
$$

令 $\bar{r} = \inf\{t | V(t, x(t)) > \psi^{-1}(\alpha(u)), t \in [\tau_m, \tau_{m+1})\}$, 那么 $V(\bar{r}, x(\bar{r})) = \psi^{-1}(\alpha(u))$, 由于 $V(\tau_m, x(\tau_m)) < \psi^{-1}(\alpha(u))$, 所以我们有 $\bar{r} > \tau_m$, 并且对于 $\bar{r} < t \leqslant \hat{r}$, $V(t, x(t)) > \psi^{-1}(\alpha(u))$. 由式 (3.2.34), 式 (3.2.35) 和 $\bar{r}$ 的定义, 我们也有对于 $\sigma - \tau \leqslant t \leqslant \bar{r}, V(t, x(t)) \leqslant \psi^{-1}(\alpha(u))$. 由 $\alpha(u) < \psi^{-1}(\alpha(u)), V(\tau_m, x(\tau_m)) < \alpha(u), V(\bar{r}, x(\bar{r})) = \psi^{-1}(\alpha(u))$ 和 $V(t, x(t))$ 在 $[\tau_m, \tau_{m+1})$ 上的连续性, 我们知存在 $r_1 \in [\tau_m, \bar{r})$, 满足 $V(r_1, x(r_1)) = \alpha(u)$ 并且对于 $r_1 \leqslant t < \bar{r}, V(t, x(t)) \geqslant \alpha(u)$.

因此, 由不等式 (3.2.34) 和不等式 (3.2.35), 对于 $t \in [r_1, \bar{r}]$ 和 $s \in [-\tau, 0]$ 我们有

$$
V(t+s, x(t+s)) \leqslant \psi^{-1}(\alpha(u)) \leqslant \psi^{-1}(V(t, x(t))).
$$

由条件 (ii), 对于 $t \in [r_1, \bar{r}]$, 我们有

$$
D^+ V(t, x(t)) \leqslant g(t) w(V(t, x(t))).
$$

在 $[r_1, \bar{r}]$ 上对上面不等式进行积分由条件 (iv), 有

$$
\int_{V(r_1, x(r_1))}^{V(\bar{r}, x(\bar{r}))} \frac{\mathrm{d}x}{w(x)} \leqslant \int_{r_1}^{\bar{r}} g(t) \mathrm{d}t \leqslant \int_{\tau_m}^{\tau_{m+1}} g(t) \mathrm{d}t < A.
$$

同时

$$
\int_{V(r_1, x(r_1))}^{V(\bar{r}, x(\bar{r}))} \frac{\mathrm{d}x}{w(x)} = \int_{\alpha(u)}^{\psi^{-1}(\alpha(u))} \frac{\mathrm{d}x}{w(x)} \geqslant A.
$$

这是一个矛盾, 因此式 (3.2.36) 成立.

由条件 (ii) 和式 (3.2.36) 我们有

$$V(\tau_{m+1}, x(\tau_{m+1})) = V(\tau_{m+1}, I_{m+1}(x(\tau_{m+1}^-)) + J_{m+1}(x(\tau_{m+1}^- - \tau)))$$
$$\leqslant \psi_1(V(\tau_{m+1}^-, x(\tau_{m+1}^-))) + \psi_2(V(\tau_{m+1}^- - \tau, x(\tau_{m+1}^- - \tau)))$$
$$\leqslant \psi_1(\psi^{-1}(\alpha(u))) + \psi_2(\psi^{-1}(\alpha(u))) = \psi(\psi^{-1}(\alpha(u))) = \alpha(u).$$

通过和前面类似的讨论, 可以证明对于 $k = 1, 2, \cdots$,

$$V(t, x(t)) \leqslant \psi^{-1}(\alpha(u)), \qquad \tau_{m+k-1} \leqslant t < \tau_{m+k}.$$
$$V(\tau_{m+k}, x(\tau_{m+k})) \leqslant \alpha(u). \tag{3.2.37}$$

由于 $\alpha(u) < \psi^{-1}(\alpha(u))$, 由不等式 (3.2.35), 不等式 (3.2.37), 条件 (iii) 和条件 (i) 有

$$V(t, x(t)) \leqslant \psi^{-1}(\alpha(u)) < \beta(v),$$
$$h(t, x(t)) \leqslant \beta^{-1}(V(t, x(t))) < \beta^{-1}(\beta(v)) = v, \qquad t \geqslant \sigma.$$

因此系统 (3.2.21) 关于 (u, v) 是 $(\tilde{h}_0, h)$ 一致实用稳定的. ∎

例3.2.1　考虑下面的在脉冲点与时滞有关的脉冲泛函微分方程:

$$\begin{cases} \dot{x}(t) = ax(t) + bx(t - \tau), & t \neq \tau_k, \\ x(\tau_k) = cx(\tau_k^-) + dx(\tau_k^- - \tau), & k = 1, 2, \cdots. \end{cases} \tag{3.2.38}$$

其中 $x \in \mathbf{R}, \tau > 0, a, b, c, d > 0$ 和 $c + d < 1$. 如果 $\tau_k - \tau_{k-1} < \dfrac{-2(c+d)^2 \ln(c+d)}{(2a+b)(c+d)^2 + b}$, 那么方程 (3.2.38) 的零解是一致稳定的.

令 $V = \dfrac{1}{2}x^2$, $g_1(x) = c(c+d)x$, $g_2(x) = d(c+d)x$, $A = -2\ln(c+d)$, 由定理 3.2.4 可以得到这个结论.

本节内容由文献 [81],[144] 改写而成.

3.3　一般时间尺度上时滞脉冲系统的稳定性研究

3.3.1　一般时间尺度上时滞脉冲系统的稳定性分析

在本小节中将研究一般时间尺度上时滞脉冲系统解的稳定性问题. 将主要利用 Lyapunov 泛函法, 得到一般时间尺度上时滞脉冲系统解的一些稳定性判据, 包括一致稳定、渐近稳定和不稳定. 这方面的结果目前为止还是比较少的. 本小节和 3.3.2 小节的记号同 2.1 节.

将研究以下一般时间尺度上的时滞脉冲系统: $(t_k \in T, k = 1, 2, \cdots)$

$$\begin{cases} x^\Delta = f(t, x_t), & t \neq t_k, \\ x(t_k^+) = x(t_k) + I_k(x(t_k)), & t = t_k, \\ x_{t_0} = \phi. \end{cases} \tag{3.3.1}$$

这里 $f : T \times PC \to \mathbf{R}^n$, $I_k : T \times S(\rho) \to \mathbf{R}^n$. 定义范数 $|\phi| = \sup\limits_{s \in [-\tau, 0]^*} \|\phi(s)\|$. $x_t \in PC$ 定义为 $x_t(s) = x(t + s), s \in [-\tau, 0]^*$.

为了便于研究系统 (3.3.1), 需要假设以下一些条件成立, 以保证其平凡解的存在和唯一性.

(H1) 函数 f 在每个 $(t_{k-1}, t_k]^* \times PC$ 上连续并且对任意的 $\varphi \in PC$, 极限 $\lim\limits_{(t, \phi) \to (t_k^+, \varphi)} f(t, \phi) = f(t_k^+, \varphi)$ 存在;

(H2) f 在 PC 上的完备集里关于 ϕ 满足局部 Lipschitzian 条件并且 $f(t, 0) = 0$;

(H3) 对 $k \in \mathbf{Z}^+$, $I_k(t, x) \in C(T \times S(\rho), \mathbf{R}^n)$ 并且 $I_k(0) = 0$;

(H4) 存在常数 $\rho_1 \in (0, \rho)$, 满足如果 $x \in S(\rho_1)$, 则 $x + I_k(x) \in S(\rho), k \in \mathbf{Z}^+$.

定理 3.3.1 假设存在 $V_1(t, x) \in \nu_0$, $V_2(t, \phi) \in \nu_0^*(\cdot)$, $W_1, W_2 \in K$, 和 $\psi \in \Omega$ 满足

(1) $W_1(\|\phi(0)\|) \leqslant V(t, \phi) \leqslant W_2(|\phi|)$, 这里 $V(t, \phi) = V_1(t, \phi(0)) + V_2(t, \phi) \in \nu_0(\cdot)$;

(2) 对任意的 $x \in S(\rho_1)$, 有

$$V_1(t_k^+, x + I_k(t_k, x)) - V_1(t_k, x) \leqslant -\lambda_k \psi(V_1(t_k, x)),$$

这里 $\lambda_k \geqslant 0$ 并且 $\sum\limits_{k=1}^{+\infty} \lambda_k = +\infty, k = 1, 2, \cdots$;

(3) 对于系统 (3.3.1) 的解 $x(t)$, 有 $V^\Delta(t, x_t) \leqslant 0$, 对于任意的 $\alpha > 0$, 存在 $\beta > 0$, 满足如果 $V^\Delta(t, x_t) \geqslant \alpha$, 则对任意的 $t \geqslant t_0, t \in T$ 有 $V_1(t, x(t)) \geqslant \beta$

则系统 (3.3.1) 的平凡解一致稳定并且渐近稳定.

证明 首先证明一致稳定. 对给定的 $\varepsilon > 0 (\varepsilon \leqslant \rho_1)$ 选择 $\delta = \delta(\varepsilon) > 0$ 满足 $W_2(\delta) < W_1(\varepsilon)$. 设 $x(t, t_0, \phi)$ 是系统 (3.3.1) 的解. 将证明

$$\|x(t, t_0, \phi))\| < \varepsilon, \quad t \geqslant t_0, \quad t \in T.$$

设 $x(t) = x(t, t_0, \phi)$, $V_1(t) = V_1(t, x(t))$, $V_2(t) = V_2(t, x_t)$ 和 $V(t) = V(t, x_t)$, 则由条件 (3) 可知,

$$V^\Delta(t, x_t) \leqslant 0, \ t_0 \leqslant t_{k-1} < t \leqslant t_k, \ k \in Z^+, \ t \in T,$$

所以 $V(t)$ 在 $(t_{k-1}, t_k]^*$ 上非增. 由条件 (2) 得

$$V(t_k^+) - V(t_k) = V_1(t_k^+, x(t_k) + I_k(t_k, x(t_k))) - V_1(t_k, x(t_k)) \leqslant 0,$$

所以 $V(t)$ 在 $[t_0, +\infty)^*$ 上非增. 我们有

$$W_1(\|x(t)\|) \leqslant V(t) \leqslant V(t_0) \leqslant W_2(\delta) < W_1(\varepsilon), \ t \geqslant t_0, \ t \in T,$$

则对于任意的 $t \geqslant t_0$, $t \in T$, 有 $\|x(t)\| < \varepsilon$. 所以系统 (3.3.1) 的平凡解一致稳定.

为证明渐近稳定, 只需证明 $\lim_{t \to 0} x(t) = 0$. 设 $\lim_{t \to \infty} V(t) = \alpha$. 如果 $\alpha > 0$, 由条件 (3) 知存在 $\beta > 0$ 满足对于 $t \geqslant t_0$, $t \in T$, 有 $V_1(t) \geqslant \beta$. 设

$$\gamma = \inf_{\beta \leqslant s \leqslant W_2(\delta)} \psi(s),$$

则 $\gamma > 0$. 由条件 (2) 得

$$V_1(t_k^+) - V_1(t_k) \leqslant -\lambda_k \psi(V_1(t_k)) \leqslant -\gamma \lambda_k, \quad k \in \mathbf{Z}^+.$$

由于 $V(t)$ 非增, 得到

$$V(t_k^+) - V(t_{k-1}^+) \leqslant V(t_k^+) - V(t_k) = V_1(t_k^+) - V_1(t_k) \leqslant -\gamma \lambda_k,$$

所以

$$V(t_k^+) \leqslant V(t_1^+) - \gamma \sum_{i=1}^{k} \lambda_i \to -\infty, \quad k \to +\infty,$$

这是个矛盾. 所以 $\alpha = 0$. 所以 $\lim_{t \to \infty} x(t) = 0$. ∎

定理 3.3.2 假设存在 $V_1(t, x) \in \nu_0$, $V_2(t, \phi) \in \nu_0^*(\cdot)$, $W_1, W_2 \in K$ 和 $\psi \in \Omega$, 满足

(1) $W_1(\|\phi(0)\|) \leqslant V(t, \phi) \leqslant W_2(|\phi|)$, 这里 $V(t, \phi) = V_1(t, \phi(0)) + V_2(t, \phi) \in \nu_0(\cdot)$;

(2) 对任意的 $x \in S(\rho_1)$, 有

$$|V_1(t_k^+, x + I_k(t_k, x)) - V_1(t_k, x)| \leqslant \beta_k V_1(t_k, x)),$$

这里 $\beta_k \geqslant 0$ 并且 $\sum_{k=1}^{+\infty} \beta_k < +\infty$, $k = 1, 2, \cdots$;

(3) 对于系统 (3.3.1) 的解 $x(t)$, 有

$$V^\Delta(t, x_t) \leqslant -g(t)\psi(V(t, x_t)),$$

这里 $g \in C(T, \mathbf{R}^+)$, 并且满足 $\int_{t_0}^{+\infty} g(t)\Delta t = +\infty$;

则系统 (3.3.1) 的平凡解一致稳定并且渐近稳定.

证明 设 $\beta = \prod\limits_{k=1}^{+\infty}(1 + \beta_k)$, 则 $\beta \in [1, +\infty)$. 对于任意的 $\varepsilon > 0$ ($\varepsilon < \rho_1$), 选择 $\delta = \delta(\varepsilon) > 0$, 满足 $\beta W_2(\delta) < W_1(\varepsilon)$. 设 $x(t) = x(t, t_0, \phi)$, $V_1(t) = V_1(t, x(t))$, $V_2(t) = V_2(t, x_t)$ 和 $V(t) = V(t, x_t)$. 由于 $V_2(t)$ 连续, 所以

$$|V(t_k^+) - V(t_k)| = |V_1(t_k^+) - V_1(t_k)| \leqslant \beta_k V(t_k). \tag{3.3.2}$$

由条件 (3) 有

$$V^\Delta(t) \leqslant -g(t)\psi(V(t)). \tag{3.3.3}$$

对式 (3.3.3) 从 t_0 到 t 积分, 有

$$V(t) \leqslant V(t_0) - \int_{t_0}^t g(s)\psi(V(s))\Delta s + \sum_{t_0 < t_k \leqslant t}[V(t_k^+) - V(t_k)].$$

又由式 (3.3.2) 得

$$V(t) \leqslant V(t_0) + \sum_{0 < t_k \leqslant t}\beta_k V(t_k). \tag{3.3.4}$$

所以

$$V(t) \leqslant V(t_0)\prod_{0 < t_k \leqslant t}(1 + \beta_k). \tag{3.3.5}$$

由式 (3.3.5), 我们得到

$$V(t) \leqslant \beta V(t_0) \leqslant \beta W_2(\delta),$$

所以

$$W_1(\|x(t)\|) \leqslant V(t) \leqslant \beta W_2(\delta) < W_1(\varepsilon),$$

所以系统 (3.3.1) 的平凡解一致稳定.

下面证明渐近稳定. 由一致稳定, 对 $\varepsilon_0 > 0$, 存在 δ_0, 满足

$$V(t) \leqslant \beta W_2(\delta_0) < W_1(\varepsilon_0), \ \|x(t)\| < \varepsilon_0, \ t \geqslant t_0, \ t \in T.$$

又由条件 (2) 和式 (3.3.2) 得到

$$\sum_{k=1}^{+\infty}|V(t_k^+) - V(t_k)| < +\infty.$$

由于 $V(t)$ 在 $(t_0, t_m]^*$ 和 $(t_k^+, t_{k+1}]^*$ ($k \geqslant m$) 上非增, 得到对 $t_0 < t \leqslant t_m, t \in T$, 有 $V(t) \leqslant V(t_0)$. 对 $t_k^+ < t \leqslant t_{k+1}, t \in T$ ($k \geqslant m$) 有 $V(t) \leqslant V(t_k^+)$. 设

$$s_n = \sum_{k=1}^n[V(t_k^+) - V(t_k)], \ n = m, m+1, \cdots,$$

则 $\lim\limits_{n\to+\infty} s_n$ 存在. 定义函数 $H(t):[t_0,+\infty)^* \to \mathbf{R}$ 为

$$H(t) = \begin{cases} V(t), & t_0 \leqslant t < t_m,\ t \in T, \\ -s_k + V(t), & t_k^+ \leqslant t < t_{k+1},\ t \in T,\ k \geqslant m. \end{cases} \tag{3.3.6}$$

易得 $H(t)$ 在 $[t_0,t_m)^*$ 和 $[t_k^+,t_{k+1})^*$ 上非增, 这里 $k=m,m+1,\cdots$. 我们断定

$$H(t_k^+) \geqslant H(t_{k+1}^+),\ k \geqslant m.$$

事实上, 对 $k \geqslant m$ 有

$$\begin{aligned} H(t_k^+) &= -s_k + V(t_k^+) \\ &\geqslant -s_k + V(t_{k+1}) \\ &= -s_k - [V(t_{k+1}^+) - V(t_{k+1})] + V(t_{k+1}^+) \\ &= -s_{k+1} + V(t_{k+1}^+) \\ &= H(t_{k+1}^+). \end{aligned}$$

易见 $\{H(t_k^+)\}_1^{+\infty}$ 是有界的所以 $\lim\limits_{k\to+\infty} H(t_k^+)$ 存在, 则 $\lim\limits_{t\to+\infty} H(t)$ 存在. 由函数 (3.3.6) 有 $\lim\limits_{t\to+\infty} V(t) = \alpha$ 存在并且 $\alpha \geqslant 0$. 现在证明 $\alpha = 0$. 否则假设 $\alpha > 0$, 则存在 $t_1 > t_0$, $t_1 \in T$, 满足 $V(t) \geqslant \dfrac{\alpha}{2}$, $t \geqslant t_1$. 设 $\gamma = \inf\left\{\psi(s): \dfrac{\alpha}{2} \leqslant s \leqslant \beta W_2(\delta_0)\right\}$, 则 $\gamma > 0$. 由式 (3.3.3) 知, 对于 $t \geqslant t_1$,

$$\begin{aligned} V(t) &\leqslant V(t_1) - \int_{t_1}^t g(s)\psi(V(s))\Delta s + \sum_{t_1 < t_k \leqslant t} [V(t_k^+) - V(t_k)] \\ &\leqslant V(t_1) - \gamma \int_{t_1}^t g(s)\Delta s + \sum_{k=1}^{+\infty} |V(t_k^+) - V(t_k)|, \end{aligned}$$

所以 $\lim\limits_{t\to+\infty} V(t) = -\infty$. 这是个矛盾. 所以 $\lim\limits_{t\to+\infty} x(t) = 0$. ■

定理 3.3.3　假设 $V_1(t,x) \in \nu_0$, $V_2(t,\phi) \in \nu_0^*(\cdot)$, $W_1 \in K$ 和 $\psi \in \Omega$ 满足 ψ 非减并且以下条件成立:

(1) $W_1(\|x(t)\|) \leqslant V_1(t,x)$;

(2) 对系统 (3.3.1) 的任意解 $x(t)$ 有

$$V^\Delta(t,x_t) \geqslant 0, V = V_1 + V_2,$$

并且对任意的 $\alpha > 0$, 存在 $\beta > 0$, 满足如果 $V(t,x_t) \geqslant \alpha$, 则 $\|x(t)\| \geqslant \beta$;

(3) 对 $k \in \mathbf{Z}^+$ 和任意的 $x \in S(\rho_1)$, 有

$$V_1(t_k, x + I_k(t_k, x)) - V_1(t_k, x) \leqslant \lambda_k \psi(V_1(t_k, x)),$$

这里 $\lambda_k \geqslant 0$ 并且 $\sum\limits_{k=1}^{+\infty} \lambda_k = +\infty$,
则系统 (3.3.1) 的平凡解不稳定.

证明 设 $x(t, t_0, \phi)$ 是系统 (3.3.1) 的解. 假设对任意的 $t \geqslant t_0$, $t \in T$, 有 $\|x(t)\| < \rho$. 设 $V_1(t) = V_1(t, x(t))$, $V_2(t) = V_2(t, x_t)$, $V(t) = V_1(t) + V_2(t)$. 由条件 (2) 和条件 (3) 知 $V(t)$ 在每个 $(t_{k-1}, t_k]^*$ 上非减并且

$$V(t_k^+) - V(t_k) = V_1(t_k^+) - V_1(t_k) \geqslant \lambda_k \psi(V_1(t_k)).$$

由于 $V(t_k) \geqslant V(t_{k-1}^+)$, 所以

$$V(t_k^+) - V(t_{k-1}^+) \geqslant \lambda_k \psi(V_1(t_k)). \tag{3.3.7}$$

很明显 $V(t) \geqslant V(t_0)$, $t \in T$, 则由条件 (2) 存在 $\beta > 0$ 满足 $\|x(t)\| \geqslant \beta$. 所以 $V_1(t_k) \geqslant W_1(\|x(t_k)\|) \geqslant W_1(\beta)$, 又由式 (3.3.7) 可得

$$V(t_k^+) - V(t_{k-1}^+) \geqslant \lambda_k \psi(W_1(\beta)),$$

所以

$$V(t_k^+) \geqslant V(t_1^+) + \psi(W_1(\beta)) \sum_{j=2}^{k} \lambda_j \to +\infty, \quad k \to +\infty,$$

得到矛盾, 所以系统 (3.3.1) 的解不稳定. ■

定理 3.3.4 假设存在 $V_1(t, x) \in \nu_0$, $V_2(t, \phi) \in \nu_0^*(\cdot)$, $W_1, W_2, \psi \in K$ 并且以下条件成立:

(1) $W_1(\|\phi(0)\|) \leqslant V(t, \phi) \leqslant W_2(|\phi|)$, 这里 $V(t, \phi) = V_1(t, \phi(0)) + V_2(t, \phi) \in \nu_0(\cdot)$;

(2) 对系统 (3.3.1) 的任意解 $x(t)$, 有

$$-g(t)\psi(V(t, x_t)) \leqslant V^{\Delta}(t, x_t) \leqslant 0,$$

这里 $g \in C(T, \mathbf{R}^+)$ 局部可积;

(3) 存在 $\psi_k \in C(\mathbf{R}^+, \mathbf{R}^+)$, $\bar{\psi}_k \in C(\mathbf{R}^+, \mathbf{R}^+)$, $k = 1, 2, \cdots$, 满足 $\psi_k(s) \geqslant s$, $\bar{\psi}_k(s) \geqslant s$, $\psi_k(s_1) + s_2 \geqslant \bar{\psi}_k(s_1 + s_2)$, 这里 $0 \leqslant s_1, s_2 \leqslant W_2(\rho)$, 对 $k \in \mathbf{Z}^+$ 和 $x \in S(\rho_1)$, 有

$$V_1(t_k, x + I_k(t_k, x)) \geqslant \psi_k(V_1(t_k, x)),$$

对 $\mu > 0$ 有

$$-\int_{t_k}^{t_{k+1}} g(s)\Delta s + \int_{\mu}^{\bar{\psi}_{k+1}(\mu)} \frac{\Delta s}{\psi(s)} \geqslant \gamma_k,$$

这里 $\gamma_k \geqslant 0$ 满足 $\sum\limits_{k=1}^{+\infty} \gamma_k = +\infty$

则系统 (3.3.1) 的平凡解不稳定.

证明　假设系统 (3.3.1) 的解稳定, 则 $\|x(t, t_0, \phi)\| < \rho,\ t \geqslant t_0,\ t \in T$. 设
$V_1(t) = V_1(t, x(t)),\ V_2(t) = V_2(t, x_t),\ V(t) = V_1(t) + V_2(t)$ 和 $x(t) = x(t, t_0, \phi)$.

由条件 (2) 得

$$\int_{V(t_k^+)}^{V(t_{k+1})} \frac{\Delta s}{\psi(s)} \leqslant -\int_{t_k}^{t_{k+1}} g(s)\Delta s. \tag{3.3.8}$$

由于 $V_1(t_k^+) \geqslant \psi_k(V_1(t_k))$ 以及 ψ_k 和 $\bar{\psi}_k$ 的性质, 对 $k = 1, 2, \cdots$,

$$V(t_k^+) = V_1(t_k^+) + V_2(t_k^+) \geqslant \psi_k(V_1(t_k)) + V_2(t_k)$$
$$\geqslant \bar{\psi}_k(V_1(t_k) + V_2(t_k)) = \bar{\psi}_k(V(t_k)),$$

所以

$$\int_{V(t_{k+1})}^{V(t_{k+1}^+)} \frac{\Delta s}{\psi(s)} \geqslant \int_{V(t_{k+1})}^{\bar{\psi}_{k+1}(V(t_{k+1}))} \frac{\Delta s}{\psi(s)}.$$

又由式 (3.3.8) 得到

$$\int_{V(t_k^+)}^{V(t_{k+1}^+)} \frac{\Delta s}{\psi(s)} \geqslant \gamma_k,$$

因此 $V(t_{k+1}^+) - V(t_k^+) \geqslant \psi(V(t_1^+))\gamma_k$, 故

$$V(t_{k+1}^+) \geqslant V(t_1^+) + \psi(V(t_1^+)) \sum_{i=1}^{k} \gamma_i \to +\infty,\ k \to +\infty,$$

这与 $V(t_{k+1}^+) \leqslant W_2(\rho)$ 矛盾. 所以系统 (3.3.1) 的解不稳定.　■

下面给出例子来说明所得结果的有效性.

例3.3.1　考虑如下一般时间尺度上时滞脉冲系统:

$$\begin{cases} x^\Delta(n) = -2x(n) + x(n-1), & n \neq 6k,\ n \in T, \\ x(n^+) - x(n) = -\dfrac{1}{2}x(n), & n = 6k,\ n \in T, \end{cases} \tag{3.3.9}$$

这里 $T = \mathbf{Z}^+,\ k = 1, 2, \cdots$.

设 $V = V_1 + V_2$, 这里

$$V_1(n, x) = \|x\|, \; V_2(n, x_n) = \int_{n-1}^{n} \|x(s)\| \Delta s,$$

则
$$\begin{aligned}
V^{\Delta}(n, x_n) &= x^{\Delta}(n)\mathrm{sgn}\{x(n)\} + \|x(n)\| - \|x(n-1)\| \\
&= [-2x(n) + x(n-1)]\mathrm{sgn}\{x(n)\} + \|x(n)\| - \|x(n-1)\| \\
&\leqslant -2\|x(n)\| + \|x(n-1)\| + \|x(n)\| - \|x(n-1)\| \\
&\leqslant -\|x(n)\| \\
&\leqslant 0,
\end{aligned}$$

并且

$$V_1\left(n^+, x(n) - \frac{1}{2}x(n)\right) - V_1(n, x(n)) = \frac{1}{2}\|x(n)\| - \|x(n)\| = -\frac{1}{2}V_1(n, x(n)).$$

我们断定对任意的 $\alpha > 0$, 存在一个 $\beta > 0$, 满足如果 $V(n, x_n) \geqslant \alpha$, 则 $V_1(n, x) \geqslant \beta$. 否则 $\lim\limits_{n \to +\infty} V_1(n, x) = 0$. 设 $V(n) = V_1(n, x(n)) + V_2(n, x_n)$, 则

$$V(n^+) - V(n) = V_1\left(n, x(n) - \frac{1}{2}x(n)\right) - V_1(n, x(n)) \leqslant 0.$$

所以极限

$$\lim_{n \to +\infty} V(n, x_n) = L$$

存在并且 $L \geqslant \alpha > 0$. 由于

$$\begin{aligned}
V(n) &\leqslant V(1) - \int_1^n \|x(s)\| \Delta s + \sum_{1 < 6k \leqslant n} [V(6k^+) - V(6k)] \\
&\leqslant V(1) - \int_1^n \|x(s)\| \Delta s,
\end{aligned}$$

则

$$\int_1^{+\infty} \|x(t)\| \Delta t < +\infty,$$

所以

$$\lim_{n \to +\infty} \int_{n-1}^n \|x(s)\| \Delta s = 0,$$

所以 $L = 0$, 矛盾. 由定理 3.3.1 可知系统 (3.3.9) 的解渐近稳定.

3.3.2　一般时间尺度上时滞脉冲系统的双测度稳定性研究

本小节中我们将讨论一般时间尺度上时滞脉冲系统的双测度稳定性问题, 将主要利用 Lyapunov 函数法, 得到一般时间尺度上时滞脉冲系统解的双测度稳定性判据. 文献 [59] 中主要讨论了传统时滞脉冲系统的双测度稳定性, 显然本小节的结论

将更具普遍性. 我们研究的系统和 3.3.1 小节中的系统 (3.3.1) 一样, 为保证其平凡解的存在和唯一性, 我们将继续假设 3.3.1 小节中的条件 H1~ 条件 H4 成立.

先给出以下集合.

$CK = \{a \in C(\mathbf{R}^+ \times \mathbf{R}^+, \mathbf{R}^+) : a$ 关于第二个变量非减并且 $a(\cdot, 0) = 0\}$;

$\Gamma = \{h \in C(\mathbf{R}^+ \times \mathbf{R}^n, \mathbf{R}^+) : \inf_{(t,x)} h(t, x) = 0\}$;

$\Gamma_0 = \{h_0 \in \mathbf{R}^+ \times PC([-\tau, 0]^*, \mathbf{R}^n) \to \mathbf{R}^+ : h_0(t, \phi) = \sup_{s \in [-\tau, 0]^*} h(t + s, \phi(s))(h \in \Gamma)\}$.

设 $h \in \Gamma$, $h_0 \in \Gamma_0$. 则系统 (3.3.1) 称为

定义3.3.1　(h_0, h) 稳定: 如果对任意的 $\varepsilon > 0$ 和 $t_0 \geqslant 0$, 存在 $\delta = \delta(\varepsilon, t_0) > 0$, 满足如果 $h_0(t_0, \phi) < \delta$, 则对 $t \geqslant t_0$, $t \in T$, 有 $h(t, x(t)) < \varepsilon$, 这里 $x(t) = x(t, t_0, \phi)$ 是系统 (3.3.1) 的解.

定义3.3.2　(h_0, h) 一致稳定: 如果定义 3.3.1 中的 δ 与 t_0 无关.

定义3.3.3　(h_0, h) 渐近稳定: 定义 3.3.1 中的条件成立并且对任意的 $\varepsilon > 0$ 和 $t_0 \geqslant 0$, 存在 $\delta = \delta(t_0) > 0$ 和 $T = T(\varepsilon, t_0)$, 满足如果 $h_0(t_0, \phi) < \delta$, 则对 $t \geqslant t_0 + T(\varepsilon, t_0)$, $t \in T$, 有 $h(t, x(t)) < \varepsilon$, 这里 $x(t) = x(t, t_0, \phi)$ 是 (3.3.1) 的解.

定理 3.3.5　假设存在 $V(t, x) \in V_0$, W, W_1 和 $W_2 \in K$, 满足

(i) 如果 $h(t, \phi(0)) < \rho$, 则 $W_1(h(t, \phi(0))) \leqslant V(t, \phi(0)) \leqslant W_2(h_0(t, \phi))$ 并且 $h(t_0, \phi(0)) \leqslant W(h_0(t_0, \phi))$;

(ii) 如果 $h(t, x(t)) < \rho$, 则 $V(t_k^+, x + I_k(t_k, x)) \leqslant (1 + \lambda_k)V(t_k, x)$, 这里 $\lambda_k \geqslant 0$ 并且 $\sum_{k=1}^{+\infty} \lambda_k < +\infty$, $k = 1, 2, \cdots$;

(iii) 对于任意系统 (3.3.1) 的解 $x(t)$ 有 $V^\Delta(t, x(t)) \leqslant 0$, 这里 $t \geqslant t_0$, $t \in T$

则系统 (3.3.1) 的平凡解 (h_0, h) 一致稳定.

证明　由于 $\sum_{k=1}^{+\infty} \lambda_k < +\infty$, 则 $M = \prod_{k=1}^{+\infty} (1 + \lambda_k)$ 并且 $1 \leqslant M < +\infty$. 对任意的 $\varepsilon \in (0, \rho_1)$, 选择 $\delta > 0$, 满足 $MW_2(\delta) < W_1(\varepsilon)$ 并且 $W(\delta) < \varepsilon$. 设 $x(t) = x(t, t_0, \phi)$ 是系统 (3.3.1) 的解. 我们将证明如果 $h_0(t_0, \phi) < \delta$, 则

$$h(t, x(t)) < \varepsilon, t \geqslant t_0, t \in T.$$

由 $h_0(t_0, \phi) < \delta$ 我们断定

$$h(t, x(t)) < \varepsilon, t \in [t_0, t_1]^*. \tag{3.3.10}$$

如果式 (3.3.10) 不成立, 则存在 $t^* \in (t_0, t_1]^*$, 满足 $h(t^*, x(t^*)) \geqslant \varepsilon$, 并且对 $[t_0, t^*)^*$, 有 $h(t, x(t)) < \varepsilon$. 由于 $\varepsilon < \rho_1 < \rho$ 和条件 (i), 我们有

$$V(t^*, x(t^*)) \geqslant W_1(h(t^*, x(t^*))) \geqslant W_1(\varepsilon) > MW_2(\delta)$$

$$\geqslant W_2(\delta) \geqslant V(s, x(s)), \quad \text{这里} s \in [t_0 - \tau, t_0]^*. \tag{3.3.11}$$

设 $U(t) = \sup\limits_{s \in [t_0-\tau,t]^*} V(s, x(s))$, 则由式 (3.3.11), 有

$$U(t^*) > W_2(\delta) \geqslant U(t_0),$$

所以存在 $t' \in [t_0 - \tau, t^*]^*$, 满足 $D^+U^\Delta(t') > 0$, 这里如果 t 是右密的, 则

$$D^+U^\Delta(t) = \limsup_{h \to 0^+} \frac{1}{h}[U(t+h) - U(t)];$$

如果 t 是右断的, 则

$$D^+U^\Delta(t) = \frac{U(t + \sigma(t)) - U(t)}{\sigma(t) - t}.$$

我们将证明对 $t \in [t_0, t^*]^*$ 有 $D^+U^\Delta(t) = 0$. 对 $t_1 < t_2 \in [t_0, t^*]^*$ 根据定义有 $U(t_1) \leqslant U(t_2)$.

如果 t 是右密的, 由 $V^\Delta(t, x(t)) \leqslant 0$, 得到 $V(t+h, x(t+h)) \leqslant V(t, x)$, 所以当 $h > 0$ 足够小时有 $U(t+h) \leqslant U(t)$. 又因为 $U(t+h) \geqslant U(t)$, 所以 $U(t+h) = U(t)$ 并且

$$D^+U^\Delta(t) = \limsup_{h \to 0^+} \frac{1}{h}[U(t+h) - U(t)] = 0.$$

如果 t 是右断的, 由 $V^\Delta(t, x(t)) \leqslant 0$, 得到 $V(t + \sigma(t), x(t + \sigma(t))) \leqslant V(t, x(t))$. 所以 $U(t + \sigma(t)) \leqslant U(t)$, 这样就得到 $U(t + \sigma(t)) = U(t)$ 并且

$$D^+U^\Delta(t) = \frac{U(t + \sigma(t)) - U(t)}{\sigma(t) - t} = 0.$$

所以对 $t \in [t_0, t^*]^*$ 有 $D^+U^\Delta(t) = 0$. 这和 $D^+U^\Delta(t') > 0$ 矛盾, 所以式 (3.3.10) 成立.

由于当 $t \in [t_0, t_1]^*$ 时, 有 $h(t, x(t)) < \varepsilon$, 所以 $D^+U^\Delta(t) = 0$, $t \in [t_0, t_1]^*$, 这可由证明当 $t \in [t_0, t^*]^*$ 时, $D^+U^\Delta(t) = 0$ 的过程得到.

由

$$V(t, x(t)) \leqslant U(t) = U(t_0) \leqslant W_2(\delta), t \in [t_0, t_1]^*,$$

故

$$W_1(h(t_1^+, x(t_1^+))) \leqslant V(t_1^+, x(t_1^+)) \leqslant (1 + \lambda_1)V(t_1, x(t_1))$$
$$\leqslant (1 + \lambda_1)W_2(\delta) < W_1(\varepsilon),$$

则

$$h(t_1^+, x(t_1^+)) < \varepsilon.$$

下面将证明

$$h(t, x(t)) < \varepsilon, \quad t \in [t_1^+, t_2]^*.$$

如果不成立, 则存在 $t^* \in (t_1^+, t_2]^*$, 满足 $h(t^*, x(t^*)) \geq \varepsilon$ 并且 $h(t, x(t)) < \varepsilon$, 这里 $t \in [t_1^+, t^*)^*$. 由于 $\varepsilon < \rho_1 < \rho$ 和条件 (i), 有

$$
\begin{aligned}
V(t^*, x(t^*)) &\geq W_1(h(t^*, x(t^*))) \geq W_1(\varepsilon) > MW_2(\delta) \geq (1 + \lambda_1)W_2(\delta) \\
&\geq V(s, x(s)), \qquad s \in [t_0 - \tau, t_1]^*.
\end{aligned}
$$

所以 $U(t^*) > (1 + \lambda_1)W_2(\delta) \geq U(t_1^+)$, 由此可知存在 $t' \in [t_1^+, t^*]^*$, 满足 $D^+ U^\triangle(t') > 0$, 所以对 $t \in [t_1^+, t_2]^*$, 有 $h(t, x(t)) < \varepsilon$.

又可得

$$V(t_2^+, x(t_2^+)) \leq (1 + \lambda_2)V(t_2, x(t_2)) \leq (1 + \lambda_1)(1 + \lambda_2)W_2(\delta).$$

用同样的方法可得

$$h(t, x(t)) < \varepsilon, t \geq t_0, t \in T,$$

所以系统 (3.3.1) 的平凡解 (h_0, h) 一致稳定.　　　　　　　　　　　■

定理 3.3.6　假设存在 $V(t, x) \in V_0$, $W \in K$ 满足

(i) 如果 $h(t, \phi(0)) < \rho$, 则 $V(t, \phi(0)) \leq a(t, h_0(t, \phi))$; $h(t_0, \phi(0)) \leq a_1(t_0, h_0(t_0, \phi))$, 这里 $a, a_1 \in CK$;

(ii) 如果 $h(t, x) < \rho$, 则 $V(t, x) \geq \xi(t)W(h(t, x))$, 这里 $\xi(t)$ 是连续并且严格增的函数, $\xi(0) = 1$, $\lim\limits_{t \to +\infty} \xi(t) = +\infty$;

(iii) 如果 $h(t, x(t)) < \rho$, 则 $V(t_k^+, x + I_k(t_k, x)) \leq (1 + \lambda_k)V(t_k, x)$, 这里 $\lambda_k \geq 0$ 并且 $\sum\limits_{k=1}^{+\infty} \lambda_k < +\infty$, $k = 1, 2, \cdots$;

(iv) 对系统 (3.3.1) 的任意解 $x(t)$, 有 $V^\triangle(t, x(t)) \leq 0$, 这里 $t \geq t_0$, $t \in T$

则系统 (3.3.1) 的平凡解 (h_0, h) 渐近稳定.

证明　由条件 (ii) 可知, 对 $t \geq t_0$, $t \in T$ 和 $h(t, x(t)) < \rho$, 有

$$V(t, x) \geq \xi(t)W(h(t, x)) \geq W(h(t, x)),$$

则对任意的 $\varepsilon > 0$ 和 $t_0 \geq 0$, 选择 $\delta = \delta(t_0, \varepsilon) > 0$, 满足

$$a(t_0, \delta) < M^{-1}W(\varepsilon), \quad a_1(t_0, \delta) < \varepsilon,$$

这里 $M = \prod\limits_{k=1}^{+\infty}(1 + \lambda_k)$. 同定理 3.3.5 的证明类似, 由系统 (3.3.1) 的平凡解的 (h_0, h) 稳定性可以得到, 对 $\rho_1 > 0$, 存在 $\delta_0 = \delta_0(t_0, \rho_1) > 0$, 满足当 $t \geq t_0$, $t \in T$ 时,

$h_0(t_0, \phi)) < \delta_0$, 这里 $x(t) = x(t, t_0, \phi)$ 是系统 (3.3.1) 的解. 还可以得到

$$V(t, x(t)) \leqslant Ma(t_0, \delta_0), t \geqslant t_0, t \in T. \tag{3.3.12}$$

由于 $\lim\limits_{t \to +\infty} \xi(t) = +\infty$, 所以对任意的 $\varepsilon \in (0, \rho_0)$, 存在 $\tilde{T} = \tilde{T}(\varepsilon, t_0) > 0$, 满足

$$\xi(t) > \frac{Ma(t_0, \delta_0)}{W(\varepsilon)}, t \geqslant t_0 + \tilde{T}, t \in T. \tag{3.3.13}$$

由条件 (ii), 式 (3.3.12) 和式 (3.3.13), 得到对 $t \geqslant t_0 + \tilde{T}, t \in T$, 有

$$W(h(t, x(t))) \leqslant \frac{V(t, x(t))}{\xi(t)} \leqslant \frac{Ma(t_0, \delta_0)}{\xi(t)} < W(\varepsilon),$$

所以系统 (3.3.1) 的平凡解是 (h_0, h) 渐近稳定. ■

下面给出例子来说明所得结果的有效性.

例3.3.2　考虑如下一般时间尺度上的脉冲系统:

$$\begin{cases} x^{\Delta}(t) = -a(t)x(t) + b(t)x(t - \tau(t)), & t \neq t_k, t \in T, \\ x(t_k^+) - x(t_k) = c_k x(t_k), & t = t_k, t \in T. \end{cases} \tag{3.3.14}$$

这里 $\tau \in C(\mathbf{R}^+, \mathbf{R}^+)$, $a(t), b(t) \in C(\mathbf{R}^+, \mathbf{R})$, $Ma(t) \geqslant |b(t)|$, $0 \leqslant M < 1$, $c_k > 0$, $\sum\limits_{k=1}^{+\infty} c_k < +\infty$, $\phi \in PC((-\infty, t_0]^*, \mathbf{R})$, $|x(t)| \geqslant |x(t - \tau(t))|$, $x(t) \in C_{rd}[T, \mathbf{R}]$.

设 $h_0(t, x(t)) = \|x(t)\| = \sup\limits_{s \in [-r, 0]^*} |x(t+s)|$, $h(t, x(t)) = |x(t)|$ 和 $V(t, x) = |x(t)|$, 则有 $V(t_k^+, x(t_k^+)) = (1 + c_k)|x(t_k)|$, 所以

$$V(t_k^+, x(t_k^+)) = (1 + c_k)V(t_k, x(t_k))$$
$$V^{\Delta}(t, x_t) = x^{\Delta}(t)\mathrm{sgn}\{x(t)\}$$
$$= [-a(t)x(t) + b(t)x(t - \tau(t))]\mathrm{sgn}\{x(t)\}$$
$$= -a(t)|x(t)| + b(t)x(t - \tau(t))\mathrm{sgn}\{x(t)\}$$
$$\leqslant -a(t)(1 - M)|x(t)|$$
$$= -a(t)(1 - M)V(t, x(t))$$
$$\leqslant 0.$$

由定理 3.3.5 可知系统 (3.3.14) 的平凡解 (h_0, h) 一致稳定.

本节内容由文献 [78],[142] 改写而成.

第4章 脉冲系统的可控性和可观性

4.1 分片线性时变脉冲系统的可控性和可观性分析

本节考虑一类分片线性时变脉冲系统的可控性和可观性, 得到关于此类系统可控性和可观性的充分条件和必要条件. 同时, 当退化到时不变系统时, 得到相应的结论, 并将此结论与已有结论进行比较.

本节研究的分片线性时变脉冲系统模型表示如下:

$$\begin{cases} \dot{x}(t) &= A_k(t)x(t) + B_k(t)u(t), \quad t \neq t_k, \\ \Delta x &= I_k(t_k, \, x(t_k)), \quad t = t_k, \\ y(t) &= C_k(t)x(t) + D_k(t)u(t), \\ x(t_0^+) &= x_0. \end{cases} \tag{4.1.1}$$

其中 $x \in \mathbf{R}^n$, $k = 1, 2, \cdots$, A_k, B_k, C_k 和 D_k 是已知的定义在 $(t_{k-1}, t_k]$ 的 $n \times n$ 阶, $n \times m$ 阶, $p \times n$ 阶, $p \times m$ 阶连续时变矩阵函数. $u \in \mathbf{R}^m$ 是控制输入, $y \in \mathbf{R}^p$ 表示输出, $I_k : \Omega \to \mathbf{R}^n$, $\Omega \subset J \times \mathbf{R}^n$, $J = [t_0, +\infty)$, $\Delta x(t_k) = x(t_k^+) - x(t_k^-)$, $t_0 < t_1 < t_2 < \cdots < t_k < \cdots$, $\lim\limits_{k \to +\infty} t_k = +\infty$ 表示不连续时间点. $\prod\limits_{i=k-1}^{1} A_i$ 表示矩阵乘积 $A_{k-1}A_{k-2}\cdots A_1$.

对应脉冲系统 (4.1.1), 考虑如下微分方程:

$$\dot{x}(t) = A_k(t)x(t), \tag{4.1.2}$$

其中 $k = 1, 2, \cdots$, $t \in (t_{k-1}, t_k]$. 假设 $X_k(t)$ 是方程 (4.1.2) 的基解矩阵, 那么 $X_k(t, s) := X_k(t)X_k^{-1}(s)$, $(t, s \in J)$ 表示与矩阵 $A_k(t)$ 相关的转移矩阵. 显然 $X_k(t, t) = I$, $X_k(t, \tau)X_k(\tau, s) = X_k(t, s)$, 且 $X_k(t, s) = X_k^{-1}(s, t)$, $k = 1, 2, \cdots$.

给定 $A \in \mathbf{R}^{n \times n}$, $B \in \mathbf{R}^{n \times p}$. 记 $\mathrm{Im}(B)$ 为矩阵 B 的象, 即 $\mathrm{Im}(B) = \{y | \, y = Bx, \forall x \in \mathbf{R}^p\}$. 记 $\langle A | B \rangle$ 为矩阵 A 在 $\mathrm{Im}(B)$ 上的极小不变子空间.

$$\begin{aligned} \langle A | B \rangle &= \mathrm{Im}(B) + \mathrm{Im}(AB) + \cdots + \mathrm{Im}(A^{n-1}B) \\ &= \Big\{ x \,\Big|\, x = \int_{t_0}^{t_f} \exp[A(t_f - s)]Bu(s)\mathrm{d}s, \text{任意分片连续的 } u \Big\}. \end{aligned} \tag{4.1.3}$$

进一步, $\mathrm{rank}(A_1 \ A_2 \ \cdots \ A_k) = n$ 等价于 $\mathrm{Im}(A_1) + \mathrm{Im}(A_2) + \cdots + \mathrm{Im}(A_k) = \mathbf{R}^n$.

引理 4.1.1   对 $t \in (t_{k-1}, t_k]$, $k = 1, 2, \cdots$, 系统 (4.1.1) 的解为

$$
x(t) = X_k(t, t_{k-1}) X_{k-1}(t_{k-1}, t_{k-2}) \cdots X_1(t_1, t_0) x_0
$$

$$
+ \int_{t_{k-1}}^{t} X_k(t, s) B_k(s) u(s) \mathrm{d}s
$$

$$
+ \sum_{i=1}^{k-1} \int_{t_{i-1}}^{t_i} X_k(t, t_{k-1}) X_{k-1}(t_{k-1}, t_{k-2}) \cdots X_i(t_i, s) B_i(s) u(s) \mathrm{d}s
$$

$$
+ \sum_{i=1}^{k-1} X_k(t, t_{k-1}) X_{k-1}(t_{k-1}, t_{k-2}) \cdots X_{i+1}(t_{i+1}, t_i) I_i(t_i, x(t_i)). \quad (4.1.4)
$$

证明   由系统 (4.1.1) 的初始条件

$$
x(t) = X_1(t, t_0) x_0 + \int_{t_0}^{t} X_1(t, s) B_1(s) u(s) \mathrm{d}s, \quad t \in [t_0, t_1],
$$

当 $t = t_1$ 时, 有

$$
x(t_1) = X_1(t_1, t_0) x_0 + \int_{t_0}^{t_1} X_1(t_1, s) B_1(s) u(s) \mathrm{d}s.
$$

由于 $\Delta x(t_k) = I_k(t_k, \ x(t_k))$,

$$
x(t_1^+) = X_1(t_1, t_0) x_0 + \int_{t_0}^{t_1} X_1(t_1, s) B_1(s) u(s) \mathrm{d}s + I_1(t_1, x(t_1))
$$

另外, 对 $t \in (t_1, t_2]$,

$$
x(t) = X_2(t, t_1) x(t_1^+) + \int_{t_1}^{t} X_2(t, s) B_2(s) u(s) \mathrm{d}s
$$

$$
= X_2(t, t_1) X_1(t_1, t_0) x_0 + \int_{t_0}^{t_1} X_2(t, t_1) X_1(t_1, s) B_1(s) u(s) \mathrm{d}s
$$

$$
+ X_2(t, t_1) I_1(t_1, x(t_1)) + \int_{t_1}^{t} X_2(t, s) B_2(s) u(s) \mathrm{d}s.
$$

当 $t = t_2$ 和 $t = t_2^+$ 时, 可得

$$
x(t_2) = X_2(t_2, t_1) X_1(t_1, t_0) x_0 + \int_{t_0}^{t_1} X_2(t_2, t_1) X_1(t_1, s) B_1(s) u(s) \mathrm{d}s
$$

$$
+ X_2(t_2, t_1) I_1(t_1, x(t_1)) + \int_{t_1}^{t_2} X_2(t_2, s) B_2(s) u(s) \mathrm{d}s,
$$

$$
x(t_2^+) = X_2(t_2, t_1) X_1(t_1, t_0) x_0 + \int_{t_0}^{t_1} X_2(t_2, t_1) X_1(t_1, s) B_1(s) u(s) \mathrm{d}s
$$

$$
+ X_2(t_2, t_1) I_1(t_1, x(t_1)) + \int_{t_1}^{t_2} X_2(t_2, s) B_2(s) u(s) \mathrm{d}s + I_2(t_2, x(t_2)).
$$

重复上述过程, 易知, 对 $k = 1, 2, \cdots$, 式 (4.1.4) 成立. ∎

注4.1.1　如果 $A_k(t) = A(t)$, $B_k(t) = B(t)$, $t \in (t_k, t_{k+1}]$, 那么 $X_k(t, s) = X(t, s)$, 其中 $X(t, s)$ 是微分方程 $\dot{x}(t) = A(t)x(t)$ 的基解矩阵. 由引理 4.1.1, 系统 (4.1.1) 在 $A_k(t) = A(t)$, $B_k(t) = B(t)$ 时, 有

$$x(t) = X(t, t_0)x_0 + \sum_{i=1}^{k} X(t, t_i)I_i(t_i, x(t_i)) + \int_{t_0}^{t} X(t, s)B(s)u(s)\mathrm{d}s,$$

其中 $t \in (t_k, t_{k+1}]$,

即为文献 [86] 中的引理 2.1. 因此, 引理 4.1.1 是对时变脉冲系统解形式的一个推广.

引理 4.1.2　对系统 (4.1.1), 假设 $I_k = c_k x(t_k)$, c_k 都是常数, $k = 1, 2, \cdots$, 对应的系统可以如下表示:

$$\begin{cases} \dot{x}(t) = A_k(t)x(t) + B_k(t)u(t), & t \neq t_k, \\ \Delta x = c_k x(t_k), & t = t_k, \\ y(t) = C_k(t)x(t) + D_k(t)u(t), \\ x(t_0^+) = x_0, \end{cases} \tag{4.1.5}$$

则系统 (4.1.5) 的解可以如下表示:

$$\begin{aligned} x(t) = {} & X_k(t, t_{k-1}) \prod_{i=1}^{k-1}(1 + c_i) \prod_{i=k-1}^{1} X_i(t_i, t_{i-1})x_0 \\ & + \int_{t_{k-1}}^{t} X_k(t, s)B_k(s)u(s)\mathrm{d}s + \sum_{i=1}^{k-1}\left[\prod_{j=i}^{k-1}(1 + c_j)\int_{t_{i-1}}^{t_i} X_k(t, t_{k-1})\right. \\ & \left. \times \prod_{r=k-1}^{i+1} X_r(t_r, t_{r-1})X_i(t_i, s)B_i(s)u(s)\mathrm{d}s\right], \end{aligned} \tag{4.1.6}$$

其中 $t \in (t_{k-1}, t_k]$, $k = 1, 2, \cdots$.

引理 (4.1.2) 证明与引理 4.1.1 的证明类似, 故略之.

注4.1.2　当 $A_k(t) = A_k$, $B_k(t) = B_k$, $t \in (t_{k-1}, t_k]$, 则 $X_k(t_k, t_{k-1}) = \exp(A_k h_k)$, 其中 $h_k = t_k - t_{k-1}$, $k = 1, 2, \cdots$. 我们得到系数矩阵为 A_k 和 B_k 的系统 (4.1.1) 的解为

$$\begin{aligned} x(t) = {} & \exp A_k(t - t_{k-1}) \prod_{i=1}^{k-1}(1 + c_i) \prod_{i=k-1}^{1} \exp(A_i h_i)x_0 \\ & + \int_{t_{k-1}}^{t} \exp[A_k(t - s)]B_k(s)u(s)\mathrm{d}s \end{aligned} \tag{4.1.7}$$

$$+ \sum_{i=1}^{k-1} \{ \prod_{j=i}^{k-1} (1+c_j) \int_{t_{i-1}}^{t_i} \exp[A_k(t - t_{k-1})]$$

$$\times \prod_{r=k-1}^{i+1} \exp(A_r h_r) \exp[A_i(t_i - s)] B_i(s) u(s) \mathrm{d}s \},$$

即为文献 [87] 中的引理 1.

下面, 将主要研究脉冲系统 (4.1.5) 的可控性. 为方便起见, 先给出该系统可控性的定义和一些记号.

定义4.1.1 如果对任意给定的初始状态 $x_0 \in \mathbf{R}^n$ 存在一个分片连续输入 $u(t) : [t_0, t_f] \to \mathbf{R}^m$ 使得对应系统 (4.1.1) 的解满足 $x(t_f) = 0$, 则称时变脉冲系统 (4.1.1) 在 $[t_0, t_f]$ $(t_f > t_0)$ 上是状态可控的.

对脉冲系统 (4.1.5), 我们记 k 个 $n \times n$ 矩阵如下:

$$W_i := W(t_0, t_{i-1}, t_i) = \int_{t_{i-1}}^{t_i} Y_i(t_0, s) B_i(s) B_i^{\mathrm{T}}(s) Y_i^{\mathrm{T}}(t_0, s) \mathrm{d}s, \qquad (4.1.8)$$

$$i = 1, 2, \cdots, k-1,$$

$$W_k := W(t_0, t_{k-1}, t_f) = \int_{t_{k-1}}^{t_f} Y_k(t_0, s) B_k(s) B_k^{\mathrm{T}}(s) Y_k^{\mathrm{T}}(t_0, s) \mathrm{d}s, \qquad (4.1.9)$$

其中

$$Y_i(t_0, s) := \prod_{j=1}^{i-1} X_j(t_{j-1}, t_j) X_i(t_{i-1}, s), \ s \in (t_{i-1}, t_i], \ i = 1, 2, \cdots, k. \qquad (4.1.10)$$

定理 4.1.1 对脉冲系统 (4.1.5), 有如下系统可控的充分、必要条件:

(i) 如果至少存在一个矩阵 W_l $(l \in \{1, 2, \cdots, k\})$, 使得 $\mathrm{rank}(W_l) = n$, 那么脉冲系统 (4.1.5) 在 $[t_0, t_f]$ $(t_f \in (t_{k-1}, t_k))$ 上是可控的;

(ii) 假设 $c_i \neq -1$, $i = 1, 2, \cdots, k-1$. 如果脉冲系统 (4.1.5) 在 $[t_0, t_f]$ $(t_f \in (t_{k-1}, t_k))$ 上是可控的, 则

$$\mathrm{rank}(W_1 \ W_2 \ \cdots W_k) = n. \qquad (4.1.11)$$

证明 不失一般性, 假设存在一个 $l \in \{1, 2, \cdots, k-1\}$ 使得 W_l 满足 $\mathrm{rank}(W_l) = n$, 即 $W(t_0, t_{l-1}, t_l)$ 是可逆的. 那么对任意的 $n \times 1$ 阶初始状态 x_0, 选取控制

$$u(t) = \begin{cases} a_l B_l^{\mathrm{T}}(t) Y_l^{\mathrm{T}} W_l^{-1} x_0, & t \in [t_{l-1}, t_l], \\ 0, & t \in [t_0, t_f]/[t_{l-1}, t_l], \end{cases} \qquad (4.1.12)$$

其中 Y_l 由式 (4.1.10) 给出, 且 a_l 是满足下式的常数.

$$\prod_{i=1}^{k-1} (1 + c_i) + a_l \prod_{j=l}^{k-1} (1 + c_j) = 0.$$

显然, 输入控制 $u(t)$ 在 $[t_0, t_f]$ 上是分片连续的. 由引理 4.1.2, 式 (4.1.12) 和 $X_l(t_l, s)X_l(s, t_{l-1}) = X_l(t_l, t_{l-1})$, 系统 (4.1.5) 的解可以如下表示:

$$
\begin{aligned}
x(t_f) =& X_k(t_f, t_{k-1}) \prod_{i=1}^{k-1}(1 + c_i) \prod_{i=k-1}^{1} X_i(t_i, t_{i-1})x_0 \\
& + \left[\prod_{j=l}^{k-1}(1 + c_j)a_l \int_{t_{l-1}}^{t_l} X_k(t_f, t_{k-1}) \right. \\
& \left. \times \prod_{r=k-1}^{l+1} X_r(t_r, t_{r-1})X_l(t_l, s)B_l(s)B_l^{\mathrm{T}}(s)Y_l^{\mathrm{T}}W_l^{-1}\mathrm{d}s \right] x_0 \\
=& X_k(t_f, t_{k-1}) \prod_{i=1}^{k-1}(1 + c_i) \prod_{i=k-1}^{1} X_i(t_i, t_{i-1})x_0 \\
& + \left[\prod_{j=l}^{k-1}(1 + c_j)a_l \int_{t_{l-1}}^{t_l} X_k(t_f, t_{k-1}) \prod_{r=k-1}^{l+1} X_r(t_r, t_{r-1})X_l(t_l, s) \right. \\
& \left. \times Y_l^{-1}Y_lB_l(s)B_l^{\mathrm{T}}(s)Y_l^{\mathrm{T}}W_l^{-1}\mathrm{d}s \right] x_0 \\
=& \left[\prod_{i=l}^{k-1}(1 + c_j) + \prod_{j=l}^{k-1} a_l(1 + c_j) \right] X_k(t_f, t_{k-1}) \prod_{i=k-1}^{1} X_i(t_i, t_{i-1})x_0 = 0.
\end{aligned}
$$

因此, 由定义可知, 脉冲系统 (4.1.5) 在 $[t_0, t_f]$ 是可控的. (i) 证明完毕.

下面, 运用反证法来证明必要条件 (ii). 假设脉冲系统 (4.1.5) 在 $[t_0, t_f]$ 上是可控的, 但是 $\mathrm{rank}(W_1\ W_2\ \cdots W_k) < n$, 则存在一个非零向量 x_α, 使得

$$
0 = x_\alpha^{\mathrm{T}} W(t_0, t_{i-1}, t_i)x_\alpha = \int_{t_{i-1}}^{t_i} x_\alpha^{\mathrm{T}} Y_i(t_0, s)B_i(s)B_i^{\mathrm{T}}(s)Y_i^{\mathrm{T}} x_\alpha \mathrm{d}s,
$$

$$
i = 1, 2, \cdots, k - 1,
$$

$$
0 = x_\alpha^{\mathrm{T}} W(t_0, t_{k-1}, t_f)x_\alpha = \int_{t_{k-1}}^{t_f} x_\alpha^{\mathrm{T}} Y_k(t_0, s)B_k(s)B_k^{\mathrm{T}}(s)Y_k^{\mathrm{T}} x_\alpha \mathrm{d}s.
$$

上式中的被积函数为 $\|x_\alpha^{\mathrm{T}} Y_i(t_0, s)B_i(s)\|^2$, $s \in (t_{i-1}, t_i]$. 因此, 可以得到

$$
x_\alpha^{\mathrm{T}} Y_i(t_0, s)B_i(s) = 0,\ s \in (t_{i-1}, t_i],\ i \in \{1, 2, \cdots, k\}. \tag{4.1.13}
$$

由于脉冲系统 (4.1.5) 在 $[t_0, t_f]$ 上是可控的, 取 $x_0 = x_\alpha$, 存在一个分片连续输入 $u(t)$ 满足

$$
\begin{aligned}
0 =& x(t_f) \\
=& X_k(t_f, t_{k-1}) \prod_{i=1}^{k-1}(1+c_i) \prod_{i=k-1}^{1} X_i(t_i, t_{i-1}) x_\alpha \\
& + \int_{t_{k-1}}^{t_f} X_k(t_f, s) B_k(s) u(s) \mathrm{d}s + \sum_{i=1}^{k-1} \left[\prod_{j=i}^{k-1}(1+c_j) \int_{t_{i-1}}^{t_i} X_k(t_f, t_{k-1}) \right. \\
& \left. \times \prod_{r=k-1}^{i+1} X_r(t_r, t_{r-1}) X_i(t_i, s) B_i(s) u(s) \mathrm{d}s \right].
\end{aligned}
\tag{4.1.14}
$$

将式 (4.1.14) 两边同时左乘 $X_1(t_0, t_1) X_2(t_1, t_2) \cdots X_k(t_{k-1}, t_f)$, 可得

$$
\begin{aligned}
\prod_{i=1}^{k-1}(1+c_i) x_\alpha =& -\sum_{i=1}^{k-1} \left[\prod_{j=i}^{k-1}(1+c_j) X_1(t_0, t_1) X_2(t_1, t_2) \cdots X_i(t_{i-1}, t_i) \right. \\
& \left. \times \int_{t_{i-1}}^{t_i} X_i(t_i, s) B_i(s) u(s) \mathrm{d}s \right] - X_1(t_0, t_1) X_2(t_1, t_2) \cdots \\
& \times X_k(t_{k-1}, t_f) \int_{t_{k-1}}^{t_f} X_k(t_f, s) B_k(s) u(s) \mathrm{d}s.
\end{aligned}
$$

上式两边同时左乘 x_α^{T}, 则

$$
\begin{aligned}
\prod_{i=1}^{k-1}(1+c_i) x_\alpha^{\mathrm{T}} x_\alpha =& -\sum_{i=1}^{k-1} \left[\prod_{j=i}^{k-1}(1+c_j) \int_{t_{i-1}}^{t_i} x_\alpha^{\mathrm{T}} Y_i(t_0, s) B_i(s) u(s) \mathrm{d}s \right] \\
& - \int_{t_{k-1}}^{t_f} x_\alpha^{\mathrm{T}} Y_k(t_0, s) B_k(s) u(s) \mathrm{d}s = 0.
\end{aligned}
$$

由于 $\prod\limits_{i=1}^{k-1}(1+c_i) \neq 0$, 这表明 $x_\alpha^{\mathrm{T}} x_\alpha = 0$. 这与假设 $x_\alpha \neq 0$ 矛盾, 因此可得 $\mathrm{rank}(W_1\ W_2\ \cdots W_k) = n$. ∎

注4.1.3 当 $A_k(t) = A(t)$, $B_k(t) = B(t)$, $t_f \in (t_k, t_{k+1}]$, 类似式(4.1.8) 和式 (4.1.9) 得, $W_{i-1} := W(t_0, t_{i-1}, t_i) = \int_{t_{i-1}}^{t_i} X(t_0, s) B(s) B^{\mathrm{T}}(s) \times X^{\mathrm{T}}(t_0, s) \mathrm{d}s$, $i = 1, 2, \cdots, k$, $W_k := W(t_0, t_k, t_f) = \int_{t_k}^{t_f} X(t_0, s) B(s) \times B^{\mathrm{T}}(s) X^{\mathrm{T}}(t_0, s) \mathrm{d}s$. 当系统 (4.1.5) 参数矩阵为 $A(t)$, $B(t)$ 时, 定理 4.1.1 为文献 [86] 中定理 3.1 的充分必要条件. 因此, 定理 4.1.1 推广了已有的结果.

推论4.1.1 假设 $c_i \neq -1$, $i = 1, 2, \cdots, k-1$, 当 $A_k(t) = A_k$, $B_k(t) = B_k$ 均为 $n \times n$ 阶和 $n \times m$ 阶常数矩阵时, 原系统 (4.1.5) 变为如下分片线性脉冲系统:

$$\begin{cases} \dot{x}(t) = A_k x(t) + B_k u(t), t \neq t_k, \\ \Delta x = c_k x(t_k), \qquad\qquad t = t_k, \\ y(t) = C_k x(t) + D_k u(t), \\ x(t_0^+) = x_0. \end{cases} \tag{4.1.15}$$

在 $[t_0, t_f]$ $(t_f \in (t_{k-1}, t_k])$ 上是可控的当且仅当

$$\mathrm{rank}(\eta_1\ \eta_2\ \cdots\eta_k) = n, \tag{4.1.16}$$

其中 $\eta_i = \mathrm{e}^{-A_1 h_1}\mathrm{e}^{-A_2 h_2}\cdots\mathrm{e}^{-A_i h_i}(B_i\ A_i B_i\ \cdots\ A_i^{n-1}B_i)$, $i = 1, 2, \cdots, k-1$, $\eta_k = \mathrm{e}^{-A_1 h_1}\cdots\mathrm{e}^{-A_{k-1}h_{k-1}}\mathrm{e}^{-A_k(t_f-t_{k-1})}(B_k\ A_k B_k\ \cdots A_k^{n-1}B_k)$.

证明 必要性: 若系统 (4.1.15) 可控, 则有式 (4.1.16) 成立. 若不然, $\mathrm{rank}(\eta_1, \eta_2, \cdots, \eta_k) < n$, 则一定存在一个向量 x_α, 满足

$$x_\alpha^{\mathrm{T}}(\mathrm{e}^{-A_1 h_1}\mathrm{e}^{-A_2 h_2}\cdots\mathrm{e}^{-A_i h_i}A_i^j B_i) = 0,$$

$$x_\alpha^{\mathrm{T}}(\mathrm{e}^{-A_1 h_1}\cdots\mathrm{e}^{-A_{k-1}h_{k-1}}\mathrm{e}^{-A_k(t_f-t_{k-1})}A_k^j B_k) = 0, \ j = 0, 1, \cdots, n-1,$$

其中 $i = 1, 2, \cdots, k-1$, $j = 0, 1, \cdots, n-1$. 为进一步讨论, 我们先给出如下结论[88]: 如果 A 是一个 $n \times n$ 阶矩阵, 那么一定存在函数 $\beta_0(t), \beta_1(t), \cdots, \beta_{n-1}(t)$ 使得 $\mathrm{e}^{At} = \displaystyle\sum_{j=0}^{n-1}\beta_j(t)A^j$. 因此, 类似于定理 4.1.1 的证明, 可得

$$\begin{aligned} x_\alpha^{\mathrm{T}}W(t_0, t_{i-1}, t_i) &= \int_{t_{i-1}}^{t_i} x_\alpha^{\mathrm{T}}Y_i(t_0, s)B_i B_i^{\mathrm{T}}Y_i^{\mathrm{T}}\mathrm{d}s \\ &= \int_{t_{i-1}}^{t_i} x_\alpha^{\mathrm{T}}\mathrm{e}^{-A_1 h_1}\mathrm{e}^{-A_2 h_2}\cdots\mathrm{e}^{-A_i h_i}\mathrm{e}^{A_i(t_i-s)}B_i B_i^{\mathrm{T}}Y_i^{\mathrm{T}}\mathrm{d}s \\ &= \int_{t_{i-1}}^{t_i}\sum_{j=0}^{n-1}\beta_{ij}(t_i-s)x_\alpha^{\mathrm{T}}\mathrm{e}^{-A_1 h_1}\cdots\mathrm{e}^{-A_i h_i}A_i^j B_i B_i^{\mathrm{T}}Y_i^{\mathrm{T}}\mathrm{d}s \\ &= 0, \end{aligned}$$

其中 $i = 1, 2, \cdots, k-1$. 相似地, $x_\alpha^{\mathrm{T}}W(t_0, t_{k-1}, t_f) = 0$. 因此, $\mathrm{rank}(W_1\ W_2\ \cdots W_k) < n$ 与定理 4.1.1 的条件 (ii) 矛盾, 故 $\mathrm{rank}(\eta_1\ \eta_2\ \cdots\ \eta_k) = n$.

充分性: 由于 $\mathrm{rank}(\eta_1\ \eta_2\ \cdots\ \eta_k) = n$ 且矩阵 $\exp[A_k(t_f-t_{k-1})]\displaystyle\prod_{j=k-1}^{1}\exp(A_j h_j)$ 非奇异, 可以得到

$$\mathrm{rank}\{\exp[A_k(t_f-t_{k-1})]\prod_{j=k-1}^{2}\exp(A_j h_j)Q_1\cdots \tag{4.1.17}$$

$$\exp[A_k(t_f-t_{k-1})]Q_{k-1}\ Q_k\} = n,$$

其中 $Q_i = (B_i \; A_iB_i \; \cdots \; A_i^{n-1}B_i)$. 因为 $c_i \neq -1$, $i = 1, 2, \cdots, k-1$, 式 (4.1.17) 等价于

$$\prod_{j=1}^{k-1}(1+c_j)\exp[A_k(t_f - t_{k-1})]\prod_{j=k-1}^{2}\exp(A_jh_j)[\operatorname{Im}(B_1)$$

$$+\operatorname{Im}(A_1B_1)+\cdots+\operatorname{Im}(A_1^{n-1}B_1)]+\cdots$$

$$+[\operatorname{Im}(B_k)+\operatorname{Im}(A_kB_k)+\cdots+\operatorname{Im}(A_k^{n-1}B_k)]=\mathbf{R}^n. \tag{4.1.18}$$

由式 (4.1.3) 和式 (4.1.18) 知

$$\sum_{i=1}^{k-1}\left\{\prod_{j=i}^{k-1}(1+c_j)\exp[A_k(t_f - t_{k-1})]\prod_{r=k-1}^{i+1}\exp(A_rh_r)\int_{t_{i-1}}^{t_i}\exp[A_i(t_i - s)]\right.$$

$$\left.\times B_i(s)u(s)\mathrm{d}s\right\}+\int_{t_{k-1}}^{t_f}\exp[A_k(t_f - s)]B_k(s)u(s)\mathrm{d}s = \mathbf{R}^n.$$

由定义 4.1.1 和脉冲系统 (4.1.15) 解的表达式可知, 系统 (4.1.15) 是可控的. ■

由推论 4.1.1 的证明, 不难发现 $\operatorname{rank}(\eta_1 \; \eta_2 \cdots \eta_k) = n$ 当且仅当式 (4.1.17) 成立. 由文献 [87] 中定理 1 的证明知, 式 (4.1.17) 等价于

$$\operatorname{rank}\left(\prod_{j=k-1}^{2}\exp(A_jh_j)Q_1 \; \cdots \; Q_{k-1} \; Q_k\right) = n, \tag{4.1.19}$$

其中 $Q_i = (B_i \; A_iB_i \; \cdots \; A_i^{n-1}B_i)$, 即为文献 [87] 中推论 2 中的条件 (d). 因此秩条件 (4.1.16) 就等价于文献 [87] 的推论 2 中的条件 (d). 推论 4.1.1 关于系统 (4.1.15) 的可控性充要条件等价于文献 [87] 的结果. 因而, 定理 4.1.1 推广了文献 [87] 中的结论.

下面, 将讨论系统 (4.1.5) 的可观性, 并将得到的结论和已有的结论进行比较.

定义4.1.2 如果系统的任意初始状态 $x_0 \in \mathbf{R}^n$ 都可以被相应系统的输入和输出唯一确定, 那么我们称系统 (4.1.1) 在 $[t_0, t_f]$ $(t_0 < t_f)$ 上是可观的.

记 $n \times n$ 阶矩阵 $M(t_0, t_f)$ 如下:

$$M(t_0, t_f) = M(t_0, t_0, t_1) + \sum_{i=2}^{k-1}\prod_{j=1}^{i-1}(1+c_j)M(t_0, t_{i-1}, t_i)$$

$$+\prod_{j=1}^{k-1}(1+c_j)M(t_0, t_{k-1}, t_f), \tag{4.1.20}$$

$$M(t_0, t_{i-1}, t_i) = \int_{t_{i-1}}^{t_i}Z_i^{\mathrm{T}}(s, t_0)C_i^{\mathrm{T}}C_iZ_i(s, t_0)\mathrm{d}s, \; i = 1, 2, \cdots, k-1,$$

$$M(t_0, t_{k-1}, t_f) = \int_{t_{k-1}}^{t_f}Z_k^{\mathrm{T}}(s, t_0)C_1^{\mathrm{T}}C_1Z_k(s, t_0)\mathrm{d}s,$$

其中

$$Z_i(s,t_0) = X_i(s,t_{i-1})X_{i-1}(t_{i-1},t_{i-2})\cdots X_1(t_1,t_0),$$
$$s \in (t_{i-1},t_i], i = 1,2,\cdots,k. \tag{4.1.21}$$

以下定理给出时变脉冲系统 (4.1.5) 可观的充分必要条件.

定理 4.1.2　当 $1+c_i \geqslant 0$, $i = 1,2,\cdots,k-1$ 时, 脉冲系统 (4.1.5) 在区间 $[t_0,t_f]$, $(t_f \in (t_{k-1},t_k])$ 上可观的充要条件是矩阵 $M(t_0,t_f)$ 是可逆的, 其中 $M(t_0,t_f)$ 由式 (4.1.21) 给出.

证明　由式 (4.1.5) 和式 (4.1.6) 可以得到输出

$$\begin{aligned}
y(t) =& C_k(t)x(t) + D_k(t)u(t)\\
=& C_k(t)X_k(t,t_{k-1})\prod_{i=1}^{k-1}(1+c_i)\prod_{i=k-1}^{1}X_i(t_i,t_{i-1})x_0\\
& + C_k(t)\int_{t_{k-1}}^{t}X_k(t,s)B_k(s)u(s)\mathrm{d}s\\
& + C_k(t)\left\{\sum_{i=1}^{k-1}\left[\prod_{j=i}^{k-1}(1+c_j)\int_{t_{i-1}}^{t_i}X_k(t,t_{k-1})\right.\right.\\
& \left.\left.\times \prod_{r=k-1}^{i+1}X_r(t_r,t_{r-1})X_i(t_i,s)B_i(s)u(s)\mathrm{d}s\right]\right\} + D_k(t)u(t).
\end{aligned}$$

充分性: 由定义 4.1.2 易知, 系统 (4.1.5) 的可观性等价于系统 (4.1.5) 的零输入系统的可观性. $y(t)$ 可以表示成如下形式:

$$y(t) = \begin{cases}
C_1(t)X_1(t,t_0)x_0, & t \in (t_0,t_1],\\
C_l(t)\prod_{i=1}^{l-1}(1+c_i)Z_l(t,t_0)x_0, & t \in (t_{l-1},t_l], \quad l = 2,\cdots,k-1,\\
C_k(t)\prod_{i=1}^{k-1}(1+c_i)Z_k(t,t_0)x_0, & t \in (t_{k-1},t_f],
\end{cases} \tag{4.1.22}$$

其中 $u(t) = 0$, $Z_l(t)$ 由式 (4.1.21) 所示. 在式 (4.1.22) 两边同时左乘 $Z_l^{\mathrm{T}}(t,t_0)C_l^{\mathrm{T}}(t)$. 当 $t \in (t_{l-1},t_l]$ 时, 对 $y(t)$ 从 t_{l-1} 到 t_l 积分, 那么可得

$$\int_{t_0}^{t_1}X_1^{\mathrm{T}}(t,t_0)C_1^{\mathrm{T}}(t)y(t)\mathrm{d}t + \int_{t_1}^{t_2}Z_2^{\mathrm{T}}(t,t_0)C_2^{\mathrm{T}}(t)y(t)\mathrm{d}t + \cdots$$
$$+ \int_{t_{k-1}}^{t_f}Z_k^{\mathrm{T}}(t,t_0)C_k^{\mathrm{T}}(t)y(t)\mathrm{d}t$$

$$
= \left[\int_{t_0}^{t_1} X_1^{\mathrm{T}}(t,t_0) C_1^{\mathrm{T}}(t) C_1(t) X_1(t,t_0) \mathrm{d}t \right.
$$

$$
+ \sum_{i=2}^{k-1} \prod_{j=1}^{i-1} (1+c_j) \int_{t_{i-1}}^{t_i} Z_l^{\mathrm{T}}(t,t_0) C_l^{\mathrm{T}}(t) C_l(t) Z_l(t,t_0) \mathrm{d}t
$$

$$
\left. + \prod_{j=1}^{k-1} (1+c_j) \int_{t_{k-1}}^{t_f} Z_k^{\mathrm{T}}(t,t_0) C_k^{\mathrm{T}}(t) C_k(t) Z_k(t,t_0) \mathrm{d}t \right] x_0
$$

$$
= \left[M(t_0,t_0,t_1) + \sum_{i=2}^{k-1} \prod_{j=1}^{i-1} (1+c_j) M(t_0,t_{i-1},t_i) \right.
$$

$$
\left. + \prod_{j=1}^{k-1} (1+c_j) M(t_0,t_{k-1},t_k) \right] x_0. \tag{4.1.23}
$$

易见式 (4.1.23) 左边依赖于 $y(t)$, $t \in (t_0, t_f]$ 并且式 (4.1.23) 是关于 x_0 的线性代数方程. 当 $M(t_0, t_f)$ 可逆, 初始状态 $x(t_0) = x_0$ 被系统的输出状态 $y(t)$ 唯一确定.

必要性: 如果系统 (4.1.5) 是可观的, 而矩阵 $M(t_0, t_f)$ 不可逆, 那么一定存在一个非零向量 x_α, 使得 $x_\alpha^{\mathrm{T}} M(t_0, t_f) x_\alpha = 0$. 由于 $1 + c_i \geqslant 0$, $i = 1, 2, \cdots, k-1$ 和 $M(t_0, t_{i-1}, t_i)(i = 1, \cdots, k-1)$, $M(t_0, t_{k-1}, t_f)$ 都是半正定矩阵, 有

$$
x_\alpha^{\mathrm{T}} M(t_0, t_{i-1}, t_i) x_\alpha = 0, \ i = 1, 2, \cdots, k-1, \ x_\alpha^{\mathrm{T}} M(t_0, t_{k-1}, t_f) x_\alpha = 0. \tag{4.1.24}
$$

令 $x(t_0) = x_\alpha$, 那么由式 (4.1.21) 和式 (4.1.23) 知,

$$
\int_{t_0}^{t_f} y(s)^{\mathrm{T}} y(s) \mathrm{d}s = \sum_{i=1}^{k-1} \int_{t_{i-1}}^{t_i} y(s)^{\mathrm{T}} y(s) \mathrm{d}s + \int_{t_{k-1}}^{t_f} y(s)^{\mathrm{T}} y(s) \mathrm{d}s
$$

$$
= \int_{t_0}^{t_1} x_\alpha^{\mathrm{T}} Z_1^{\mathrm{T}}(s,t_0) C_1^{\mathrm{T}}(s) C_1(s) Z_1(s,t_0) x_\alpha \mathrm{d}s
$$

$$
+ \sum_{i=2}^{k-1} \left\{ \left[\prod_{j=1}^{i-1} (1+c_j) \right]^2 \int_{t_{i-1}}^{t_i} x_\alpha^{\mathrm{T}} Z_i^{\mathrm{T}}(s,t_0) C_i^{\mathrm{T}}(s) C_i(s) Z_i(s,t_0) x_\alpha \mathrm{d}s \right\}
$$

$$
+ \left[\prod_{j=1}^{k-1} (1+c_j) \right]^2 \int_{t_{k-1}}^{t_f} x_\alpha^{\mathrm{T}} Z_k^{\mathrm{T}}(s,t_0) C_k^{\mathrm{T}}(s) C_k(s) Z_k(s,t_0) x_\alpha \mathrm{d}s
$$

$$
= x_\alpha^{\mathrm{T}} M(t_0,t_0,t_1) x_\alpha + \sum_{i=2}^{k-1} \left[\prod_{j=1}^{i-1} (1+c_j) \right]^2 x_\alpha^{\mathrm{T}} M(t_0,t_{i-1},t_i) x_\alpha
$$

$$
+ \left[\prod_{j=1}^{k-1} (1+c_j) \right]^2 x_\alpha^{\mathrm{T}} M(t_0,t_{k-1},t_f) x_\alpha = 0,
$$

这表明 $\int_{t_0}^{t_f} \|y(s)\|^2 \mathrm{d}s = 0$. 因此根据式 (4.1.22),

$$
0 = y(t) = \begin{cases} C_1(t)Z_1(t,t_0)x_0, & t \in (t_0, t_1], \\ \prod\limits_{i=1}^{l-1}(1+c_i)C_l(t)Z_l(t,t_0)x_\alpha, & t \in (t_{l-1}, t_l], \ l = 2, \cdots, k-1, \\ \prod\limits_{i=1}^{k-1}(1+c_i)C_k(t)Z_k(t,t_0)x_\alpha, & t \in (t_{k-1}, t_f]. \end{cases}
$$

由定义 4.1.2 知, 系统 (4.1.5) 在 $[t_0, t_f]$ $(t_f \in (t_{k-1}, t_k])$ 上不可观. 与假设矛盾. ■
同注记 4.1.3 相似, 当 $A_k(t) = A(t)$, $B_k(t) = B(t)$ 时, 定理 4.1.2 就退化为文献 [86]
中的定理 4.1. 接下来, 我们考虑时不变情况下系统可观的充要条件. 对脉冲系统
(4.1.15), 记

$$
S := \begin{pmatrix} \xi_1 \\ \vdots \\ \xi_k \end{pmatrix},
$$

其中　$\xi_i = \begin{pmatrix} C_i \\ C_i A_i \\ \vdots \\ C_i A_i^{n-1} \end{pmatrix} \mathrm{e}^{A_{i-1}h_{i-1}} \cdots \mathrm{e}^{A_1 h_1}$, $i = 1, 2, \cdots, k$.

推论4.1.2　如果 $1+c_i \geqslant 0$, $i = 1, 2, \cdots, k-1$, 则系统 (4.1.15) 在区间 $[t_0, t_f]$
上是可观的, 当且仅当 $\mathrm{rank}(S) = n$.

证明　充分性: 假设 $\mathrm{rank}(S) = n$, 下证系统 (4.1.15) 是可观的. 若不然, 由定
理 4.1.2 可知, 存在一个非零向量 x_α, 满足 $x_\alpha^{\mathrm{T}} M(t_0, t_f) x_\alpha = 0$. 由式 (4.1.21), 可
得 $Z_i(s,t_0) = \exp(A_i(s-t_{i-1}))\exp(A_{i-1}h_{i-1})\cdots\exp(A_1h_1)$, $i = 1, 2, \cdots, k-1$, 且
$Z_k(s,t_0) = \exp(A_k(s-t_{k-1}))\exp(A_{k-1}h_{k-1})\cdots\exp(A_1h_1)$. 与定理 4.1.2 的证明相
似, 我们得到

$$
x_\alpha^{\mathrm{T}} M(t_0, t_{i-1}, t_i) x_\alpha = \int_{t_{i-1}}^{t_i} (C_i Z_i(s,t_0) x_\alpha)^{\mathrm{T}} C_i Z_i(s,t_0) x_\alpha \mathrm{d}s = 0,
$$
$$
i = 1, 2, \cdots, k-1,
$$

$$
x_\alpha^{\mathrm{T}} M(t_0, t_{k-1}, t_f) x_\alpha = \int_{t_{k-1}}^{t_f} (C_k Z_k(s,t_0) x_\alpha)^{\mathrm{T}} C_k Z_k(s,t_0) x_\alpha \mathrm{d}s = 0,
$$

这表明

$$
C_i \mathrm{e}^{A_i(s-t_{i-1})}\mathrm{e}^{A_{i-1}h_{i-1}} \cdots \mathrm{e}^{A_1 h_1} x_\alpha = 0, \quad s \in (t_{i-1}, t_i], \tag{4.1.25}
$$

$$C_k e^{A_k(s-t_{k-1})} e^{A_{k-1}h_{k-1}} \cdots e^{A_1h_1} x_\alpha = 0, \ s \in (t_{k-1}, t_f]. \tag{4.1.26}$$

其中, $i = 1, 2, \cdots, k-1$. 显然在时刻 $s = t_{i-1}$ 处, 我们有

$$C_i e^{A_{i-1}h_{i-1}} \cdots e^{A_1h_1} x_\alpha = 0, \ i = 1, 2, \cdots, k. \tag{4.1.27}$$

对式 (4.1.25) 和式 (4.1.26) 作 j 次微分, 并取在时刻 $s = t_{i-1}$ $i = 1, 2, \cdots, k$ 的导数, 则有

$$C_i A_i^j e^{A_{i-1}h_{i-1}} \cdots e^{A_1h_1} x_\alpha = 0, \ i = 1, 2, \cdots, k, \ j = 0, 1, \cdots, n-1. \tag{4.1.28}$$

因此, 由式 (4.1.27) 和式 (4.1.28), 在 $x_\alpha \neq 0$ 时, $Sx_\alpha = 0$. 即 $\mathrm{rank}(S) < n$, 这与假设 $\mathrm{rank}(S) = n$ 矛盾. 充分性证明完毕.

必要性: 若不然, 假设系统 (4.1.15) 可观但 $\mathrm{rank}(S) < n$, 那么存在一个向量 $x_\alpha \neq 0$, 有 $Sx_\alpha = 0$, 即可得到式 (4.1.28). 由式 (4.1.20) 式 (4.1.28) 可得

$$M(t_0, t_{i-1}, t_i)x_\alpha = \int_{t_{i-1}}^{t_i} \sum_{j=0}^{n-1} \beta_{ij}(s-t_{i-1})(C_i A_i^j e^{A_{i-1}h_{i-1}} \cdots e^{A_1h_1})^{\mathrm{T}}$$
$$\times (C_i Z_i)x_\alpha \mathrm{d}s = 0, \quad i = 1, 2, \cdots, k-1,$$

$$M(t_0, t_{k-1}, t_f)x_\alpha = \int_{t_{k-1}}^{t_f} \sum_{j=0}^{n-1} \beta_{kj}(s-t_{k-1})(C_k A_k^j e^{A_{k-1}h_{k-1}} \cdots e^{A_1h_1})^{\mathrm{T}}$$
$$\times (C_k Z_k)x_\alpha \mathrm{d}s = 0.$$

故 $M(t_0, t_f)x_\alpha = 0$. 由于 $x_\alpha \neq 0$ 矩阵 $M(t_0, t_f)$ 不可逆. 因此, 根据定理 4.1.2, 系统 (4.1.15) 不可观, 这就与可观性假设矛盾. ■

本节内容由文献 [157] 改写.

4.2 复数域上脉冲系统的可控性和可观性

4.2.1 复数域上脉冲系统可控性和可观性的代数分析

本小节讨论复数域上一类时变脉冲系统可控性和可观性的代数分析. 我们将这样的系统简称为复时变脉冲系统. 我们给出此类系统可控性和可观性的基于转移矩阵秩的充要条件, 同时得到相应的复线性时不变脉冲系统的可控性和可观性结果.

考虑如下复线性时变脉冲系统:

$$\begin{cases} \dot{x}(t) = A(t)x(t) + B(t)u(t), & t \neq t_k, \\ \Delta x = E_k x(t_k) + F_k u_k, & t = t_k, \\ y(t) = C(t)x(t) + D(t)u(t), \\ x(t_0^+) = x_0. \end{cases} \tag{4.2.1}$$

其中 $k = 1, 2, \cdots$, $A(t)$, $B(t)$, $C(t)$ 和 $D(t)$ 是 $n \times n$ 阶, $n \times m$ 阶, $p \times n$ 阶和 $p \times m$ 阶连续时变复矩阵函数, $x \in \mathbf{C}^n$ 是状态向量, $u \in \mathbf{C}^m$ 是控制输入, E_k, F_k 为 $n \times n$ 阶, $n \times m$ 阶复常数矩阵, $y \in \mathbf{C}^p$ 是输出. $J = [t_0, +\infty)$, $\Delta x(t_k) = x(t_k^+) - x(t_k^-)$, 其中脉冲点满足 $t_0 < t_1 < t_2 < \cdots < t_k < \cdots$, $\lim\limits_{k \to +\infty} t_k = +\infty$, 这就意味着系统 (4.2.1) 在 t_k 时刻是左连续的. 我们知道, $x(t) : \mathbf{R} \to \mathbf{C}^n$, 且 $\mathbf{C}^n$ 是 $\mathbf{C}$ 上的一个 Banach 空间. $A(t) : R \to \mathfrak{U}$ 其中 $\mathfrak{U} = \mathfrak{L}(\mathbf{C}^n, \mathbf{C}^n)$ 是有界的 $\mathbf{C}^n$ 线性连续映射. 因此复脉冲系统 (4.2.1) 是定义于 $\mathbf{C}$ 中 Banach 空间上的微分方程. 令 $A^* = \bar{A}^{\mathrm{T}}$ 表示复矩阵 A 的共轭转置矩阵, $\prod\limits_{i=k-1}^{1} A_i$ 表示矩阵乘积 $A_{k-1} A_{k-2} \cdots A_1$.

对复系统 (4.2.1), 考虑复微分方程

$$\dot{x}(t) = A(t)x(t), \tag{4.2.2}$$

根据常微分方程理论, 假设 $X(t)$ 表示系统 (4.2.2) 的基解阵, 则 $X(t, s) := X(t)X^{-1}(s)$ $(t, s \in J)$ 表示与矩阵 $A(t)$ 相应的转移矩阵. 显然 $X(t, t) = I, X(t, \tau)X(\tau, s) = X(t, s), X(t, s) = X^{-1}(s, t)$, $k = 1, 2, \cdots$. 下面给出复脉冲系统 (4.2.1) 的解形式.

引理 4.2.1　对任意的 $t \in (t_{k-1}, t_k]$, $k = 1, 2, \cdots$, 复脉冲系统 (4.2.1) 的解为

$$
\begin{aligned}
x(t) = X(t, t_{k-1}) \Bigg\{ & \prod_{j=k-1}^{1} (I + E_j) X(t_j, t_{j-1}) x_0 \\
& + \sum_{i=1}^{k-1} \prod_{j=k-1}^{i} (I + E_j) X(t_j, t_{j-1}) \int_{t_{i-1}}^{t_i} X(t_{i-1}, s) B(s) u(s) \mathrm{d}s \\
& + \sum_{i=2}^{k-1} \prod_{j=k-1}^{i} (I + E_j) X(t_j, t_{j-1}) F_{i-1} u_{i-1} + F_{k-1} u_{k-1} \Bigg\} \\
& + \int_{t_{k-1}}^{t} X(t, s) B(s) u(s) \mathrm{d}s.
\end{aligned}
\tag{4.2.3}
$$

证明　由常数变易法知,

$$x(t_1) = X(t_1, t_0) x_0 + \int_{t_0}^{t_1} X(t_1, s) B(s) u(s) \mathrm{d}s.$$

因为 $\Delta x(t_k) = E_k x(t_k) + F_k u_k$,

$$
\begin{aligned}
x(t_1^+) &= (I + E_1) \left[X(t_1, t_0) x_0 + \int_{t_0}^{t_1} X(t_1, s) B(s) u(s) \mathrm{d}s \right] + F_1 u_1 \\
&= (I + E_1) X(t_1, t_0) \left[x_0 + \int_{t_0}^{t_1} X(t_0, s) B(s) u(s) \mathrm{d}s \right] + F_1 u_1.
\end{aligned}
$$

所以, 当 $t \in (t_1, t_2]$,

$$
\begin{aligned}
x(t) =& X(t, t_1) x(t_1^+) + \int_{t_1}^t X(t, s) B(s) u(s) \mathrm{d}s \\
=& X(t, t_1) \left\{ (I + E_1) X(t_1, t_0) \left[x_0 + \int_{t_0}^{t_1} X(t_0, s) B(s) u(s) \mathrm{d}s \right] + F_1 u_1 \right\} \\
& + \int_{t_1}^t X(t, s) B(s) u(s) \mathrm{d}s.
\end{aligned}
$$

当 $t = t_2$ 和 $t = t_2^+$ 时,

$$
\begin{aligned}
x(t_2) =& X(t_2, t_1) \left\{ (I + E_1) X(t_1, t_0) \left[x_0 + \int_{t_0}^{t_1} X(t_0, s) B(s) u(s) \mathrm{d}s \right] + F_1 u_1 \right\} \\
& + \int_{t_1}^{t_2} X(t_2, s) B(s) u(s) \mathrm{d}s, \\
x(t_2^+) =& (I + E_2) X(t_2, t_1)(I + E_1) X(t_1, t_0) \left[x_0 + \int_{t_0}^{t_1} X(t_0, s) B(s) u(s) \mathrm{d}s \right] \\
& + (I + E_2) X(t_2, t_1) F_1 u_1 + (I + E_2) \int_{t_1}^{t_2} X(t_2, s) B(s) u(s) \mathrm{d}s + F_2 u_2.
\end{aligned}
$$

重复上述推导过程, 易知对 $k = 1, 2, \cdots$, 有式 (4.2.3) 成立. ∎

以下将利用代数分析方法研究复脉冲系统 (4.2.1) 的可控性. 首先我们给出系统 (4.2.1) 的可控性定义和相应的一些记号.

定义 4.2.1 如果对给定的初始状态 $x_0 \in \mathbf{C}^n$, 存在一个分片连续的输入信号 $u(t) : [t_0, t_f] \to \mathbf{C}^m$, 使得系统 (4.2.1) 相应的解满足 $x(t_f) = 0$, 则称复时变脉冲系统 (4.2.1) 在 $[t_0, t_f]$ $(t_f > t_0)$ 上是状态可控的.

对 $t_f \in (t_{k-1}, t_k]$, $X(t, s)$ 是系统 (4.2.2) 的转移矩阵, 记下列 k 个 $n \times n$ 阶矩阵.

$$
\Phi_0 := I, \quad \Phi_i := \prod_{j=1}^i X(t_{j-1}, t_j)(I + E_j)^{-1}, \quad i = 1, 2, \cdots, k-1,
$$

$$
W_i := W(t_{i-1}, t_i) = \int_{t_{i-1}}^{t_i} X(t_{i-1}, s) B(s) B^*(s) X(t_{i-1}, s)^* \mathrm{d}s, i = 1, 2, \cdots, k-1,
$$

$$
W_k := W(t_{k-1}, t_f) = \int_{t_{k-1}}^{t_f} X(t_{k-1}, s) B(s) B^*(s) X(t_{k-1}, s)^* \mathrm{d}s,
$$

$$
W(\Phi_{i-1}, t_{i-1}, t_i) := \int_{t_{i-1}}^{t_i} \Phi_{i-1} X(t_{i-1}, s) B(s) B^*(s) X(t_{i-1}, s)^* \Phi_{i-1}^* \mathrm{d}s,
$$

$$
i = 1, 2, \cdots, k-1,
$$

$$
W(\Phi_{k-1}, t_{k-1}, t_f) := \int_{t_{k-1}}^{t_f} \Phi_{k-1} X(t_{k-1}, s) B(s) B^*(s) X(t_{k-1}, s)^* \Phi_{k-1}^* \mathrm{d}s,
$$

$$
V_i := \Phi_i F_i, \quad i = 1, 2, \cdots, k-1. \tag{4.2.4}
$$

下面我们给出复脉冲系统 (4.2.1) 可控性的充分条件和必要条件.

定理 4.2.1　对复脉冲系统 (4.2.1), 如果下列条件中的一个成立, 则复脉冲系统 (4.2.1) 在 $[t_0, t_f]$ $(t_f \in (t_{k-1}, t_k])$ 上是可控的,

(i) 如果至少存在一个 $l \in \{1, 2, \cdots, k-1\}$ 和一个 $m \times n$ 阶复矩阵 F_l', 使得 $F_l' F_l = I$;

(ii) 如果至少存在一个形如式 (4.2.4) 的可逆矩阵 W_l $(l \in \{1, 2, \cdots, k\})$, 使得 rank $(W_l) = n$.

证明　首先, 我们考虑情况 (i). 不失一般性, 假设存在一个 $l \in \{1, 2, \cdots, k-2\}$ 和一个 $m \times n$ 阶复矩阵 F_l', 满足 $F_l' F_l = I$, 则给定一个初始状态 x_0, 设计如下控制:

$$u(t) = \begin{cases} -F_l' \prod_{j=l}^{1} (I + E_j) X(t_j, t_{j-1}) x_0, & t = t_l, \\ 0, & t \in [t_0, t_f] \setminus t_l. \end{cases} \tag{4.2.5}$$

易知, 上述控制器在 $[t_0, t_f]$ 上是分片连续的. 因此, 由引理 4.2.1 和系统 (4.2.1) 的解可知

$$\begin{aligned} x(t_f) = & X(t_f, t_{k-1}) \Bigg\{ \prod_{j=k-1}^{1} (I + E_j) X(t_j, t_{j-1}) x_0 \\ & + \prod_{j=k-1}^{l+1} (I + E_j) X(t_j, t_{j-1}) F_l(-F_l') \prod_{j=l}^{1} (I + E_j) X(t_j, t_{j-1}) x_0 \Bigg\} \\ = & X(t_f, t_{k-1}) \Bigg[\prod_{j=k-1}^{1} (I + E_j) X(t_j, t_{j-1}) - \prod_{j=k-1}^{1} (I + E_j) X(t_j, t_{j-1}) \Bigg] x_0 \\ = & 0. \end{aligned}$$

故由可控性的定义, 复脉冲系统 (4.2.1) 在 $[t_0, t_f]$ 上是可控的.

下面考虑情况 (ii). 不失一般性, 假设存在 $l \in \{1, 2, \cdots, k-2\}$ 使得复矩阵 $W(t_{l-1}, t_l)$ 可逆. 对初始状态 x_0, 选择

$$u(t) = \begin{cases} -B(t)^* X(t_{l-1}, t)^* W_l^{-1} \prod_{j=l-1}^{1} (I + E_j) X(t_j, t_{j-1}) x_0, & t \in (t_{l-1}, t_l), \\ 0, & t \in [t_0, t_f] \setminus (t_{l-1}, t_l). \end{cases} \tag{4.2.6}$$

因此, 将式 (4.2.6) 代入式 (4.2.3), 可知

$$
\begin{aligned}
x(t_f) =& X(t_f, t_{k-1}) \left[\prod_{j=k-1}^{1} (I + E_j) X(t_j, t_{j-1}) x_0 - \prod_{j=k-1}^{l} (I + E_j) X(t_j, t_{j-1}) \right. \\
& \times \int_{t_{l-1}}^{t_l} X(t_{l-1}, s) B(s) B(s)^* X(t_{l-1}, s)^* \mathrm{d}s W^{-1}(t_{l-1}, t_l) \\
& \left. \times \prod_{j=l-1}^{1} (I + E_j) X(t_j, t_{j-1}) x_0 \right] \\
=& X(t_f, t_{k-1}) [\prod_{j=k-1}^{1} (I + E_j) X(t_j, t_{j-1}) - \prod_{j=k-1}^{1} (I + E_j) X(t_j, t_{j-1})] x_0 \\
=& 0.
\end{aligned}
$$

所以复脉冲系统 (4.2.1) 在 $[t_0, t_f]$ 上是可控的. ∎

定理 4.2.2 假设 $(I + E_j)$ 都是可逆的, $j = 1, 2, \cdots, k-1$. 如果复脉冲系统 (4.2.1) 在 $[t_0, t_f]$ ($t_f \in (t_{k-1}, t_k)$) 上是可控的, 则

$$
\mathrm{rank}\{W(\Phi_0, t_0, t_1), \cdots, W(\Phi_{k-2}, t_{k-2}, t_{k-1}), W(\Phi_{k-1}, t_{k-1}, t_f), V_1, \cdots, V_{k-1}\} = n,
\tag{4.2.7}
$$

其中 $W(\cdot, \cdot, \cdot)$, Φ_i 和 V_i 由式 (4.2.4) 给出.

证明 假设复脉冲系统在 $[t_0, t_f]$ ($t_f \in (t_{k-1}, t_k)$) 是可控的, 然而

$$
\mathrm{rank}\{W(\Phi_0, t_0, t_1), \cdots, W(\Phi_{k-2}, t_{k-2}, t_{k-1}), W(\Phi_{k-1}, t_{k-1}, t_f), V_1, \cdots, V_{k-1}\} < n,
$$

则存在非零复向量 x_1 使得

$$
\begin{aligned}
0 =& x_1^* V_i = x_1^* \Phi_i F_i, \ i = 1, 2, \cdots, k-1, \\
0 =& x_1^* W(\Phi_{i-1}, t_{i-1}, t_i) x_1 \\
=& x_1^* \Phi_{i-1} \int_{t_{i-1}}^{t_i} X(t_{i-1}, s) B(s) B^*(s) X^*(t_{i-1}, s) \mathrm{d}s \Phi_{i-1}^* x_1, \\
0 =& x_1^* W(\Phi_{k-1}, t_{k-1}, t_f) x_1 \\
=& x_1^* \Phi_{k-1} \int_{t_{k-1}}^{t_f} X(t_{k-1}, s) B(s) B^*(s) X^*(t_{k-1}, s) \mathrm{d}s \Phi_{k-1}^* x_1.
\end{aligned}
\tag{4.2.8}
$$

式 (4.2.8) 中的被积函数是非负连续函数 $\|x_1^* \Phi_{i-1} X(t_{i-1}, s) B(s)\|^2$, $i = 1, \cdots, k-1$, 这意味着

$$
\begin{cases}
x_1^* \Phi_{i-1} X(t_{i-1}, t) B(t) = 0, & t \in (t_{i-1}, t_i), \quad i = 1, \cdots, k-1, \\
x_1^* \Phi_{k-1} X(t_{k-1}, t) B(t) = 0, & t \in (t_{k-1}, t_f].
\end{cases}
\tag{4.2.9}
$$

因为复脉冲系统 (4.2.1) 是可控的, 所以一定存在一个分片控制输入 $u(t)$ 使得对初始状态 $x_0 = x_1$, 有

$$
\begin{aligned}
x(t_f) =&X(t_f, t_{k-1})\left[\prod_{j=k-1}^{1}(I + E_j)X(t_j, t_{j-1})x_1\right.\\
&+\sum_{i=1}^{k-1}\prod_{j=k-1}^{i}(I + E_j)X(t_j, t_{j-1})\int_{t_{i-1}}^{t_i}X(t_{i-1}, s)B(s)u(s)\mathrm{d}s\\
&\left.+\sum_{i=2}^{k-1}\prod_{j=k-1}^{i}(I + E_j)X(t_j, t_{j-1})F_{i-1}u_{i-1} + F_{k-1}u_{k-1}\right]\\
&+\int_{t_{k-1}}^{t_f}X(t_f, s)B(s)u(s)\mathrm{d}s = 0,
\end{aligned}
$$

这意味着

$$
\begin{aligned}
&-X(t_f, t_{k-1})\prod_{j=k-1}^{1}(I + E_j)X(t_j, t_{j-1})x_1\\
=&X(t_f, t_{k-1})\left[\sum_{i=1}^{k-1}\prod_{j=k-1}^{i}(I + E_j)X(t_j, t_{j-1})\int_{t_{i-1}}^{t_i}X(t_{i-1}, s)B(s)u(s)\mathrm{d}s\right.\\
&\left.+\sum_{i=2}^{k-1}\prod_{j=k-1}^{i}(I + E_j)X(t_j, t_{j-1})F_{i-1}u_{i-1} + F_{k-1}u_{k-1}\right] + \int_{t_{k-1}}^{t_f}X(t_f, s)B(s)u(s)\mathrm{d}s.
\end{aligned}
$$

上式两边左乘 $\prod_{j=1}^{k-1}[X(t_{j-1}, t_j)(I + E_j)^{-1}]X(t_{k-1}, t_f)$, 可得

$$
\begin{aligned}
-x_1 =&\left[\sum_{i=1}^{k-1}\Phi_{i-1}\int_{t_{i-1}}^{t_i}X(t_{i-1}, s)B(s)u(s)\mathrm{d}s + \sum_{i=2}^{k-1}\Phi_{i-1}F_{i-1}u_{i-1}\right.\\
&\left.+\Phi_{k-1}F_{k-1}u_{k-1}\right] + \Phi_{k-1}\int_{t_{k-1}}^{t_f}X(t_{k-1}, s)B(s)u(s)\mathrm{d}s.
\end{aligned}
$$

进一步, 上式的两边左乘 x_1^*, 由式 (4.2.8) 和式 (4.2.9) 有

$$
\begin{aligned}
-x_1^* x_1 =&\left[\sum_{i=1}^{k-1}x_1^*\Phi_{i-1}\int_{t_{i-1}}^{t_i}X(t_{i-1}, s)B(s)u(s)\mathrm{d}s + \sum_{i=1}^{k-1}x_1^*\Phi_i F_i u_i\right]\\
&+x_1^*\Phi_{k-1}\int_{t_{k-1}}^{t_f}X(t_{k-1}, s)B(s)u(s)\mathrm{d}s = 0.
\end{aligned}
$$

这与 $x_1 \neq 0$ 的假设矛盾, 因此, 式 (4.2.7) 成立. ∎

下面将定理 4.2.1 和定理 4.2.2 应用到复线性时不变脉冲系统中. 文献 [88] 指出: 对于复矩阵 A, 存在函数 $\beta_0(t), \beta_1(t), \cdots, \beta_{n-1}(t)$, 使得

$$e^{At} = \sum_{j=0}^{n-1} \beta_j(t) A^j. \tag{4.2.10}$$

定理 4.2.3 对复脉冲系统 (4.2.1), 假设 $A(t) = A, B(t) = B$ 是 $n \times n$ 阶, $n \times m$ 阶复常值矩阵, 则下列充分条件和必要条件成立:

(i) 如果

$$\text{rank}(B, AB, \cdots, A^{n-1}B) = n, \tag{4.2.11}$$

则复脉冲系统 (4.2.1) 在 $[t_0, t_f]$ $(t_f \in (t_{k-1}, t_k))$ 上是可控的.

(ii) 假设 $AE_i = E_i A, F_i = F$(复常值矩阵), 且 $(I + E_i)$ 可逆. 如果复系统 (4.2.1) 在 $[t_0, t_f]$ $(t_f \in (t_{k-1}, t_k))$ 上是可控的, 则

$$\text{rank}(\tilde{E}_1 \tilde{B}, \tilde{E}_2 \tilde{B}, \cdots, \tilde{E}_{k-1} \tilde{B}, \tilde{B}, \tilde{E}_2 \tilde{F}, \cdots, \tilde{E}_{k-1} \tilde{F}, \tilde{F}) = n \tag{4.2.12}$$

其中 $\tilde{B} = (B, AB, \cdots, A^{n-1}B)$, $\tilde{F} = (F, AF, \cdots, A^{n-1}F)$, $\tilde{E}_i = \prod\limits_{j=k-1}^{i} (I + E_j)$, $i = 1, 2, \cdots, k-1$.

证明 首先, 我们用反证法证明充分条件 (i). 如果式 (4.2.11) 成立, 而系统却不可控, 则由定理 4.2.1 中条件 (ii) 知, W_i 和 $W(t_{k-1}, t_f)$ $i = 1, 2, \cdots, k-1$, 都是不可逆的. 因此, 存在一个非零复向量 x_α, 使得

$$0 = x_\alpha^* W(t_0, t_1) x_\alpha = \int_{t_0}^{t_1} x_\alpha^* e^{A(t_0-s)} B B^* \left[e^{A(t_0-s)} \right]^* x_\alpha \mathrm{d}s$$

$$= \int_{t_0}^{t_1} \| x_\alpha^* e^{A(t_0-s)} B \|^2 \mathrm{d}s,$$

即 $x_\alpha^* e^{A(t_0-t)} B = 0, t \in [t_0, t_1]$. 对上式求 j 次导数并取在 $t = t_0$ 处的导数值, 我们有 $(-1)^j x_\alpha^* A^j B = 0, j = 0, 1, \cdots, n-1$. 因此, $x_\alpha^*(B, AB, \cdots, A^{n-1}B) = 0$ 这就意味着式 (4.2.11) 的秩条件不成立. 与假设矛盾. 故如果充分条件 (i) 成立, 则复线性时不变脉冲系统 (4.2.1) 在 $[t_0, t_f]$ 上是可控的.

下面, 用反证法证明必要条件 (ii). 如果复脉冲系统 (4.2.1) 在 $[t_0, t_f]$ $(t_f \in (t_{k-1}, t_k))$ 上可控, 但是式 (4.2.12) 不成立, 即

$$\text{rank}(\tilde{E}_1 \tilde{B}, \tilde{E}_2 \tilde{B}, \cdots, \tilde{E}_{k-1} \tilde{B}, \tilde{B}, \tilde{E}_2 \tilde{F}, \cdots, \tilde{E}_{k-1} \tilde{F}, \tilde{F}) < n$$

左乘 $\tilde{E}_1^{-1}$, 上式等价于

$$\text{rank} \left\{ \tilde{B}, (I + E_1)^{-1} \tilde{B}, \cdots, \prod_{j=1}^{k-1} (I + E_j)^{-1} \tilde{B}, (I + E_1)^{-1} \tilde{F}, \cdots, \prod_{j=1}^{k-1} (I + E_j)^{-1} \tilde{F} \right\} < n,$$

则存在一个非零的复向量 x_α, 使得

$$x_\alpha^* \tilde{B} = 0, \ x_\alpha^* \prod_{j=1}^{i}(I + E_j)^{-1}\tilde{B} = 0, \ x_\alpha^* \prod_{j=1}^{i}(I + E_j)^{-1}\tilde{F} = 0, \ i = 1, 2, \cdots, k-1.$$

由 $\tilde{B}$ 和 $\tilde{F}$ 的定义知, 对 $l = 0, 1, \cdots, n-1$, 我们有

$$x_\alpha^* A^l B = 0, \ x_\alpha^* \prod_{j=1}^{i}(I + E_j)^{-1}A^l B = 0, x_\alpha^* \prod_{j=1}^{i}(I + E_j)^{-1}A^l F = 0, \tag{4.2.13}$$

$$i = 1, 2, \cdots, k-1.$$

由于 $AE_i = E_i A$ 和 $(I+E_i)$ 可逆, 易知 $(I+E_i)^{-1}A(I+E_i) = (I+E_i)^{-1}\cdot(I+E_i)A = A$, 故有 $(I+E_i)^{-1}A = A(I+E_i)^{-1}$. 因此, 由式 (4.2.10) 和式 (4.2.13) 有

$$x_\alpha^* W(\Phi_0, t_0, t_1) = \int_{t_0}^{t_1} x_\alpha^* \mathrm{e}^{A(t_0-s)} BB^* [\mathrm{e}^{A(t_0-s)}]^* \mathrm{d}s$$

$$= \int_{t_0}^{t_1} \sum_{l=0}^{n-1} \beta_l(t_0-s) x_\alpha^* A^l BB^* [\mathrm{e}^{A(t_0-s)}]^* \mathrm{d}s = 0,$$

$$x_\alpha^* W(\Phi_{i-1}, t_{i-1}, t_i) = \int_{t_{i-1}}^{t_i} x_\alpha^* \Phi_{i-1} \mathrm{e}^{A(t_{i-1}-s)} BB^* [\mathrm{e}^{A(t_{i-1}-s)}]^* \Phi_{i-1}^* \mathrm{d}s$$

$$= \int_{t_{i-1}}^{t_i} \sum_{l=0}^{n-1} \beta_l(t_{i-1}-s) x_\alpha^* \prod_{j=1}^{i-1}(I + E_j)^{-1} A^l BB^*$$

$$\times [\mathrm{e}^{A(t_{i-1}-s)}]^* \Phi_{i-1}^* \mathrm{d}s = 0,$$

$$x_\alpha^* W(\Phi_{k-1}, t_{k-1}, t_f) = \int_{t_{k-1}}^{t_f} x_\alpha^* \Phi_{k-1} \mathrm{e}^{A(t_{k-1}-s)} BB^* [\mathrm{e}^{A(t_{k-1}-s)}]^* \Phi_{k-1}^* \mathrm{d}s$$

$$= \int_{t_{k-1}}^{t_f} \sum_{l=0}^{n-1} \beta_l(t_{k-1}-s) x_\alpha^* \prod_{j=1}^{k-1}(I + E_j)^{-1} A^l BB^*$$

$$\times [\mathrm{e}^{A(t_{k-1}-s)}]^* \Phi_{k-1}^* \mathrm{d}s = 0,$$

$$x_\alpha^* V_i = x_\alpha^* \Phi_i F = x_\alpha^* \prod_{j=1}^{i}(I + E_j)^{-1} \mathrm{e}^{A(t_0-t_i)} F$$

$$= \sum_{l=0}^{n-1} \beta_l(t_0-t_i) x_\alpha^* \prod_{j=1}^{i}(I + E_j)^{-1} A^l F = 0, \ i = 1, \cdots, k-1.$$

因此, $\mathrm{rank}\{W(\Phi_0, t_0, t_1), W(\Phi_1, t_1, t_2), \cdots, W(\Phi_{k-1}, t_{k-1}, t_f), V_1, \cdots, V_{k-1}\} < n$ 这与定理 4.2.2 矛盾. 故式 (4.2.12) 成立. ■

　　下面, 将主要研究复线性时变脉冲系统 (4.2.1) 的可观性和相应时不变系统的可观性.

定义4.2.2 如果任意的初始状态 $x_0 \in \mathbf{C}^n$ 都可以被相应系统的输入 $u(t)$ 和输出 $y(t)$ 唯一确定, 其中 $t \in [t_0, t_f]$, 则称系统 (4.2.1) 在 $[t_0, t_f]$ $(t_f \in (t_{k-1}, t_k])$ 上是可观的.

由式 (4.2.1) 和引理 4.2.1 知, 输出如下给出

$$
\begin{aligned}
y(t) =& C(t)x(t) + D(t)u(t) = C(t)X(t, t_{k-1}) \left\{ \prod_{j=k-1}^{1} (I + E_j)X(t_j, t_{j-1})x_0 \right. \\
& + \sum_{i=1}^{k-1} \prod_{j=k-1}^{i} (I + E_j)X(t_j, t_{j-1}) \int_{t_{i-1}}^{t_i} X(t_{i-1}, s)B(s)u(s)\mathrm{d}s \\
& \left. + \sum_{i=2}^{k-1} \prod_{j=k-1}^{i} (I + E_j)X(t_j, t_{j-1})F_{i-1}u_{i-1} + F_{k-1}u_{k-1} \right\} \\
& + C(t) \int_{t_{k-1}}^{t} X(t, s)B(s)u(s)\mathrm{d}s + D(t)u(t).
\end{aligned}
$$

由定义 4.2.2 易知, 系统 (4.2.1) 的可观性等价于系统零输入情况下的可观性, 则系统输出可如下表示:

$$
y(t) = \begin{cases}
C(t)X(t, t_0)x_0, & t \in (t_0, t_1], \\
C(t)X(t, t_{i-1}) \prod_{j=i-1}^{1} (I + E_j)X(t_j, t_{j-1})x_0, & t \in (t_{i-1}, t_i], \\
C(t)X(t, t_{k-1}) \prod_{j=k-1}^{1} (I + E_j)X(t_j, t_{j-1})x_0, & t \in (t_{k-1}, t_f],
\end{cases} \tag{4.2.14}
$$

$i = 2, \cdots, k-1$. 记 $n \times n$ 阶矩阵 $M(t_0, t_f)$ 如下:

$$
\begin{aligned}
M(t_0, t_f) =& \sum_{i=1}^{k-1} M(t_{i-1}, t_i) + M(t_{k-1}, t_f), M(t_0, t_1) \\
=& \int_{t_0}^{t_1} X^*(s, t_0)C(s)^*C(s)X(s, t_0)\mathrm{d}s, \\
M(t_{i-1}, t_i) =& \int_{t_{i-1}}^{t_i} \left[\prod_{j=i-1}^{1} (I + E_j)X(t_j, t_{j-1}) \right]^* X^*(s, t_{i-1})C(s)^* \\
& \times C(s)X(s, t_{i-1}) \prod_{j=i-1}^{1} (I + E_j)X(t_j, t_{j-1})\mathrm{d}s, \quad i = 1, 2, \cdots, k-1,
\end{aligned}
$$

$$M(t_{k-1}, t_f) = \int_{t_{k-1}}^{t_f} \left[\prod_{j=k-1}^{1} (I + E_j) X(t_j, t_{j-1}) \right]^* X^*(s, t_{k-1}) C(s)^*$$

$$\times C(s) X(s, t_{k-1}) \prod_{j=k-1}^{1} (I + E_j) X(t_j, t_{j-1}) \mathrm{d}s. \tag{4.2.15}$$

下面给出系统 (4.2.1) 可观性的充要条件.

定理 4.2.4　复线性时变脉冲系统 (4.2.1) 在 $[t_0, t_f]$ ($t_f \in (t_{k-1}, t_k]$) 上是可观的, 当且仅当由式 (4.2.15) 定义的 $n \times n$ 阶复矩阵 $M(t_0, t_f)$ 可逆.

证明　首先证明充分性. 式 (4.2.14) 两边同时左乘 $X^*(t, t_0) C(t)^* \left[\prod_{j=i-1}^{1} (I + E_j) X(t_j, t_{j-1}) \right]^* X^*(t, t_{i-1}) C(t)^*$, 然后对时间 t 积分

$$\int_{t_0}^{t_1} X^*(s, t_0) C(s)^* y(s) \mathrm{d}s$$

$$+ \sum_{i=2}^{k-1} \int_{t_{i-1}}^{t_i} \left[\prod_{j=i-1}^{1} (I + E_j) X(t_j, t_{j-1}) \right]^* X^*(s, t_{i-1}) C(s)^* y(s) \mathrm{d}s$$

$$+ \int_{t_{k-1}}^{t_f} \left[\sum_{j=k-1}^{1} (I + E_j) X(t_j, t_{j-1}) \right]^* X^*(s, t_{k-1}) C(s)^* y(s) \mathrm{d}s$$

$$= \int_{t_0}^{t_1} X^*(s, t_0) C(s)^* C(s) X(s, t_0) \mathrm{d}s$$

$$+ \sum_{i=2}^{k-1} \int_{t_{i-1}}^{t_i} \left[\prod_{j=i-1}^{1} (I + E_j) X(t_j, t_{j-1}) \right]^* X^*(s, t_{i-1}) C(s)^* C(s) X(s, t_{i-1})$$

$$\times \prod_{j=i-1}^{1} (I + E_j) X(t_j, t_{j-1}) \mathrm{d}s + \int_{t_{k-1}}^{t_f} \left[\prod_{j=k-1}^{1} (I + E_j) X(t_j, t_{j-1}) \right]^*$$

$$\times X^*(s, t_{k-1}) C(s)^* C(s) X(s, t_{k-1}) \prod_{j=k-1}^{1} (I + E_j) X(t_j, t_{j-1}) \mathrm{d}s$$

$$= \left[\sum_{i=1}^{k-1} M(t_{i-1}, t_i) + M(t_{k-1}, t_f) \right] x_0. \tag{4.2.16}$$

易见式 (4.2.16) 左侧仅依赖于 $y(t)$, $t \in [t_0, t_f]$. 因此, 如果 $M(t_0, t_f)$ 可逆, 则初始状态 $x(t_0) = x_0$ 由系统相应的输出 $y(t)$ 唯一确定. 故系统在 $[t_0, t_f]$ 上是可观的.

下证必要性. 如果系统可观, 然而复矩阵 $M(t_0, t_f)$ 不可逆, 则存在一个非零向量 x_α, 使得 $x_\alpha^* M(t_0, t_f) x_\alpha = 0$. 因为 $M(t_{i-1}, t_i)(i = 1, \cdots, k-1)$ 和 $M(t_{k-1}, t_f)$ 都是半正定的, 故

$$x_\alpha^* M(t_{i-1}, t_i) x_\alpha = 0, \ i = 1, 2, \cdots, k-1, x_\alpha^* M(t_{k-1}, t_f) x_\alpha = 0. \tag{4.2.17}$$

令初始条件 $x(t_0) = x_\alpha$, 由式 (4.2.14) 和式 (4.2.15) 知

$$\int_{t_0}^{t_f} y(s)^* y(s) \mathrm{d}s = \sum_{i=1}^{k-1} \int_{t_{i-1}}^{t_i} y(s)^* y(s) \mathrm{d}s + \int_{t_{k-1}}^{t_f} y(s)^* y(s) \mathrm{d}s$$

$$= \int_{t_0}^{t_1} x_\alpha^* X^*(s, t_0) C^*(s) C(s) X(s, t_0) x_\alpha \mathrm{d}s$$

$$+ \sum_{i=2}^{k-1} \int_{t_{i-1}}^{t_i} x_\alpha^* \left[\prod_{j=i-1}^{1} (I + E_j) X(t_j, t_{j-1}) \right]^* X^*(s, t_{i-1})$$

$$\times C(s)^* C(s) X(s, t_{i-1}) \prod_{j=i-1}^{1} (I + E_j) X(t_j, t_{j-1}) x_\alpha \mathrm{d}s$$

$$+ \int_{t_{k-1}}^{t_f} x_\alpha^* \left[\prod_{j=k-1}^{1} (I + E_j) X(t_j, t_{j-1}) \right]^*$$

$$\times X^*(s, t_{k-1}) C(s)^* C(s) X(s, t_{k-1}) \prod_{j=k-1}^{1} (I + E_j) X(t_j, t_{j-1}) x_\alpha \mathrm{d}s$$

$$= x_\alpha^* \left[\sum_{i=1}^{k-1} M(t_{i-1}, t_i) + M(t_{k-1}, t_f) \right] x_\alpha = 0.$$

这表明 $\displaystyle \int_{t_0}^{t_f} \|y(s)\|^2 \mathrm{d}s = 0$. 因此由式 (4.2.14),

$$0 = y(t) = \begin{cases} C(t) X(t, t_0) x_0, & t \in (t_0, t_1], \\ C(t) X(t, t_{i-1}) \displaystyle\prod_{j=i-1}^{1} (I + E_j) X(t_j, t_{j-1}) x_0, & t \in (t_{i-1}, t_i], i = 2, \cdots, k-1, \\ C(t) X(t, t_{k-1}) \displaystyle\prod_{j=k-1}^{1} (I + E_j) X(t_j, t_{j-1}) x_0, & t \in (t_{k-1}, t_f], \end{cases}$$

由定义 4.2.2 知, 系统 (4.2.1) 在 $[t_0, t_f]$ $(t_f \in (t_{k-1}, t_k])$ 是不可观. 这与系统可观的假设矛盾. ∎

对脉冲系统 (4.2.1), 当 $A(t) = A$, $C(t) = C$ 都是复常数矩阵时, 复脉冲系统退

化为线性时不变脉冲系统. 此时可得到更为精炼的结果. 记

$$S := \begin{bmatrix} C \\ CA \\ \vdots \\ CA^{n-1} \end{bmatrix}, \quad \tilde{S} := \begin{bmatrix} S \\ S\hat{E}_1 \\ \vdots \\ S\hat{E}_{k-1} \end{bmatrix} \tag{4.2.18}$$

其中 $\hat{E}_i = \prod_{j=i}^{1}(I + E_j),\ i = 1, 2, \cdots, k-1$.

定理 4.2.5　若系统 (4.2.1) 退化为时不变系统, 则有如下结论:

(i) 如果 $\text{rank}(S) = n$, 则复线性脉冲系统 (4.2.1) 在 $[t_0, t_f]$ $(t_f \in (t_{k-1}, t_k])$ 上是可观的.

(ii) 假设 $AE_i = E_i A,\ i = 1, 2, \cdots, k-1$. 如果复线性脉冲系统 (4.2.1) 可观, 则 $\text{rank}(\tilde{S}) = n$.

证明　利用反证法证明结论 (i). 如果 $\text{rank}(S) = n$ 而复系统 (4.2.1) 不可观, 则由定理 4.2.4 知, 矩阵 $M(t_0, t_f)$ 不可逆, 则意味着存在一个非零向量 x_α, 满足 $x_\alpha^* M(t_0, t_f) x_\alpha = 0$. 由于矩阵 $M(t_{i-1}, t_i)$ 非负定, 则

$$x_\alpha^* M(t_0, t_1) x_\alpha = \int_{t_0}^{t_1} [Ce^{A(s-t_0)} x_\alpha]^* [Ce^{A(s-t_0)} x_\alpha] ds = 0.$$

这表明

$$Ce^{A(t-t_0)} x_\alpha = 0, \quad t \in (t_0, t_1]. \tag{4.2.19}$$

显然, 当 $t = t_0$ 时, 我们有 $Cx_\alpha = 0$. 对式 (4.2.19) 作 j 次微分, 并取在 $t = t_0$ 处的导数值, 则

$$CA^j x_\alpha = 0,\ j = 0, 1, \cdots, n-1. \tag{4.2.20}$$

因此, 当 $x_\alpha \neq 0$, $Sx_\alpha = 0$, 故 $\text{rank}(S) < n$, 这与假设 $\text{rank}(S) = n$ 矛盾. 结论 (i) 证毕.

结论 (ii) 若不然, 假设复脉冲系统 (4.2.1) 可观, 而 $\text{rank}(\tilde{S}) < n$, 则存在一个 $x_\alpha \neq 0$, 满足 $\tilde{S}x_\alpha = 0$. 由式 (4.2.18) 可知

$$CA^l x_\alpha = 0,\ CA^l \prod_{j=i}^{1}(I + E_j) x_\alpha = 0,\ l = 0, 1, \cdots, n-1,\ i = 1, \cdots, k-1. \tag{4.2.21}$$

由式 (4.2.10), 式 (4.2.21) 和 $AE_i = E_i A$ 知, 有

$$M(t_0, t_1) x_\alpha = \int_{t_0}^{t_1} [e^{A(s-t_0)}]^* C^* \sum_{l=0}^{n-1} \beta_l(s-t_0) CA^l x_\alpha ds = 0,$$

$$M(t_{i-1}, t_i)x_\alpha = \int_{t_{i-1}}^{t_i} \left[\prod_{j=i-1}^{1} (I + E_j)e^{A(t_{j-1}-t_j)} \right]^* [e^{A(s-t_{i-1})}]^* C^*$$

$$\times \sum_{l=0}^{n-1} \beta_l(s - t_{i-1}) CA^l \prod_{j=i-1}^{1} (I + E_j)x_\alpha \mathrm{d}s = 0,$$

$$i = 2, \cdots, k-1,$$

$$M(t_{k-1}, t_f)x_\alpha = \int_{t_{k-1}}^{t_f} \left[\prod_{j=k-1}^{1} (I + E_j)e^{A(t_{j-1}-t_j)} \right]^* [e^{A(s-t_{k-1})}]^* C^*$$

$$\times \sum_{l=0}^{n-1} \beta_l(s - t_{k-1}) CA^l \prod_{j=k-1}^{1} (I + E_j)x_\alpha \mathrm{d}s = 0.$$

故 $M(t_0, t_f)x_\alpha = 0$. 因为 $x_\alpha \neq 0$ 矩阵 $M(t_0, t_f)$ 不可逆. 因此由定理 4.2.4 知, 复线性脉冲系统 (4.2.1) 不可观, 这与可观性的假设矛盾. ■

4.2.2 复数域上脉冲系统可达性和可观性的几何分析

本小节主要考虑一类复线性脉冲系统的可达性和可观性的几何分析. 这类脉冲系统的脉冲时刻不确定. 通过引入张成可达性的概念, 给出关于状态张成可达性和可观性的充分必要条件, 得到张成可达集和不可观集的显式构造及不变性. 同时指出张成可达性和可观性的几何条件和代数条件是等价的.

本小节主要考虑如下复线性脉冲系统:

$$\begin{cases} \dot{x}(t) = Ax(t) + Bu(t), & t \neq t_k, \\ x(t_k^+) = Ex(t_k), & t = t_k, \\ y(t) = Cx(t), \\ x(t_0^+) = x_0, \end{cases} \tag{4.2.22}$$

其中 A, B, C, E 是已知 $n \times n$ 阶, $n \times m$ 阶, $p \times n$ 阶, $n \times n$ 阶常值复矩阵. 令 $\mathcal{T} = \{t_1, t_2, \cdots\}$ 是脉冲时刻的可数集. 给定初始时刻 t_0 和最后时刻 t_f, 记 $\mathcal{T} \cap [t_0, t_f]$ 为 $\{t_1, t_2, \cdots, t_M\}$. 由 4.2.1 小节知系统 (4.2.22) 的解表示如下

$$x(t_f) = e^{Ah_M} \left\{ \prod_{m=M-1}^{1} Ee^{Ah_m}x(t_0) + \sum_{m=1}^{M-2} \left[\prod_{j=M-1}^{m+1} (Ee^{Ah_j})E \right. \right.$$

$$\times \left. \int_{t_{m-1}}^{t_m} e^{A(t_m-s)}Bu(s)\mathrm{d}s \right] + E \int_{t_{M-2}}^{t_{M-1}} e^{A(t_{M-1}-s)}Bu(s)\mathrm{d}s \right\}$$

$$+ \int_{t_{M-1}}^{t_M} e^{A(t_M-s)}Bu(s)\mathrm{d}s, \tag{4.2.23}$$

其中 $t_f = t_M$ 和 $h_i = t_i - t_{i-1}$, $i = 1, 2, \cdots, M$. 以下将研究复线性脉冲系统 (4.2.22) 的可达性和可观性.

首先介绍不变子空间的定义. 考虑如下复线性系统:

$$\begin{cases} \dot{x}(t) = Ax(t) + Bu(t), \\ y(t) = Cx(t), \\ x(t_0^+) = x_0. \end{cases} \tag{4.2.24}$$

对于复常数矩阵 $B \in \mathbf{C}^{n \times m}$, 记 ImB 为 B 的象, 由 B 的列向量张成, 即 $\mathcal{B} \triangleq \operatorname{Im}B = \{y | y = Bx, \forall x \in \mathbf{C}^m\}$. 对于给定矩阵 $A \in \mathbf{C}^{n \times n}$ 和线性空间 $\mathcal{W} \subseteq \mathbf{C}^n$, 令 $\langle A | \mathcal{W} \rangle$ 是包含 $\mathcal{W}$ 的最小 A- 不变子空间, 即 $\langle A | \mathcal{W} \rangle = \sum\limits_{i=0}^{n-1} A^i \mathcal{W}$. 方便起见, 记 $\langle A | B \rangle = \langle A | \operatorname{Im}B \rangle$. 由文献 [72] 知, 对任意矩阵 $A \in \mathbf{C}^{n \times n}, B \in \mathbf{C}^{n \times m}$ 和 $t > t_0$, 我们有 $\left\{ x : x = \int_{t_0}^t \mathrm{e}^{A(t-\tau)} Bu(\tau) \mathrm{d}\tau, \text{对分片连续输入函数} u \right\} = \langle A | B \rangle$. 这正是复线性系统 (4.2.24) 的可达子空间. 并且代数条件 $\operatorname{rank}(A_1 \ A_2 \ \cdots \ A_k) = n$ 等价于几何条件 $\operatorname{Im}(A_1) + \operatorname{Im}(A_2) + \cdots + \operatorname{Im}(A_k) = \mathbf{C}^n$. 另一方面, 对于给定矩阵 $C \in \mathbf{C}^{m \times n}$, 令 $\operatorname{Ker}C$ 是 C 的核, 即 $\mathcal{K} \triangleq \operatorname{Ker}C = \{x \in \mathbf{C}^n | Cx = 0\}$. 给定一个矩阵 $A \in \mathbf{C}^{n \times n}$ 和一个线性空间 $\mathcal{M} \subseteq \mathbf{C}^n$, 包含在 $\mathcal{M}$ 中的最大 $A-$ 不变子空间定义为 $\langle \mathcal{M} | A \rangle := \mathcal{M} \cap A^{-1} \mathcal{M} \cap A^{-2} \mathcal{M} \cap \cdots \cap A^{-n+1} \mathcal{M}$, 其中 $A^{-1} \mathcal{M}$ 是子空间 $\mathcal{M}$ 的逆象. 当 $\mathcal{M} = \mathcal{K}$ 时, 该子空间是复线性系统 (4.2.24) 的不可观子空间. 并有 $\operatorname{Ker}(\mathcal{M}A) = A^{-1} \operatorname{Ker}(\mathcal{M})$[72].

下面, 首先刻画复线性脉冲系统可达性的几何特性. 并建立 4.2.1 小节中讨论的代数条件和本小节所讨论的几何条件的等价性. 首先给出可达性的概念.

定义4.2.3(固定终时和脉冲时刻的可达集) 对于复线性脉冲系统 (4.2.22), 一个非零状态 x_f 称为零点固定终时和脉冲时刻可达的, 如果给定初始时刻 t_0 和 $t_f > t_0$ 以及一个脉冲时刻序列 $\mathcal{T}$, 存在一个分片连续的输入 $u(t)$, $t \in [t_0, t_f]$, 使得系统从 $x(t_0) = 0$ 到达 $x(t_f) = x_f$. 具有固定终时和脉冲时刻可达状态的集合记为 $\mathcal{R}_{\text{fixed}}(t_0, t_f, \mathcal{T})$.

定义4.2.4(自由终时和脉冲时刻的可达集) 对于复线性脉冲系统 (4.2.22), 一个非零状态 x_f 称为零点自由终时和脉冲时刻可达的, 如果给定初始时刻 t_0, 存在 $t_f > t_0$, 脉冲时刻集合和分片连续输入 $u(t)$, $t \in [t_0, t_f]$, 使得系统从 $x(t_0) = 0$ 到达 $x(t_f) = x_f$. 具有自由终时和脉冲时刻可达状态的集合记为 $\mathcal{R}_{\text{fixed}}(t_0, t_f, \mathcal{T})$.

由定义 4.2.4 可知, $\mathcal{R}_{\text{free}} = \bigcup\limits_{\mathcal{T}} \bigcup\limits_{t_f > t_0} \mathcal{R}_{\text{fixed}}(t_f, \mathcal{T})$.

记脉冲系统 (4.2.22) 的状态空间为 $\mathcal{X}$. 给定脉冲时刻集合 $\mathcal{T}$, 由式 (4.2.23) 和

定义 4.2.3, $\mathcal{R}_{\text{fixed}}(\mathcal{T})$ 具有如下形式

$$\mathcal{R}_{\text{fixed}} = e^{Ah_M}\left\{\prod_{m=M-1}^{1} Ee^{Ah_m}x(t_0) + \sum_{m=1}^{M-2}\left[\prod_{j=M-1}^{m+1}(Ee^{Ah_j})E\langle A|B\rangle\right]\right.$$
$$\left. +E\langle A|B\rangle\right\} + \langle A|B\rangle. \tag{4.2.25}$$

由文献 [90] 知, 对于实线性脉冲系统, 其可达集未必可以构成一个子空间. 因此, 对于复线性脉冲系统 (4.2.22), $\mathcal{R}_{\text{free}}$ 也未必构成状态空间的一个子空间. 通过下面的例子来说明这一事实.

例4.2.1 考虑复线性脉冲系统如下:

$$A = \begin{bmatrix} 0 & 0 & 0 & 0 \\ 0 & 0 & 1 & 0 \\ 0 & 0 & 0 & 0 \\ 0 & 0 & 0 & 0 \end{bmatrix}, \; B = \begin{pmatrix} 1+i \\ 0 \\ 0 \\ 0 \end{pmatrix}, \; E = \begin{bmatrix} 0 & 0 & 1 & 0 \\ 0 & 0 & 0 & 0 \\ 1 & 0 & 0 & 0 \\ 0 & 1 & 0 & 0 \end{bmatrix},$$

易知 $\langle A|B\rangle = \text{Im}(B)$. 当 $t_0 < t_1 < t_f$,

$$\mathcal{R}_{\text{fixed}}(t_0, t_f, \mathcal{T}) = \begin{bmatrix} 1+i & 0 \\ 0 & (1+i)h_1 \\ 0 & 1+i \\ 0 & 0 \end{bmatrix}.$$

对任意 $k \geqslant 2$ 和 $t_0 < t_1 < \cdots < t_k < t_f$, 有

$$\mathcal{R}_{\text{fixed}}(t_0, t_f, \mathcal{T}) = \begin{bmatrix} 1+i & 0 & 1+i \\ 0 & (1+i)h_k & 0 \\ 0 & 1+i & 0 \\ 0 & 0 & (1+i)h_{k-1} \end{bmatrix}.$$

因此, 当固定最终时刻和脉冲时刻, 系统的可达集最多构成状态空间的三维子空间. 当只存在两个脉冲时刻时, 即 $0 < t_1 < t_2 < t_f$, $\mathcal{R}_{\text{free}}$ 表示为

$$\mathcal{R}_{\text{free}} = \bigcup_{h_1,h_2>0} \mathcal{R}_{\text{fixed}}(t_0, t_f, \mathcal{T}) = \bigcup_{h_1,h_2>0} \text{Im}\begin{bmatrix} 1+i & 0 & 1+i \\ 0 & (1+i)h_2 & 0 \\ 0 & 1+i & 0 \\ 0 & 0 & (1+i)h_1 \end{bmatrix}.$$

对于向量 $x = [a\ b\ c\ d]^{\mathrm{T}}(a,b,c,d \neq 0)$, 可以表示成 $\mathcal{R}_{\text{free}}$ 中元素的线性组合, 但 x 不是 $\mathcal{R}_{\text{free}}$ 中的元素, 而且可以看出 $\mathcal{R}_{\text{free}}$ 张成的子空间正好等于整个状态空间.

鉴于此, 我们需要引入一个新的可达性概念.

定义4.2.5(张成可达性)　对于复线性脉冲系统 (4.2.22), 由 $\mathcal{R}_{\text{free}}$ 的元素张成的子空间记为 $\mathcal{R}_{\text{span}}$. 一个复脉冲系统满足 $\mathcal{R}_{\text{span}} = \mathbf{C}^n$ 则称系统是张成可达的.

下面给出张成可达集的具体构造和几何特性. 构造如下子空间序列:

$$\mathcal{W}_0 = \langle A|B\rangle, \ \mathcal{W}_m = \langle A|E\mathcal{W}_{m-1}\rangle, \ m \geqslant 1,$$

$$\mathcal{V}_m = \sum_{i=0}^{m} \mathcal{W}_i, \ m = 0, 1, 2, \cdots . \tag{4.2.26}$$

易知 $\mathcal{V}_0 \subseteq \mathcal{V}_1 \subseteq \cdots \subseteq \mathcal{V}_{m-1} \subseteq \mathcal{V}_m$, $\dim \mathcal{V}_m < +\infty$. 若存在一个整数 $m > 0$, 使得 $\mathcal{V}_m = \mathcal{V}_{m+1}$, 由 $\mathcal{V}_m$ 的构造, 易得 $\mathcal{V}_m = \mathcal{V}_{m+1} = \mathcal{V}_{m+2} = \cdots$. 故子空间序列 $\{\mathcal{V}_m\}$ 收敛到 $\mathcal{V}_n$. 为方便主要定理的证明, 首先给出引理 4.2.2.

引理 4.2.2　给定一个复矩阵 $A \in \mathbf{C}^{n\times n}$, 几乎对所有的 $T \in \mathbf{R}$, 都有 $\langle A|\mathcal{W}\rangle = \langle \mathrm{e}^{AT}|\mathcal{W}\rangle$.

引理 4.2.2 证明类此文献 [94] 中引理 2 的证明, 其证明可以推广到复数域上, 故略去.

定理 4.2.6　对复线性脉冲系统 (4.2.22), 有

$$\mathcal{R}_{\text{span}} = \mathcal{V}_n.$$

证明　首先证明 $\mathcal{R}_{\text{span}} \subseteq \mathcal{V}_n$. 对任意的 $x_f \in \mathcal{R}_{\text{free}}$, 由式 (4.2.25) 和不变子空间的性质, 可得 $x_f \in \mathcal{V}_n$. 因此, $\mathcal{R}_{\text{span}} \subseteq \mathcal{V}_n$. 再证明反包含关系. 由引理 4.2.2 知, 存在一个 h, 使得序列 (4.2.26) 可如下表示:

$$\mathcal{W}_0 = \langle A|B\rangle, \ \mathcal{W}_m = \langle \mathrm{e}^{Ah}|E\mathcal{W}_{m-1}\rangle, \ m \geqslant 1. \tag{4.2.27}$$

根据不变子空间的性质, 式 (4.2.27) 可以改写如下:

$$\mathcal{W}_0 = \langle A|B\rangle, \ \mathcal{W}_m = \mathrm{e}^{Ah}\langle \mathrm{e}^{Ah}|E\mathcal{W}_{m-1}\rangle, m \geqslant 1, \tag{4.2.28}$$

因而 $\mathcal{V}_n$ 具有如下形式:

$$\mathcal{V}_n = \langle A|B\rangle + \sum_{m=1}^{n} \sum_{l_m,\cdots,l_2,l_1 \in \{1,2,\cdots,n\}} [\mathrm{e}^{Ah}]^{l_m} E \cdots [\mathrm{e}^{Ah}]^{l_1} E\langle A|B\rangle . \tag{4.2.29}$$

令脉冲时刻序列为 $\{l_1 h, l_2 h, \cdots, l_n h\}$, 易知 $\langle A|B\rangle + \sum_{m=1}^{n} [\mathrm{e}^{Ah}]^{l_m} E \cdots [\mathrm{e}^{Ah}]^{l_1} E\langle A|B\rangle$ $\subseteq \mathcal{R}_{\text{fixed}}$. 因而可得 $\mathcal{V}_n \subseteq \mathcal{R}_{\text{free}}$. 因为 $\mathcal{R}_{\text{span}}$ 的任一元素都可以表示成 $\mathcal{R}_{\text{free}}$ 的线性组合, 所以 $\mathcal{V}_n \subseteq \mathcal{R}_{\text{span}}$.　∎

注4.2.1 对固定的终时和脉冲时刻, 若 $\langle A|B\rangle = \mathbf{C}^n$ 成立, 也就是 $\mathcal{R}_{\text{fixed}}$ 构成整个状态空间, 则由不变子空间的性质, 可得 $\text{rank}(B, AB, \cdots, A^{n-1}B) = n$. 由定理 4.2.3, 复系统 (4.2.22) 是可控的. 故对于固定终时和脉冲时刻, 系统可达性与可控性在代数条件或几何条件 $\langle A|B\rangle = \mathbf{C}^n$ 下是等价的.

类似复线性系统的几何分析, 一个很自然的问题是张成可达集是否构成系统的一个不变子空间. 对于复脉冲系统, 其不变子空间定义如下.

定义4.2.6 对于具有输入 $u(t) \equiv 0$ 的复脉冲系统, $\mathcal{V}$ 称为一个不变子空间, 如果对于任意的初始时刻 t_0 和任意的脉冲时刻序列 $\mathcal{T}$, 都有若 $x(0) \in \mathcal{V}$, 则 $x(t) \in \mathcal{V}$, $\forall t \geqslant t_0$.

推广文献 [90] 中的引理 4.2 到复系统的情形, 可知对于复线性脉冲系统, $\mathcal{V}$ 是一个不变子空间当且仅当 $A\mathcal{V} \subset \mathcal{V}$, $E\mathcal{V} \subset \mathcal{V}$. 现在考察 $\mathcal{R}_{\text{span}}$ 是否为系统包含 $\text{Im}B$ 的最小不变子空间, 我们将其记为 $\langle A, E|B\rangle$.

定理 4.2.7 复线性脉冲系统 (4.2.22), 有

$$\mathcal{R}_{\text{span}} = \mathcal{V}_n = \langle A, E|B\rangle.$$

证明 首先证明 $\mathcal{V}_n \supseteq \langle A, E|B\rangle$. 由式 (4.2.26) 易知, $\text{Im}B \subseteq \mathcal{W}_0 \subseteq \mathcal{V}_n$ 且 $A\mathcal{W}_0 = A\langle A|B\rangle \subseteq \langle A|B\rangle = \mathcal{W}_0$, $A\mathcal{W}_m = A\langle A|E\mathcal{W}_{m-1}\rangle \subseteq \langle A|E\mathcal{W}_{m-1}\rangle = \mathcal{W}_m$, $m \geqslant 1$, $E\mathcal{W}_m \subseteq \langle A|E\mathcal{W}_m\rangle = \mathcal{W}_{m+1} \subseteq \mathcal{V}_n$, $m \geqslant 0$. 由式 (4.2.26), 可知 $\mathcal{V}_n$ 是包含 $\text{Im}B$ 的一个不变子空间, 又由于 $\langle A, E|B\rangle$ 是最小的, 所以 $\mathcal{V}_n \supseteq \langle A, E|B\rangle$.

下证 $\mathcal{V}_n \subseteq \langle A, E|B\rangle$. 因为 $\langle A, E|B\rangle$ 是包含 $\text{Im}B$ 的最小不变子空间, 我们有 $\text{Im}B \subseteq \langle A, E|B\rangle$, $A^i\text{Im}B \subseteq \langle A, E|B\rangle$, $i = 1, \cdots, n-1$. 因此有 $\mathcal{W}_0 \subseteq \langle A, E|B\rangle$ 和 $E\mathcal{W}_0 \subseteq \langle A, E|B\rangle$. 同理, 有 $A^iE\mathcal{W}_0 \subseteq \langle A, E|B\rangle$, $i = 0, \cdots, n-1$ 和 $\mathcal{W}_1 \subset \langle A, E|B\rangle$ 成立. 类似地, $\mathcal{W}_m \subseteq \langle A, E|B\rangle$, 对 $m > 1$. 故 $\sum_{i=0}^{n} \mathcal{W}_i = \mathcal{V}_n \subseteq \langle A, E|B\rangle$. ∎

下面的数值例子表明所给方法的有效性.

例4.2.2 考虑系统 (4.2.22) 具有与例 4.2.1 相同的参数矩阵. 由子空间序列式 (4.2.26), 计算得到 $\mathcal{W}_0 = [(1+i)\ 0\ 0\ 0]^{\text{T}}$, $\mathcal{W}_1 = \langle A|E\mathcal{W}_0\rangle = [0\ 0\ (1+i)\ 0]^{\text{T}}$, $\mathcal{W}_2 = \langle A|E\mathcal{W}_1\rangle = [0\ (1+i)\ 0\ 0]^{\text{T}}$, $\mathcal{W}_3 = \langle A|E\mathcal{W}_2\rangle = [0\ 0\ 0\ (1+i)]^{\text{T}}$. 因此, $\mathcal{V}_4$ 张成整个复空间 $\mathbf{C}^4$. 这与例 4.2.1 中得到的结果是一样的. 具有上述参数的系统 (4.2.22) 是张成可达的.

接下来, 给出复线性脉冲系统 (4.2.22) 的不可观性的几何分析. 类似于可达性的概念和不变子空间的定义, 给出如下定义与记号.

定义4.2.7(固定脉冲时刻和有限时间区间的不可观集) 对于复线性脉冲系统 (4.2.22), 初始状态 $x_0 \in \mathcal{X}$ 称为在区间 $[t_0, t_f]$ 是固定时刻不可观的, 如果给定 $t_f > t_0$, 脉冲时刻集合 $\mathcal{T}$ 和 $x_0 = x(t_0)$, 输出函数 $y(t)$ 在区间 $t \in [t_0, t_f]$ 上恒

为零. 有限时间区间和固定脉冲时刻的不可观集记为 $\mathcal{Q}_{\text{fixed}}$.

定义 4.2.8(自由脉冲时刻不可观集)　对于复线性脉冲系统 (4.2.22), 初始状态 $x_0 \in \mathcal{X}$ 称为在区间 $[t_0, t_f]$ 上自由脉冲时刻不可观的, 如果对于给定的 $x_0 = x(t_0)$, 所有时刻 $t \geqslant t_0$ 和脉冲时刻序列 $\mathcal{T}$, 输出 $y(t)$ 恒等于零.

定义 4.2.7 和定义 4.2.8 知, $\mathcal{Q}_{\text{free}} = \bigcap\limits_{\mathcal{T}} \bigcap\limits_{t_f > t_0} \mathcal{Q}_{\text{fixed}}(t_f, \mathcal{T})$.

由定义 4.2.7 和定义 4.2.8 知, 系统 (4.2.22) 的可观性等价于其零输入系统的可观性. 因此, 给定一个脉冲时刻集合 $\mathcal{T}$ 和 $x_0 \in \mathcal{X}$, 对应系统 (4.2.22) 的零输入系统的输出 $y(t)$ 由式 (4.2.33) 给出

$$
y(t) = \begin{cases} Ce^{A(t-t_0)}x_0, & t \in (t_0, t_1], \\ Ce^{A(t-t_{m-1})} \prod\limits_{j=m-1}^{1} Ee^{Ah_j}x_0, & t \in (t_{m-1}, t_m], \quad 2 \leqslant m \leqslant M. \end{cases} \tag{4.2.30}
$$

构造如下子空间序列:

$$
\begin{aligned}
& \mathcal{O}_0 = \langle \mathcal{K}|A \rangle, \ \mathcal{O}_m = \langle E^{-1}\mathcal{O}_{m-1}|A \rangle, \ m \geqslant 1, \\
& \mathcal{P}_m = \bigcap_{i=0}^{m} \mathcal{O}_i, \ m = 0, 1, 2, \cdots.
\end{aligned} \tag{4.2.31}
$$

类似于对 $\mathcal{V}_m$ 的讨论, 序列 $\{\mathcal{P}_m\}$ 收敛到 $\mathcal{P}_n$. 下面给出不可观集合的具体构造.

定理 4.2.8　对于复线性脉冲系统 (4.2.22), 有 $\mathcal{Q}_{\text{free}} = \mathcal{P}_n$.

证明　由初始条件 $x_0 \in \mathcal{P}_n$ 和给定脉冲时刻集合 $\mathcal{T} \cap (t_0, t_f) = \{t_0, t_1, \cdots, t_M\}$, 由 $x_0 \in \mathcal{O}_0 = \text{Ker}(C) \cap A^{-1}\text{Ker}(C) \cap \cdots \cap A^{-(n-1)}\text{Ker}(C)$, 易知 $CA^k x_0 = 0, \ k = 0, 1, \cdots, n-1$, 也就是 $Ce^{A(t-t_0)}x_0 = 0, \ t \in (t_0, t_1]$, 并且 $x_0 \in \mathcal{O}_1 = \langle E^{-1}\langle \mathcal{K}|A \rangle|A \rangle$. 最大不变子空间的定义说明 $x_0 \in \bigcap\limits_{k=0}^{n-1} A^{-k} E^{-1} \langle \mathcal{K}|A \rangle$, 则 $EA^k x_0 \in \langle \mathcal{K}|A \rangle, \ k = 0, 1, \cdots, n-1$, 由矩阵指数的定义, 我们有 $Ee^{Ah_1}x_0 \in \langle \mathcal{K}|A \rangle$. 这说明 $Ce^{A(t-t_1)}Ee^{Ah_1}x_0 = 0, \ t \in (t_1, t_2]$. 同理推得 $Ce^{A(t-t_{m-1})} \prod\limits_{j=m-1}^{1} (Ee^{Ah_j})x_0 = 0, t \in (t_{m-1}, t_m], \ 2 \leqslant m \leqslant M$. 这说明输出 $y(t) \equiv 0, t \in [t_0, t_f]$. 由定义 4.2.8 知, $x_0 \in \mathcal{Q}_{\text{free}}$. 因此, $\mathcal{P}_n \subseteq \mathcal{Q}_{\text{free}}$.

此外, 若 $x_0 \in \mathcal{Q}_{\text{free}}$, 则对任意脉冲时刻序列 $\mathcal{T}$, 我们有

$$
0 = y(t) = \begin{cases} Ce^{A(t-t_0)}x_0, & t \in (t_0, t_1], \\ Ce^{A(t-t_{m-1})} \prod\limits_{j=m-1}^{1} Ee^{Ah_j}x_0, & t \in (t_{m-1}, t_m], \ 2 \leqslant m \leqslant M. \end{cases} \tag{4.2.32}
$$

式 (4.2.32) 第一个方程表明 $x_0 \in \langle \mathrm{Ker}(C)|A \rangle = \mathcal{O}_0$. 若 $m = 2$, 式 (4.2.32) 变成 $Ce^{A(t-t_1)}Ee^{Ah_1}x_0 = 0$, $t \in (t_1, t_2]$, 则由不可观子空间的定义知

$$
\begin{aligned}
x_0 \in \mathrm{Ker}(Ce^{A(t-t_1)}Ee^{Ah_1}) &= \langle \mathrm{Ker}(Ce^{A(t-t_1)}E)|A \rangle \\
&= \langle E^{-1}\mathrm{Ker}(Ce^{A(t-t_1)})|A \rangle \\
&= \langle E^{-1}\langle \mathcal{K}|A \rangle|A \rangle.
\end{aligned}
$$

重复上述过程, 有 $x_0 \in \mathcal{O}_i, i \in \{0, 1, \cdots, n\}$. 这说明 $x_0 \in \mathcal{P}_n$. 故有 $\mathcal{Q}_{\mathrm{free}} \subseteq \mathcal{P}_n$. ∎

类似的, 令包含在 $\mathcal{K} := \mathrm{Ker}(C)$ 中的最大不变子空间为 $\langle \mathcal{K}|A, E \rangle$. 考虑自由脉冲时刻的不可观子空间 $\mathcal{Q}_{\mathrm{free}}$ 的不变性.

定理 4.2.9 对于复线性脉冲系统 (4.2.22), 有

$$
\mathcal{Q}_{\mathrm{free}} = \mathcal{P}_n = \langle \mathcal{K}|A, E \rangle.
$$

证明 首先证明 $\mathcal{P}_n \supseteq \langle \mathcal{K}|A, E \rangle$. 给定任意 $x_0 \in \langle \mathcal{K}|A, E \rangle$, 因为 $\langle \mathcal{K}|A, E \rangle$ 是包含在 $\mathrm{Ker}C$ 中的最大不变子空间, 我们有 $A^i x_0 \in \langle \mathcal{K}|A, E \rangle \subseteq \mathrm{Ker}C$, $i = 0, \cdots, n-1$, 这意味着 $x_0 \in \mathcal{O}_0 = \bigcap\limits_{i=0}^{n-1} A^{-i}\mathrm{Ker}C$. 另外, $A^j E A^i x_0 \in \langle \mathcal{K}|A, E \rangle \subseteq \mathrm{Ker}C$, $i, j = 0, \cdots, n-1$, 这说明 $x_0 \in \mathcal{O}_1 = \bigcap\limits_{i=0}^{n-1} A^{-i}E^{-1}\mathcal{O}_0$. 同理推得 $x_0 \in \mathcal{O}_m$, $m > 1$ 也就是 $x_0 \in \mathcal{P}_n$, 则有 $\mathcal{P}_n \supseteq \langle \mathcal{K}|A, E \rangle$.

下证 $\mathcal{P}_n \subseteq \langle \mathcal{K}|A, E \rangle$. 给定任意的 $x_0 \in \mathcal{P}_n$, $x_0 \in \mathcal{O}_0 = \bigcap\limits_{i=0}^{n-1} A^{-i}\mathrm{Ker}C \subseteq \mathrm{Ker}C$, 则 $\mathcal{P}_n \subseteq \mathrm{Ker}C$. 另外, 由于 $\mathcal{O}_m$ 是 A-不变子空间, 我们有对任意的 $m = 0, 1, \cdots, n$, $Ax_0 \in A\mathcal{O}_m \subseteq \mathcal{O}_m$. 显然, $Ax_0 \in \bigcap\limits_{m=0}^{n} \mathcal{O}_m = \mathcal{P}_n$. 此外, 序列 $\mathcal{P}_m$ 收敛到 $\mathcal{P}_n$, 所以 $x_0 \in \mathcal{P}_n = \mathcal{P}_{n+1}$, 即 $x_0 \in \mathcal{O}_m$, $m = 1, 2, \cdots, n+1$. 因此, $Ex_0 \in E\mathcal{O}_m = \bigcap\limits_{i=0}^{n-1} EA^{-i}E^{-1}\mathcal{O}_{m-1} \subseteq EE^{-1}\mathcal{O}_{m-1} = \mathcal{O}_{m-1}, m = 1, 2, \cdots, n+1$. 这表明 $Ex_0 \in \mathcal{O}_m, m = 0, 1, \cdots, n$. 总之, $Ex_0, Ax_0 \in \mathcal{P}_n$. 这说明 $\mathcal{P}_n$ 也是包含在 $\mathcal{K}$ 中的关于 A 和 E 不变子空间. 因为 $\langle \mathcal{K}|A, E \rangle$ 是最大的一个, 所以有 $\mathcal{P}_n \subset \langle \mathcal{K}|A, E \rangle$. ∎

注4.2.2 若 $\langle \mathrm{Ker}(C)|A \rangle = \{0\}$, 由文献 [72] 知, $((\langle \mathrm{Ker}(C)|A \rangle)^{\perp} = \langle A^{\mathrm{T}}|C^{\mathrm{T}} \rangle = \mathbf{C}^n$, 即 $\mathrm{rank}(S) = n$. 这说明系统 (4.2.22) 是可观的, 其中 $S = \begin{bmatrix} C \\ CA \\ \vdots \\ CA^{n-1} \end{bmatrix}$. 因此, 几何条件和 4.2.1 小节中讨论的代数条件在检验可观性方面是等价的.

例4.2.3   考虑复线性脉冲系统 (4.2.22) 具有如下参数:

$$A = \begin{bmatrix} 0 & 0 & 0 & 0 \\ 0 & 0 & 0 & 0 \\ 0 & 1 & 0 & 0 \\ 0 & 0 & 0 & 0 \end{bmatrix}, \ C = [1+i \ 0 \ 0 \ 0], \ E = \begin{bmatrix} 0 & 0 & 1 & 0 \\ 0 & 0 & 0 & 1 \\ 1 & 0 & 0 & 0 \\ 0 & 0 & 0 & 0 \end{bmatrix}.$$

易得 $\mathcal{Q}_0 = \mathrm{Ker}(C) = \begin{bmatrix} 0 & 0 & 0 \\ 1+i & 0 & 0 \\ 0 & 1+i & 0 \\ 0 & 0 & 1+i \end{bmatrix}$. **由式** (4.2.31) **知**, $\mathcal{Q}_1 = \bigcap_{i,j=1}^{3} \mathrm{Ker}(CA^i$

$EA^j) = \begin{bmatrix} 1+i & 0 \\ 0 & 0 \\ 0 & 0 \\ 0 & 1+i \end{bmatrix}$. **同样,我们有** $\mathcal{Q}_2 = \begin{bmatrix} 1+i \\ 0 \\ 0 \\ 0 \end{bmatrix}$. **三次迭代之后,得到**

$\mathcal{Q}_{\mathrm{free}} = \{0\}$. 因此原系统是可观的.

本节内容由文献 [158], [161] 改写.

4.3   切换脉冲系统的可控性和可观性

本节研究两类切换脉冲系统的可控性、可达性和可观性. 运用几何分析方法考虑线性切换脉冲系统的可达性和可观性, 给出可达集和不可观集合的具体构造并讨论他们的几何特性. 另外, 应用代数分析方法考虑时变切换脉冲系统的可控性和可观性, 给出基于基解矩阵的秩条件.

4.3.1   线性切换脉冲系统的可达性和可观性

考虑如下的线性切换脉冲系统

$$\begin{cases} \dot{x}(t) &= A_{r(t)}x(t) + B_{r(t)}u(t), \\ x(t^+) &= E_{r(t^+),r(t)}x(t), \\ y(t) &= C_{r(t)}x(t) + D_{r(t)}u(t), \\ x(t_0^+) &= x_0, \end{cases} \tag{4.3.1}$$

其中 $x(t) \in \mathbf{R}^n$ 是状态向量, $u(t) \in \mathbf{R}^m$ 表示控制输入, $y(t) \in \mathbf{R}^p$ 表示输出, 记 $J = \{1, 2, \cdots, N\}$, 分片定常左连续函数 $r(t) : \mathbf{R}^+ \to J$ 表示待定的切换信号函数. 进一步, $r(t) = i$ 表示子系统 (A_i, B_i, C_i, D_i) 被激活; $r(t) = i$ 且 $r(t^+) = j \ (i \neq j)$ 表明系统在时刻 t 从第 i 个子系统切换到第 j 个子系统. 脉冲现象仅在

切换时刻发生, 其动态行为由系统方程 (4.3.1) 阶的第二个式子描述. 对 $i,j \in J$, A_i, B_i, C_i, $D_i, E_{j,i}$ 分别为已知的 $n \times n$ 阶, $n \times m$ 阶, $p \times n$ 阶, $p \times m$ 阶, $n \times n$ 阶 常数矩阵. 当 $E_{i,i} = I_n, \forall i \in J$, 这意味着同一个子系统之间的切换是光滑的, 而且 没有脉冲作用. $\prod\limits_{i=N}^{1} A_i$ 表示矩阵乘积 $A_N A_{N-1} \cdots A_1$. 记矩阵集 $\{A_1, A_2, \cdots, A_N\}$ 为 $\{A_i, i \in J\}$. 特别地, 当系统 (4.3.1) 退化为 $J = \{1\}$ 时, 则我们假设 $E_{1,1} = E$, 其中 E 是一个常值矩阵.

为了更好地描述切换信号, 我们给出切换序列的概念.

定义4.3.1[91]　切换序列定义为

$$\pi := \{(i_1, h_1), (i_2, h_2), \cdots, (i_M, h_M)\} \tag{4.3.2}$$

或者更简单地, $\pi = \{(i_m, h_m)\}_{m=1}^{M}$, 其中 $M < +\infty$ 表示 π 的长度, $i_m \in J$ 表示第 m 子系统的指标, 正数 $h_m < +\infty$ 表示第 m 个系统的驻留时间, $m = 1, 2, \cdots, M-1$, $i_m \neq i_{m+1}$. 记 $T_{[\pi]} = \sum\limits_{m=1}^{M} h_m$ 为切换序列 π 的驻留时间.

给定一个切换序列 π, 其相应的切换信号 $r(t), t \in [0, T_{[\pi]}]$ 可以表示为 $r(t) = i_m$, $t \in (t_{m-1}, t_m]$, 其中 $t_0 = 0$, $t_m - t_{m-1} = h_m$, $m = 1, 2, \cdots, M$, 则 $t_M = T_{[\pi]}$.

系统 (4.3.1) 的解可以表示为

$$
\begin{aligned}
x(T_{[\pi]}) =\ & e^{A_{i_M} h_{i_M}} \left\{ \prod_{m=M-1}^{1} E_{i_{m+1}, i_m} e^{A_{i_m} h_{i_m}} x(t_0) \right. \\
& + \sum_{m=1}^{M-2} \left[\prod_{j=M-1}^{m+1} E_{i_{j+1}, i_j} e^{A_{i_j} h_{i_j}} E_{i_{m+1}, i_m} \int_{t_{m-1}}^{t_m} e^{A_{i_m}(t_m - s)} B_{i_m}(s) \right. \\
& \left. \times u(s) ds \right] + E_{i_M, i_{M-1}} \int_{t_{M-2}}^{t_{M-1}} e^{A_{i_{M-1}}(t_{M-1} - s)} B_{i_{M-1}}(s) u(s) ds \bigg\} \\
& + \int_{t_{M-1}}^{t_M} e^{A_{i_M}(t_M - s)} B_{i_M}(s) u(s) ds.
\end{aligned}
\tag{4.3.3}
$$

下面给出切换脉冲系统 (4.3.1) 可达集的几何描述. 首先给出关于几何分析的一些基本定义.

定义4.3.2　对切换脉冲系统 (4.3.1), 给定一个非零状态 x_f, 如果存在一个切换序列 π 和一个分片连续函数 $u(t)$, $t \in [0, T_{[\pi]}]$, 使得系统从状态 $x(0) = 0$ 到 $x(T_{[\pi]}) = x_f$, 则 x_f 称为是零点可达的. 如果任意的非零状态 x_f 都是从零点可达的, 则系统 (4.3.1) 称为是完全可达的.

定义4.3.3　对系统 (4.3.1), 给定切换序列, 则其可达集表示所有在此切换序列之下的零点可达点的集合. 记为 $\mathcal{R}_{\text{fixed}}(\pi)$.

定义4.3.4　对系统 (4.3.1), 自由切换序列的可达集表示所有的切换序列的零点可达集之和, 记为 $\mathcal{R}_{\text{free}}$.

由以上定义知, $\mathcal{R}_{\text{free}} = \bigcup_{\pi} \mathcal{R}_{\text{fixed}}(\pi)$. 令系统 (4.3.1) 的状态空间为 $\mathcal{X}$. 线性系统的不变性与线性映射的不变性相关. 考虑如下线性系统

$$\begin{cases} \dot{x}(t) = Ax(t) + Bu(t), \\ y(t) = Cx(t), \\ x(t_0^+) = x_0. \end{cases} \tag{4.3.4}$$

对常值矩阵 $A \in \mathbf{R}^{n \times n}$, $B \in \mathbf{R}^{n \times m}$, 类似 4.2.2 小节中定义实数域上的包含 $\mathcal{W}$ 的极小 A- 不变子空间 $\langle A|\mathcal{W}\rangle$ 以及 $\langle A|B \rangle$. 由文献 [96], 对任意的矩阵 $A \in \mathbf{R}^n, B \in \mathbf{R}^{n \times m}$, 且 $t > t_0$, 有 $\langle A|B \rangle = \{x : x = \int_{t_0}^t \mathrm{e}^{A(t-\tau)} Bu(\tau) \mathrm{d}\tau,$ 存在分段连续函数 $u\}$ 是线性系统 (4.3.4) 的可达子空间. 给定一个切换序列 π, 由式 (4.3.3) 和定义 4.3.3, $\mathcal{R}_{\text{fixed}}(\pi)$ 可以表示为

$$\mathcal{R}_{\text{fixed}}(\pi) = \mathrm{e}^{A_{i_M} h_{i_M}} \left[\sum_{m=1}^{M-2} \prod_{j=M-1}^{m+1} E_{i_{j+1},i_j} \mathrm{e}^{A_{i_j} h_{i_j}} E_{i_{m+1},i_m} \langle A_{i_m}|B_{i_m} \rangle \right.$$

$$\left. + E_{i_M,i_{M-1}} \langle A_{i_{M-1}}|B_{i_{M-1}} \rangle \right] + \langle A_{i_M}|B_{i_M} \rangle, \tag{4.3.5}$$

其中 $\langle A_{i_m}|B_{i_m} \rangle$ 表示子系统 $\dot{x}(t) = A_{i_m} x(t) + B_{i_m} u(t)$ 的相应不变子空间. 由式 (4.3.5) 以及子空间的性质知, $\mathcal{R}_{\text{fixed}}(\pi)$ 是 $\mathcal{X}$ 的一个子空间. 然而, 由于脉冲行为的存在, $\mathcal{R}_{\text{free}}$ 未必构成一个子空间. 我们可以从下面的例子说明这一事实.

例4.3.1　考虑线性切换脉冲系统 (4.3.1) 其中 $E_1 = E_2 = E$, $B_1 = [1\ 0\ 0\ 0]^{\mathrm{T}}$ $B_2 = [0\ 0\ 0\ 0]^{\mathrm{T}}$,

$$A_1 = \begin{bmatrix} 0 & 0 & 0 & 0 \\ 0 & 0 & 1 & 0 \\ 0 & 0 & 0 & 0 \\ 0 & 0 & 0 & 0 \end{bmatrix}, \quad A_2 = \begin{bmatrix} 0 & 1 & 0 & 0 \\ 0 & 0 & 0 & 0 \\ 0 & 0 & 0 & 0 \\ 0 & 0 & 0 & 0 \end{bmatrix}, \quad E = \begin{bmatrix} 0 & 0 & 1 & 0 \\ 0 & 0 & 0 & 0 \\ 1 & 0 & 0 & 0 \\ 0 & 1 & 0 & 0 \end{bmatrix},$$

易见 $\langle A_1|B_1 \rangle = \mathrm{Im}B_1$, $\langle A_2|B_2 \rangle = 0$. 当 $\pi_1 = \{(1, h_1), (2, h_2), (1, h_3), \cdots, (1, h_k)\}$ 时, 其中 k 是奇数. 且 $\pi_2 = \{(2, h_1), (1, h_2), (2, h_3), \cdots, (1, h_k)\}$ 时, 其中 k 是偶数, 相应的可达集表示如下

$$\mathcal{R}_{\text{fixed}}(\pi_1) = \mathrm{Im} \begin{bmatrix} 1 & 1 & 1 \\ h_k(h_{k-1} + \cdots + h_2) & h_k h_{k-1} & 0 \\ h_{k-1} + \cdots + h_2 & h_{k-1} & 0 \\ 0 & 0 & 0 \end{bmatrix},$$

$$\mathcal{R}_{\text{fixed}}(\pi_2) = \text{Im} \begin{bmatrix} 1 & 1 & 1 \\ h_k(h_{k-1}+\cdots+h_3) & h_k h_{k-1} & 0 \\ h_{k-1}+\cdots+h_3 & h_{k-1} & 0 \\ 0 & 0 & 0 \end{bmatrix}.$$

当 $\pi_3 = \{(1,h_1),(2,h_2),(1,h_3),\cdots,(2,h_k)\}$ 时, 其中 k 是偶数, $\pi_4 = \{(2,h_1),(1,h_2),(2,h_3),\cdots,(2,h_k)\}$ 时, 其中 k 是奇数, 则

$$\mathcal{R}_{\text{fixed}}(\pi_3) = \text{Im} \begin{bmatrix} h_k+h_{k-2}+\cdots+h_2 & h_k \\ 0 & 0 \\ 1 & 1 \\ h_{k-1}(h_{k-2}+\cdots+h_2) & 0 \end{bmatrix},$$

$$\mathcal{R}_{\text{fixed}}(\pi_4) = \text{Im} \begin{bmatrix} h_k+h_{k-2}+\cdots+h_3 & h_k \\ 0 & 0 \\ 1 & 1 \\ h_{k-1}(h_{k-2}+\cdots+h_3) & 0 \end{bmatrix}.$$

因此, 在固定切换序列下的可达集最多构成状态空间中的一个三维的子空间. 因此,

$$\mathcal{R}_{\text{free}} = \bigcup_{h_1,\cdots,h_k>0, i=1,2,3,4} \mathcal{R}_{\text{fixed}}(\pi_i)$$

$$= \bigcup_{h_1,\cdots,h_k>0} \left(\text{Im} \begin{bmatrix} 1 & 1 & 1 \\ h_k(h_{k-1}+\cdots+h_2) & h_k h_{k-1} & 0 \\ h_{k-1}+\cdots+h_2 & h_{k-1} & 0 \\ 0 & 0 & 0 \end{bmatrix} \cup \text{Im} \begin{bmatrix} h_k+h_{k-2}+\cdots+h_3 & h_k \\ 0 & 0 \\ 1 & 1 \\ h_{k-1}(h_{k-2}+\cdots+h_3) & 0 \end{bmatrix} \right).$$

注意到 $v = [1+h_k+h_{k-2}+\cdots+h_2,\ h_k h_{k-1},\ 1+h_{k-1},\ h_{k-1}(h_{k-2}+\cdots+h_2)]^{\text{T}}$ 可以表示为 $\mathcal{R}_{\text{fixed}}(\pi_1)$ 的第二列加上 $\mathcal{R}_{\text{fixed}}(\pi_3)$ 的第一列. 然而, v 并不是 $\mathcal{R}_{\text{free}}$ 内的元素, 因为 $\mathcal{R}_{\text{free}}$ 中元素的形式只具有如 $[a_1\ b_1\ c_1\ 0]^{\text{T}}$ 或者 $[a_2\ 0\ b_2\ c_2]^{\text{T}}, a_i,b_i,c_i \in \mathbf{R}$ 的形式. 这就意味着 $\mathbf{R}_{\text{free}}$ 只是状态空间的一个子集, 而非子空间. 并且我们知道 $\mathcal{R}_{\text{free}}$ 的张成, 也就是所有 $\mathcal{R}_{\text{fixed}}(\pi_i)$ 的列张成一个子空间.

鉴于例 4.3.1, 有必要介绍张成可达这个概念来方便几何分析. 张成可达的概念来源于文献 [90], [97], 该文献利用可达集的张成实现了双线性系统和线性脉冲系统的可达性.

定义 4.3.5 (张成可达) 对切换脉冲系统 (4.3.1), 由 $\mathcal{R}_{\text{free}}$ 的列向量张成的子空间记为 $\mathcal{R}_{\text{span}}$. 如果切换脉冲系统 $\mathcal{R}_{\text{span}} = R^n$, 则称该系统是张成可达的.

从定义知, $\mathcal{R}_{\text{fixed}}(\pi) \subset \mathcal{R}_{\text{free}} \subset \mathcal{R}_{\text{span}}$, 其中第一个和最后一个子集都是子空间. 接下来, 将利用几何方法来研究系统 (4.3.1) 的可达性.

对系统 (4.3.1), N 个子空间序列定义如下:

$$\mathcal{W}_{0,i} = \langle A_i | B_i \rangle, \ i \in J,$$
$$\mathcal{W}_{m,i} = \sum_{j=1}^{N} \langle A_i | E_{i,j} \mathcal{W}_{m-1,j} \rangle, \ m \geqslant 1, i \in J. \qquad (4.3.6)$$

另一个子空间序列定义为

$$\mathcal{V}_m = \sum_{i=0}^{m} \sum_{j=1}^{N} \mathcal{W}_{i,j}, \ m = 0, 1, 2, \cdots.$$

引理 4.3.1　子空间序列 $\{\mathcal{V}_m, m = 0, 1, \cdots\}$ 收敛于 $\mathcal{V}_n$

证明　易见 $\mathcal{V}_0 \subseteq \cdots \subseteq \mathcal{V}_{m-1} \subseteq \mathcal{V}_m, \dim\mathcal{V}_m < \infty$. 如果存在一个整数 m, 使得 $\mathcal{V}_m = \mathcal{V}_{m+1}$, 由 $\mathcal{V}_m$ 的定义知, $\mathcal{V}_m = \mathcal{V}_{m+1} = \mathcal{V}_{m+2} = \cdots$. 显然, $0 \leqslant \dim\mathcal{V}_0 \leqslant \dim\mathcal{V}_1 \leqslant \cdots \leqslant \dim\mathcal{V}_n \leqslant n$, 则有以下两种情况:

(i) $\dim\mathcal{V}_n = n$. 因为 $\dim\mathcal{V}_n \leqslant \dim\mathcal{V}_{n+1} \leqslant n$, 所以 $\dim\mathcal{V}_n = \dim\mathcal{V}_{n+1} = n$.

(ii) $\dim\mathcal{V}_n < n$. 那么一定存在一个整数 $m \in \{1, 2, \cdots, n-1\}$, 使得 $\dim\mathcal{V}_m = \dim\mathcal{V}_{m+1}$. 否则, 序列 $\{\mathcal{V}_m\}_{m=0}^{n-1}$ 严格递增, 这意味着 $\dim\mathcal{V}_n = n$. 矛盾, 故 $\mathcal{V}_m = \mathcal{V}_{m+1} = \cdots = \mathcal{V}_n = \mathcal{V}_{n+1}$.

综合以上两种情况, $\mathcal{V}_n = \mathcal{V}_{n+l}, \ l = 1, 2, \cdots$. ∎

下面对张成可达集进行几何描述.

定理 4.3.1　对切换脉冲系统 (4.3.1), $\mathcal{R}_{\text{span}} = \mathcal{V}_n$.

证明　首先, 由式 (4.3.5), 易见对任意的切换序列 π, $\mathcal{R}_{\text{fixed}}(\pi) \subseteq \mathcal{V}_n$. 由 $\mathcal{R}_{\text{free}}$ 和 $\mathcal{R}_{\text{span}}$ 的定义, 有 $\mathcal{R}_{\text{span}} \subseteq \mathcal{V}_n$. 下证 $\mathcal{V}_n \subseteq \mathcal{R}_{\text{span}}$. 由文献 [94], 可以得到以下结论. 给定一个矩阵 $A \in R^{n \times n}$, 对几乎所有的 $T \in \mathbf{R}$, 对任意的子空间 $\mathcal{W} \subseteq \mathbf{R}^n$, 都有 $\langle A | \mathcal{W} \rangle = \langle e^{AT} | \mathcal{W} \rangle$. 因此, 存在 $h_1, h_2, \cdots, h_N > 0$ 使得 $\mathcal{W}_{i,j}$ 可以表示如下:

$$\mathcal{W}_{0,i} = \langle A_i | B_i \rangle, \ i \in J,$$
$$\mathcal{W}_{m,i} = \sum_{j=1}^{N} \langle e^{A_i h_i} | E_{i,j} \mathcal{W}_{m-1,j} \rangle, m \geqslant 1, \ i \in J. \qquad (4.3.7)$$

由不变子空间的性质, 式 (4.3.7) 改写为

$$\mathcal{W}_{0,i} = \langle A_i | B_i \rangle, \ i \in J,$$
$$\mathcal{W}_{m,i} = \sum_{j=1}^{N} e^{A_i h_i} \langle e^{A_i h_i} | E_{i,j} \mathcal{W}_{m-1,j} \rangle, m \geqslant 1, \ i \in J.$$

由 $\langle A_i | B_i \rangle$ 的表示形式, $\mathcal{V}_n$ 可以如下表示:

$$\mathcal{V}_n = \sum_{i_0=1}^{N} \langle A_{i_0} | B_{i_0} \rangle + \sum_{m=1}^{n} \sum_{\substack{l_m, \cdots, l_2, l_1 \in I}}^{i_m, \cdots, i_1, i_0 \in J} [\mathrm{e}^{A_{i_m} h_{i_m}}]^{l_m} E_{i_m, i_{m-1}} \cdots$$
$$[\mathrm{e}^{A_{i_1} h_{i_1}}]^{l_1} E_{i_1, i_0} \langle A_{i_0} | B_{i_0} \rangle, \tag{4.3.8}$$

其中 $I = \{1, 2, \cdots, n\}$. 对 $m = 0, 1, \cdots, n$, 记切换序列为

$$\pi_0 = \{(i_0, 1), (i_1, l_1 h_1), \cdots, (i_n, l_n h_n)\}.$$

选取式 (4.3.8) 的一部分, 因为指标可以在 J 内任意选择, 这部分可以重新表示为

$$\langle A_{i_0} | B_{i_0} \rangle + \sum_{m=1}^{n} [\mathrm{e}^{A_{i_m} h_{i_m}}]^{l_m} E_{i_m, i_{m-1}} \cdots [\mathrm{e}^{A_{i_1} h_{i_1}}]^{l_1} E_{i_1, i_0} \langle A_{i_0} | B_{i_0} \rangle$$

$$= \mathcal{R}_{\mathrm{fixed}}(\pi_0) \subseteq \mathcal{R}_{\mathrm{free}}.$$

因此 $\mathcal{V}_n \subseteq \mathcal{R}_{\mathrm{span}}$. 故有 $\mathcal{R}_{\mathrm{span}} = \mathcal{V}_n$. ■

下面研究 $\mathcal{R}_{\mathrm{span}}$ 与系统不变子空间的关系.

注4.3.1 注意到 $\mathcal{V}_n$ 是状态空间的子空间. 切换脉冲系统的不变子空间定义如下. 对具有 $u(t) \equiv 0$ 的切换脉冲系统 (4.3.1), $\mathcal{V}$ 称为一个不变子空间, 如果对任意的初始时间 t_0 和切换序列 π, 当 $x(0) \in \mathcal{V}$ 时, 对任意 $t \geqslant t_0$, 都有 $x(t) \in \mathcal{V}$. 由式 (4.3.7), 易见 $\mathcal{V}$ 是系统 (4.3.1) 一个不变子空间, 当且仅当 $A_i \mathcal{V} \subseteq \mathcal{V}$, $E_{i,j} \mathcal{V} \subseteq \mathcal{V}$, $i, j \in J$. 记系统 (4.3.1) 包含 $\sum_{i=1}^{N} \mathrm{Im}(B_i)$ 的极小不变子空间为 $\mathcal{V}^*$. 由 $\mathcal{V}^*$ 的不变性, 有 $\langle A_i | B_i \rangle = \mathcal{W}_{0,i} \subset \mathcal{V}^*$, $i \in J$. 假设对 $m \in \mathbf{Z}^+, \forall i \in J$, $\mathcal{W}_{m,i} \subset \mathcal{V}^*$. 由 $\mathcal{V}^*$ 的不变性知, 对任意的 $x \in \mathcal{V}^*$, $x_0 = \exp[-A_i(t_1 - t_0)]x \in \mathcal{V}^*$ 且 $E_{j,i} \exp[A_i(t_1 - t_0)]x_0 = E_{j,i}x \in \mathcal{V}^*$. 故 $E_{j,i} \mathcal{W}_{m,i} \subset \mathcal{V}^*$, 类似地, $\mathcal{W}_{m+1,i} = \sum_{j=1}^{N} \langle A_i | E_{i,j} \mathcal{W}_{m,j} \rangle \subset \mathcal{V}^*$. 利用归纳法可知, $\mathcal{V}_n \subset \mathcal{V}^*$.

然而, 反包含关系未必成立. 在后面的例 4.3.2 中, 令 $x_0 = [a_0 \ 0 \ b_0 \ 0]^{\mathrm{T}} \in \mathcal{V}_n$. 但是 $\mathrm{e}^{A_1 t} x_0 = [a_0 \ b_0 t \ 0 \ 0]^{\mathrm{T}} \notin \mathcal{V}_n$. 因此 $\mathcal{V}_n$ 未必是系统 (4.3.1) 的一个不变子空间.

推论4.3.1 系统 (4.3.1) 是张成可达的当且仅当 $\mathcal{V}_n = \mathbf{R}^n$.

下面将定理 4.3.1 的结论应用到线性脉冲系统和线性切换系统中.

推论4.3.2 特别地, 对任意的 $i, j \in J$, $A_i = A, B_i = B, E_{i,j} = E$, 其中 A, B, E 都是常数矩阵, 系统 (4.3.1), 即退化为线性脉冲系统. 沿用文献 [90] 中的记号, 记 $\langle A, E | B \rangle$ 为包含 $\mathrm{Im}B$ 的极小不变子空间, 则

$$\mathcal{R}_{\mathrm{span}} = \mathcal{V}_n = \langle A, E | B \rangle.$$

证明　基于以上的假设, 可以重新表示 $\mathcal{W}_{i,j}$ 如下:

$$\mathcal{W}_0 = \langle A|B\rangle, \mathcal{W}_m = \langle A|E\mathcal{W}_{m-1}\rangle, m \geqslant 1,$$
$$\mathcal{V}_m = \sum_{i=0}^m \mathcal{W}_i, \ m = 0, 1, 2, \cdots. \tag{4.3.9}$$

首先证明 $\mathcal{V}_n \supseteq \langle A, E|B\rangle$. 从式 (4.3.9), 显然 $\mathrm{Im}B \subseteq \mathcal{W}_0 \subseteq \mathcal{V}_n$, $A\mathcal{W}_0 = A\langle A|B\rangle \subseteq \langle A|B\rangle = \mathcal{W}_0$, $A\mathcal{W}_m = A\langle A|E\mathcal{W}_{m-1}\rangle \subseteq \langle A|E\mathcal{W}_{m-1}\rangle = \mathcal{W}_m$, $m \geqslant 1$; $E\mathcal{W}_m \subseteq \langle A|E\mathcal{W}_m\rangle = \mathcal{W}_{m+1} \subseteq \mathcal{V}_n$, $m \geqslant 0$. 因此, $\mathcal{V}_n$ 是一个包含 $\mathrm{Im}B$ 的不变子空间. 由于 $\langle A, E|B\rangle$ 是极小的, 所以有 $\mathcal{V}_n \supseteq \langle A, E|B\rangle$.

下证 $\mathcal{V}_n \subseteq \langle A, E|B\rangle$. 因为 $\langle A, E|B\rangle$ 包含 $\mathrm{Im}B$ 的极小不变子空间, 我们有 $\mathrm{Im}B \subseteq \langle A, E|B\rangle$, $A^i\mathrm{Im}B \subseteq \langle A, E|B\rangle$, $i = 1, \cdots, n-1$. 故 $\mathcal{W}_0 \subseteq \langle A, E|B\rangle$ 且 $E\mathcal{W}_0 \subseteq \langle A, E|B\rangle$. 同理可证 $A^iE\mathcal{W}_0 \subseteq \langle A, E|B\rangle$, $i = 0, \cdots, n-1$ 且 $\mathcal{W}_1 \subset \langle A, E|B\rangle$. 因而, 对 $m > 1$, 有 $\mathcal{W}_m \subseteq \langle A, E|B\rangle$. 故 $\sum_{i=0}^n \mathcal{W}_i = \mathcal{V}_n \subseteq \langle A, E|B\rangle$. ∎

推论4.3.3　特别地, 当 $E_{i,j} = I$ 时, 系统 (4.3.1) 退化为线性切换系统. 子空间序列式 (4.3.6) 为

$$\mathcal{W}_{0,i} = \langle A_i|B_i\rangle, \ i \in J,$$
$$\mathcal{W}_{m,i} = \sum_{j=1}^N \langle A_i|\mathcal{W}_{m-1,j}\rangle, \ m \geqslant 1, \ i \in J. \tag{4.3.10}$$

由定理 4.3.1, 切换系统的张成可达集为 $\mathcal{R}_{\mathrm{span}} = \mathcal{V}_n = \sum_{i=0}^n \mathcal{W}_i$.

注4.3.2　推论 4.3.2 为文献 [90] 的定理 4.5. 根据文献 [98], 对于线性切换系统, $\mathcal{R}_{\mathrm{free}}$ 是一个子空间, 故有 $\mathcal{R}_{\mathrm{free}} = \mathcal{R}_{\mathrm{span}}$. 因此, 文献 [98] 的定理 1 是定理 4.3.1 的一个特殊情况. 然而对切换脉冲系统而言, $\mathcal{R}_{\mathrm{free}}$ 未必等于 $\mathcal{R}_{\mathrm{span}}$, 如例 4.3.1 所述.

例4.3.2　对例 4.3.1 中的系统, 将脉冲矩阵进行了一个调整

$$E = \begin{bmatrix} 0 & 0 & 1 & 0 \\ 0 & 0 & 0 & 0 \\ 1 & 0 & 0 & 0 \\ 0 & 0 & 0 & 0 \end{bmatrix}.$$

同样, 我们有 $\mathcal{R}_{\mathrm{fixed}}(\pi_1) = [1\,0\,0\,0]^{\mathrm{T}}$, $\mathcal{R}_{\mathrm{fixed}}(\pi_2) = [1\,0\,0\,0]^{\mathrm{T}}$, $\mathcal{R}_{\mathrm{fixed}}(\pi_3) = [0\,0\,1\,0]^{\mathrm{T}}$ 且 $\mathcal{R}_{fixed}(\pi_4) = [0\,0\,1\,0]^{\mathrm{T}}$. 则 $\mathcal{R}_{\mathrm{free}} = [1\,0\,0\,0]^{\mathrm{T}} \cup [0\,0\,1\,0]^{\mathrm{T}}$. 与例 4.3.1 中的讨论类似 $\mathcal{R}_{\mathrm{free}}$ 不能构成系统的一个子空间. 经过简单的计算可得, $\mathcal{W}_{0,1} = [1\,0\,0\,0]^{\mathrm{T}}$, $\mathcal{W}_{2,1} = [0\,0\,1\,0]^{\mathrm{T}}$, $\mathcal{W}_{3,1} = [1\,0\,0\,0]^{\mathrm{T}}$, 则 $\mathcal{V}_3 = \mathcal{V}_4 = \mathcal{R}_{\mathrm{span}}$ 这并非是全空间 $\mathbf{R}^4$.

下面, 利用几何分析方法讨论系统 (4.3.1) 的可观性并分析了系统的不可观集和不变子空间的关系. 首先给出关于不可观和不变子空间的一些基本定义.

定义4.3.6(固定切换序列下的不可观集) 对切换脉冲系统 (4.3.1), 给定一个初始状态 $x_0 \in \mathcal{X}$, 如果给定一个切换序列 π 以及 $x_0 = x(0)$, 对于任意 $t \in [0, T_{[\pi]}]$, 输出 $y(t)$ 都恒等于零, 则称 x_0 在固定切换序列下, 在区间 $[0, T_{[\pi]}]$ 上是不可观的. 在固定切换序列下的不可观集记为 $\mathcal{Q}_{\text{fixed}}(\pi)$.

定义4.3.7(自由切换序列下的不可观集) 对切换脉冲系统 (4.3.1), 给定一个初始状态 $x_0 \in \mathcal{X}$, 如果对任意一个切换序列 π 以及 $x_0 = x(0)$, 对于任意 $t \in [0, T_{[\pi]}]$, 输出 $y(t)$ 都恒等于零, 则称 x_0 在自由切换序列下, 在区间 $[0, T_{[\pi]}]$ 上是不可观的. 在任意切换序列下的不可观集记为 $\mathcal{Q}_{\text{free}}$.

类似 4.2.2 小节中定义在实数域上 $\langle \mathcal{K} | A \rangle$ 为包含于 $\mathcal{K}$ 的极大 A–不变子空间. 根据以上定义, 我们有 $\mathcal{Q}_{\text{free}} = \bigcap\limits_{\pi} \mathcal{Q}_{\text{fixed}}(\pi)$. 考虑下面的零输入系统

$$\begin{cases} \dot{x}(t) = A_{r(t)}x(t), \\ x(t^+) = E_{r(t^+),r(t)}x(t), \\ y(t) = C_{r(t)}x(t), \\ x(t_0^+) = x_0. \end{cases} \tag{4.3.11}$$

显然系统 (4.3.11) 的可观性等价于系统 (4.3.1) 的可观性. 对于系统 (4.3.11), 给定一个切换序列 $\pi = \{(i_m, h_m)\}_{m=1}^M$ 和 $x_0 \in \mathcal{X}$, 输出 $y(t)$ 表示为

$$y(t) = C_{i_1}e^{A_{i_1}(t-t_0)}x_0, \ t \in (t_0, t_1],$$

$$y(t) = C_{i_m}e^{A_{i_m}(t-t_{m-1})}\prod_{j=m-1}^{1} E_{i_{j+1},i_j}e^{A_{i_j}h_j}x_0, \quad t \in (t_{m-1}, t_m],$$

$$2 \leqslant m \leqslant M. \tag{4.3.12}$$

对系统 (4.3.1), N 个子空间序列定义如下:

$$\mathcal{O}_{0,i} = \langle \mathcal{K}_i | A_i \rangle, \ i \in J,$$

$$\mathcal{O}_{m,i} = \bigcap_{j=1}^{N} \langle E_{i,j}^{-1}\mathcal{O}_{m-1,i} | A_j \rangle, \ m \geqslant 1, \ i \in J,$$

另一个子空间序列记为

$$\mathcal{P}_m = \bigcap_{i=0}^{m} \bigcap_{j=1}^{N} \mathcal{O}_{i,j}, \ m = 0, 1, 2, \cdots.$$

从构造看出, 子空间序列是非递增的. 类似于引理 4.3.1, 我们有如下引理.

引理 4.3.2   序列 $\{\mathcal{P}_m, m = 0, 1, \cdots\}$ 收敛于 $\mathcal{P}_n$.

定理 4.3.2   对切换脉冲系统 (4.3.1), 有 $\mathcal{Q}_{\mathrm{free}} = \mathcal{P}_n$.

证明   对初始状态 $x_0 \in \mathcal{P}_n$ 和给定切换序列 $\pi = \{(i_m, h_m)\}_{m=1}^M$, 由 $x_0 \in \mathcal{O}_{0,i_1} = \mathcal{K}_{i_1} \cap A_{i_1}^{-1} \mathcal{K}_{i_1} \cap \cdots \cap A_{i_1}^{-(n-1)} \mathcal{K}_{i_1}, i_1 \in J$, 有 $C_{i_1} A_{i_1}^k x_0 = 0,\ k = 0, 1, \cdots, n$. 因此, $C_{i_1} \mathrm{e}^{A_{i_1}(t-t_0)} x_0 = 0,\ t \in (t_0, t_1],\ i_1 \in J$. 并有 $x_0 \in \mathcal{O}_{1,i_2} \subseteq \langle E_{i_2,i_1}^{-1} \langle \mathcal{K}_{i_2} | A_{i_2} \rangle | A_{i_1} \rangle$. 从子空间的构造知, $x_0 \in \bigcap\limits_{k=0}^{n-1} A_{i_1}^{-k} E_{i_2,i_1}^{-1} \langle \mathcal{K}_{i_2} | A_{i_2} \rangle$, 则 $E_{i_2,i_1} A_{i_1}^k x_0 \in \langle \mathcal{K}_{i_2} | A_{i_2} \rangle, k = 0, 1, \cdots, n-1$. 根据矩阵指数展开式可知, $E_{i_2,i_1} \mathrm{e}^{A_{i_1} h_1} x_0 \in \langle \mathcal{K}_{i_2} | A_{i_2} \rangle$, 即 $C_{i_2} \mathrm{e}^{A_{i_2}(t-t_1)} \cdot E_{i_2,i_1} \mathrm{e}^{A_{i_1} h_1} x_0 = 0,\ t \in (t_1, t_2]$. 同理, $C_{i_m} \mathrm{e}^{A_{i_m}(t-t_{m-1})} \prod\limits_{j=m-1}^{1} E_{i_{j+1},i_j} \mathrm{e}^{A_{i_j} h_j} x_0 = 0,\ t \in (t_{m-1}, t_m],\ 2 \leqslant m \leqslant M$. 这表明 $y(t) \equiv 0,\ t \in [0, T_\pi]$. 由自由切换序列的不可观集的定义, 有 $x_0 \in \mathcal{Q}_{\mathrm{free}}$ 故 $\mathcal{P}_n \subseteq \mathcal{Q}_{\mathrm{free}}$.

下证 $\mathcal{P}^* \subset \mathcal{P}_n$. 如果 $x_0 \in \mathcal{Q}_{\mathrm{free}}$, 则对任意切换序列, 有

$$
\begin{aligned}
&0 = C_{i_1} \mathrm{e}^{A_{i_1}(t-t_0)} x_0, \quad t \in (t_0, t_1], \\
&0 = C_{i_m} \mathrm{e}^{A_{i_m}(t-t_{m-1})} \prod_{j=m-1}^{1} E_{i_{j+1},i_j} \mathrm{e}^{A_{i_j} h_j} x_0, t \in (t_{m-1}, t_m], 2 \leqslant m \leqslant M.
\end{aligned}
\tag{4.3.13}
$$

式 (4.3.13) 的第一个等式说明 $x_0 \in \langle \mathcal{K}_{i_1} | A_{i_1} \rangle = \mathcal{O}_{0,i_1},\ i_1 \in J$. 如果 $m = 2$, 式 (4.3.13) 即为 $C_{i_2} \mathrm{e}^{A_{i_2}(t-t_1)} E_{i_2,i_1} \mathrm{e}^{A_{i_1}(t-t_0)} x_0 = 0,\ t \in (t_1, t_2]$, 此即

$$
\begin{aligned}
x_0 &\in \mathrm{Ker}(C_{i_2} \mathrm{e}^{A_{i_2}(t-t_1)} E_{i_2,i_1} \mathrm{e}^{A_{i_1} h_1}) \\
&= \langle \mathrm{Ker}(C_{i_2} \mathrm{e}^{A_{i_2}(t-t_1)} E_{i_2,i_1}) | A_{i_1} \rangle \\
&= \langle E_{i_2,i_1}^{-1} \mathrm{Ker}(C_{i_2} \mathrm{e}^{A_{i_2}(t-t_1)}) | A_{i_1} \rangle \\
&= \langle E_{i_2,i_1}^{-1} \langle \mathcal{K}_{i_2} | A_{i_2} \rangle | A_{i_1} \rangle.
\end{aligned}
$$

同理可证 $x_0 \in \mathcal{O}_{i,j},\ i, j \in J$, 即 $x_0 \in \mathcal{P}_n$, 故 $\mathcal{Q}_{\mathrm{free}} \subseteq \mathcal{P}_n$. ∎

注4.3.3   与张成可达子空间的讨论类似, $\mathcal{Q}_{\mathrm{free}}$ 并不一定是系统 (4.3.1) 的不变子空间. 记切换脉冲系统 (4.3.1) 包含于 $\bigcap\limits_{i=1}^{N} \mathrm{Ker}(C_i)$ 的极大不变子空间为 $\mathcal{P}^*$. 可以证明 $\mathcal{P}^* \subset \mathcal{P}_n$.

下面, 将定理 4.3.2 应用于线性脉冲系统和切换系统. 令 $\langle \mathcal{K} | A, E \rangle$ 是线性脉冲系统包含于 $\mathcal{K}$ 的极大不变子空间[90].

推论4.3.4   当 $A_i = A, B_i = B, C_i = C, E_{i,j} = E\ (i, j \in J)$ 都是常值矩阵时,

我们有

$$\mathcal{P}_n = \langle \mathcal{K} | A, E \rangle.$$

证明 基于以上假设, 表示 $\mathcal{O}_{i,j}$ 为

$$\mathcal{O}_0 = \langle \mathcal{K} | A \rangle, \ \mathcal{O}_m = \langle E^{-1} \mathcal{O}_{m-1} | A \rangle, \ m \geqslant 1,$$

$$\mathcal{P}_m = \bigcap_{i=0}^{m} \mathcal{O}_i, \ m = 0, 1, 2, \cdots. \tag{4.3.14}$$

首先证明 $\mathcal{P}_n \supseteq \langle \mathcal{K} | A, E \rangle$. 任意给定 $x_0 \in \langle \mathcal{K} | A, E \rangle$, 因为 $\langle \mathcal{K} | A, E \rangle$ 是包含于 $\mathrm{Ker} C$ 的极大不变子空间, 则有 $A^i x_0 \in \langle \mathcal{K} | A, E \rangle \subseteq \mathrm{Ker} C, \ i = 0, \cdots, n-1$, 这表明 $x_0 \in \mathcal{O}_0 = \bigcap_{i=0}^{n-1} A^{-i} \mathrm{Ker} C$; 另外, $A^j E A^i x_0 \in \langle \mathcal{K} | A, E \rangle \subseteq \mathrm{Ker} C, \ i, j = 0, \cdots, n-1$, 即 $x_0 \in \mathcal{O}_1 = \bigcap_{i=0}^{n-1} A^{-i} E^{-1} \mathcal{O}_0$. 同样地, $x_0 \in \mathcal{O}_m, \ m > 1$, 由 $\mathcal{P}_n$ 的定义知, $x_0 \in \mathcal{P}_n$. 因此, $\mathcal{P}_n \supseteq \langle \mathcal{K} | A, E \rangle$.

下证 $\mathcal{P}_n \subseteq \langle \mathcal{K} | A, E \rangle$. 任意给定 $x_0 \in \mathcal{P}_n$, 有 $x_0 \in \mathcal{O}_0 = \bigcap_{i=0}^{n-1} A^{-i} \mathrm{Ker} C \subseteq \mathrm{Ker} C$, 则 $\mathcal{P}_n \subseteq \mathrm{Ker} C$. 因为 $\mathcal{O}_m$ 是 A–不变子空间, 则有 $A x_0 \in A \mathcal{O}_m \subseteq \mathcal{O}_m$, $m = 0, 1, \cdots, n$. 易见 $A x_0 \in \bigcap_{m=0}^{n} \mathcal{O}_m = \mathcal{P}_n$. 另一方面, 序列 $\{\mathcal{P}_m\}$ 收敛于 $\mathcal{P}_n$, 故 $x_0 \in \mathcal{P}_n = \mathcal{P}_{n+1}$, 即 $x_0 \in \mathcal{O}_m, \ m = 1, 2, \cdots, n+1$. 因此, $E x_0 \in E \mathcal{O}_m = \bigcap_{i=0}^{n-1} E A^{-i} E^{-1} \mathcal{O}_{m-1} \subseteq E E^{-1} \mathcal{O}_{m-1} = \mathcal{O}_{m-1}, \ m = 1, 2, \cdots, n+1$. 这表明 $E x_0 \in \mathcal{O}_m, \ m = 0, 1, \cdots, n$. 最后, 我们有 $E x_0, A x_0 \in \mathcal{P}_n$. 这表明 $\mathcal{P}_n$ 也是包含于 $\mathcal{K}$ 的 A, E 不变子空间. 因为 $\langle \mathcal{K} | A, E \rangle$ 是极大的, 故 $\mathcal{P}_n \subset \langle \mathcal{K} | A, E \rangle$. ∎

由子空间的正交性, 我们有 $\mathcal{O}_{0,i}^{\perp} = (\langle \mathcal{K}_i | A_i \rangle)^{\perp} = \langle A_i^{\mathrm{T}} | C_i^{\mathrm{T}} \rangle$ 且 $\mathcal{O}_{1,i}^{\perp} = \left(\bigcap_{j=1}^{N} \langle \mathcal{O}_{0,i} | A_j \rangle \right)^{\perp}$

$= \sum_{j=1}^{N} \langle A_j^{\mathrm{T}} | \mathcal{O}_{0,i}^{\perp} \rangle$. 故子空间 $\mathcal{P}_n^{\perp}$ 等价于文献 [98] 中的描述. 我们给出下列推论表述它们之间的关系.

推论4.3.5 当 $E_{i,j} = I, i, j \in J$, 系统 (4.3.1) 退化为线性切换系统, 则可观子空间可以表示为 $O_n = \sum_{i=1}^{N} \sum_{j=1}^{N} M_{i,j}$, 其中 $M_{i,j} = \sum_{k=1}^{N} \langle A_k^{\mathrm{T}} | M_{i-1,j}^{\mathrm{T}} \rangle$, $M_{1,j}^{\mathrm{T}} = \mathrm{Im}(C_j^{\mathrm{T}})$.

注4.3.4 根据定理 4.3.2, 推论 4.3.4 可以推出文献 [90] 的定理 4.8. 且推论 4.3.5 等价于文献 [98] 中的定理 3.

例4.3.3 考虑线性切换脉冲系统 (4.3.1), 其中 $E_1 = E_2 = E$, $C_1 = [1\,0\,0\,0]$, $C_2 = [0\,1\,0\,0]$,

$$A_1 = \begin{bmatrix} 0 & 0 & 0 & 0 \\ 0 & 0 & 0 & 0 \\ 0 & 1 & 0 & 0 \\ 0 & 0 & 0 & 0 \end{bmatrix}, A_2 = \begin{bmatrix} 0 & 0 & 0 & 0 \\ 1 & 0 & 0 & 0 \\ 0 & 0 & 0 & 0 \\ 0 & 0 & 0 & 0 \end{bmatrix}, E = \begin{bmatrix} 0 & 0 & 1 & 0 \\ 0 & 0 & 0 & 1 \\ 1 & 0 & 0 & 0 \\ 0 & 0 & 0 & 0 \end{bmatrix}.$$

利用例 4.3.1 中的切换序列, 由式 (4.3.12), 对 π_3 和 π_4, 当 $t_f > \tau_1$ 时, 我们得到

$$\mathcal{Q}_{\text{fixed}}(\pi_3) = \begin{bmatrix} 0 & 0 \\ 1 & 0 \\ -h_2 & 0 \\ 0 & 1 \end{bmatrix}, \mathcal{Q}_{\text{fixed}}(\pi_4) = \begin{bmatrix} -h_{k-1} & 0 & 0 \\ 0 & 1 & 0 \\ 0 & 0 & 1 \\ 1 & 0 & 0 \end{bmatrix}.$$

当 $t_f < \tau_1$ 时, $\mathcal{Q}_{\text{fixed}}(\pi_3) = \mathcal{Q}_{\text{fixed}}(\pi_4) = \mathrm{Ker}(C_2)$, 其中, $\mathrm{Ker}(C_2) = \begin{bmatrix} 1 & 0 & 0 \\ 0 & 0 & 0 \\ 0 & 1 & 0 \\ 0 & 0 & 1 \end{bmatrix}$,

$\mathrm{Ker}(C_1) = \begin{bmatrix} 0 & 0 & 0 \\ 1 & 0 & 0 \\ 0 & 1 & 0 \\ 0 & 0 & 1 \end{bmatrix}$. 故 $\mathcal{Q}_{\text{fixed}}(\pi_3) = \displaystyle\bigcap_{h_2 > 0} \begin{bmatrix} 0 & 0 \\ 1 & 0 \\ -h_2 & 0 \\ 0 & 1 \end{bmatrix} \cap \mathrm{Ker}(C_2) = \begin{bmatrix} 0 \\ 0 \\ 0 \\ 1 \end{bmatrix}$,

$\mathcal{Q}_{\text{fixed}}(\pi_4) = [0\,0\,1\,0]^{\mathrm{T}}$. 对 π_1, π_2, 有

$$\mathcal{Q}_{\text{fixed}}(\pi_1) = \begin{bmatrix} 0 & 0 & 0 \\ 1 & 0 & 0 \\ 0 & 1 & 0 \\ 0 & 0 & 1 \end{bmatrix}, \quad \mathcal{Q}_{\text{fixed}}(\pi_2) = \begin{bmatrix} 0 & 0 \\ 1 & 0 \\ 0 & 0 \\ 0 & 1 \end{bmatrix}.$$

显然 $\mathcal{Q}_{\text{free}} = \{0\}$, 这意味着在上述参数下的系统 (4.3.1) 是可观的. 接下来, 通过计算说明 $\mathcal{P}_n = \mathcal{Q}_{\text{free}}$. $\mathcal{O}_{0,1} = \langle \mathcal{K}_1 | A_1 \rangle = \mathrm{Ker}(C_1)$ 且 $\mathcal{O}_{0,2} = \mathrm{Ker}(C_2) \cap \mathrm{Ker}(C_2 A_2) = \begin{bmatrix} 0 & 0 \\ 0 & 0 \\ 1 & 0 \\ 0 & 1 \end{bmatrix}$. 从定理 4.3.2 的证明知, $\mathcal{O}_{1,1} = \displaystyle\bigcap_{i,j=0}^{N-1} \mathrm{Ker}(C_1 A_1^i E A_2^j) = \begin{bmatrix} 1 & 0 & 0 \\ 0 & 1 & 0 \\ 0 & 0 & 0 \\ 0 & 0 & 1 \end{bmatrix}$. 类似地, $\mathcal{O}_{1,2} = [1\,0\,0\,0]^{\mathrm{T}}$. 则 $\mathcal{O}_{0,1} \cap \mathcal{O}_{0,2} \cap \mathcal{O}_{1,1} \cap \mathcal{O}_{1,2} = \{0\}$, 即为 $\mathcal{P}_n = \mathcal{Q}_{\text{free}}$.

4.3.2 线性时变切换脉冲系统可控性和可观性的代数分析

本小节应用代数分析方法研究线性时变切换脉冲系统的可控性和可观性. 给出系统可控和可观的基于基解矩阵的代数条件, 并在零输入或零输出的情况下得到了系统可控和可观的充分必要条件. 考虑如下的线性时变切换脉冲系统:

$$\begin{cases} \dot{x}(t) &= A_{r(t)}(t)x(t) + B_{r(t)}(t)u(t), \\ x(t^+) &= E_{r(t^+),r(t)}x(t) + F_{r(t^+),r(t)}u(t), \\ y(t) &= C_{r(t)}(t)x(t) + D_{r(t)}(t)u(t), \\ x(t_0^+) &= x_0, \end{cases} \tag{4.3.15}$$

其中 $x(t)$, $u(t)$, $r(t)$, $y(t)$ 如 4.2 节所述. 对 $\forall i, j \in J(J$ 如 4.3.5 小节所述), $A_i(t)$, $B_i(t)$, $C_i(t)$, $D_i(t)$, $E_{j,i}, F_{j,i}$ 分别为已知的 具有适当维数的 $\mathbf{R}^+$ 上的连续时变矩阵函数和常值矩阵; 特别地, 当 $r(t^+) = r(t)$, 假设 $E_{i,i} = I_n, F_{i,i} = 0, \forall i \in J$, 这意味着在每个子系统内部的切换我们认为是光滑的并且没有脉冲现象的发生. 在切换时刻, 一般存在一个脉冲作用, 具体形如系统 (4.3.15) 中的第二个式子所描述. 记 $\{A_i, i \in J\}$ 如 4.2 节所述. 沿用 4.3.1 小节中矩阵乘积的表示和切换序列的定义, 给定一个切换序列 π, 对应的切换函数 $r(t), t \in [0, T_{[\pi]}]$ 可如下表示:

$$r(t) = i_m, \ t \in (t_{m-1}, t_m], \tag{4.3.16}$$

其中 $t_0 = 0, t_m - t_{m-1} = h_m, m = 1, 2, \cdots, M$, 则 $t_M = T_{[\pi]}$.

对系统 (4.3.15) 和切换序列 $\pi = \{(i_m, h_m)\}_{m=1}^M$, 考虑微分方程

$$\dot{x}(t) = A_{i_m}(t)x(t), \tag{4.3.17}$$

其中 $m = 1, 2, \cdots, M, t \in (t_{m-1}, t_m)$. 假设 $X_{i_m}(t)$ 表示系统 (4.3.17) 的基解矩阵, 则 $X_{i_m}(t, s) := X_{i_m}(t)X_{i_m}^{-1}(s), (t, s \in (t_{m-1}, t_m])$ 表示对应于 $A_{i_m}(t)$ 的转换矩阵. 显然 $X_{i_m}(t, t) = I_n, X_{i_m}(t, \tau)X_{i_m}(\tau, s) = X_{i_m}(t, s), X_{i_m}(t, s) = X_{i_m}^{-1}(s, t),$ $m = 1, 2, \cdots, M$. 下面给出系统 (4.3.15) 的具体解的表示.

引理 4.3.3 给定切换序列 $\pi = \{(i_m, h_m)\}_{m=1}^M$, 系统 (4.3.15) 在 $T_{[\pi]}$ 时刻的解可以表示为

$$x(T_{[\pi]}) = X_{i_M}(t_M, t_{M-1}) \left\{ \prod_{m=M-1}^{1} E_{i_{m+1},i_m} X_{i_m}(t_m, t_{m-1})x(t_0) + \sum_{m=1}^{M-2} \prod_{j=M-1}^{m+1} \right.$$

$$\times E_{i_{j+1},i_j} X_{i_j}(t_j, t_{j-1}) \left[E_{i_{m+1},i_m} \int_{t_{m-1}}^{t_m} X_{i_m}(t_m, s)B_{i_m}(s)u(s)\mathrm{d}s \right.$$

$$\left. + F_{i_{m+1},i_m}u(t_m) \right] + E_{i_M,i_{M-1}} \int_{t_{M-2}}^{t_{M-1}} X_{i_{M-1}}(t_{M-1}, s)B_{i_{M-1}}(s)u(s)\mathrm{d}s$$

$$+F_{i_M,i_{M-1}}u(t_{M-1})\Big\} + \int_{t_{M-1}}^{t_M} X_{i_M}(t_M,s)B_{i_M}(s)u(s)\mathrm{d}s, \qquad (4.3.18)$$

其中　$t_0 = 0, t_m = \sum_{l=1}^{m} h_l, m = 1, 2, \cdots, M.$

证明　下面将利用数学归纳法来证明. 当 $M = 1$ 时,

$$x(t_1) = X_{i_1}(t_1,t_0)x(t_0) + \int_{t_0}^{t_1} X_{i_1}(t_1,s)B_{i_1}(s)u(s)\mathrm{d}s.$$

当 $t = t_1^+$ 时, 有

$$\begin{aligned}
x(t_1^+) &= E_{i_2,i_1}x(t_1) + F_{i_2,i_1}u(t_1) \\
&= E_{i_2,i_1}\left[X_{i_1}(t_1,t_0)x(t_0) + \int_{t_0}^{t_1} X_{i_1}(t_1,s)B_{i_1}(s)u(s)\mathrm{d}s\right] + F_{i_2,i_1}u(t_1),
\end{aligned}$$

且

$$\begin{aligned}
x(t_2) &= X_{i_2}(t_2,t_1)x(t_1^+) + \int_{t_1}^{t_1} X_{i_2}(t_2,s)B_{i_2}(s)u(s)\mathrm{d}s \\
&= X_{i_2}(t_2,t_1)\Big\{E_{i_2,i_1}\left[X_{i_1}(t_1,t_0)x(t_0) + \int_{t_0}^{t_1} X_{i_1}(t_1,s)B_{i_1}(s)u(s)\mathrm{d}s\right] \\
&\quad + F_{i_2,i_1}u(t_1)\Big\} + \int_{t_1}^{t_1} X_{i_2}(t_2,s)B_{i_2}(s)u(s)\mathrm{d}s.
\end{aligned}$$

因此, 当 $M = 2$ 时, $x(T_{[\pi]})$ 具有式 (4.3.18) 的形式. 假设当 $M = k, k \geqslant 2$ 时, 即 $T_{[\pi]} = t_k$, 解可以表示为

$$\begin{aligned}
x(t_k) &= X_{i_k}(t_k,t_{k-1})\Bigg\{\prod_{m=k-1}^{1} E_{i_{m+1},i_m}X_{i_m}(t_m,t_{m-1})x(t_0) + \sum_{m=1}^{k-2}\prod_{j=k-1}^{m+1} \\
&\quad \times X_{i_j}(t_j,t_{j-1})\bigg[E_{i_{m+1},i_m}\int_{t_{m-1}}^{t_m} X_{i_m}(t_m,s)B_{i_m}(s)u(s)\mathrm{d}s \\
&\quad + F_{i_{m+1},i_m}u(t_m)\bigg] + E_{i_k,i_{k-1}}\int_{t_{k-2}}^{t_{k-1}} X_{i_{k-1}}(t_{k-1},s)B_{i_{k-1}}(s)u(s)\mathrm{d}s \\
&\quad + F_{i_k,i_{k-1}}u(t_{k-1})\Bigg\} + \int_{t_{k-1}}^{t_k} X_{i_k}(t_k,s)B_{i_k}(s)u(s)\mathrm{d}s.
\end{aligned}$$

当 $M = k+1$ 时,

$$\begin{aligned}
x(t_{k+1}) &= X_{i_{k+1}}(t_{k+1},t_k)x(t_k^+) + \int_{t_k}^{t_{k+1}} X_{i_{k+1}}(t_k,s)B_{i_{k+1}}(s)u(s)\mathrm{d}s \\
&= X_{i_{k+1}}(t_{k+1},t_k)E_{i_{k+1},i_k}x(t_k) + E_{i_{k+1},i_k}u(t_k). \qquad (4.3.19)
\end{aligned}$$

由数学归纳法可证, 系统的解可以表示为式 (4.3.18). ∎

注4.3.5　当　$A_{i_m}(t) = A_m(t), B_{i_m}(t) = B_m(t)$,　$E_{i_{m+1},i_m} = (1+c_m)I_n$, $F_{i_{m+1},i_m} = 0, t \in (t_{m-1}, t_m]$ 时, 系统 (4.3.15) 的解具有如下形式:

$$x(t) = X_M(t, t_{M-1}) \left\{ \prod_{m=M-1}^{1} (1+c_m) X_m(t_m, t_{m-1}) x(t_0) \right.$$

$$+ \sum_{m=1}^{M-1} \prod_{j=M-1}^{m} (1+c_j) X_j(t_j, t_{j-1}) \int_{t_{m-1}}^{t_m} X_m(t_{m-1}, s) B_m(s) u(s) \mathrm{d}s \right\}$$

$$+ \int_{t_{M-1}}^{t} X_M(t, s) B_M(s) u(s) \mathrm{d}s, \tag{4.3.20}$$

其中 $t \in (t_{M-1}, t_M]$, 即为 4.3.1 小节中的引理 4.1.2. 进一步, 当　$A_{i_m}(t) = A_m$, $B_{i_m}(t) = B_m, E_{i_{m+1},i_m} = (1+c_m)I_n, F_{i_{m+1},i_m} = 0, t \in (t_{m-1}, t_m]$, 则 $X_m(t_m, t_{m-1}) = \exp A_m h_m$, 其中　$h_m = t_m - t_{m-1}, m = 1, 2, \cdots, M$. 则系统 (4.3.15) 的解退化为

$$x(t) = \exp[A_M(t - t_{M-1})] \left\{ \prod_{m=M-1}^{1} (1+c_m) \exp(A_m h_m) x(t_0) \right.$$

$$+ \sum_{m=1}^{M-1} \prod_{j=M-1}^{m} (1+c_j) \exp(A_j h_j) \int_{t_{m-1}}^{t_m} \exp(A_m(t_{m-1} - s))$$

$$\times B_m(s) u(s) \mathrm{d}s \right\} + \int_{t_{M-1}}^{t} \exp[A_M(t-s)] B_M(s) u(s) \mathrm{d}s, \tag{4.3.21}$$

其中 $t \in (t_{M-1}, t_M]$, 即为文献 [94] 的引理 1.

下面, 将研究时变切换脉冲系统 (4.3.15) 可控性的充要条件. 为简单起见, 给出如下的定义和注记.

定义4.3.8　对时变切换脉冲系统 (4.3.15), 给定一个非零状态　x_0, 如果存在一个切换序列　π 和分片连续输入　$u(t), t \in [0, T_{[\pi]}]$, 使得系统从状态 $x(0) = x_0$ 到 $x(T_{[\pi]}) = 0$, 则称　x_0 在　$[0, T_{[\pi]}]$ 上是可控的. 如果任意的非零状态　x_0 在　$[0, T_{[\pi]}]$ 上都是可控的, 那么称系统 (4.3.15) 在　$[0, T_{[\pi]}]$ 上是完全可控的.

假设 4.3.A　$E_{i,j}$ 对任意的 $i, j \in J$ 都是非退化的.

若假设 4.3.A 成立, 对切换序列 $\pi = \{(i_m, h_m)\}_{m=1}^{M}$, 定义如下矩阵

$$\Phi_{i_0} = I, \Phi_{i_1,\cdots,i_m} = \Phi_{i_1,\cdots,i_m}(t_0, t_1, \cdots, t_m) = \prod_{j=1}^{m} X_{i_j}(t_{j-1}, t_j) E_{i_{j+1},i_j}^{-1},$$

$$W_{i_m}(t_{m-1}, t_m) = \int_{t_{m-1}}^{t_m} X_{i_m}(t_{m-1}, s) B_{i_m}(s) B_{i_m}^{\mathrm{T}}(s) X_{i_m}^{\mathrm{T}}(t_{m-1}, s) \mathrm{d}s;$$

$$W_{i_m}(\Phi_{i_1,\cdots,i_{m-1}}, t_{m-1}, t_m) = \Phi_{i_1,\cdots,i_{m-1}} W_{i_m}(t_{m-1}, t_m) \Phi_{i_1,\cdots,i_{m-1}}^{\mathrm{T}};$$

$$m = 1, \cdots, M,$$

$$V_{i_1, \cdots, i_{m+1}}(t_0, t_1, \cdots, t_m) = \Phi_{i_1, \cdots, i_m}(t_0, t_1, \cdots, t_m) F_{i_{m+1}, i_m},$$

$$m = 1, \cdots, M - 1. \tag{4.3.22}$$

定理 4.3.3　如果存在时间序列 $T: 0 = t_0 < t_1 < \cdots < t_M = t_f$, 并且下列两个条件之一成立, 则切换脉冲系统 (4.3.15) 在 $[0, t_f]$ 上是可控的.

(i) 至少存在一个整数 $1 \leqslant j \leqslant M$, $i_j \in J$ 和一个 $m \times n$ 阶矩阵 $F^*_{i_{j+1}, i_j}$, 使得 $F_{i_{j+1}, i_j} F^*_{i_{j+1}, i_j} = I_n$;

(ii) 至少存在一个整数 $1 \leqslant j \leqslant M$, $i_j \in J$, 使得 $W_{i_j}(t_{j-1}, t_j)$ 可逆.

证明　条件 (i) 不失一般性, 假设存在一个整数 $1 \leqslant j_0 \leqslant M$, $i_{j_0} \in J$ 和 $m \times n$ 阶矩阵 $F^*_{i_{j_0+1}, i_{j_0}}$ 使得 $F_{i_{j_0+1}, i_{j_0}} F^*_{i_{j_0+1}, i_{j_0}} = I_n$. 则对给定的初始状态 x_0, 选择切换序列

$$\pi = \{(i_1, h_1), \cdots, (i_{j_0-1}, h_{j_0-1}), (i_{j_0}, h_{j_0}), (i_{j_0+1}, h_{j_0+1}), \cdots, (i_M, h_M)\},$$

其中 $i_m \in J$, $h_m = t_m - t_{m-1}$, $m = 1, \cdots, j_0 - 1, j_0, j_0 + 1, \cdots, M$. 同时, 选择控制输入

$$u(t) = \begin{cases} -F^*_{i_{j_0+1}, i_{j_0}} \prod\limits_{j=j_0}^{1} E_{i_{j+1}, i_j} X_{i_j}(t_j, t_{j-1}) x_0, & t = t_{j_0}, \\ 0, & t \in [t_0, t_f] \backslash \{t_{j_0}\}. \end{cases} \tag{4.3.23}$$

显然, $u(t)$ 在 $[t_0, t_f]$ 上是分片连续的. 利用引理 4.3.3 和式 (4.3.23), 系统 (4.3.15) 的解在初始条件 $x(t_0^+) = x_0$ 下可以表示为

$$x(T_{[\pi]}) = X_{i_M}(t_M, t_{M-1}) \left\{ \prod_{m=M-1}^{1} E_{i_{m+1}, i_m} X_{i_m}(t_m, t_{m-1}) x_0 - \left[\prod_{j=M-1}^{j_0+1} E_{i_{j+1}, i_j} \right. \right.$$

$$\left. \left. \times X_{i_j}(t_j, t_{j-1}) F_{i_{j_0+1}, i_{j_0}} F^*_{i_{j_0+1}, i_{j_0}} \prod_{j=j_0}^{1} E_{i_{j+1}, i_j} X_{i_j}(t_j, t_{j-1}) x_0 \right] \right\}$$

$$= X_{i_M}(t_M, t_{M-1}) \left[\prod_{m=M-1}^{1} E_{i_{m+1}, i_m} X_{i_m}(t_m, t_{m-1}) x_0 \right.$$

$$\left. - \prod_{j=M-1}^{j_0+1} E_{i_{j+1}, i_j} X_{i_j}(t_j, t_{j-1}) x_0 \right]$$

$$= 0.$$

因此, 系统 (4.3.15) 在 $[t_0, t_f]$ 上是可控的. 条件 (i) 证毕.

下证条件 (ii). 类似地, 假设存在一个整数 $1 \leqslant j_0 \leqslant M$, $i_{j_0} \in J$ 且 $W_{i_{j_0}}(t_{j_0-1}, t_{j_0})$ 可逆. 则给定一个初始状态 x_0, 选择序列

$$\pi = \{(i_1, h_1), \cdots, (i_{j_0-1}, h_{j_0-1}), (i_{j_0}, h_{j_0}), (i_{j_0+1}, h_{j_0+1}), \cdots, (i_M, h_M)\},$$

和如下控制:

$$u(t) = \begin{cases} -B_{i_{j_0}}^{\mathrm{T}}(t) X_{i_{j_0}}^{\mathrm{T}}(t_{j_0-1}, t) W_{i_{j_0}}^{-1}(t_{j_0-1}, t_{j_0}) \prod_{j=j_0-1}^{1} E_{i_{j+1}, i_j} X_{i_j}(t_j, t_{j-1}) x_0, \\ t \in (t_{j_0-1}, t_{j_0}), \\ 0, \ t \in [t_0, t_f] \backslash (t_{j_0-1}, t_{j_0}). \end{cases}$$

$$(4.3.24)$$

则由式 (4.3.18), 式 (4.3.22) 和式 (4.3.24), 我们有

$$\begin{aligned} x(T_{[\pi]}) =& X_{i_M}(t_M, t_{M-1}) \left\{ \prod_{m=M-1}^{1} E_{i_{m+1}, i_m} X_{i_m}(t_m, t_{m-1}) x_0 + \prod_{j=M-1}^{j_0+1} E_{i_{j+1}, i_j} \right. \\ & \left. \times X_{i_j}(t_j, t_{j-1}) E_{i_{j_0+1}, i_{j_0}} \int_{t_{j_0-1}}^{t_{j_0}} X_{i_{j_0}}(t_{j_0}, s) B_{i_{j_0}}(s) u(s) \mathrm{d}s \right\} \\ =& X_{i_M}(t_M, t_{M-1}) \left\{ \prod_{m=M-1}^{1} E_{i_{m+1}, i_m} X_{i_m}(t_m, t_{m-1}) x_0 \right. \\ & \left. + \prod_{j=M-1}^{j_0} E_{i_{j+1}, i_j} X_{i_j}(t_j, t_{j-1}) \int_{t_{j_0-1}}^{t_{j_0}} X_{i_{j_0}}(t_{j_0-1}, s) B_{i_{j_0}}(s) u(s) \mathrm{d}s \right\} \\ =& X_{i_M}(t_M, t_{M-1}) \left\{ \prod_{m=M-1}^{1} E_{i_{m+1}, i_m} X_{i_m}(t_m, t_{m-1}) x_0 \right. \\ & - \prod_{j=M-1}^{j_0} E_{i_{j+1}, i_j} X_{i_j}(t_j, t_{j-1}) \int_{t_{j_0-1}}^{t_{j_0}} X_{i_{j_0}}(t_{j_0-1}, s) B_{i_{j_0}}(s) \\ & \left. \times B_{i_{j_0}}^{\mathrm{T}}(s) X_{i_{j_0}}^{\mathrm{T}}(t_{j_0-1}, s) W_{i_{j_0}}^{-1}(t_{j_0-1}, t_{j_0}) \prod_{l=j_0-1}^{1} E_{i_{l+1}, i_l} X_{i_l}(t_l, t_{l-1}) x_0 \mathrm{d}s \right\} \\ =& X_{i_M}(t_M, t_{M-1}) \left[\prod_{m=M-1}^{1} E_{i_{m+1}, i_m} X_{i_m}(t_m, t_{m-1}) x_0 \right. \\ & \left. - \prod_{j=M-1}^{1} E_{i_{j+1}, i_j} X_{i_j}(t_j, t_{j-1}) x_0 \right] \\ =& \, 0. \end{aligned}$$

因此, 系统在 $[t_0, t_f]$ 是可控的.   ■

接下来基于时间序列来研究系统 (4.3.15) 可控性的必要条件.

定义4.3.9   给定时间序列 $T: 0 = t_0 < t_1 < \cdots < t_M$, 定义切换序列 $\pi(T) := \{\{(i_m, h_m)\}_{i=1}^M: h_m = t_m - t_{m-1}, i_m \in J, m = 1, \cdots, M\}$.

定理 4.3.4   假设 4.3.A 成立, 且系统 (4.3.15) 在 $[0, t_f]$ 上是可控的, 则存在一个时间序列 $T: 0 = t_0 < t_1 < \cdots < t_M = t_f$, 使得

$$\mathrm{rank}(W(T), V(T)) = n,$$

其中对 $\pi \in \pi(T)$, $W(T) = (W_\pi(T))$ 和 $V(T) = (V_\pi(T))$ 表示如下:

$$W_\pi(T) = (W_{i_1}(t_0, t_1), W_{i_2}(\Phi_{i_1}, t_1, t_2), \cdots, W_{i_M}(\Phi_{i_1, \cdots, i_{M-1}}, t_{M-1}, t_M)),$$
$$V_\pi(T) = (V_{i_1, i_2}(t_0, t_1), \cdots, V_{i_1, \cdots, i_M}(t_0, \cdots, t_{M-1})).$$

证明   运用反证法证明结论. 假设对任意的时间序列 $T: 0 = t_0 < t_1 < \cdots < t_M = t_f$, 系统 (4.3.15) 在 $[0, t_f]$ 上是可控的, 但是

$$\mathrm{rank}(W(T), V(T)) < n,$$

则对任意的切换序列 $\pi = \{(i_m, h_m)\}_{m=1}^M \in \pi(T)$, 存在一个非零 $x_1 \in \mathbf{R}^n$, 使得

$$0 = x_1^{\mathrm{T}} V_{i_1, \cdots, i_{m+1}}(t_0, \cdots, t_m) = x_1^{\mathrm{T}} \Phi_{i_1, \cdots, i_m}(t_0, \cdots, t_m) F_{i_{m+1}, i_m},$$
$$0 = x_1^{\mathrm{T}} W_{i_m}(\Phi_{i_1, \cdots, i_{m-1}}, t_{m-1}, t_m) x_1$$
$$= x_1^{\mathrm{T}} \Phi_{i_1, \cdots, i_{m-1}} \int_{t_{m-1}}^{t_m} X_{i_m}(t_{m-1}, s) B_{i_m}(s) B_{i_m}^{\mathrm{T}}(s) X_{i_m}^{\mathrm{T}}(t_{m-1}, t) \mathrm{d}s \times \Phi_{i_1, \cdots, i_{m-1}}^{\mathrm{T}} x_1.$$

$$(4.3.25)$$

由于式 (4.3.25) 中的被积函数是非负连续的,

$$\|x_1^{\mathrm{T}} \Phi_{i_1, \cdots, i_{m-1}} X_{i_m}(t_{m-1}, t) B_{i_m}(t)\|^2 = 0, \ t \in (t_{m-1}, t_m], \ m = 1, \cdots, M.$$

因此有

$$x_1^{\mathrm{T}} \Phi_{i_1, \cdots, i_{m-1}} X_{i_m}(t_{m-1}, t) B_{i_m}(t) = 0, \ t \in (t_{m-1}, t_m], \ m = 1, \cdots, M. \qquad (4.3.26)$$

因为系统 (4.3.15) 在 $[0, t_f]$ 上是可控的, 令 $x_0 = x_1$, 则存在一个切换序列, 记为 $\pi' = \{(i'_m, h'_m)\}_{m=1}^{M'}$, 使得 $t'_0 = 0, t_{M'} = t_f$, $h'_m = t'_m - t'_{m-1}$, $m = 1, \cdots, M'$, 并存

在输入 $u(t)$, 使得 $x(T_{[\pi']}) = 0$, 代入解的表达式即为

$$-X_{i'_{M'}}(t'_{M'}, t'_{M'-1}) \prod_{m=M'-1}^{1} E_{i'_{m+1}, i'_m} X_{i'_m}(t'_m, t'_{m-1}) x_0$$

$$= X_{i'_{M'}}(t'_{M'}, t'_{M'-1}) \left\{ \sum_{m=1}^{M'-2} \prod_{j=M'-1}^{m+1} E_{i'_{j+1}, i'_j} X_{i'_j}(t'_j, t'_{j-1}) \right.$$

$$\times \left[E_{i'_{m+1}, i'_m} \int_{t'_{m-1}}^{t'_m} X_{i'_m}(t'_m, s) B_{i'_m}(s) u(s) \mathrm{d}s + F_{i'_{m+1}, i'_m} u(t'_m) \right]$$

$$+ E_{i'_{M'}, i'_{M'-1}} \int_{t'_{M'-2}}^{t'_{M'-1}} X_{i'_{M'-1}}(t'_{M'-1}, s) B_{i'_{M'-1}}(s) u(s) \mathrm{d}s$$

$$\left. + F_{i'_{M'}, i'_{M'-1}} u(t'_{M'-1}) \right\} + \int_{t'_{M'-1}}^{t'_{M'}} X_{i'_{M'}}(t'_{M'}, s) B_{i'_{M'}}(s) u(s) \mathrm{d}s. \quad (4.3.27)$$

令 $\Phi_{i'_1, \cdots, i'_{M'-1}} = \Phi_{i'_1, \cdots, i'_{M'-1}}(t'_0, t'_1, \cdots, t'_{M'-1})$. 式 (4.3.27) 两边左乘 $\Phi_{i'_1, \cdots, i'_{M'-1}}$ $\times X_{i'_{M'}}(t'_{M'-1}, t'_{M'})$, 可得

$$-x_0 = \sum_{m=1}^{M'-1} \left[\Phi_{i'_1, \cdots, i'_{m-1}} \int_{t'_{m-1}}^{t'_m} X_{i'_m}(t'_{m-1}, s) B_{i'_m}(s) u(s) \mathrm{d}s \right.$$

$$\left. + \Phi_{i'_1, \cdots, i'_m} F_{i'_{m+1}, i'_m} u(t'_m) \right]$$

$$+ \Phi_{i'_1, \cdots, i'_{M'-1}} \int_{t'_{M'-1}}^{t'_{M'}} X_{i'_{M'}}(t'_{M'-1}, s) B_{i'_{M'}}(s) u(s) \mathrm{d}s.$$

上式两边同乘 x_0^{T}, 由式 (4.3.25) 和式 (4.3.26), 并令 $\pi = \pi'$, 则

$$-|x_0|^2 = \sum_{m=1}^{M-1} \left[x_0^{\mathrm{T}} \Phi_{i_1, \cdots, i_{m-1}} \int_{t_{m-1}}^{t_m} X_{i_m}(t_{m-1}, s) B_{i_m}(s) u(s) \mathrm{d}s \right.$$

$$\left. + x_0^{\mathrm{T}} \Phi_{i_1, \cdots, i_m} F_{i_{m+1}, i_m} u(t_m) \right]$$

$$+ x_0^{\mathrm{T}} \Phi_{i_1, \cdots, i_{M-1}} \int_{t_{M-1}}^{t_M} X_{i_M}(t_{M-1}, s) B_{i_M}(s) u(s) \mathrm{d}s = 0.$$

这与 $x_0 \neq 0$ 矛盾. 因此, 必存在一个时间序列 $T : 0 = t_0 < t_1 < \cdots < t_M = t_f$, 使得 $\mathrm{rank}(W(T), V(T)) = n$. ∎

不难发现, 定理 4.3.4 可以推导出下面更为保守的结论. 如果假设 4.3.A 成立, 且系统 (4.3.15) 在 $[0, t_f]$ 上是可控的, 则存在一个切换序列 $\pi = \{(i_m, h_m) : h_m = $

$t_m - t_{m-1}\}$, 使得

$$\text{rank}(W(\pi), V(\pi)) = n,$$

其中 $W(\pi)$ 和 $V(\pi)$ 如下:

$$W(\pi) = (W_{i_1}(t_0, t_1), W_{i_2}(\Phi_{i_1}, t_1, t_2), \cdots, W_{i_M}(\Phi_{i_1, \cdots, i_{M-1}}, t_{M-1}, t_M)),$$
$$V(\pi) = (V_{i_1, i_2}(t_0, t_1), \cdots, V_{i_1, \cdots, i_M}(t_0, \cdots, t_{M-1})). \tag{4.3.28}$$

当 $F_{r(t^+, r(t))} = 0$ 时, 式 (4.3.28) 的必要条件即为 $\text{rank}(W(\pi)) = n$. 由定理 4.3.3 和定理 4.3.4 的证明我们可得如下系统 (4.3.15) 可控的充要条件.

推论4.3.6　如果 $F_{r(t^+), r(t)} = 0$ 且假设 4.3.A 成立, 则系统 (4.3.15) 在 $[0, t_f]$ 上是可控的当且仅当存在一个切换序列 π, 使得

$$\text{rank}(W(\pi)) = n,$$

其中 $W(\pi)$ 由式 (4.3.28) 给出.

证明　记 $\tilde{W}(\pi) = \sum_{j=1}^{M} W_{i_j}(\Phi_{i_1, \cdots, i_{j-1}}, t_{j-1}, t_j)$. 因为矩阵 $W_{i_j}(\Phi_{i_1, \cdots, i_{j-1}}, t_{j-1}, t_j)$ 均正定, $j = 1, 2, \cdots$. 由定理 4.3.4 和上述讨论易得 $\text{rank}(\tilde{W}(\pi)) = n$, 从而必要性得证. 根据定理 4.3.3 的证明, 构造如下控制

$$u(t) = B_i^T(t) X_{i_m}^T(s) \Phi_{i_1, \cdots, i_{m-1}} \alpha.$$

其中 $\alpha \in \mathbf{R}^n$ 是个待定的常数. 利用式 (4.3.18) 和定义 4.3.8, 有 $x_0 = \tilde{W}(\pi)\alpha$. 因为 $\tilde{W}(\pi)$ 满秩, 故在 $F_{r(t^+), r(t)} = 0$ 的情况下, 系统 (4.3.15) 在 $[0, t_f]$ 上是可控的. 证毕. ■

注4.3.6　虽然推论 4.3.6 是一个充要条件, 易见定理 4.3.3 中的充分条件和必要条件相对推论 4.3.6 来说更弱, 而且更易于验证.

下面我们利用定理 4.3.4 推导出两类时变脉冲系统的可控性的必要条件.

推论4.3.7　假设 $E_{i_{m+1}, i_m} = I + E_m$ 是非退化的, $F_{i_{m+1}, i_m} = F_m$, $m = 1, 2, \cdots$, $J = \{1\}$, 则系统 (4.3.15) 退化为一个时变脉冲系统. 若该系统在 $[0, t_f]$ 上是可控的, 则

$$\text{rank}(W'(T), V'(T)) = n,$$

其中

$$W'(T) = (W_1(t_0, t_1), W_1(\Phi_1, t_1, t_2), \cdots, W_1(\underbrace{\Phi_{1, \cdots, 1}}_{k}, t_k, t_{k+1})),$$

$$V'(T) = (V_{1,1}(t_0, t_1), \cdots, V_{\underbrace{1, \cdots, 1}_{k+1}}(t_0, \cdots, t_k)).$$

推论4.3.8 对系统 (4.3.15), 其时间和切换序列表示为 $0 = t_0 < \cdots < t_N = t_f < +\infty$, $\pi = \{(m, t_m - t_{m-1})\}_{m=1}^N$. 对 $i, j \in J$, $c_j \neq -1$, $F_{i,j} = 0$, 且 $E_{i,j} = (1 + c_j)I_n$, 系统 (4.3.15) 退化为分片线性时变脉冲系统. 若该系统在 $[0, t_f]$ 上是可控的, 则

$$\text{rank}(W_1, W_2, \cdots, W_N) = n. \tag{4.3.29}$$

其中

$$Y_m(t_0, s) = \prod_{j=1}^{m-1} X_j(t_{j-1}, t_j) X_m(t_{m-1}, s), s \in (t_{m-1}, t_m],$$

$$W_m = W(t_0, t_{m-1}, t_m) = \int_{t_{m-1}}^{t_m} Y_m(t_0, s) B_m(s) B_m^{\mathrm{T}}(s) Y_m^{\mathrm{T}}(t_0, s) \mathrm{d}s,$$

$$m = 1, 2, \cdots, N. \tag{4.3.30}$$

注4.3.7 由式 (4.3.22) 知, $\Phi_{\underbrace{1, \cdots, 1}_{i}} = \prod_{j=1}^{i} X_{i_j}(t_{j-1}, t_j)(I + E_j)^{-1} \triangleq \Phi_i$, $\Phi_0 \triangleq I$, 则 $W_1(\Phi_{\underbrace{1, \cdots, 1}_{i}}, t_i, t_{i+1}) \triangleq W(\Phi_i, t_i, t_{i+1})$, $i = 0, 1, \cdots, k$, 且有 $V_{\underbrace{1, \cdots, 1}_{i+1}}(t_0, \cdots, t_i)$ $= \Phi_i F_i \triangleq V_i$, $i = 1, 2, \cdots, k$. 因此推论 4.3.7, 为文献 [85] 中的定理 3.2, 推论 4.3.8 即为 4.1 节中的定理 4.1.1 的条件 (ii).

下面给出一个例子来说明结论的有效性.

例4.3.4 考虑如下的切换脉冲系统, 其系数矩阵表示如下:

$$A_1 = \begin{bmatrix} 0 & 1 & 0 \\ 0 & 0 & 0 \\ 0 & 0 & 0 \end{bmatrix}, A_2 = \begin{bmatrix} 0 & 0 & 0 \\ 0 & 0 & 0 \\ 1 & 0 & 0 \end{bmatrix}, B_1 = \begin{bmatrix} 1 & 0 & 0 \\ 0 & 0 & 1 \\ 0 & 1 & 0 \end{bmatrix}, B_2 = \begin{bmatrix} 1 & 0 & 0 \\ 0 & 0 & 0 \\ 0 & 1 & 0 \end{bmatrix},$$

$$E_{i_{j+1}, i_j} = E = \begin{bmatrix} 0.5 & 0 & 0 \\ 0 & 1 & 0 \\ 0 & 1.2 & 0.6 \end{bmatrix}, F_{i_{j+1}, i_j} = F = \begin{bmatrix} 2 & 0 & 0 \\ 0 & 1 & 0 \\ 1 & 0 & 3 \end{bmatrix}.$$ 易知 F 是可逆的. 由定理 4.3.3 知, 系统 (4.3.15) 在上述参数下是可控的. 另外, 对切换序列 $\pi = \{(2, 1), (1, 1), \cdots\}$, 经过简单的计算, $W_{i_2} = \begin{bmatrix} 80/63 & 5/8 & 1/6 \\ 5/8 & 4/3 & 1/2 \\ 1/6 & 1/2 & 1 \end{bmatrix}$ 是非退化的. 根据定理 4.3.3 的条件 (ii), 系统 (4.3.15) 是可控的. 注意到子系统 (A_1, B_1) 和 (A_2, B_2) 并不是可控的, 这表明切换脉冲系统在一些子系统不可控的情况下仍然可能是可控的.

下面, 我们主要讨论时变切换脉冲系统的可观性, 给出了系统可观的代数.

定义4.3.10 (可观性) 如果存在一个切换序列 π, 使得初始状态 $x(0) = x_0$ 可以被系统的输入 $u(t)$ 和输出 $y(t)$, $t \in [0, T_{[\pi]}]$ 唯一确定, 则称系统 (4.3.15) 是 (完全) 可观的.

为了研究系统 (4.3.15) 的可观性, 我们考虑下面的零输入系统.

$$\begin{cases} \dot{x}(t) = A_{r(t)}(t)x(t), \\ x(t^+) = E_{r(t^+),r(t)}x(t), \\ y(t) = C_{r(t)}(t)x(t), \\ x(t_0^+) = x_0. \end{cases} \tag{4.3.31}$$

显然系统 (4.3.15) 的可观性等价于系统 (4.3.31) 的可观性. 对系统 (4.3.31), 给定一个切换序列 $\pi = \{(i_m, h_m)\}_{m=1}^M$, 由引理 4.3.3, 输出可以表示为

$$y(t) = \begin{cases} C_{i_1}(t)X_{i_1}(t,t_0)x(t_0), \quad t \in (t_0, t_1], \\ C_{i_m}(t)X_{i_m}(t,t_{m-1}) \prod_{j=m-1}^{1} E_{i_{j+1},i_j}X_{i_j}(t_j, t_{j-1})x(t_0), \\ t \in (t_{m-1}, t_m], \quad 2 \leqslant m \leqslant M. \end{cases} \tag{4.3.32}$$

定义如下矩阵

$$\begin{aligned} \Psi_{i_0} &= I, \ \Psi_{i_1,\cdots,i_m} = \Psi_{i_1,\cdots,i_m}(t_0, t_1, \cdots, t_m) \\ &= \prod_{j=m}^{1} E_{i_{j+1},i_j}X_{i_j}(t_j, t_{j-1}), \quad m = 1, \cdots, M, \\ M_{i_1}(t_1, t_0) &= \int_{t_0}^{t_1} X_{i_1}^{\mathrm{T}}(s, t_0)C_{i_1}^{\mathrm{T}}(s)C_{i_1}(s)X_{i_1}(s, t_0)\mathrm{d}s, \\ M_{i_m}(\Psi_{i_1,\cdots,i_{m-1}}, t_m, t_{m-1}) &= (\Psi_{i_1,\cdots,i_{m-1}})^{\mathrm{T}} \int_{t_{m-1}}^{t_m} X_{i_m}^{\mathrm{T}}(s, t_{m-1})C_{i_m}^{\mathrm{T}}(s) \\ &\quad \times C_{i_m}(s)X_{i_m}(s, t_{m-1})\mathrm{d}s\, \Psi_{i_1,\cdots,i_{m-1}}, \\ &\quad m = 2, \cdots, M, \ i \in J, \\ M(T) &= \left(\sum_{m=1}^{M} M_{i_m}(\Psi_{i_1,\cdots,i_{m-1}}, t_m, t_{m-1}), \ i_m \in J \right), \end{aligned}$$

$$T : t_0 < t_1 < \cdots < t_M < +\infty. \tag{4.3.33}$$

下面分别给出切换脉冲系统可观性的充分条件和必要条件.

定理 4.3.5 若存在切换序列满足 $\mathrm{rank}\left(\sum_{m=1}^{M} M_{i_m}(\Psi_{i_1,\cdots,i_{m-1}}, t_m, t_{m-1}) \right) = n$, 则系统 (4.3.31) 在 $[0, t_f]$ 上是可观的.

证明 将式 (4.3.32) 两边分别左乘 $X_{i_1}^{\mathrm{T}}(t,t_0)C_{i_1}^{\mathrm{T}}(t)$ 和 $\left[\displaystyle\prod_{j=m-1}^{1}E_{i_{j+1},i_j}\times\right.$

$\left.X_{i_j}(t_j,t_{j-1})\right]^{\mathrm{T}}X_{i_m}^{\mathrm{T}}(t,t_{m-1})C_{i_m}^{\mathrm{T}}(t)$. 再对时间 t 从 t_0 到 t_f 积分得

$$\int_{t_0}^{t_1}X_{i_1}^{\mathrm{T}}(s,t_0)C_{i_1}^{\mathrm{T}}(s)y(s)\mathrm{d}s$$

$$+\sum_{m=2}^{M}\int_{t_{m-1}}^{t_m}\left[\prod_{j=m-1}^{1}E_{i_{j+1},i_j}X_{i_j}(t_j,t_{j-1})\right]^{\mathrm{T}}X_{i_m}^{\mathrm{T}}(s,t_{m-1})C_{i_m}^{\mathrm{T}}(s)y(s)\mathrm{d}s$$

$$=\int_{t_0}^{t_1}X_{i_1}^{\mathrm{T}}(s,t_0)C_{i_1}^{\mathrm{T}}(s)C_{i_1}(s)X_{i_1}(s,t_0)\mathrm{d}sx_0$$

$$+\sum_{m=2}^{M}\int_{t_{m-1}}^{t_m}\left[\prod_{j=m-1}^{1}E_{i_{j+1},i_j}X_{i_j}(t_j,t_{j-1})\right]^{\mathrm{T}}X_{i_m}^{\mathrm{T}}(s,t_{m-1})$$

$$\times C_{i_m}^{\mathrm{T}}(s)C_{i_m}(s)X_{i_m}(s,t_{m-1})\left[\prod_{j=m-1}^{1}E_{i_{j+1},i_j}X_{i_j}(t_j,t_{j-1})\right]\mathrm{d}sx_0$$

$$=\left[\sum_{m=1}^{M}M_{i_m}(\varPsi_{i_1,\cdots,i_{m-1}},t_m,t_{m-1})\right]x_0.$$

上式左边依赖于 $y(t),t\in[t_0,t_M]$, 且上式是关于 x_0 的线性方程. 这表明如果 $\displaystyle\sum_{m=1}^{M}M_{i_m}(\varPsi_{i_1,\cdots,i_{m-1}},t_m,t_{m-1})$ 非退化, 则初始状态 x_0 可以被系统的输出 $y(t),t\in[t_0,t_M]$ 唯一确定. 由可观性定义知, 系统 (4.3.31) 在 $[0,t_f]$ 上是可观的. ∎

接下来给出系统 (4.3.31) 可观性的必要条件.

定理 4.3.6 若系统 (4.3.31) 在 $[0,t_f]$ 上是可观的, 则存在一个时间序列 $T:0=t_0<t_1<\cdots<t_M=t_f$ 使得 $\mathrm{rank}(M(T))=n$.

证明 如果系统 (4.3.31) 在 $[0,t_f]$ 上是可观的, 而 $\mathrm{rank}(M(T))=n$ 不成立, 那么对任意的时间序列 $T:0=t_0<t_1<\cdots<t_M=t_f$, $\mathrm{rank}(M(T))<n$, 则对任意的切换序列 $\pi=\{(i_m,h_m)\}_{m=1}^{M}$, 其中 $h_m=t_m-t_{m-1}$, $m=1,\cdots,M$, 存在一个非零 $x_1\in\mathbf{R}^n$, 使得

$$x_1^{\mathrm{T}}\left[\sum_{m=1}^{M}M_{i_m}(\varPsi_{i_1,\cdots,i_{m-1}},t_m,t_{m-1})\right]x_1=0. \tag{4.3.34}$$

选择 $x_0 = x_1$, 由式 (4.3.32)～ 式 (4.3.34) 可知,

$$\int_{t_0}^{t_M} y^{\mathrm{T}}(s)y(s)\mathrm{d}s = x_1^{\mathrm{T}} M_{i_1}(t_1,t_0)x_1 + \sum_{m=2}^{M} x_1^{\mathrm{T}}(\Psi_{i_1,\cdots,i_{m-1}})^{\mathrm{T}}$$
$$\times \int_{t_{m-1}}^{t_m} X_{i_m}^{\mathrm{T}}(s,t_{m-1})C_{i_m}^{\mathrm{T}}(s)C_{i_m}(s)$$
$$\times X_{i_m}(s,t_{m-1})\mathrm{d}s\,\Psi_{i_1,\cdots,i_{m-1}}x_1$$
$$= x_1^{\mathrm{T}}\left(\sum_{m=1}^{M} M_{i_m}(\Psi_{i_1,\cdots,i_{m-1}},t_m,t_{m-1})\right)x_1 = 0,$$

即 $\int_{t_0}^{t_M} \|y(s)\|^2 \mathrm{d}s = 0$. 因为 $M_{i_m}(\Psi_{i_1,\cdots,i_{m-1}},t_m,t_{m-1})$, 对 $1 \leqslant m \leqslant M$ 都是半正定的, 故有

$$0 = y(t) = \begin{cases} C_{i_1}(t)X_{i_1}(t,t_0)x_0, t \in (t_0,t_1], \\ C_{i_m}(t)X_{i_m}(t,t_{m-1})\Psi_{i_1,\cdots,i_{m-1}}x_0, \quad t \in (t_{m-1},t_m],\ 2 \leqslant m \leqslant M, \end{cases} \tag{4.3.35}$$

由定义 4.3.10 知, 系统 (4.3.31) 在 $[0,t_f]$ 上是不可观的, 这与假设矛盾. ∎

类似地, 从定理 4.3.6 的证明中可以看出, 定理 4.3.6 可以推出以下结论. 如果系统 (4.3.31) 在 $[0,t_f]$ 上是可观的, 则存在一个切换序列 $\pi = \{(i_m,h_m) : h_m = t_m - t_{m-1}\}$, 使得

$$\mathrm{rank}(M(\pi)) = n,$$

其中 $M(\pi)$ 表示为

$$M(\pi) = \sum_{m=1}^{M} M_{i_m}(\Psi_{i_1,\cdots,i_{m-1}},t_m,t_{m-1}). \tag{4.3.36}$$

根据定理 4.3.5 和定理 4.3.6 的证明, 可得系统 (4.3.31) 可观的充要条件.

推论4.3.9　如果系统 (4.3.31) 在 $[0,t_f]$ 上是可观的, 当且仅当存在一个切换序列 π 使得

$$\mathrm{rank}(\tilde{M}(\pi)) = n,$$

其中 $\tilde{M}(\pi)$ 表示为

$$\tilde{M}(\pi) = [M_{i_1}(t_1,t_0), M_{i_2}(\Psi_{i_1},t_2,t_1),\cdots, M_{i_M}(\Psi_{i_1,\cdots,i_{M-1}},t_M,t_{M-1})]. \tag{4.3.37}$$

证明　记 $M(\pi) = \sum_{j=1}^{M} M_{i_j}(\Psi_{i_1,\cdots,i_{j-1}},t_j,t_{j-1})$. 因为 $M_{i_j}(\Psi_{i_1,\cdots,i_{j-1}},t_j,t_{j-1})$ 对 $j = 1,2,\cdots,M$ 都是半正定的, 所以如果 $\mathrm{rank}(\tilde{M}(\pi)) = n$, 则 $\mathrm{rank}(M(\pi)) = n$. 由定理 4.3.5 和定理 4.3.6 的证明知结论成立. ∎

注4.3.8   注意到推论 4.3.9 中的必要性条件要比定理 4.3.6 的必要条件保守性更强. 尽管推论 4.3.9 看似完美并且是一个充要条件, 但是定理 4.3.6 的条件保守性更弱, 结果更易使用.

下面将定理 4.3.5 和定理 4.3.6 与文献中的一些结论进行比较.

推论4.3.10   假设 $E_{i_{m+1},i_m} = I + E_m$, $m = 1, 2, \cdots$. 如果时间序列为 $T : t_0 < t_1 < \cdots < t_M = t_f$, $J = \{1\}$, 则系统 (4.3.31) 变为一个时变脉冲系统. 下面的两个条件是等价的:

(i) 系统在 $[0, t_f]$ 上是可观的;

(ii) $\operatorname{rank}\left\{ \sum_{m=1}^{M} M_1(\Psi_{\underbrace{1, \cdots, 1}_{m-1}}, t_m, t_{m-1}) \right\} = n.$

进一步, 对任意的 $i, j \in J$, $c_j \neq -1$, 当时间序列和切换序列如下表示 $0 = t_0 < \cdots < t_N = t_f < +\infty$, $\pi = \{(m, t_m - t_{m-1})\}_{m=1}^{N}$, $E_{i,j} = (1 + c_j)I_n,$, 则系统 (4.3.31) 退化为一个分片线性时变脉冲系统. 定义

$$M_1'(t_1, t_0) = \int_{t_0}^{t_1} X_1^{\mathrm{T}}(s, t_0) C_1^{\mathrm{T}}(s) C_1(s) X_1(s, t_0) \mathrm{d}s,$$

$$M_m'(t_m, t_{m-1}) = \left[\prod_{j=m-1}^{1} (1 + c_j) X_j(t_j, t_{j-1}) \right]^{\mathrm{T}} \int_{t_{m-1}}^{t_m} X_m^{\mathrm{T}}(s, t_{m-1}) C_m^{\mathrm{T}}(s)$$

$$\times C_m(s) X_m(s, t_{m-1}) \mathrm{d}s \prod_{j=m-1}^{1} (1 + c_j) X_j(t_j, t_{j-1}),$$

$$M'(T) = \left(\sum_{m=1}^{M} M_m'(t_m, t_{m-1}) \right), \ m = 2, \cdots, M. \tag{4.3.38}$$

根据定理 4.3.5 和定理 4.3.6, 给出分片线性时变脉冲系统可观的充要条件.

推论4.3.11   对系统 (4.3.31) 下列条件等价:

(i) 系统可观;

(ii) $\operatorname{rank}(M'(T)) = n.$

注4.3.9   推论 4.3.10 和推论 4.3.11 分别等价于文献 [85] 和关于时变脉冲系统可观性的充要条件. 注意到当系统退化为这两类脉冲系统时, 关于可观性的充分条件和必要条件就转化为充要条件, 这表明切换脉冲系统的可观性与已有的脉冲系统可观性的判定是不同的.

例4.3.5   考虑如下切换脉冲系统 $E_{i_{j+1}, i_j} = E$, $F_{i_{j+1}, i_j} = F$,

$$A_1 = \begin{bmatrix} 0 & 1 & 0 \\ 0 & 0 & 1 \\ 0 & 0 & 0 \end{bmatrix}, A_2 = \begin{bmatrix} 0 & 0 & 0 \\ 1 & 0 & 0 \\ 0 & 1 & 0 \end{bmatrix}, E = \begin{bmatrix} 0 & 1 & 0 \\ 0 & 0 & 0 \\ 1 & 0 & 0 \end{bmatrix}, F = \begin{bmatrix} 2 & 0 & 0 \\ 0 & 1 & 0 \\ 1 & 0 & 3 \end{bmatrix},$$

$C_1 = [010], C_2 = [101].$ 对切换序列 $\{(1,1),(2,1)\}$ 有 $M_{i_1} + M_{i_2} = \begin{bmatrix} 83/60 & 8/5 & 7/6 \\ 8/5 & 4/3 & 1 \\ 7/6 & 1 & 4/3 \end{bmatrix}$

是非退化的. 根据定理 4.3.5, 系统 (4.3.31) 在 $[0,2]$ 上是可观的. 但是简单的计算发现, 子系统 (C_1, A_1) 并不可观.

本节内容由文献 [159], [160] 改写.

第5章 脉冲系统的边值问题与周期解

5.1 一阶脉冲微分方程非线性边值问题

脉冲系统的边值问题将一般微分方程的边值问题和脉冲系统结合起来研究, 研究所得到的结果不仅发展了微分方程的理论和方法, 而且也给不断出现的复杂实际问题的研究提供新的理论方法和依据. 因此, 对脉冲系统边值问题的研究无论是在理论中还是在实际应用方面都有重要的意义.

考虑一阶脉冲常微分方程非线性边值问题

$$
\begin{cases}
x'(t) = f(t, x(t)), & t \in J = [0, T], t \neq t_k, k = 1, 2, \cdots, p, \\
\Delta x(t_k) = I_k(x(t_k)), & k = 1, 2, \cdots, p, \\
g(x(0), x(T)) = 0.
\end{cases} \tag{5.1.1}
$$

其中 $f \in C(J \times \mathbf{R}, \mathbf{R}), I_k \in C(\mathbf{R}, \mathbf{R}), g \in C(\mathbf{R} \times \mathbf{R}, \mathbf{R}),$

$$
\Delta x(t_k) = x(t_k^+) - x(t_k^-).
$$

$x(t_k^-), x(t_k^+)$ 分别为 $x(t)$ 在 t_k 的左、右极限, $t_k, k = 1, 2, \cdots, p$, 是固定点且满足 $0 < t_1 < t_2 < \cdots < t_p < T$.

上下解方法和单调迭代技术可以有效的解决非线性常微分方程初值、边值、终值等一系列问题解的存在性, 因此一直以来大家对这一有趣的方法非常重视, 并且利用此方法解决了现实中的大量问题. 如文献 [60] 中作者应用此方法讨论了 $g(x(0), x(T)) = x(0) - x(T)$ 的情况, 即周期边值问题. 在文献 [62] 中, 作者在满足 f 是 Caratheódory 函数, I_j 连续单调条件下讨论了问题 (5.1.1) 的解的存在性及极解的存在性. 本章中将在 f 是连续函数且满足单边的 Lipschitz 的条件下, 利用上下解方法及单调迭代技术讨论问题 (5.1.1) 最大最小解的存在性. 这里不仅讨论了上解大于下解的情况, 而且讨论了下解大于上解的情况.

定义 $J_0 = J \backslash \{t_1, t_2 \cdots t_p\}, PC(J) = \{x : J \to \mathbf{R} : x(t)$ 在 $t \neq t_k$ 时连续, $x(t_k^+), x(t_k^-)$ 存在 $k = 1, 2, \cdots, p$ 且 $x(t_k^-) = x(t_k)\}$. $PC^1(J) = \{x \in PC(J) : x$ 在 $t \in J_0$ 时连续可微, $x'(0^+), x'(T^-), x'(t_k^+), x'(t_k^-), k = 1, 2, \cdots, p$ 存在$\}$. 在 $PC(J)$ 及 $PC^1(J)$ 上定义范数

$$
\|x\|_{PC(J)} = \sup\{|x(t)| : t \in J\}
$$

及

$$\|x\|_{PC^1(J)} = \|x\|_{PC(J)} + \|x'\|_{PC(J)},$$

则 $PC(J)$ 和 $PC^1(J)$ 都是 Banach 空间. 令 $\Omega = PC^1(J)$. 若函数 $x \in \Omega$ 满足问题 (5.1.1), 则称 x 是问题 (5.1.1) 的解.

令 $t_0 = 0, t_{p+1} = T$. 下面先介绍几个假设.

(A_1) 存在函数 $\alpha, \beta \in \Omega$, 使得

$$\begin{cases} \alpha'(t) \geqslant f(t, \alpha(t)), & t \neq t_k, t \in [0, T], \\ \Delta\alpha(t_k) \geqslant I_k(\alpha(t_k)), & k = 1, 2, \cdots, p, \\ g(\alpha(0), \alpha(T)) \geqslant 0 \end{cases}$$

和

$$\begin{cases} \beta'(t) \leqslant f(t, \beta(t)), & t \neq t_k, t \in [0, T], \\ \Delta\beta(t_k) \leqslant I_k(\beta(t_k)), & k = 1, 2, \cdots, p, \\ g(\beta(0), \beta(T)) \leqslant 0 \end{cases}$$

成立. 特别地, 称 $\alpha(t), \beta(t)$ 为问题 (5.1.1) 的上解和下解.

(A_2) 函数 $f \in C(J \times \mathbf{R}, \mathbf{R})$ 满足

$$f(t, x) - f(t, y) \geqslant -H(x - y),$$

其中 $\beta(t) \leqslant y \leqslant x \leqslant \alpha(t), t \in J, H > 0$.

(A_2') 函数 $f \in C(J \times \mathbf{R}, \mathbf{R})$ 满足

$$f(t, x) - f(t, y) \leqslant H(x - y),$$

其中 $\alpha(t) \leqslant y \leqslant x \leqslant \beta(t), t \in J, H > 0$.

(A_3) 函数 $I_k \in C(\mathbf{R}, \mathbf{R})$ 满足

$$I_k(x) - I_k(y) \geqslant L_k(x - y),$$

其中 $\beta(t_k) \leqslant y \leqslant x \leqslant \alpha(t_k), L_k > -1, k = 1, 2, \cdots, p$.

(A_3') 函数 $I_k \in C(\mathbf{R}, \mathbf{R})$ 满足

$$I_k(x) - I_k(y) \leqslant L_k(x - y),$$

其中 $\alpha(t_k) \leqslant y \leqslant x \leqslant \beta(t_k), L_k > -1, k = 1, 2, \cdots, p$.

(A_4) 函数 $g \in C(\mathbf{R} \times \mathbf{R}, \mathbf{R})$ 满足

$$g(x_1, y_1) - g(x_2, y_2) \leqslant M_1(x_1 - x_2) - M_2(y_1 - y_2),$$

其中 $\beta(0) \leqslant x_2 \leqslant x_1 \leqslant \alpha(0), \beta(T) \leqslant y_2 \leqslant y_1 \leqslant \alpha(T), M_1 > 0, M_2 > 0.$

(A_4') 函数 $g \in C(\mathbf{R} \times \mathbf{R}, \mathbf{R})$ 满足

$$g(x_1, y_1) - g(x_2, y_2) \leqslant -M_1(x_2 - x_1) + M_2(y_2 - y_1),$$

其中 $\alpha(0) \leqslant x_1 \leqslant x_2 \leqslant \beta(0), \alpha(T) \leqslant y_1 \leqslant y_2 \leqslant \beta(T), M_1 > 0, M_2 > 0.$

引理 5.1.1[1] 设

(B_1) 序列 $\{t_k\}$ 满足 $0 \leqslant t_0 < t_1 < t_2 < \cdots < t_k < \cdots, \lim_{k \to +\infty} t_k = +\infty;$

(B_2) $m \in PC^1(\mathbf{R}^+, \mathbf{R})$ 在点 $t_k, k = 1, 2, \cdots$ 左连续;

(B_3) 当 $k = 1, 2, \cdots, t \geqslant t_0,$

$$\begin{cases} m'(t) \leqslant p(t)m(t) + q(t), & t \neq t_k, k = 1, 2, \cdots, \\ m(t_k^+) \leqslant d_k m(t_k) + b_k. \end{cases} \tag{5.1.2}$$

其中 $p, q \in C(\mathbf{R}^+, \mathbf{R}), d_k \geqslant 0,$ 则有

$$\begin{aligned} m(t) \leqslant & m(t_0) \prod_{t_0 < t_k < t} d_k \exp\left(\int_{t_0}^t p(s)\mathrm{d}s\right) \\ & + \int_{t_0}^t \prod_{s < t_k < t} d_k \exp\left(\int_s^t p(\sigma)d\sigma\right) q(s)\mathrm{d}s \\ & + \sum_{0 < t_k < t} \prod_{t_k < t_j < t} d_j \exp\left(\int_{t_k}^t p(s)\mathrm{d}s\right) b_k. \end{aligned} \tag{5.1.3}$$

注5.1.1 若引理 5.1.1 中不等式 (5.1.2) 符号反向, 则结论不等式 (5.1.3) 的符号也反向.

由引理 5.1.1, 易得下面几个命题.

命题 5.1.1 若 $u \in \Omega,$

$$\begin{cases} u'(t) \leqslant -Hu(t), & t \neq t_k, t \in J, \\ \Delta u(t_k) \leqslant L_k u(t_k), & k = 1, 2, \cdots, p, \\ u(0) \leqslant 0. \end{cases}$$

其中 $H > 0, L_k > -1, k = 1, 2, \cdots, p,$ 则 $u(t) \leqslant 0, t \in J.$

命题 5.1.2 若 $u \in \Omega,$

$$\begin{cases} u'(t) \leqslant -Hu(t), & t \neq t_k, t \in J, \\ \Delta u(t_k) \leqslant L_k u(t_k), & k = 1, 2, \cdots, p, \\ u(0) \leqslant \lambda u(T). \end{cases}$$

其中 $\lambda > 0, H > 0, L_k > -1, k = 1, 2, \cdots, p$, 且有

$$\lambda \mathrm{e}^{-HT} \prod_{i=1}^{p}(1 + L_i) < 1, \tag{5.1.4}$$

则 $u(t) \leqslant 0, t \in J$.

命题 5.1.3　若 $u \in \Omega$,

$$\begin{cases} u'(t) \geqslant Hu(t), & t \neq t_k, t \in J, \\ \Delta u(t_k) \geqslant L_k u(t_k), & k = 1, 2, \cdots, p, \\ u(T) \leqslant 0. \end{cases}$$

其中 $H > 0, L_k > -1, k = 1, 2, \cdots, p$, 则 $u(t) \leqslant 0, t \in J$.

命题 5.1.4　若 $u \in \Omega$,

$$\begin{cases} u'(t) \geqslant Hu(t), & t \neq t_k, t \in J, \\ \Delta u(t_k) \geqslant L_k u(t_k), & k = 1, 2, \cdots, p, \\ u(T) \leqslant \lambda u(0), \end{cases}$$

其中 $\lambda > 0, H > 0, L_k > -1, k = 1, 2, \cdots, p$, 且有

$$\lambda \mathrm{e}^{-HT} \prod_{i=1}^{p}(1 + L_i)^{-1} < 1, \tag{5.1.5}$$

则 $u(t) \leqslant 0, t \in J$.

考虑线性问题

$$\begin{cases} y'(t) = -Hy(t) + \sigma(t), & t \neq t_k, t \in J, \\ \Delta y(t_k) = L_k y(t_k) + I_k(u(t_k)) - L_k u(t_k), & k = 1, 2, \cdots, p, \\ My(0) + Ny(T) = C \end{cases} \tag{5.1.6}$$

及

$$\begin{cases} y'(t) = Hy(t) + \sigma(t) & t \neq t_k, t \in [0, T], \\ \Delta y(t_k) = L_k y(t_k) + I_k(u(t_k)) - L_k u(t_k), & k = 1, 2, \cdots, p, \\ My(0) + Ny(T) = C, \end{cases} \tag{5.1.7}$$

其中 $H, M, N, C, L_k, (k = 1, 2, \cdots, p)$ 为常数.

引理 5.1.2　$y \in \Omega$ 为问题 (5.1.6) 的解当且仅当 $y \in PC(J)$ 是下述脉冲积分方程的解:

$$y(t) = CD\mathrm{e}^{-Ht} + \int_0^T G(t, s)\sigma(s)\mathrm{d}s$$

$$+ \sum_{k=1}^{p} G(t, t_k)(L_k y(t_k) + I_k(u(t_k)) - L_k u(t_k)), \tag{5.1.8}$$

其中 $D = (M + Ne^{-HT})^{-1}$,

$$G(t, s) = - \begin{cases} NDe^{-H(T+t-s)} - e^{-H(t-s)}, & 0 \leqslant s < t \leqslant T, \\ NDe^{-H(T+t-s)}, & 0 \leqslant t \leqslant s \leqslant T. \end{cases}$$

证明 设 $y(t) \in \Omega$ 为问题 (5.1.6) 的任意解, 则由

$$y'(t) + Hy(t) = \sigma(t),$$
$$(e^{Ht}y(t))' = e^{Ht}\sigma(t).$$

令

$$z(t) = e^{Ht}y(t),$$
$$z'(t) = e^{Ht}\sigma(t). \tag{5.1.9}$$

对式 (5.1.9), 从 0 到 t_1 积分, 得

$$z(t_1) - z(0) = \int_0^{t_1} e^{Hs}\sigma(s)\mathrm{d}s.$$

对式 (5.1.9), 从 t_1 到 t 积分, 其中 $t \in (t_1, t_2)$, 得

$$\begin{aligned} z(t) &= z(t_1^+) + \int_{t_1}^t e^{Hs}\sigma(s)\mathrm{d}s \\ &= z(0) + \int_0^t e^{Hs}\sigma(s)\mathrm{d}s + e^{Ht_1}(L_1y(t_1) + I_1(u(t_1)) - L_1u(t_1)). \end{aligned}$$

重复上述过程, $t \in J$, 可得

$$z(t) = z(0) + \int_0^t e^{Hs}\sigma(s)\mathrm{d}s + \sum_{0 < t_k < t} e^{Ht_k}(L_ky(t_k) + I_k(u(t_k)) - L_ku(t_k)).$$

注意到 $z(0) = y(0)$, 因此

$$\begin{aligned} y(t) = e^{-Ht}(y(0) &+ \int_0^t e^{Hs}\sigma(s)\mathrm{d}s \\ &+ \sum_{0 < t_k < t} e^{Ht_k}(L_ky(t_k) + I_k(u(t_k)) - L_ku(t_k)). \end{aligned} \tag{5.1.10}$$

考虑到 $My(0) + Ny(T) = C$, 得

$$\begin{aligned} y(t) = CDe^{-Ht} &+ \int_0^T G(t, s)\sigma(s)\mathrm{d}s \\ &+ \sum_{k=1}^p G(t, t_k)(L_ky(t_k) + I_k(u(t_k)) - L_ku(t_k)), \end{aligned}$$

其中 $D = (M + Ne^{-HT})^{-1}$,

$$G(t,s) = -\begin{cases} NDe^{-H(T+t-s)} - e^{-H(t-s)}, & 0 \leqslant s < t \leqslant T, \\ NDe^{-H(T+t-s)}, & 0 \leqslant t \leqslant s \leqslant T, \end{cases}$$

即式 (5.1.6) 的解一定为式 (5.1.8) 的解.

此外, 设 $y(t) \in PC(J)$ 为积分方程 (5.1.8) 的任意解. 求导方程 (5.1.8), $t \neq t_k$, 由于

$$G'(t,s) = H\begin{cases} NDe^{-H(T+t-s)} - e^{-H(t-s)}, & 0 \leqslant s < t \leqslant T, \\ NDe^{-H(T+t-s)}, & 0 \leqslant t \leqslant s \leqslant T. \end{cases}$$

因此, 可得 $y'(t) = -Hy(t) + \sigma(t)$. 通过直接计算, 得

$$My(0) + Ny(T) = C$$

及

$$\Delta \sum_{k=1}^{p} G(t, t_k)(L_k y(t_k) + I_k(u(t_k)) - L_k u(t_k))$$
$$= L_k y(t_k) + I_k(u(t_k)) - L_k u(t_k),$$

即

$$\Delta y(t_k) = L_k y(t_k) + I_k(u(t_k)) - L_k u(t_k).$$

因此, 式 (5.1.8) 的解也一定是式 (5.1.6) 的解. ■

推论5.1.1　$y \in \Omega$ 为问题

$$\begin{cases} y'(t) = -Hy(t) + \sigma(t), & t \neq t_k, t \in J, \\ \Delta y(t_k) = L_k y(t_k) + I_k(u(t_k)) - L_k u(t_k), & k = 1, 2, \cdots, p, \quad (5.1.11) \\ g(u(0), u(T)) + M_1(y(0) - u(0)) - M_2(y(T) - u(T)) = 0 \end{cases}$$

的解, 当且仅当 $y \in PC(J)$ 是下述脉冲积分方程的解:

$$y(t) = DBue^{-Ht} + \int_0^T G(t,s)\sigma(s)\mathrm{d}s$$
$$+ \sum_{k=1}^{p} G(t, t_k)(L_k y(t_k) + I_k(u(t_k)) - L_k u(t_k)), \quad (5.1.12)$$

其中 $Bu = -g(u(0), u(T)) + M_1 u(0) - M_2 u(T)$, $D = (M_1 - M_2 e^{-HT})^{-1}$, H, M_1, M_2 是常数,

$$G(t,s) = \begin{cases} M_2 De^{-H(T+t-s)} + e^{-H(t-s)}, & 0 \leqslant s < t \leqslant T, \\ M_2 De^{-H(T+t-s)}, & 0 \leqslant t \leqslant s \leqslant T. \end{cases}$$

注5.1.2 由引理 5.1.2, 易得 $y \in \Omega$ 为初值问题

$$
\begin{cases}
y'(t) = -Hy(t) + \sigma(t), & t \neq t_k, t \in J, \\
\Delta y(t_k) = L_k y(t_k) + I_k(u(t_k)) - L_k u(t_k), & k = 1, 2, \cdots, p, \\
g(u(0), u(T)) + M_1(y(0) - u(0)) = 0
\end{cases}
\tag{5.1.13}
$$

的解, 当且仅当 $y \in PC(J)$ 是下述脉冲积分方程的解.

$$
y(t) = Bu e^{-Ht} + \int_0^t e^{-H(t-s)} \sigma(s) \mathrm{d}s
$$
$$
+ \sum_{0 < t_k < t} e^{-H(t-t_k)} (L_k y(t_k) + I_k(u(t_k)) - L_k u(t_k)),
\tag{5.1.14}
$$

其中 $Bu = \dfrac{1}{M_1}(M_1 u(0) - g(u(0), u(T))), M_1 \neq 0$.

引理 5.1.3 $y \in \Omega$ 为问题 (5.1.7) 的解当且仅当 $y \in PC(J)$ 是下述脉冲积分方程的解:

$$
y(t) = CD e^{Ht} + \int_0^T G(t, s) \sigma(s) \mathrm{d}s
$$
$$
+ \sum_{k=1}^p G(t, t_k)(L_k y(t_k) + I_k(u(t_k)) - L_k u(t_k)),
\tag{5.1.15}
$$

其中 $D = (M + N e^{HT})^{-1}$,

$$
G(t, s) = - \begin{cases}
N D e^{H(T+t-s)} - e^{H(t-s)}, & 0 \leqslant s < t \leqslant T, \\
N D e^{H(T+t-s)}, & 0 \leqslant t \leqslant s \leqslant T.
\end{cases}
$$

推论5.1.2 $y \in \Omega$ 为问题

$$
\begin{cases}
y'(t) = Hy(t) + \sigma(t), & t \neq t_k, t \in J, \\
\Delta y(t_k) = L_k y(t_k) + I_k(u(t_k)) - L_k u(t_k), & k = 1, 2, \cdots, p, \\
g(u(0), u(T)) + M_1(y(0) - u(0)) - M_2(y(T) - u(T)) = 0
\end{cases}
\tag{5.1.16}
$$

的解, 当且仅当 $y \in PC(J)$ 是下述脉冲积分方程的解:

$$
y(t) = DBu e^{Ht} + \int_0^T G(t, s) \sigma(s) \mathrm{d}s
$$
$$
+ \sum_{k=1}^p G(t, t_k)(L_k y(t_k) + I_k(u(t_k)) - L_k u(t_k)),
\tag{5.1.17}
$$

其中 $Bu = -g(u(0), u(T)) + M_1 u(0) - M_2 u(T), D = (M_1 - M_2 e^{HT})^{-1}, H, M_1, M_2$ 是常数,

$$G(t,s) = \begin{cases} M_2 D e^{H(T+t-s)} + e^{H(t-s)}, & 0 \leqslant s < t \leqslant T, \\ M_2 D e^{H(T+t-s)}, & 0 \leqslant t \leqslant s \leqslant T. \end{cases}$$

注5.1.3　由引理 5.1.3, 易得 $y \in \Omega$ 为终值问题

$$\begin{cases} y'(t) = Hy(t) + \sigma(t), & t \neq t_k, t \in J, \\ \Delta y(t_k) = L_k y(t_k) + I_k(u(t_k)) - L_k u(t_k), & k = 1, 2, \cdots, p, \\ g(u(0), u(T)) - M_2(y(T) - u(T)) = 0 \end{cases} \tag{5.1.18}$$

的解当且仅当 $y \in PC(J)$ 是下述脉冲积分方程的解:

$$\begin{aligned} y(t) = e^{-H(T-t)} Bu - \int_t^T e^{H(t-s)} \sigma(s) \mathrm{d}s \\ - \sum_{t < t_k < T} e^{H(t-t_k)} (L_k y(t_k) + I_k(u(t_k)) - L_k u(t_k)), \end{aligned} \tag{5.1.19}$$

其中 $Bu = \dfrac{1}{M_2}(M_2 u(T) + g(u(0), u(T))), M_2 \neq 0$.

引理 5.1.4　若 $H > 0, M_1 \neq M_2 e^{-HT}$,

$$r \sum_{k=1}^p |L_k| < 1, r = \max\{|DM_1|, |DM_2|\},$$

$$D = (M_1 - M_2 e^{-HT})^{-1}, \tag{5.1.20}$$

则问题 (5.1.11) 存在唯一的解 $y \in \Omega$.

证明　任意给定 $y \in PC(J)$, 定义算子 F:

$$\begin{aligned} Fy(t) = DBu e^{-Ht} + \int_0^T G(t,s) \sigma(s) \mathrm{d}s \\ + \sum_{k=1}^p G(t, t_k)(L_k y(t_k) + I_k(u(t_k)) - L_k u(t_k)). \end{aligned}$$

$G(t,s)$ 如推论 5.1.1 定义, 则

$$\begin{aligned} \max |G(t,s)| &= \max\{|DM_2|, |DM_2 e^{-HT} + 1|\} \\ &= \max\{|DM_1|, |DM_2|\} = r, \\ \|Fu - Fv\| &= \sup |\sum_{k=1}^p G(t, t_k)(L_k u(t_k) - L_k v(t_k))| \\ &\leqslant \left(r \sum_{k=1}^p |L_k| \right) \|u - v\|, \end{aligned}$$

所以, 算子 F 是 $PC(J)$ 的压缩算子. 由压缩映象原理, 存在函数 $y \in \Omega$, 使得 $y = Fy$, 由推论 5.1.1 知, y 也是问题 (5.1.11) 唯一的解. ∎

类似地, 有

引理 5.1.5　若 $H > 0, M_1 \neq 0, \sum_{k=1}^{p} |L_k| < 1$ 则问题 (5.1.13) 存在唯一的解 $y \in \Omega$.

引理 5.1.6　若 $H > 0, M_1 \neq M_2 e^{HT}, r \sum_{k=1}^{p} |L_k| < 1,$

$$r = \max\{|DM_1 e^{HT}|, |DM_2 e^{HT}|\}, D = (M_1 - M_2 e^{HT})^{-1}, \tag{5.1.21}$$

则问题 (5.1.16) 有唯一解 $y \in \Omega$.

引理 5.1.7　若 $H > 0, M_2 \neq 0, \sum_{k=1}^{p} |L_k| < 1$ 则问题 (5.1.18) 存在唯一的解 $y \in \Omega$.

定理 5.1.1　设假设 $(A_1) \sim$ 假设 (A_3) 成立, $M_1 > 0, \sum_{k=1}^{p} |L_k| < 1$, 且有假设 (A_5). 函数 $g \in C(\mathbf{R} \times \mathbf{R}, \mathbf{R})$ 关于第二个变量不增, 且满足

$$g(x_1, y) - g(x_2, y) \leqslant M_1(x_1 - x_2),$$

若 $\beta(0) \leqslant x_2 \leqslant x_1 \leqslant \alpha(0)$, 则存在单调序列 $\{\alpha_n(t)\}, \{\beta_n(t)\}$, 其中 $\alpha_0(t) = \alpha(t)$, $\beta_0(t) = \beta(t), \beta(t) \leqslant \alpha(t)$, 在 J 上一致收敛到问题 (5.1.1) 的最大最小解 x^*, x_*, $x^*, x_* \in [\beta, \alpha], [\beta, \alpha] = \{x \in \Omega : \beta(t) \leqslant x(t) \leqslant \alpha(t), t \in J\}$.

证明　任给 $u(t) \in [\beta, \alpha]$, 考虑问题 (5.1.13), 其中

$$\sigma(t) = f(t, u(t)) + Hu(t).$$

由引理 5.1.5, 式 (5.1.13) 有唯一的解 $y \in \Omega$. 定义算子 $A : PC(J) \to PC(J)$ 为 $y = Au$, 则算子 A 有以下性质:

(i) $\beta_0 \leqslant A\beta_0, A\alpha_0 \leqslant \alpha_0$. 设 $m = \beta_0 - \beta_1$, 其中 $\beta_1 = A\beta_0$.

$$\begin{aligned}
m'(t) &= \beta_0'(t) - \beta_1'(t) \\
&\leqslant f(t, \beta_0) - [-H\beta_1 + f(t, \beta_0) + H\beta_0] \\
&= -Mm, \quad t \neq t_k, t \in J, \\
\Delta m(t_k) &= \Delta\beta_0(t_k) - \Delta\beta_1(t_k) \\
&\leqslant I_k(\beta_0(t_k)) - (L_k\beta_1(t_k) + I_k(\beta_0(t_k)) - L_k\beta_0(t_k)) \\
&= L_k m(t_k), \quad k = 1, 2, \cdots, p,
\end{aligned}$$

$$m(0) = \beta_0(0) - \beta_1(0)$$
$$= \beta_0(0) - \left[-\frac{1}{M_1} g(\beta_0(0), \beta_0(T)) + \beta_0(0) \right]$$
$$\leqslant 0.$$

由命题 5.1.1, 当 $t \in J$ 时, $m(t) \leqslant 0$, 即　$\beta_0 \leqslant A\beta_0$. 同理可得 $A\alpha_0 \leqslant \alpha_0$.

(ii)$A\eta_1 \leqslant A\eta_2$, 若 $\beta \leqslant \eta_1 \leqslant \eta_2 \leqslant \alpha$, 令 $u_1 = A\eta_1, u_2 = A\eta_2$, 设 $m = u_1 - u_2$. 由假设 (A$_2$), 假设 (A$_3$) 及假设 (A$_5$), 有

$$m'(t) = u_1'(t) - u_2'(t)$$
$$= -Hu_1 + f(t, \eta_1) + H\eta_1 - [-Hu_2 + f(t, \eta_2) + H\eta_2]$$
$$\leqslant -Mm, \quad t \neq t_k, t \in J,$$
$$\Delta m(t_k) = \Delta u_1(t_k) - \Delta u_2(t_k)$$
$$= L_k u_1(t_k) + I_k(\eta_1(t_k)) - L_k \eta_1(t_k)$$
$$- (L_k u_2(t_k) + I_k(\eta_2(t_k)) - L_k \eta_2(t_k))$$
$$\leqslant L_k m(t_k), \qquad k = 1, 2, \cdots, p,$$
$$m(0) = \frac{1}{M_1} [-g(\eta_1(0), \eta_1(T)) + \eta_1(0) + g(\eta_2(0), \eta_2(T)) - \eta_2(0)]$$
$$\leqslant 0.$$

由命题 5.1.1, 当 $t \in J$ 时, $m(t) \leqslant 0$, 即 $A\eta_1 \leqslant A\eta_2$. 特别地, $A\beta_0 = \beta_1, A\alpha_0 = \alpha_1$ 仍然是问题 (5.1.1) 的上解和下解. 由假设 (A$_2$), 假设 (A$_3$) 及假设 (A$_5$),

$$\beta_1' = -H\beta_1(t) + f(t, \beta_0(t)) + H\beta_0(t)$$
$$= -H\beta_1(t) + f(t, \beta_0(t)) + H\beta_0(t) - f(t, \beta_1(t)) + f(t, \beta_1(t))$$
$$\leqslant f(t, \beta_1(t)),$$
$$\Delta\beta_1 = L_k \beta_1(t_k) + I_k(\beta_0(t_k)) - L_k \beta_0(t_k)$$
$$+ I_k(\beta_1(t_k)) - I_k(\beta_1(t_k)) \leqslant I_k(\beta_1(t_k)),$$
$$g(\beta_1(0), \beta_1(T)) = g(\beta_1(0), \beta_1(T)) - g(\beta_0(0), \beta_0(T))$$
$$- M_1(\beta_1(0) - \beta_0(0)) \leqslant 0,$$

即 β_1 为问题 (5.1.1) 的一个下解, 同理可得, α_1 为问题 (5.1.1) 的一个上解.

现令 $\alpha_n = A\alpha_{n-1}, \beta_n = A\beta_{n-1}, n = 1, 2, \cdots$. 重复应用性质 (i) 和性质 (ii), 可得

$$\beta_0 \leqslant \beta_1 \leqslant \cdots \leqslant \beta_n \cdots \leqslant \alpha_n \cdots \leqslant \alpha_1 \leqslant \alpha_0.$$

显然, $\alpha_i, \beta_i, (i = 1, 2, \cdots)$ 为问题 (5.1.1) 的上下解且满足

$$
\begin{cases}
\alpha_n'(t) + H\alpha_n = f(t, \alpha_{n-1}) + H\alpha_{n-1}, & t \neq t_k, t \in J, \\
\Delta\alpha_n(t_k) = L_k\alpha_n(t_k) + I_k(\alpha_{n-1}(t_k)) - L_k\alpha_{n-1}(t_k), & k = 1, 2, \cdots, p, \\
g(\alpha_{n-1}(0), \alpha_{n-1}(T)) + M_1(\alpha_n(0) - \alpha_{n-1}(0)) = 0
\end{cases}
$$

和

$$
\begin{cases}
\beta_n'(t) + H\beta_n = f(t, \beta_{n-1}) + H\beta_{n-1}, & t \neq t_k, t \in J, \\
\Delta\beta_n(t_k) = L_k\beta_n(t_k) + I_k(\beta_{n-1}(t_k)) - L_k\beta_{n-1}(t_k), & k = 1, 2, \cdots, p, \\
g(\beta_{n-1}(0), \beta_{n-1}(T)) + M_1(\beta_n(0) - \beta_{n-1}(0)) = 0.
\end{cases}
$$

因此, 存在 x^*, x_*, 使得在 J 一致地有 $\lim_{n \to +\infty} \alpha_n(t) = x^*$, $\lim_{n \to +\infty} \beta_n(t) = x_*$. 显然, x^* 和 x_* 满足问题 (5.1.1).

下证 x^*, x_* 为问题 (5.1.1) 的最大最小解.

令 $x(t)$ 为问题 (5.1.1) 的任一满足条件 $\beta \leqslant x(t) \leqslant \alpha$ 的解, 则存在一个正整数 n 使得当 $t \in J$ 时, $\beta_n(t) \leqslant x(t) \leqslant \alpha_n(t)$.

设 $m(t) = \beta_{n+1}(t) - x(t), t \in J$, 由假设 (A_2), 假设 (A_3) 和假设 (A_5),

$$
\begin{aligned}
m'(t) &= \beta_{n+1}'(t) - x'(t) \\
&= -H\beta_{n+1} + f(t, \beta_n) + H\beta_n - f(t, x) \\
&\leqslant -Mm, \quad t \neq t_k, t \in J, \\
\Delta m(t_k) &= \Delta\beta_{n+1}(t_k) - \Delta x(t_k) \\
&= L_k\beta_{n+1}(t_k) + I_k(\beta_n(t_k)) - L_k\beta_n(t_k) - I_k(x(t_k)) \\
&\leqslant L_k m(t_k), \quad k = 1, 2, \cdots, p, \\
m(0) &= -\frac{1}{M_1}g(\beta_n(0), \beta_n(T)) + \beta_n(0) - x(0) + \frac{1}{M_1}g(x(0), x(T)) \\
&\leqslant 0.
\end{aligned}
$$

因此, $m(t) \leqslant 0, t \in J$, 即 $\beta_{n+1}(t) \leqslant x(t)$. 同理可得, $x(t) \leqslant \alpha_{n+1}(t), t \in J$, 由数学归纳法, 有 $\beta_{n+1}(t) \leqslant x(t) \leqslant \alpha_{n+1}(t), t \in J, \forall n$. 因此, $x_*(t) \leqslant x(t) \leqslant x^*(t)$. ∎

仿定理 5.1.1 的证明, 可得定理 5.1.2.

定理 5.1.2 设假设 $(A_1) \sim$ 假设 (A_4), 式 (5.1.4), 式 (5.1.20) 成立, 其中 $\lambda = \dfrac{M_2}{M_1} \neq e^{HT}$, 则存在单调序列 $\{\alpha_n(t)\}, \{\beta_n(t)\}$, 其中 $\alpha_0(t) = \alpha(t), \beta_0(t) = \beta(t), \beta(t) \leqslant \alpha(t)$, 在 J 上一致收敛到问题 (5.1.1) 的最大最小解 x^*, x_*, $x^*, x_* \in [\beta, \alpha], [\beta, \alpha] = \{x \in \Omega : \beta(t) \leqslant x(t) \leqslant \alpha(t), t \in J\}$.

定理 5.1.3　设假设 (A_1), 假设 (A_2'), 假设 (A_3') 成立, $M_2 > 0$, $\sum\limits_{k=1}^{p} |L_k| < 1$, 且有假设 (A_5'). 函数 $g \in C(\mathbf{R} \times \mathbf{R}, \mathbf{R})$ 关于第一个变量不减, 且满足

$$g(x, y_1) - g(x, y_2) \leqslant -M_2(y_1 - y_2), \qquad 若 \alpha(T) \leqslant y_1 \leqslant y_2 \leqslant \beta(T),$$

则存在单调序列 $\{\alpha_n(t)\}, \{\beta_n(t)\}$, 其中 $\alpha_0(t) = \alpha(t), \beta_0(t) = \beta(t), \alpha(t) \leqslant \beta(t)$, 在 J 上一致收敛到问题 (5.1.1) 的最大最小解 $x^*, x_*, x^*, x_* \in [\alpha, \beta], [\alpha, \beta] = \{x \in \Omega : \alpha(t) \leqslant x(t) \leqslant \beta(t), t \in J\}$.

定理 5.1.4　设假设 (A_1), 假设 $(A_2') \sim$ 假设 (A_4'), 式 (5.1.5), 式 (5.1.21) 成立, 其中 $\lambda = \dfrac{M_1}{M_2} \neq e^{HT}$, 则存在单调序列 $\{\alpha_n(t)\}, \{\beta_n(t)\}$, 其中 $\alpha_0(t) = \alpha(t)$, $\beta_0(t) = \beta(t), \alpha(t) \leqslant \beta(t)$, 在 J 上一致收敛到问题 (5.1.1) 的最大最小解 x^*, x_*, $x^*, x_* \in [\alpha, \beta], [\alpha, \beta] = \{x \in \Omega : \alpha(t) \leqslant x(t) \leqslant \beta(t), t \in J\}$.

下面给出两个例子来说明所得结果的有效性.

例5.1.1　考虑问题

$$\begin{cases} x'(t) = e^{t \cos^2 x}, & t \neq t_k, t \in [0, T], \\ \Delta x(t_k) = -\dfrac{1}{8} \sin^2 \dfrac{x(t_k)}{6}, \\ x(0) = \dfrac{1}{4} x(T) + \dfrac{1}{4} x^2(0), \end{cases} \tag{5.1.22}$$

其中 $T = 1, k = 1, t_1 = \dfrac{1}{2}, f(t, x(t)) = e^{t \cos^2 x}, I(x(t_1)) = -\dfrac{1}{8} \sin^2 \dfrac{x(t_1)}{6}, g(x(0),$ $x(T)) = x(0) - \dfrac{1}{4} x(T) - \dfrac{1}{4} x^2(0). \alpha(t) = 0$ 显然为问题 (5.1.22) 的一个下解. 设

$$\beta(t) = \begin{cases} e^t + t, & t \in \left[0, \dfrac{1}{2}\right], \\ e^t + t + \dfrac{1}{8} \sin^2 \dfrac{\beta(t)}{6}, & t \in \left(\dfrac{1}{2}, 1\right]. \end{cases}$$

β 是问题 (5.1.22) 的一个上解且满足 $\alpha < \beta$. 进一步地, 令 $H = 10, L_1 = -\dfrac{1}{2}, M_1 = 1$, 则定理 5.1.1 的所有条件都满足, 所以问题 (5.1.22) 在区间 $[\alpha(t), \beta(t)]$ 内有最大最小解.

例5.1.2　考虑问题

$$\begin{cases} x'(t) = e^{x(t)+1} - 1, & t \neq t_k, t \in [0, T], \\ \Delta x(t_k) = \dfrac{1}{5} x(t_k), \\ x(0) = x(T) - \dfrac{x(0)^2}{6}, \end{cases} \tag{5.1.23}$$

其中 $T = \dfrac{\ln 2}{6}, k = 1.$ 设

$$
\alpha(t) = -1, \qquad \beta(t) = \begin{cases} t, & t \in \left[0, \dfrac{T}{2}\right], \\ \dfrac{t}{2}, & t \in \left(\dfrac{T}{2}, T\right]. \end{cases}
$$

容易验证 $\alpha(t)$ 为问题的一个上解, $\beta(t)$ 为问题的一个下解, 且满足 $\alpha(t) \leqslant \beta(t).$ 令 $H = \sqrt[6]{2}\mathrm{e}, M_1 = 1, M_2 = 1, L_1 = \dfrac{1}{5}$, 则定理 5.1.4 的所有条件都满足, 所以问题 (5.1.23) 在区间 $[\alpha(t), \beta(t)]$ 内有最大最小解.

本节内容由文献 [145] 改写而成.

5.2　一阶脉冲泛函微分方程非线性边值问题

总的来说, 关于非线性边值问题的研究还非常少, 而对带脉冲的泛函微分方程非线性边值问题的研究还未见过. 本节将建立几个新的比较定理, 利用上下解及单调迭代方法讨论 $\theta(t)$ 连续条件下问题极解及弱最大最小拟解对的存在性.

考虑问题

$$
\begin{cases} x'(t) = f(t, x(t), x(\theta(t))), & t \in J, t \neq t_k, k = 1, 2, \cdots, p, \\ \Delta x(t_k) = I_k(x(t_k)), & k = 1, 2, \cdots, p, \\ g(x(0), x(T)) = 0, \end{cases} \tag{5.2.1}
$$

其中 $J = [0, T], f \in C(J \times \mathbf{R}^2, \mathbf{R}), I_k \in C(\mathbf{R}, \mathbf{R}), g \in C(\mathbf{R} \times \mathbf{R}, \mathbf{R}), \theta \in C(J, J).$ 令 $\tau = \max_k\{t_k - t_{k-1}, k = 1, \cdots, p\}$, 这里 $t_0 = 0, t_{p+1} = T.$ 而 $\Delta x(t_k), J_0, PC(J), PC^1(J), \Omega$ 的定义见 5.1 节.

定义5.2.1　称函数 $x \in \Omega$ 为问题 (5.2.1) 的解, 若 x 满足问题 (5.2.1).

引理 5.2.1　设 $u \in \Omega$,

$$
\begin{cases} u'(t) \leqslant -Mu(t) - Nu(\theta(t)), & t \neq t_k, t \in J, \\ \Delta u(t_k) \leqslant L_k u(t_k), & k = 1, 2, \cdots, p, \\ u(0) \leqslant \lambda u(T). \end{cases} \tag{5.2.2}
$$

这里 $0 < \lambda \mathrm{e}^{-MT} \leqslant 1, M \geqslant 0, N > 0, -1 < L_k \leqslant 0, k = 1, 2, \cdots, p,$ 且

$$
N\left(\tau \mathrm{e}^{MT} + \prod_{j=1}^{p}(1+L_j)^{-1}\int_0^T \mathrm{e}^{M(t-\theta(t))}\mathrm{d}t\right) \leqslant \lambda \mathrm{e}^{-MT} \tag{5.2.3}
$$

或

$$N\left(1+\prod_{j=1}^{p}(1+L_j)^{-1}\right)\int_0^T \mathrm{e}^{M(t-\theta(t))}\mathrm{d}t \leqslant \lambda\mathrm{e}^{-MT} \qquad (5.2.4)$$

成立, 则 $u(t) \leqslant 0, t \in J$.

　　证明　令 $v(t) = \mathrm{e}^{Mt}u(t), v \in \Omega$ 则有

$$\begin{cases} v'(t) \leqslant -N\mathrm{e}^{M(t-\theta(t))}v(\theta(t)), & t \neq t_k, t \in J, \\ \Delta v(t_k) \leqslant L_k v(t_k), & k = 1,2,\cdots,p, \\ v(0) \leqslant \lambda\mathrm{e}^{-MT}v(T). \end{cases} \qquad (5.2.5)$$

显然, 若 $v(t) \leqslant 0$, 则 $u(t) \leqslant 0$. 下证 $v(t) \leqslant 0$. 若不然, 存在 $t \in J$, 使得 $v(t) > 0$, 则有两种情形:

　　(a) 存在 $\bar{t} \in J$, 使得 $v(\bar{t}) > 0$, 且对所有 $t \in J$ 有 $v(t) \geqslant 0$;

　　(b) 存在 $t^*, t_* \in J$, 使得 $v(t^*) > 0, v(t_*) < 0$.

　　考虑情形 (a). 由式 (5.2.5) 得, 当 $t \neq t_k$ 时, $v'(t) \leqslant 0$, 且 $\Delta v(t_k) \leqslant 0(k = 1,2,\cdots,p)$, 因此 $v(t)$ 在 J 上单调不增. 若 $\lambda\mathrm{e}^{-MT} = 1$, 则 $v(t) \equiv C$, 考虑到 $v(\bar{t}) > 0$, 有 $0 \equiv v'(t) < 0$, 矛盾. 若 $0 < \lambda\mathrm{e}^{-MT} < 1$, 则 $v(T) \leqslant v(0) \leqslant \lambda\mathrm{e}^{-MT}v(T)$, 矛盾.

　　考虑情形 (b). 令

$$\inf_{t \in J} v(t) = -\gamma.$$

这里 $\gamma > 0$, 存在某个 $i \in \{1,2,\cdots,p\}$, 及 $t_* \in (t_i, t_{i+1}]$, 使得 $v(t_*) = -\gamma$ 或 $v(t_i^+) = -\gamma$. 不妨设 $v(t_*) = -\gamma$, 对于 $v(t_i^+) = -\gamma$ 的情况, 证明完全类似. 存在 j, $t^* \in (t_j, t_{j+1}]$. 若 $t_* < t^*$, 则 $j \geqslant i$. 现在, 对式 (5.2.5) 在 t_* 和 t_{i+1} 间积分, 得

$$\int_{t_*}^{t_{i+1}^-} v'(t)\mathrm{d}t \leqslant \int_{t_*}^{t_{i+1}^-} (-N\mathrm{e}^{M(t-\theta(t))}v(\theta(t)))\mathrm{d}t,$$

$$v(t_{i+1}) - v(t_*) \leqslant N\gamma\int_{t_*}^{t_{i+1}} \mathrm{e}^{M(t-\theta(t))}\mathrm{d}t \leqslant N\gamma\int_{t_i}^{t_{i+1}} \mathrm{e}^{M(t-\theta(t))}\mathrm{d}t.$$

类似有

$$v(t_{i+2}) - (1+L_{i+1})v(t_{i+1}) \leqslant N\gamma\int_{t_{i+1}}^{t_{i+2}} \mathrm{e}^{M(t-\theta(t))}\mathrm{d}t,$$

$$\vdots$$

$$v(t_j) - (1+L_{j-1})v(t_{j-1}) \leqslant N\gamma\int_{t_{j-1}}^{t_j} \mathrm{e}^{M(t-\theta(t))}\mathrm{d}t,$$

$$v(t^*) - (1+L_j)v(t_j) \leqslant N\gamma\int_{t_j}^{t_{j+1}} \mathrm{e}^{M(t-\theta(t))}\mathrm{d}t,$$

将上面的各式相加, 及 $v(t_*) = -\gamma$, 得

$$0 < v(t^*) \leqslant -\gamma \prod_{n=i+1}^{j} (1 + L_n) + N\gamma \left(\int_{t_j}^{t_{j+1}} e^{M(t-\theta(t))} dt \right.$$
$$\left. + \sum_{n=i+1}^{j} \left(\int_{t_{n-1}}^{t_n} e^{M(t-\theta(t))} dt \prod_{n_1=n}^{j} (1 + L_{n_1}) \right) \right),$$

因此

$$1 < N \left(\int_{t_i}^{t_{i+1}} e^{M(t-\theta(t))} dt + \sum_{n=i+2}^{j+1} \left(\int_{t_{n-1}}^{t_n} e^{M(t-\theta(t))} dt \prod_{n_1=i+1}^{n-1} (1 + L_{n_1})^{-1} \right) \right)$$
$$\leqslant N \left(\tau e^{MT} + \prod_{j=1}^{p} (1 + L_j)^{-1} \int_0^T e^{M(t-\theta(t))} dt \right),$$

这与式 (5.2.3) 矛盾.

若 $t_* > t^*$, 则 $i \geqslant j$. 类似地, 得

$$v(T) \leqslant v(t_*) \prod_{n=i+1}^{p} (1 + L_n) + N\gamma \left(\int_{t_p}^{t_{p+1}} e^{M(t-\theta(t))} dt \right.$$
$$\left. + \sum_{n=i+1}^{p} \left(\int_{t_{n-1}}^{t_n} e^{M(t-\theta(t))} dt \prod_{n_1=n}^{p} (1 + L_{n_1}) \right) \right) \tag{5.2.6}$$

和

$$v(t^*) \leqslant v(0) \prod_{n=1}^{j} (1 + L_n) + N\gamma \left(\int_{t_j}^{t_{j+1}} e^{M(t-\theta(t))} dt \right.$$
$$\left. + \sum_{n=1}^{j} \left(\int_{t_{n-1}}^{t_n} e^{M(t-\theta(t))} dt \prod_{n_1=n}^{j} (1 + L_{n_1}) \right) \right). \tag{5.2.7}$$

由式 (5.2.6) 和式 (5.2.7), 有

$$\lambda e^{-MT} < N \left(\tau e^{MT} + \prod_{j=1}^{p} (1 + L_j)^{-1} \int_0^T e^{M(t-\theta(t))} dt \right),$$

这与式 (5.2.3) 矛盾. 若式 (5.2.4) 成立, 证明类似. 因此, $v(t) \leqslant 0, t \in J$. ∎

注5.2.1 引理 5.2.1 中式 (5.2.3) 的条件可以替换成下式

$$N\tau e^{MT} \left(1 + (p+1) \prod_{j=1}^{p} (1 + L_j)^{-1} \right) \leqslant \lambda e^{-MT}. \tag{5.2.8}$$

引理 5.2.2　设 $u \in \Omega$,

$$\begin{cases} u'(t) \geqslant Mu(t) + Nu(\theta(t)), & t \neq t_k, t \in J, \\ \Delta u(t_k) \geqslant L_k u(t_k), & k = 1, 2, \cdots, p, \\ u(T) \leqslant \lambda u(0). \end{cases} \tag{5.2.9}$$

这里 $0 < \lambda \mathrm{e}^{-MT} \leqslant 1, M \geqslant 0, N > 0, L_k \geqslant 0, k = 1, 2, \cdots, p$, 且

$$N\left(\tau \mathrm{e}^{MT} + \prod_{j=1}^{p}(1+L_j)\int_0^T \mathrm{e}^{M(\theta(t)-t)}\mathrm{d}t\right) \leqslant \lambda \mathrm{e}^{-MT} \tag{5.2.10}$$

或

$$N\left(1 + \prod_{j=1}^{p}(1+L_j)\right)\int_0^T \mathrm{e}^{M(\theta(t)-t)}\mathrm{d}t \leqslant \lambda \mathrm{e}^{-MT} \tag{5.2.11}$$

成立, 则 $u(t) \leqslant 0, t \in J$.

证明与引理 5.2.1 类似.

注5.2.2　引理 5.2.2 中的条件 (5.2.10) 可以由下式替换

$$N\tau \mathrm{e}^{MT}\left(1 + (p+1)\prod_{j=1}^{p}(1+L_j)\right) \leqslant \lambda \mathrm{e}^{-MT}. \tag{5.2.12}$$

注5.2.3　若式 (5.2.4)、式 (5.2.11) 成立, 则引理 5.2.1 和引理 5.2.2 中的条件 $M \geqslant 0$ 去掉后, 引理仍然成立.

考虑下面的线性问题

$$\begin{cases} y'(t) = -My(t) - Ny(\theta(t)) + \sigma(t), & t \in J, t \neq t_k, k = 1, \cdots, p, \\ \Delta y(t_k) = L_k y(t_k) + I_k(u(t_k)) - L_k u(t_k), & k = 1, \cdots, p, \\ g(u(0), u(T)) + M_1(y(0) - u(0)) \\ \quad - M_2(y(T) - u(T)) = 0 \end{cases} \tag{5.2.13}$$

和

$$\begin{cases} y'(t) = My(t) + Ny(\theta(t)) + \sigma(t), & t \in J, t \neq t_k, k = 1, \cdots, p, \\ \Delta y(t_k) = L_k y(t_k) + I_k(u(t_k)) - L_k u(t_k), & k = 1, \cdots, p, \\ g(u(0), u(T)) + M_1(y(0) - u(0)) \\ \quad - M_2(y(T) - u(T)) = 0. \end{cases} \tag{5.2.14}$$

由引理 5.1.2 和引理 5.1.3, 易得下面两个引理.

引理 5.2.3 $y \in \Omega$ 为 (5.2.13) 的解当且仅当 $y \in PC(J)$ 是下述脉冲积分方程的解

$$y(t) = Ce^{-Mt}Bu + \int_0^T G(t,s)[-Ny(\theta(s)) + \sigma(s)]\mathrm{d}s$$

$$+ \sum_{0 < t_k < T} G(t, t_k)(L_k y(t_k) + I_k(u(t_k)) - L_k u(t_k)). \qquad (5.2.15)$$

这里 $Bu = -g(u(0), u(T)) + M_1 u(0) - M_2 u(T)$, $C = (M_1 - M_2 e^{-MT})^{-1}$, 其中 M, N, M_1, M_2 为常数满足 $M \geqslant 0, M_1 \neq M_2 e^{-MT}$ 且

$$G(t,s) = \begin{cases} CM_2 e^{-M(T+t-s)} + e^{-M(t-s)}, & 0 \leqslant s < t \leqslant T, \\ CM_2 e^{-M(T+t-s)}, & 0 \leqslant t \leqslant s \leqslant T. \end{cases}$$

引理 5.2.4 $y \in \Omega$ 为式 (5.2.14) 的解当且仅当 $y \in PC(J)$ 是下述脉冲积分方程的解

$$y(t) = Ce^{Mt}Bu + \int_0^T G(t,s)[Ny(\theta(s)) + \sigma(s)]\mathrm{d}s$$

$$+ \sum_{0 < t_k < T} G(t, t_k)(L_k y(t_k) + I_k(u(t_k)) - L_k u(t_k)). \qquad (5.2.16)$$

这里 $Bu = -g(u(0), u(T)) + M_1 u(0) - M_2 u(T)$, $C = (M_1 - M_2 e^{MT})^{-1}$, 其中 $M, N, M_1,$ M_2 为常数满足 $M \geqslant 0, M_1 \neq M_2 e^{MT}$ 且

$$G(t,s) = \begin{cases} CM_2 e^{M(T+t-s)} + e^{M(t-s)}, & 0 \leqslant s < t \leqslant T, \\ CM_2 e^{M(T+t-s)}, & 0 \leqslant t \leqslant s \leqslant T. \end{cases}$$

引理 5.2.5 若 $M \geqslant 0, N > 0, M_1 \neq M_2 e^{-MT}$, $\left(NT + \sum_{k=1}^p |L_k|\right) r < 1$,

$r = \max\{|CM_1|, |CM_2|\}, C = (M_1 - M_2 e^{-MT})^{-1}$, 则式 (5.2.13) 有唯一的解 $y \in \Omega$.

证明 任意给定 $y \in PC(J)$, 定义算子

$$Ay = Ce^{-Mt}Bu + \int_0^T G(t,s)[-Ny(\theta(s)) + \sigma(s)]\mathrm{d}s$$

$$+ \sum_{0 < t_k < T} G(t, t_k)(L_k y(t_k) + I_k(u(t_k)) - L_k u(t_k)),$$

这里 $Bu = -g(u(0), u(T)) + M_1 u(0) - M_2 u(T)$, $C = (M_1 - M_2 e^{-MT})^{-1}$, $M, N, M_1,$ M_2 为常数且

$$G(t,s) = \begin{cases} CM_2 e^{-M(T+t-s)} + e^{-M(t-s)}, & 0 \leqslant s < t \leqslant T, \\ CM_2 e^{-M(T+t-s)}, & 0 \leqslant t \leqslant s \leqslant T. \end{cases}$$

利用引理 5.2.3 和压缩映象原理证明显然. ∎

注5.2.4　若 $M \geqslant 0, N > 0, M_1 \geqslant M_2 > 0$,

$$CM_1 \left(NT + \sum_{k=1}^{p} |L_k| \right) < 1, C = (M_1 - M_2 \mathrm{e}^{-MT})^{-1}, \tag{5.2.17}$$

由引理 5.2.5, 问题 (5.2.13) 有唯一的解 $y \in \Omega$.

类似地有引理 5.2.6

引理 5.2.6　若 $M \geqslant 0, N > 0, M_1 \neq M_2 \mathrm{e}^{MT}$, $\left(NT + \sum\limits_{k=1}^{p} |L_k| \right) r < 1$, $r = \max\{|CM_1 \mathrm{e}^{MT}|, |CM_2 \mathrm{e}^{MT}|\}$, $C = (M_1 - M_2 \mathrm{e}^{MT})^{-1}$, 则方程 (5.2.14) 有唯一的解 $y \in \Omega$.

注5.2.5　若 $M \geqslant 0, N > 0, M_2 \geqslant M_1 > 0$,

$$(1 - CM_1) \left(NT + \sum_{k=1}^{p} |L_k| \right) < 1, C = (M_1 - M_2 \mathrm{e}^{MT})^{-1}, \tag{5.2.18}$$

由引理 5.2.6, 方程 (5.2.14) 有唯一的解 $y \in \Omega$.

下面研究问题 (5.2.1) 的上下解.

定义5.2.2　函数 $\alpha, \beta \in \Omega$ 称为问题 (5.2.1) 的上解和下解, 若满足

$$\begin{cases} \alpha'(t) \geqslant f(t, \alpha(t), \alpha(\theta(t))), & t \neq t_k, t \in J, \\ \Delta\alpha(t_k) \geqslant I_k(\alpha(t_k)), & k = 1, 2, \cdots, p, \\ g(\alpha(0), \alpha(T)) \geqslant 0 \end{cases}$$

和

$$\begin{cases} \beta'(t) \leqslant f(t, \beta(t), \beta(\theta(t))), & t \neq t_k, t \in J, \\ \Delta\beta(t_k) \leqslant I_k(\beta(t_k)), & k = 1, 2, \cdots, p, \\ g(\beta(0), \beta(T)) \leqslant 0. \end{cases}$$

定理 5.2.1　设式 (5.2.3)、式 (5.2.17) 成立, $\alpha(t), \beta(t) \in \Omega$ 分别为问题 (5.2.1) 的上下解且满足 $\beta(t) \leqslant \alpha(t)$, 若

(A_1) 函数 $f \in C(J \times \mathbf{R}^2, \mathbf{R})$ 满足

$$f(t, x_1, y_1) - f(t, x_2, y_2) \geqslant -M(x_1 - x_2) - N(y_1 - y_2),$$

$$\beta(t) \leqslant x_2 \leqslant x_1 \leqslant \alpha(t), \beta(\theta(t)) \leqslant y_2 \leqslant y_1 \leqslant \alpha(\theta(t)), t \in J,$$

其中 $M \geqslant 0, N > 0$;

(A_2) 函数 $I_k \in C(\mathbf{R}, \mathbf{R})$ 满足

$$I_k(x) - I_k(y) \geqslant L_k(x - y),$$

$\beta(t_k) \leqslant y \leqslant x \leqslant \alpha(t_k)$, 其中 $-1 < L_k \leqslant 0$, $k = 1, 2, \cdots, p$;

(A$_3$) 函数 $g(x, y) \in C(\mathbf{R}, \mathbf{R})$ 满足

$$g(x_1, y_1) - g(x_2, y_2) \leqslant M_1(x_1 - x_2) - M_2(y_1 - y_2),$$

$\beta(0) \leqslant x_2 \leqslant x_1 \leqslant \alpha(0), \beta(T) \leqslant y_2 \leqslant y_1 \leqslant \alpha(T)$, 其中 $M_1 \geqslant M_2 > 0$

成立, 则存在单调序列 $\{\alpha_n(t)\}, \{\beta_n(t)\}, \alpha_0(t) = \alpha(t), \beta_0(t) = \beta(t)$, 在 J 上分别一致收敛到 (5.2.1) 的最大、最小解 x^*, x_*, 其中 $x^*, x_* \in [\beta, \alpha], [\beta, \alpha] = \{x \in \Omega : \beta(t) \leqslant x(t) \leqslant \alpha(t), t \in J\}$.

证明 对任意 $u \in [\beta, \alpha]$, 考虑问题 (5.2.13), 其中

$$\sigma(t) = f(t, u(t), u(\theta(t))) + Mu(t) + Nu(\theta(t)).$$

由引理 5.2.3, 问题 (5.2.13) 有唯一的解 $y \in \Omega$. 定义算子 $A : PC(J) \to PC(J)$ 为 $y = Au$, 则算子 A 有以下性质:

(i) $\beta_0 \leqslant A\beta_0, A\alpha_0 \leqslant \alpha_0$.

设 $m = \beta_0 - \beta_1$, 其中 $\beta_1 = A\beta_0$.

$$\begin{aligned}
m'(t) &= \beta_0'(t) - \beta_1'(t)\\
&\leqslant f(t, \beta_0, \beta_0(\theta(t))) - [-M\beta_1 - N\beta_1(\theta(t))\\
&\quad + f(t, \beta_0, \beta_0(\theta(t))) + M\beta_0 + N\beta_0(\theta(t))]\\
&= -Mm - Nm(\theta(t)), \quad t \neq t_k, t \in J,\\
\Delta m(t_k) &= \Delta\beta_0(t_k) - \Delta\beta_1(t_k)\\
&\leqslant I_k(\beta_0(t_k)) - (L_k\beta_1(t_k) + I_k(\beta_0(t_k)) - L_k\beta_0(t_k))\\
&= L_k m(t_k), \quad k = 1, 2\cdots, p,\\
m(0) &= \beta_0(0) - \beta_1(0)\\
&= \beta_0(0) - [-\frac{1}{M_1}g(\beta_0(0), \beta_0(T))\\
&\quad + \beta_0(0) + \frac{M_2}{M_1}(\beta_1(T) - \beta_0(T))]\\
&\leqslant \frac{M_2}{M_1}m(T).
\end{aligned}$$

由引理 5.2.1, 得 $m(t) \leqslant 0$ 当 $t \in J$, 即 $\beta_0 \leqslant A\beta_0$. 类似有 $A\alpha_0 \leqslant \alpha_0$.

(ii)$A\eta_1 \leqslant A\eta_2$, 若 $\beta \leqslant \eta_1 \leqslant \eta_2 \leqslant \alpha$, 令 $u_1 = A\eta_1, u_2 = A\eta_2$, 设 $m = u_1 - u_2$. 由假设 (A$_1$), 假设 (A$_2$) 及假设 (A$_3$), 有

$$\begin{aligned}
m'(t) &= u_1'(t) - u_2'(t)\\
&= -Mu_1 - Nu_1(\theta(t)) + f(t, \eta_1, \eta_1(\theta(t))) + M\eta_1 + N\eta_1(\theta(t))
\end{aligned}$$

$$-[-Mu_2 - Nu_2(\theta(t)) + f(t, \eta_2, \eta_2(\theta(t))) + M\eta_2 + N\eta_2(\theta(t))]$$
$$\leqslant -Mm - Nm(\theta(t)), \quad t \neq t_k, t \in J,$$
$$\Delta m(t_k) = \Delta u_1(t_k) - \Delta u_2(t_k)$$
$$= L_k u_1(t_k) + I_k(\eta_1(t_k)) - L_k \eta_1(t_k)$$
$$-[L_k u_2(t_k) + I_k(\eta_2(t_k)) - L_k \eta_2(t_k)]$$
$$\leqslant L_k m(t_k), \qquad k = 1, 2, \cdots, p,$$
$$m(0) = u_1(0) - u_2(0)$$
$$= -\frac{1}{M_1} g(\eta_1(0), \eta_1(T)) + \eta_1(0) + \frac{M_2}{M_1}(u_1(T) - \eta_1(T))$$
$$-\left[-\frac{1}{M_1} g(\eta_2(0), \eta_2(T)) + \eta_2(0) + \frac{M_2}{M_1}(u_2(T) - \eta_2(T)) \right]$$
$$\leqslant \frac{M_2}{M_1} m(T).$$

由引理 5.2.1, 有 $m(t) \leqslant 0$ 当 $t \in J$, 即 $A\eta_1 \leqslant A\eta_2$ 由性质 (i) 和性质 (ii), 得到 $\beta_0 \leqslant A\beta_0 \leqslant A\alpha_0 \leqslant \alpha_0$. 特别地, 易得 $A\beta_0, A\alpha_0$ 仍然分别是问题 (5.2.1) 的上解和下解.

现令 $\alpha_n = A\alpha_{n-1}, \beta_n = A\beta_{n-1}, n = 1, 2, \cdots$. 由性质 (i) 和性质 (ii), 有

$$\beta_0 \leqslant \beta_1 \leqslant \cdots \leqslant \beta_n \cdots \leqslant \alpha_n \cdots \leqslant \alpha_1 \leqslant \alpha_0.$$

显然, $\alpha_i, \beta_i, (i = 1, 2, \cdots)$ 满足

$$\begin{cases} \alpha_n'(t) + M\alpha_n + N\alpha_n(\theta(t)) = f(t, \alpha_{n-1}, \alpha_{n-1}(\theta(t))) \\ +M\alpha_{n-1} + N\alpha_{n-1}(\theta(t)), \quad t \neq t_k, t \in J, \\ \Delta\alpha_n(t_k) = L_k\alpha_n(t_k) + I_k(\alpha_{n-1}(t_k)) - L_k\alpha_{n-1}(t_k), k = 1, 2, \cdots, p, \\ g(\alpha_{n-1}(0), \alpha_{n-1}(T)) + M_1(\alpha_n(0) - \alpha_{n-1}(0)) \\ -M_2(\alpha_n(T) - \alpha_{n-1}(T)) = 0 \end{cases}$$

和

$$\begin{cases} \beta_n'(t) + M\beta_n + N\beta_n(\theta(t)) = f(t, \beta_{n-1}, \beta_{n-1}(\theta(t))) \\ +M\beta_{n-1} + N\beta_{n-1}(\theta(t)), \quad t \neq t_k, t \in J, \\ \Delta\beta_n(t_k) = L_k\beta_n(t_k) + I_k(\beta_{n-1}(t_k)) - L_k\beta_{n-1}(t_k), k = 1, 2, \cdots, p, \\ g(\beta_{n-1}(0), \beta_{n-1}(T)) + M_1(\beta_n(0) - \beta_{n-1}(0)) \\ -M_2(\beta_n(T) - \beta_{n-1}(T)) = 0. \end{cases}$$

因此, 存在 x^*, x_*, 使得在 J 上一致地有 $\lim_{n \to +\infty} \alpha_n(t) = x^*, \lim_{n \to +\infty} \beta_n(t) = x_*$. x^* 和 x_* 是问题 (5.2.1) 的解.

下证 x^*, x_* 为问题 (5.2.1) 的最大最小解.

设 $x(t)$ 为问题 (5.2.1) 的任意一个解, 使得 $\beta \leqslant x(t) \leqslant \alpha$. 则存在一个正整数 n 使得当 $t \in J$ 时, $\beta_n(t) \leqslant x(t) \leqslant \alpha_n(t)$.

设 $m(t) = \beta_{n+1}(t) - x(t), t \in J$,

$$
\begin{aligned}
m'(t) &= \beta'_{n+1}(t) - x'(t) \\
&= -M\beta_{n+1} - N\beta_{n+1}(\theta(t)) + f(t, \beta_n, \beta_n(\theta(t))) \\
&\quad + M\beta_n + N\beta_n(\theta(t)) - f(t, x, x(\theta(t))) \\
&\leqslant -Mm - Nm(\theta(t)), \qquad t \neq t_k, t \in J,
\end{aligned}
$$

$$
\begin{aligned}
\Delta m(t_k) &= \Delta\beta_{n+1}(t_k) - \Delta x(t_k) \\
&= L_k\beta_{n+1}(t_k) + I_k(\beta_n(t_k)) - L_k\beta_n(t_k) - I_k(x(t_k)) \\
&\leqslant L_k m(t_k), \qquad k = 1, 2, \cdots, p,
\end{aligned}
$$

$$
\begin{aligned}
m(0) &= -\frac{1}{M_1}g(\beta_n(0), \beta_n(T)) + \beta_n(0) + \frac{M_2}{M_1}(\beta_{n+1}(T) - \beta_n(T)) - x(0) \\
&\leqslant \frac{M_2}{M_1}m(T).
\end{aligned}
$$

由引理 5.2.1, $m(t) \leqslant 0, t \in J$, 即 $\beta_{n+1}(t) \leqslant x(t)$. 类似地, 可证得 $x(t) \leqslant \alpha_{n+1}(t), t \in J$, 由数学归纳法得, $\beta_{n+1}(t) \leqslant x(t) \leqslant \alpha_{n+1}(t), \forall t \in J, \forall n$, 即 $x_*(t) \leqslant x(t) \leqslant x^*(t)$. ■

定理 5.2.2　若式 (5.2.10)、式 (5.2.18) 成立, $\alpha(t), \beta(t) \in \Omega$ 为问题 (5.2.1) 的上解和下解满足 $\alpha(t) \leqslant \beta(t)$, 假设

(A'_1)　函数 $f \in C(J \times \mathbf{R}^2, \mathbf{R})$ 满足

$$
f(t, x_1, y_1) - f(t, x_2, y_2) \geqslant -M(x_2 - x_1) - N(y_2 - y_1),
$$

$$
\alpha(t) \leqslant x_1 \leqslant x_2 \leqslant \beta(t), \alpha(\theta(t)) \leqslant y_1 \leqslant y_2 \leqslant \beta(\theta(t)), t \in J,
$$

其中 $M \geqslant 0, N > 0$.

(A'_2)　函数 $I_k \in C(\mathbf{R}, \mathbf{R})$ 满足

$$
I_k(x) - I_k(y) \geqslant -L_k(y - x),
$$

$\alpha(t_k) \leqslant x \leqslant y \leqslant \beta(t_k)$, 其中 $L_k \geqslant 0, k = 1, 2, \cdots, p$.

(A'_3) 函数 $g(x, y) \in C(R, R)$ 满足

$$
g(x_1, y_1) - g(x_2, y_2) \leqslant -M_1(x_2 - x_1) + M_2(y_2 - y_1),
$$

$\alpha(0) \leqslant x_1 \leqslant x_2 \leqslant \beta(0), \alpha(T) \leqslant y_1 \leqslant y_2 \leqslant \beta(T)$, 其中 $M_2 \geqslant M_1 > 0$

成立, 则存在单调序列 $\{\alpha_n(t)\}, \{\beta_n(t)\}, \alpha_0(t) = \alpha(t), \beta_0(t) = \beta(t)$, 在 J 上一致收敛到 (5.2.1) 的最大最小解 x^*, x_*, 其中 $x^*, x_* \in [\alpha, \beta], [\alpha, \beta] = \{x \in \Omega : \alpha(t) \leqslant x(t) \leqslant \beta(t), t \in J\}$.

证明与定理 5.2.1 类似, 故省略.

注5.2.6　定理 5.2.1 中的条件 (5.2.3) 由条件 (5.2.4) 或条件 (5.2.8) 替换后, 定理仍然成立. 类似地, 定理 5.2.2 中的条件 (5.2.10) 可以由条件 (5.2.11) 或条件 (5.2.12) 替换.

下面研究问题 (5.2.1) 的弱上下解对.

定义5.2.3　函数 $\alpha, \beta \in \Omega$, 称为问题 (5.2.1) 的弱上下解对, 若满足

$$\begin{cases} \alpha'(t) \geqslant f(t, \alpha(t), \alpha(\theta(t))), & t \neq t_k, t \in J, \\ \Delta\alpha(t_k) \geqslant I_k(\alpha(t_k)), & k = 1, 2, \cdots, p, \\ g(\beta(0), \alpha(T)) \geqslant 0 \end{cases}$$

和

$$\begin{cases} \beta'(t) \leqslant f(t, \beta(t), \beta(\theta(t))), & t \neq t_k, t \in J, \\ \Delta\beta(t_k) \leqslant I_k(\beta(t_k)), & k = 1, 2, \cdots, p, \\ g(\alpha(0), \beta(T)) \leqslant 0. \end{cases}$$

定义5.2.4　对 $(U, V), U, V \in \Omega$ 称为问题 (5.2.1) 的弱拟解对, 若满足

$$\begin{cases} U'(t) = f(t, U(t), U(\theta(t))), & t \neq t_k, t \in J, \\ \Delta U(t_k) = I_k(U(t_k)), & k = 1, 2, \cdots, p, \\ g(V(0), U(T)) = 0 \end{cases}$$

和

$$\begin{cases} V'(t) = f(t, V(t), V(\theta(t))), & t \neq t_k, t \in J, \\ \Delta V(t_k) = I_k(V(t_k)), & k = 1, 2, \cdots, p, \\ g(U(0), V(T)) = 0. \end{cases}$$

定义5.2.5　弱拟解对 $(\rho, \zeta), \rho, \zeta \in \Omega$ 称为问题 (5.2.1) 的弱最大最小拟解对, 若对问题 (5.2.1) 的任意弱拟解对 (U, V), 有 $\rho(t) \leqslant U(t), V(t) \leqslant \zeta(t), t \in J$.

定理 5.2.3　设式 (5.2.3)、式 (5.2.17) 成立, $\alpha(t), \beta(t) \in \Omega$ 为问题 (5.2.1) 的弱上下解对且满足 $\beta(t) \leqslant \alpha(t)$. 若假设 $(A_1) \sim$ 假设 (A_2) 成立, 且有

(A_4). 函数 $g(x, y) \in C(\mathbf{R}, \mathbf{R})$ 关于第一个变量非减且

$$g(x, y_1) - g(x, y_2) \leqslant -M_2(y_1 - y_2), \qquad 若 \beta_0(T) \leqslant y_2 \leqslant y_1 \leqslant \alpha_0(T),$$

则存在单调序列 $\{\alpha_n(t)\}, \{\beta_n(t)\}, \alpha_0(t) = \alpha(t), \beta_0(t) = \beta(t)$, 在 J 上一致收敛到问题 (5.2.1) 的弱最大最小拟解对 $(\underline{x}, \overline{x})$, 其中 $\underline{x}, \overline{x} \in [\beta, \alpha], [\beta, \alpha] = \{x \in \Omega : \beta(t) \leqslant x(t) \leqslant \alpha(t), t \in J\}$.

证明 令

$$
\begin{cases}
\alpha_n'(t) + M\alpha_n + N\alpha_n(\theta(t)) = f(t, \alpha_{n-1}, \alpha_{n-1}(\theta(t))) \\
+ M\alpha_{n-1} + N\alpha_{n-1}(\theta(t)), \quad t \neq t_k, t \in J, \\
\Delta\alpha_n(t_k) = L_k\alpha_n(t_k) + I_k(\alpha_{n-1}(t_k)) - L_k\alpha_{n-1}(t_k), \quad k = 1, 2, \cdots, p, \\
g(\beta_{n-1}(0), \alpha_{n-1}(T)) + M_1(\alpha_n(0) - \alpha_{n-1}(0)) \\
- M_2(\alpha_n(T) - \alpha_{n-1}(T)) = 0
\end{cases}
$$

和

$$
\begin{cases}
\beta_n'(t) + M\beta_n + N\beta_n(\theta(t)) = f(t, \beta_{n-1}, \beta_{n-1}(\theta(t))) \\
+ M\beta_{n-1} + N\beta_{n-1}(\theta(t)), \quad t \neq t_k, t \in J, \\
\Delta\beta_n(t_k) = L_k\beta_n(t_k) + I_k(\beta_{n-1}(t_k)) - L_k\beta_{n-1}(t_k), \quad k = 1, 2, \cdots, p, \\
g(\alpha_{n-1}(0), \beta_{n-1}(T)) + M_1(\beta_n(0) - \beta_{n-1}(0)) \\
- M_2(\beta_n(T) - \beta_{n-1}(T)) = 0.
\end{cases}
$$

其中 $n = 0, 1, \cdots$. 由引理 5.2.3 和引理 5.2.5, α_1, β_1 有定义. 首先, 将证明

$$
\beta_0 \leqslant \beta_1 \leqslant \alpha_1 \leqslant \alpha_0, \qquad t \in J.
$$

设 $m = \beta_0 - \beta_1$.

$$
\begin{aligned}
m'(t) &= \beta_0'(t) - \beta_1'(t) \\
&\leqslant f(t, \beta_0, \beta_0(\theta(t))) \\
&\quad - [-M\beta_1 - N\beta_1(\theta(t)) + f(t, \beta_0, \beta_0(\theta(t))) + M\beta_0 + N\beta_0(\theta(t))] \\
&= -Mm - Nm(\theta(t)), \quad t \neq t_k, t \in J, \\
\Delta m(t_k) &= \Delta\beta_0(t_k) - \Delta\beta_1(t_k) \\
&\leqslant I_k(\beta_0(t_k)) - (L_k\beta_1(t_k) + I_k(\beta_0(t_k)) - L_k\beta_0(t_k)) \\
&= L_k m(t_k), \qquad k = 1, 2, \cdots, p, \\
m(0) &= \beta_0(0) - \beta_1(0) \\
&= \beta_0(0) - \left[-\frac{1}{M_1} g(\alpha_0(0), \beta_0(T)) + \beta_0(0) + \frac{M_2}{M_1}(\beta_1(T) - \beta_0(T)) \right] \\
&\leqslant \frac{M_2}{M_1} m(T).
\end{aligned}
$$

由引理 5.2.1, $m(t) \leqslant 0, t \in J$, 即 $\beta_0 \leqslant \beta_1$. 类似地可得 $\alpha_1 \leqslant \alpha_0$.

现设 $m = \beta_1 - \alpha_1$, 由假设 (A$_1$)、假设 (A$_2$) 及假设 (A$_4$), 有

$$
\begin{aligned}
m'(t) =& \beta_1'(t) - \alpha_1'(t) \\
=& -M\beta_1 - N\beta_1(\theta(t)) + f(t, \beta_0, \beta_0(\theta(t))) + M\beta_0 + N\beta_0(\theta(t)) \\
& -[-M\alpha_1 - N\alpha_1(\theta(t)) + f(t, \alpha_0, \alpha_0(\theta(t))) + M\alpha_0 + N\alpha_0(\theta(t))] \\
\leqslant& -Mm - Nm(\theta(t)), \quad t \neq t_k, t \in J, \\
\Delta m(t_k) =& \Delta\beta_1(t_k) - \Delta\alpha_1(t_k) \\
=& L_k\beta_1(t_k) + I_k(\beta_0(t_k)) - L_k\beta_0(t_k) \\
& -[L_k\alpha_1(t_k) + I_k(\alpha_0(t_k)) - L_k\alpha_0(t_k)] \\
\leqslant& L_k m(t_k), \qquad k = 1, 2, \cdots, p, \\
m(0) =& \beta_1(0) - \alpha_1(0) \\
=& -\frac{1}{M_1}g(\alpha_0(0), \beta_0(T)) + \beta_0(0) + \frac{M_2}{M_1}(\beta_1(T) - \beta_0(T)) \\
& -\left[-\frac{1}{M_1}g(\beta_0(0), \alpha_0(T)) + \alpha_0(0) + \frac{M_2}{M_1}(\alpha_1(T) - \alpha_0(T)) \right] \\
\leqslant& \frac{M_2}{M_1}m(T).
\end{aligned}
$$

由引理 5.2.1, $m(t) \leqslant 0, t \in J$, 即 $\beta_1 \leqslant \alpha_1$.

下证 α_1, β_1 仍然为问题 (5.2.1) 的弱上下解对.

由假设 (A$_1$)、假设 (A$_2$)、假设 (A$_4$), 式 (5.2.3), 式 (5.2.17), 可得

$$
\begin{aligned}
\beta_1'(t) =& f(t, \beta_1, \beta_1(\theta(t))) - f(t, \beta_1, \beta_1(\theta(t))) \\
& +f(t, \beta_0, \beta_0(\theta(t))) + M(\beta_0 - \beta_1) \\
& +N(\beta_0(\theta(t)) - \beta_1(\theta(t))) \\
\leqslant& f(t, \beta_1, \beta_1(\theta(t))), \\
\alpha_1'(t) \geqslant& f(t, \alpha_1, \alpha_1(\theta(t))), \\
\Delta\beta_1(t_k) =& I_k(\beta_1(t_k)) - I_k(\beta_1(t_k)) \\
& +L_k\beta_1(t_k) + I_k(\beta_0(t_k)) - L_k\beta_0(t_k) \\
\leqslant& I_k(\beta_1(t_k)), \\
\Delta\alpha_1(t_k) \geqslant& I_k(\alpha_1(t_k)), \\
g(\alpha_1(0), \beta_1(T)) =& g(\alpha_1(0), \beta_1(T)) - g(\alpha_0(0), \beta_0(T)) \\
& -M_1(\beta_1(0) - \beta_0(0)) + M_2(\beta_1(T) - \beta_0(T))
\end{aligned}
$$

$$\leqslant 0,$$

$$g(\beta_1(0), \alpha_1(T)) = g(\beta_1(0), \alpha_1(T)) - g(\beta_0(0), \alpha_0(T))$$
$$- M_1(\alpha_1(0) - \alpha_0(0)) + M_2(\alpha_1(T) - \alpha_0(T))$$
$$\geqslant 0.$$

因此, α_1, β_1 为问题 (5.2.1) 地弱上下解对.

由归纳法可得, $\alpha_n(t), \beta_n(t), n = 1, 2, \cdots$, 为问题的弱上下解对且满足 $\beta_1 \leqslant \beta_2 \leqslant \cdots \leqslant \beta_n \leqslant \cdots \leqslant \alpha_n \leqslant \cdots \leqslant \alpha_1$. 因此, 存在 $\overline{x}, \underline{x}$, 使得当 $t \in J$ 时, $\lim_{n \to +\infty} \alpha_n(t) = \overline{x}, \lim_{n \to +\infty} \beta_n(t) = \underline{x}$ 一致成立, 且 $\overline{x}, \underline{x}$ 满足方程

$$\begin{cases} \underline{x}'(t) = f(t, \underline{x}(t), \underline{x}(\theta(t))), & t \neq t_k, t \in J, \\ \Delta \underline{x}(t_k) = I_k(\underline{x}(t_k)), & k = 1, 2, \cdots, p, \\ g(\overline{x}(0), \underline{x}(T)) = 0 \end{cases}$$

及

$$\begin{cases} \overline{x}'(t) = f(t, \overline{x}(t), \overline{x}(\theta(t))), & t \neq t_k, t \in J, \\ \Delta \overline{x}(t_k) = I_k(\overline{x}(t_k)), & k = 1, 2, \cdots, p, \\ g(\underline{x}(0), \overline{x}(T)) = 0 \end{cases}$$

即对 $(\underline{x}, \overline{x})$ 是问题 (5.2.1) 的弱拟解对.

最后, 证明 $(\underline{x}, \overline{x})$ 还是问题 (5.2.1) 的弱最大最小拟解对. 令 (u, v) 是问题 (5.2.1) 的任一弱拟解对, $u, v \in [\beta, \alpha]$. 则存在一个正整数 n, 使得 $\beta_n(t) \leqslant u(t), v(t) \leqslant \alpha_n(t), t \in J$.

设 $m_1(t) = \beta_{n+1}(t) - u(t), m_2(t) = v(t) - \alpha_{n+1}(t), t \in J$,

$$m_1'(t) = \beta_{n+1}'(t) - u'(t)$$
$$= f(t, \beta_n, \beta_n(\theta(t))) + M(\beta_n - \beta_{n+1})$$
$$+ N(\beta_n(\theta(t)) - \beta_{n+1}(\theta(t))) - f(t, u(t), u(\theta(t)))$$
$$\leqslant -Mm_1 - Nm_1(\theta(t)), \qquad t \neq t_k, t \in J,$$

$$\Delta m_1(t_k) = \Delta \beta_{n+1}(t_k) - \Delta u(t_k)$$
$$= L_k \beta_{n+1}(t_k) + I_k(\beta_n(t_k)) - L_k \beta_n(t_k) - I_k(u(t_k))$$
$$\leqslant L_k m_1(t_k), \qquad k = 1, 2, \cdots, p,$$

$$m_1(0) = \beta_{n+1}(0) - u(0)$$
$$= -\frac{1}{M_1} g(\alpha_n(0), \beta_n(T)) + \beta_n(0)$$

$$+\frac{M_2}{M_1}(\beta_{n+1}(T) - \beta_n(T)) - u(0)$$

$$\leqslant \frac{M_2}{M_1}m_1(T),$$

由引理 5.2.1, $m_1(t) \leqslant 0, t \in J$, 即 $\beta_{n+1}(t) \leqslant u(t)$. 同理, $v(t) \leqslant \alpha_{n+1}(t), t \in J$. 由数学归纳法, $\beta_n(t) \leqslant u(t), v(t) \leqslant \alpha_n(t), \forall t \in J, \forall n$, 即 $\underline{x}(t) \leqslant u(t), v(t) \leqslant \overline{x}(t)$. ■

定理 5.2.4　设式 (5.2.10)、式 (5.2.18) 成立, $\alpha(t), \beta(t) \in \Omega$ 为问题 (5.2.1) 的弱上下解对且满足 $\alpha(t) \leqslant \beta(t)$. 若假设 $(A_1') \sim$ 假设 (A_2') 成立, 且有假设 (A_4'). 函数 $g(x,y) \in C(\mathbf{R}, \mathbf{R})$ 关于第二个变量非减且存在一个常数 $M_1 > 0$, 使得

$$g(x_1, y) - g(x_2, y) \leqslant -M_1(x_1 - x_2), \qquad 若 \alpha_0(0) \leqslant x_2 \leqslant x_1 \leqslant \beta_0(0),$$

则存在单调序列 $\{\alpha_n(t)\}, \{\beta_n(t)\}, \alpha_0(t) = \alpha(t), \beta_0(t) = \beta(t)$, 在 J 上一致收敛到 (5.2.1) 的弱最大最小拟解对 $(\underline{x}, \overline{x})$, 其中 $\underline{x}, \overline{x} \in [\alpha, \beta], [\alpha, \beta] = \{x \in \Omega : \alpha(t) \leqslant x(t) \leqslant \beta(t), t \in J\}$.

证明　令

$$\begin{cases} \alpha_n'(t) - M\alpha_n - N\alpha_n(\theta(t)) = f(t, \alpha_{n-1}, \alpha_{n-1}(\theta(t))) \\ \quad -M\alpha_{n-1} - N\alpha_{n-1}(\theta(t)), \quad t \neq t_k, t \in J, \\ \Delta\alpha_n(t_k) = L_k\alpha_n(t_k) + I_k(\alpha_{n-1}(t_k)) - L_k\alpha_{n-1}(t_k), k = 1, 2, \cdots, p, \\ g(\alpha_{n-1}(0), \beta_{n-1}(T)) - M_1(\alpha_n(0) - \alpha_{n-1}(0)) \\ \quad +M_2(\alpha_n(T) - \alpha_{n-1}(T)) = 0 \end{cases}$$

和

$$\begin{cases} \beta_n'(t) - M\beta_n - N\beta_n(\theta(t)) = f(t, \beta_{n-1}, \beta_{n-1}(\theta(t))) \\ \quad -M\beta_{n-1} - N\beta_{n-1}(\theta(t)), \quad t \neq t_k, t \in J, \\ \Delta\beta_n(t_k) = L_k\beta_n(t_k) + I_k(\beta_{n-1}(t_k)) - L_k\beta_{n-1}(t_k), k = 1, 2, \cdots, p, \\ g(\beta_{n-1}(0), \alpha_{n-1}(T)) - M_1(\beta_n(0) - \beta_{n-1}(0)) \\ \quad +M_2(\beta_n(T) - \beta_{n-1}(T)) = 0, \end{cases}$$

其中 $n = 0, 1, \cdots$.

进一步的证明可仿照定理 5.2.3 的证明, 故省略. ■

注5.2.7　定理 5.2.3 中的条件 (5.2.3) 由条件 (5.2.4) 或条件 (5.2.8) 替换后, 定理仍然成立. 类似地, 定理 5.2.4 中的条件 (5.2.10) 可以由条件 (5.2.11) 或条件 (5.2.12) 替换.

下面给出两个例子来说明所得结果的有效性.

例5.2.1 考虑问题

$$
\begin{cases}
x'(t) = \mathrm{e}^{x(t)+1} + \sin(t)\mathrm{e}^{-2\mathrm{e}(\sqrt{t}-t)}x(\sqrt{t}) - 1, & t \in [0, T], t \neq t_k, \\
\Delta x(t_k) = \dfrac{1}{5}x(t_k), \\
x(0) = x(T) - \dfrac{x^2(0)}{6},
\end{cases}
\tag{5.2.19}
$$

其中 $T = \dfrac{\ln 2}{6}, k = 1, t_1 = \dfrac{T}{2}$.

设

$$
\alpha(t) = -1, \qquad \beta(t) = \begin{cases}
t, & t \in \left[0, \dfrac{T}{2}\right], \\
\dfrac{t}{2}, & t \in \left(\dfrac{T}{2}, T\right].
\end{cases}
$$

容易验证 $\alpha(t)$ 为问题的一个上解, $\beta(t)$ 为问题的一个下解, 且满足 $\alpha(t) \leqslant \beta(t)$.

设 $M = 2\mathrm{e}^{\frac{1}{2}}, N = 1, M_1 = \dfrac{2}{3}, M_2 = 1, L_1 = \dfrac{1}{5}$, 定理 5.2.2 的所有的条件都满足, 所以问题 (5.2.19) 在区间 $[\alpha(t), \beta(t)]$ 上存在最大最小解.

例5.2.2 考虑问题

$$
\begin{cases}
x'(t) = \mathrm{e}^{t\cos^2 x} + \cos^2 x\left(\dfrac{1}{2}t\right), & t \in [0, T], t \neq t_k, \\
\Delta x(t_k) = \dfrac{1}{8}\sin^2\dfrac{x(t_k)}{6}, \\
x(0) = \dfrac{1}{2}x(T) - x^2(0),
\end{cases}
\tag{5.2.20}
$$

其中 $T = \dfrac{1}{4}\ln 2, k = 1, t_1 = \dfrac{1}{8}\ln 2$. 这里 $\theta(t) = \dfrac{1}{2}t, f(t, x(t), x(\theta(t)) = \mathrm{e}^{t\cos^2 x} + \cos^2 x(\theta(t)), I(t_1) = -\dfrac{1}{8}\sin^2\dfrac{x(t_1)}{6}, g(x(0), x(T)) = x(0) - \dfrac{1}{2}x(T) + x^2(0)$.

设

$$
\alpha(t) = 1, \qquad \beta(t) = \begin{cases}
\mathrm{e}^t + t, & t \in \left[0, \dfrac{1}{8}\ln 2\right], \\
\mathrm{e}^t + t + \dfrac{1}{8}\sin^2\dfrac{\beta(t)}{6}, & t \in \left(\dfrac{1}{8}\ln 2, \dfrac{1}{4}\ln 2\right].
\end{cases}
$$

容易验证 $\beta(t), \alpha(t)$ 是问题 (5.2.20) 的弱上下解对, 特别地, 满足 $\alpha(t) \leqslant \beta(t)$. 令 $M = 4\ln 2, N = 1, L_k = -\dfrac{1}{5}, M_1 = \dfrac{1}{2}, M_2 = \dfrac{1}{2}$, 则定理 5.2.3 的所有条件都满足, 因此, 问题 (5.2.20) 在区间 $[\alpha(t), \beta(t)]$ 上存在弱最大最小拟解对.

本节内容由文献 [146] 改写而成.

5.3   脉冲控制系统的平稳振荡

本节给出脉冲系统平稳振荡和 S 稳定的概念及相关定理. 对于一般的常微分系统, 平稳振荡是指周期解存在唯一并且稳定. 文献 [135] 中, 提出了高维周期系统 S 稳定的概念. 这些概念和微分系统周期解的存在唯一性及其稳定性 (即平稳振荡) 有着密切的联系. 在文献 [135] 中, 运用了压缩映射原理的不动点定理来证明周期解的存在性, 并且将 S 稳定和平稳振荡通过该定理联系在了一起, 对于周期系统周期解的研究有一般性意义. 下面简要介绍一下常微分周期系统的 S 稳定性.

考虑系统

$$\dot{x} = f(t, x), \tag{5.3.1}$$

其中 $x \in \mathbf{R}^n$, $f(t,x) \in C(\mathbf{R}^+ \times \mathbf{R}^n, \mathbf{R}^n)$, $f(t,x)$ 关于 x 具有一阶连续偏导数, $f(t+\omega, x) = f(t,x)$, 系统 (5.3.1) 的整体解存在. 以 $x(t;0,x_0)$ 表示系统 (5.3.1) 满足初始条件 $x(0) = x_0$ 的解.

定义5.3.1 如果存在 $\mathbf{R}^+$ 上的非负连续函数 $\delta(t)$, 满足 $\lim\limits_{t\to+\infty}\delta(t) \leqslant \delta(t) < 1$(极限可以不存在), 使得对系统 (5.3.1) 的任意两个解 $x(t;0,x_0)$ 和 $y(t;0,y_0)$ 均有

$$\|x(t;0,x_0) - y(t;0,y_0)\| \leqslant \delta(t)\|x_0 - y_0\|,$$

则称系统 (5.3.1) 是 S 稳定的.

先将平稳振荡和 S 稳定这两个概念引入一般的脉冲系统中, 分别给出它们的定义, 并且通过这些定义建立脉冲系统平稳振荡和 S 稳定的联系. 随后将该一般性的结论用于某些较为特殊的系统, 加以应用验证.

下面, 主要讨论如下形式的脉冲控制系统:

$$\begin{cases} \dot{x}(t) = f(t,x), & t \neq \tau_k, \\ \Delta x = I_k(x), & t = \tau_k = k\omega, \end{cases} \tag{5.3.2}$$

其中 $x \in \mathbf{R}^n$, $\Delta x = x(t^+) - x(t)$, 并且假设每次脉冲的时间间隔是等距的, 记为 ω. 为了便于对系统 (5.3.2) 进行研究, 假设以下条件成立:

(H1) $f(t+\omega, x) = f(t,x)$;

(H2) $f(t,x)$ 和 $\dfrac{\partial f}{\partial x}(t,x)$ 都是开域 $\bigcup\limits_{k=1}^{+\infty} G_k = \cup\{\tau_{k-1} < t < \tau_k\}$ 上的连续函数;

(H3) $f(\tau_k^+)$ 对任意 τ_k 都是有限的.

下面给出系统 (5.3.2) 关于平稳振荡和 S 稳定的相关定义及定理. 在随后的讨论中, 假定条件 (H1)~ 条件 (H3) 成立. 对于系统 (5.3.2) 的初值问题, 假设其过初

值 $x(0^+) = x_0$ 的解表示为 $x(t; 0, x_0)$. 那么, 由于条件 (H1)~ 条件 (H3) 成立, 系统 (5.3.2) 的解 $x(t; 0, x_0)$ 存在且唯一 [6]. 下面给出脉冲系统平稳振荡和 S 稳定的严格定义.

定义 5.3.2 系统 (5.3.2) 存在平稳振荡当且仅当系统 (5.3.2) 存在唯一的非平凡周期解, 并且该周期解是在 Lyapunov 意义下是稳定的.

从该定义可以看出, 平稳振荡简单的说就是指系统存在唯一稳定的周期解. 而"非平凡"指的是排除系统解为常量的特殊情况, 例如, 自治齐次线性系统中, 初值 $x_0 = 0$ 的情况, 显然研究系统常量解的轨线运动是没有意义的.

定义 5.3.3 系统 (5.3.2) 是 S 稳定的, 当且仅当存在 $\mathbf{R}^+$ 上的非负连续函数 $\rho(t)$ 及正常数 ρ, 满足 $\lim\limits_{t \to +\infty} \rho(t) \leqslant \rho < 1$, 使得对任意两个不同的初值问题的解 $x(t; 0, x_0)$ 和 $y(t; 0, y_0)(x_0 \neq y_0)$, 有 $\|x(t^+; 0, x_0) - y(t^+; 0, y_0)\| \leqslant \rho(t)\|x_0 - y_0\|$.

脉冲系统的 S 稳定同常微分系统中的 S 稳定区别主要来自于脉冲时刻 τ_k, 这也是脉冲控制系统同一般的常微分系统的本质区别所在.

为建立平稳振荡和 S 稳定概念间的联系, 首先给出以下的引理.

引理 5.3.1[123] 假设 S 是一个紧空间, 映射 $F: S \to S$ 在 S 上连续. 如果存在 $m \in \mathbf{Z}^+$ 和常数 $\alpha: 0 \leqslant \alpha < 1$, 使得对于 $\forall x, y \in S$, 有 $\|F^m x - F^m y\| \leqslant \alpha \|x - y\|$, 那么方程 $Fx = x$ 存在唯一的解, 即不动点 x^*, 并且 x^* 可由逐次近似计算法求得.

如下定理给出了系统 (5.3.2)S 稳定和存在平稳振荡间的联系.

定理 5.3.1 若系统 (5.3.2) 是 S 稳定的, 那么它一定存在平稳振荡.

证明 对于 $\forall x_0 \in R^n$, 作映射 $F: Fx_0 = x(\omega^+; 0, x_0)$. 由于系统 (5.3.2) 是 S 稳定的, 那么由连续函数的定义知, F 在 $\mathbf{R}^n$ 上连续. 并且由定义 5.3.3 易知, 存在 ε 满足 $\varepsilon < 1 - \rho$, 对 $\forall t \geqslant T > 0$ 都有

$$\rho(t) \leqslant \rho + \varepsilon \triangleq \lambda < 1. \tag{5.3.3}$$

选取 $m \in \mathbf{Z}^+$, 使得 $m\omega > T$, 则对 $\forall y_0 \in \mathbf{R}^n$, 有

$$\|x(m\omega^+; 0, x_0) - y(m\omega^+; 0, y_0)\| \leqslant \lambda \|x_0 - y_0\|. \tag{5.3.4}$$

式 (5.3.4) 说明 $\|F^m x_0 - F^m y_0\| \leqslant \lambda \|x_0 - y_0\|$. 由引理 5.3.1, 存在不动点 $x^* \in \mathbf{R}^n$, 使得 $Fx^* = x^*$. 这样考虑到条件 (H1) 和条件 (H2) 成立, 状态变量 x 在任意脉冲时刻点 τ_k 上的值 $x(\tau_k^+; 0, x_0)$, 以及每一个开区间 G_k 上的积分曲线都相同. 因此我们断定系统 (5.3.2) 存在非平凡周期解. 根据引理 5.3.1, 由于不动点 x^* 是唯一的, 因此系统 (5.3.2) 的周期解也是唯一的.

对于 $\forall t > m\omega$, 记 $t = km\omega + r, k \in \mathbf{Z}^+, r \in [0, m\omega)$. 对于任意的初值 $x_0 \neq x^*$,

由式 (5.3.4) 有

$$\|x(km\omega + r; 0, x_0) - x(km\omega + r; 0, x^*))\|$$
$$=\|x(m\omega + r; 0, x((k-1)m\omega^+; 0, x_0)) \quad\quad (5.3.5)$$
$$- x(m\omega + r; 0, x((k-1)m\omega^+; 0, x^*))\|$$

$$\leqslant \lambda \|x((k-1)m\omega^+; 0, x_0) - x((k-1)m\omega^+; 0, x^*)\|$$
$$= \|x(m\omega^+; 0, x((k-2)m\omega^+; 0, x_0)) - x(m\omega^+; 0, x((k-2)m\omega^+; 0, x^*))\|$$
$$\vdots$$
$$\leqslant \lambda^k \|x(0^+; 0, x_0) - x(0^+; 0, x^*)\|$$
$$= \lambda^k \|x_0 - x^*\|.$$

由式 (5.3.3) 和式 (5.3.5), 得到

$$\|x(km\omega + r; 0, x_0) - x(km\omega + r; 0, x^*)\| \to 0, \ k \to +\infty.$$

由映射 F 的定义知, 上式说明 $x(t; 0, x^*)$ 是稳定的. ■

接下来利用定理 5.3.1 来讨论如下伴随系统的平稳振荡:

$$\begin{cases} \dot{x}(t) = f(t, x), & t \neq \tau_k, \\ \dot{y}(t) = f(t, y), & t \neq \tau_k, \\ \Delta x = I_k(x), \Delta y = I_k(y), & t = \tau_k = k\omega. \end{cases} \quad (5.3.6)$$

首先给出如下的定义.

定义5.3.4　给定函数 $V : \mathbf{R}^+ \times \mathbf{R}^n \to \mathbf{R}^+$, 则称 V 属于类 V_1, 若

(1) 函数属于 V_0 类;

(2) 函数在 $\cup G_k$ 上连续可微,

其中, $\cup G_k$ 的定义和假设 (H2) 中相一致.

定理 5.3.2　若存在函数 $V(t, x, y) \in V_1[\mathbf{R}^+ \times \mathbf{R}^{2n}, \mathbf{R}^+]$, 并且下列假设成立:

(H4) 存在连续的正函数 $a(t), b(t)$ 和常数 $\alpha > 0$, 满足 $t \in (\tau_{k-1}, \tau_k), k = 1, 2, \cdots$, 使得

$$a(t)\|x - y\|^\alpha \leqslant V(t, x, y) \leqslant b(t)\|x - y\|^\alpha;$$

(H5) 存在可积函数 $r(t) \in v_0[\mathbf{R}^+, \mathbf{R}^+]$, 使得对 $\forall t \in (\tau_k, \tau_{k+1}), k = 1, 2, \cdots$, 有

$$\dot{V}(t, x, y)|_{(5.3.6)} \leqslant r(t)V(t, x, y),$$

$$V(\tau_k^+, x, y) \leqslant V(\tau_k, x, y) \leqslant V(\tau_{k-1}^+, x, y);$$

(H6) *存在常数* $\rho: 0 \leqslant \rho < 1$ *满足*

$$\lim_{t \to \infty} \left[\frac{b(0^+)}{a(t)} \right]^{\frac{1}{\alpha}} \mathrm{e}^{\frac{\omega}{\alpha} \sup_{t>0} r(t)} \leqslant \rho,$$

那么系统 (5.3.2) *存在平稳振荡.*

证明 对于 $\forall t \in (\tau_k, \tau_{k+1}), k = 0, 1, 2, \cdots$, 由条件 (H5) 知道

$$\dot{V}(t, x, y)|_{(5.3.6)} \leqslant r(t) V(t, x, y). \tag{5.3.7}$$

在式 (5.3.7) 两边同时积分得到

$$\int_{V(\tau_k^+, x, y)}^{V(t, x, y)} \frac{1}{V} \mathrm{d}V \leqslant \int_{\tau_k^+}^{t} r(s) \mathrm{d}s. \tag{5.3.8}$$

进一步计算式 (5.3.8) 有

$$
\begin{aligned}
V(t, x, y) &\leqslant V(\tau_k^+, x, y) \mathrm{e}^{\int_{\tau_k^+}^{t} r(t) \mathrm{d}t} \\
&\leqslant V(\tau_k, x, y) \mathrm{e}^{\int_{\tau_k^+}^{t} r(t) \mathrm{d}t} \\
&\vdots \\
&\leqslant V(0^+, x_0, y_0) \mathrm{e}^{\int_{\tau_k^+}^{t} r(t) \mathrm{d}t} \\
&\leqslant V(0^+, x_0, y_0) \mathrm{e}^{\omega \sup_{t>0} r(t)}.
\end{aligned}
\tag{5.3.9}
$$

由式 (5.3.9) 连同条件 (H4) 可以推得

$$a(t) \|x - y\|^\alpha \leqslant V(t, x, y) \leqslant V(0^+, x_0, y_0) \mathrm{e}^{\omega \sup_{t>0} r(t)} \leqslant b(0^+) \|x_0 - y_0\|^\alpha \times \mathrm{e}^{\omega \sup_{t>0} r(t)}.$$

由 S- 稳定的定义 5.3.3, 当条件 (H6) 成立时, 系统 (5.3.2) 是 S 稳定的, 于是由定理 5.3.1 知系统 (5.3.2) 存在平稳振荡. ∎

我们知道包括混沌系统在内的大多数系统, 通过脉冲控制后, 其状态变量的行为轨线可能变得十分复杂. 但是有一些脉冲控制系统在满足某些条件时, 稳定性和其线性主部所对应的脉冲系统的稳定性等价. 因此, 有必要讨论形如下式的特殊的线性系统的情况:

$$
\begin{cases}
\dot{x}(t) = A(t)x + u(t), & t \neq \tau_k, \\
\Delta x = Bx, & t = \tau_k = k\omega,
\end{cases}
\tag{5.3.10}
$$

其中 $A(t)$ 和 B 是 $n \times n$ 阶矩阵, $u(t) \in \mathbf{R}^n$, $A(t + \omega) = A(t)$, $u(t + \omega) = u(t) \neq 0$.

定理 5.3.3 *若系统* (5.3.10) *的基解矩阵* $\Psi(t, 0^+)$ *满足*

$$\lim_{t \to \infty} \|\Psi(t, 0^+)\| \leqslant \rho < 1, \tag{5.3.11}$$

那么系统 (5.3.10) *存在平稳振荡.*

证明   假设满足初值问题 $x(0^+) = x_0$ 的解为 x, 那么由系统 (5.3.10) 初值问题解的表达式有

$$x(t; 0, x_0) = \Psi(t, 0^+)x_0 + \int_{0^+}^{t} \Psi(t, s)u(s)\mathrm{d}s.$$

因此对于任意两个初值问题的解 $x(0^+) = x_0$ 和 $\tilde{x}(0^+) = \tilde{x}_0$ 有

$$\|x - \tilde{x}\| = \|\Psi(t, 0^+)\| \cdot \|x_0 - \tilde{x}_0\|.$$

当条件 (5.3.11) 成立时, 由平稳振荡的定义知, 上式意味着系统 (5.3.10) 是 S- 稳定的, 因此由定理 5.3.1 得系统 (5.3.10) 存在平稳振荡. ∎

考虑如图 5.1 所示, 由刚性的弹簧振子和活塞所组成的物理模型系统. 在装置的右侧挡板上, 以时间间隔 $t = \tau_k = 2k\pi$ 给予系统额外的外力作用 δ, 可见其作用周期为 2π. 那么该物理模型系统可以由以下的脉冲控制系统描述:

$$\begin{cases} \dot{x}(t) = y(t), t \neq \tau_k, \\ \dot{y}(t) = -0.75x(t) - 2y(t) + \sin t, t \neq \tau_k, \\ \Delta x(t) = 0, \Delta y(t) = y(t), t = \tau_k = 2k\pi, k = 1, 2, \cdots. \end{cases} \tag{5.3.12}$$

将其写成系统 (5.3.10) 的形式, 则

$$A(t) = \begin{pmatrix} 0 & 1 \\ -0.75 & -2 \end{pmatrix}, u(t) = \begin{pmatrix} 0 \\ \sin(t) \end{pmatrix}, B = \begin{pmatrix} 0 & 0 \\ 0 & 1 \end{pmatrix}, \omega = 2\pi.$$

于是系统 (5.3.12) 的基解矩阵为

$$(E + B)\mathrm{e}^{At} = \begin{pmatrix} -0.5\mathrm{e}^{-1.5t} + 1.5\mathrm{e}^{-0.5t} & \mathrm{e}^{-0.5t} - \mathrm{e}^{-1.5t} \\ -0.75(\mathrm{e}^{-0.5t} - \mathrm{e}^{-1.5t}) & -0.5\mathrm{e}^{-0.5t} + 1.5\mathrm{e}^{-1.5t} \end{pmatrix},$$

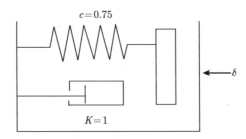

图 5.1   由刚性的弹簧振子和活塞所组成的物理模型系统

计算其特征多项式为

$$\mu^2 - (2.5\mathrm{e}^{-3\pi} + 0.5\mathrm{e}^{-\pi})\mu + 2\mathrm{e}^{-4\pi} = 0. \tag{5.3.13}$$

易知方程 (5.3.13) 的解 μ 满足 $|\mu| < 1$, 由定理 5.3.3 知, 系统 (5.3.12) 存在平稳振荡 (图 5.2).

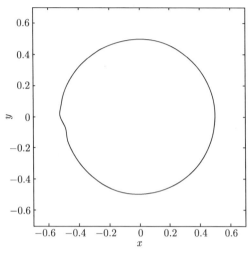

图 5.2 系统 (5.3.12) 存在平稳震荡

本节将文献 [135] 中关于常微分系统平稳振荡和 S- 稳定的概念引入到脉冲系统中. 常微分系统和脉冲系统的本质区别便在于脉冲时刻, 状态变量的突变, 因此脉冲系统的平稳振荡和 S- 稳定这两个概念, 在脉冲时刻点做了相应的处理, 即不管是否为脉冲时刻, 都考虑状态变量的右极限 $x(t^+)$. 根据给出的这两个概念, 我们给出了脉冲系统 S- 稳定与平稳振荡之间的联系. 平稳振荡简单的说就是系统存在稳定唯一的非平凡周期解. 而从本节得到的定理知, 系统 S- 稳定就能保证其存在平稳振荡. 这样的结论对于周期的脉冲系统来说, 也是很好理解的. 同时, 本节定理运用于一般的非齐次线性脉冲系统中, 所得的结论同由矩阵论推出的一般结论也是一致的[9].

本节内容由文献 [80] 改写.

5.4 一类变时刻单种群捕获系统的周期解

捕获系统在生物模型中是一种很常见的系统. 下面主要研究一类单种群捕获系统, 这一类系统常见于鱼类的捕获模型. 在日常生活生产中, 鱼类资源是一种非常重要, 应当加以合理利用, 使其可持续发展的资源. 如何对鱼类资源进行开发捕获,即什么时候进行捕获, 捕获的数量是多少, 一直是人们考虑这类模型时所讨论的重要问题之一. 影响这些问题的主要因素, 包括鱼类生存的环境, 鱼类自身的繁衍速度等.

在过去的几十年里, 不少专家学者对这类问题进行了模型设计探讨. 其中有一类是由经典的 Logistic 模型发展而来的单种群捕获系统, 模型描述如下:

$$\dot{x}(t) = rx\left(1 - \frac{x}{R}\right) - h. \tag{5.4.1}$$

其中 x 表示鱼类种群的数量, r 表示种群内部的固有增长率, R 表示环境所能容纳最大的鱼群数量, h 表示捕获率. 根据现实的意义, r, R, h 均是正常数. 可见, 当没有人类对鱼群进行捕获时, 既当 $h = 0$ 时, 鱼群数量 x 遵循 Logistic 模型增长.

然而, 对于以下模型

$$\begin{cases} \dot{x} = f(t, x), & t \neq \tau_k(x), \\ \Delta x = U(k, y), & t = \tau_k(x), \\ y = g(t, x), \end{cases} \tag{5.4.2}$$

中的捕获率 h 的现实含义, 却不是十分明确. 在现实生活生产中, 人们对鱼类资源的捕获一般不可能表示成持续不断的连续函数的形式, 并且捕获期间的时间长度, 相对鱼类的生长期来说其实是很短的一段时间. 在每两次捕获之间, 还有漫长的休渔期. 这些特征都符合脉冲控制系统的特点, 也就是说人们对鱼类资源的捕获对该种群数量来说可以看成是一个瞬时的脉冲效应. 基于这一思想, 近几年不少专家学者对模型 (5.4.2) 进行了改良. 其中, 文献 [122] 将模型 (5.4.2) 发展为如下固定脉冲时刻点的脉冲控制系统:

$$\begin{cases} \dot{x}(t) = rx\left(1 - \frac{x}{R}\right), & t \neq k\tau, \\ \Delta x = -h, t = k\tau, \\ x(0^+) = x_0 > 0, & k = 1, 2, \cdots, \end{cases} \tag{5.4.3}$$

其中 $\Delta x = x(t^+) - x(t)$, h 表示每次捕获的鱼群数量, τ 表示捕获周期, r 和 R 含义同模型 (5.4.1). 模型 (5.4.3) 的生物学意义, 是显而易见的: 将对鱼类种群的捕获看成某种脉冲效应的话, 那么当没有捕获行为时, 鱼群遵守 Logistic 模型的增长规律 $\frac{dx}{dt} = rx\left(1 - \frac{x}{R}\right)$, 一旦发生捕获, 种群数量瞬时减少捕获量 h, 而每次捕获之间要经过间隔为 τ 的休渔期. 对模型 (5.4.3) 的研究已经有了一些比较好的结论.

当系统 (5.4.3) 存在以 τ 为周期的周期解时, 求解方程 (5.4.3), 有

$$x(\tau^+) = \frac{Rx_0}{(R - x_0)e^{-r\tau} + x_0} - h = x_0$$

将 x_0 视为未知数, 则该方程存在实数解当且仅当

$$h \leqslant \frac{R\left(1 - \mathrm{e}^{-\frac{r\tau}{2}}\right)}{1 + \mathrm{e}^{-\frac{r\tau}{2}}} \triangleq h_{\max}.$$

其解分别为

$$x_{01} = \frac{(R-h)(1-\mathrm{e}^{-r\tau}) - \sqrt{(R-h)^2(1-\mathrm{e}^{-r\tau})^2 - 4(1-\mathrm{e}^{-r\tau})hR\mathrm{e}^{-r\tau}}}{2(1-\mathrm{e}^{-r\tau})},$$

$$x_{02} = \frac{(R-h)(1-\mathrm{e}^{-r\tau}) + \sqrt{(R-h)^2(1-\mathrm{e}^{-r\tau})^2 - 4(1-\mathrm{e}^{-r\tau})hR\mathrm{e}^{-r\tau}}}{2(1-\mathrm{e}^{-r\tau})}.$$

命题 5.4.1　假设 $x(t, x_0)$ 是系统 (5.4.3) 满足初值 $x_0 > 0$ 的解, 那么有

(H1) 若 $h < h_{\max}$, 则系统 (5.4.3) 有两个不同的周期解 $x(t, x_{01})$ 和 $x(t, x_{02})$, 其中 $x(t, x_{02})$ 是稳定的, 且其吸引域为 $(x_{01}, +\infty)$;

(H2) 若 $h = h_{\max}$, 则系统 (5.4.3) 有唯一的周期解 $x\left(t, \dfrac{R-h}{2}\right)$, 并且其吸引域为 $\left(\dfrac{R-h}{2}, +\infty\right)$;

(H3) 若 $h > h_{\max}$, 则系统 (5.4.3) 不存在周期解.

在模型 (5.4.3) 中, 将捕获周期假定成常数 τ, 这一假定与现实的生活生产存在一定的区别. 一般来说, 人们对鱼类资源的捕获间隙不是严格等距的. 一次捕获完后, 什么时候再进行下一次捕获取决于众多因素, 其中鱼类资源自身数量的多少应该起着决定性的作用. 简单说来, 假定本次捕获完成后, 鱼类生长较快, 在短时间内即达到了一定水平, 那么下一次捕获的时间间隔就应该短些, 反之就要推迟下一次捕获. 因此, 每次捕获的时间间隔应当是鱼群数量 x 的函数. 基于这一思想, 将模型 (5.4.1) 改良成如下形式:

$$\begin{cases} \dot{x}(t) = rx\left(1 - \dfrac{x}{R}\right), \ t \neq \tau_k(x), \\ \Delta x = -\beta x, \ t = \tau_k(x), \\ x(0^+) = x_0 > 0, \ k = 1, 2, \cdots, \end{cases} \tag{5.4.4}$$

其中 r 和 R 含义同模型 (5.4.1), $\tau_k(x)$ 表示第 k 次捕获时刻, 根据上述分析, 该时刻应当是 x 的函数, 满足 $\tau_1(x) < \tau_2(x) < \tau_3(x) < \cdots < \tau_k(x) < \cdots$, 且当 $k \to +\infty$ 时, 有 $\tau_k(x) \to +\infty$. 初始时刻有鱼类种群数量为 x_0, 每次捕获的鱼类数量也不再如模型 (5.4.3) 所述为常数, 而是根据当时鱼类自身的种群数量来决定, 即捕获鱼类自身数量的 β 倍. 为了更好地研究模型 (5.4.4), 作如下假设:

(H1) $0 < \beta < 1$;

(H2) 脉冲时刻 $\tau_k(x)$ 满足 $\tau_k(x) = kT + \tau(x)(k = 1, 2, \cdots)$, 其中 $T > 0$, $T + \tau(x) > 0$, $\tau \in C^1(\mathbf{R}^+, \mathbf{R})$, $x \in \mathbf{R}^+$;

(H3) $rx\left(1 - \dfrac{x}{R}\right)\tau'(x) > 1$.

如同现实中的生产活动一样, 假设 (H1) 保证了每次捕获的鱼群数量比实际的鱼群总数小, 并且由于每次脉冲都是将原有的鱼群数量减少, 再根据 Logistic 模型解的特性, 知道 $0 < x < R$, 这样便保证了鱼群在有捕获的情况下, 其总数 x 不会大于环境的最大容量 R. 假设 (H2) 表示捕获间隔大致上是以 T 为周期的, 但是每次捕获间隔究竟是比 T 大还是比 T 小, 这将通过 x 的函数 $\tau(x)$ 进行微调. 可以这样理解, 函数 $\tau(x)$ 是对休渔期 T 的修正, 即当鱼群数量 x 迅速增长时, 可通过 $\tau(x)$ 适当减短休渔期, 使之略小于 T, 反之应适当增长休渔期. 并且 $\tau_k(x)$ 的无限性, 保证了鱼类资源的可持续发展. 假设 (H3) 的重要性将会在后面详细讨论.

模型 (5.4.4) 实质上是一个变脉冲时刻的脉冲控制系统, 对这类问题的研究一直比较困难, 并且至今也没有很好的一般性结论. 本节将利用分析的方法, 讨论研究系统 (5.4.4), 在初始条件及其脉冲时刻满足何种条件时, 存在唯一的周期解.

在以下部分, 假设 (H1)~ 假设 (H3) 成立. 对 $\forall x > 0$ 定义如下函数记号:

$$F(x) = \int_c^x \frac{1}{rs\left(1 - \dfrac{s}{R}\right)}\mathrm{d}s = \frac{1}{r}\ln\frac{x}{c} \cdot \frac{R-c}{R-x}, \ c > 0, \tag{5.4.5}$$

$$\begin{aligned} G(x) =&T + F(x - \beta x) - F(x) \\ =&T + \frac{1}{r}\ln\frac{x - \beta x}{x} \cdot \frac{R-x}{R-x+\beta x}, \end{aligned} \tag{5.4.6}$$

$$H(K, x) = F(K) - F(x) - T - \tau(K), \tag{5.4.7}$$

$$H_0 = \{K | \exists \tilde{x} > 0, H(K, \tilde{x}) = 0, \forall \hat{x} \neq \tilde{x}, H(K, \hat{x}) \neq 0\}, \tag{5.4.8}$$

$$G_0 = \{\overline{K} | G(\overline{K}) = 0\}, \tag{5.4.9}$$

$$\Omega = G_0 \cap H_0, \tag{5.4.10}$$

$$\Omega_+ = \{\overline{K} \in \Omega | \lim_{x \to \overline{K}+0} \mathrm{sgn}[G(x)] = 1\}, \tag{5.4.11}$$

$$\Omega_- = \{\overline{K} \in \Omega | \lim_{x \to \overline{K}-0} \mathrm{sgn}[G(x)] = -1\}, \tag{5.4.12}$$

$$\Omega_l = \Omega_+ \cap \Omega_-, \tag{5.4.13}$$

其中 H_0, G_0 分别表示函数 $H(K, x), G(x)$ 在 $x \in \mathbf{R}^+$ 上的零点.

我们先给出下列引理.

引理 5.4.1[24] 若 $x(t, x_0)$ 是系统 (5.4.4) 的周期解, 周期为 $T_0 > 0$, 那么 $T_0/T \in \mathbf{N}$.

引理 5.4.2 对于 $\forall x, y \in \mathbf{R}^+, x > y$ 当且仅当 $F(x) - F(y) < \tau(x) - \tau(y)$.

证明 注意到 $F(x) - F(y) = \int_y^x \dfrac{1}{rx\left(1 - \dfrac{x}{R}\right)}\mathrm{d}s$ 以及假设 (H3), 有

必要性: 对于 $\forall x > y$, 有

$$F(x) - F(y) = \int_y^x \frac{1}{rx\left(1 - \dfrac{x}{R}\right)}\mathrm{d}s < \int_y^x \tau'(s)\mathrm{d}s = \tau(x) - \tau(y).$$

充分性: 若 $x \leqslant y$, 那么有

$$F(x) - F(y) = \int_x^y -\frac{1}{rx\left(1 - \dfrac{x}{R}\right)}\mathrm{d}s > \int_x^y -\tau'(s)\mathrm{d}s = \tau(x) - \tau(y),$$

得到矛盾. ∎

引理 5.4.3 若 $x(t, x_0)$ 是系统 (5.4.4) 的周期解, 并且最小正周期为 T_0, 那么 $T_0 = T$.

证明 由引理 5.4.1 知 $T_0 = mT, m \in \mathbf{Z}^+$. 令 $x_k = x(t_k, x_0)$, 其中 $t_k = \tau_k(x(t_k)), k \geqslant 1$, 于是 $x_{m+1} = x_1$. 根据式 (5.4.5)、式 (5.4.6) 对 $G(x)$ 和 $F(x)$ 的定义, 可得

$$\tau(x_1) - \tau(x_{m+1}) + F(x_{m+1}) - F(x_1) = \sum_{k=1}^m G(x_k) = 0. \tag{5.4.14}$$

下用反证法证明 $G(x_k) = 0, \forall k$ 满足 $1 \leqslant k \leqslant m$.

假设存在一个 k 使得 $G(x_k) \neq 0$, 那么一定存在满足 $1 \leqslant i < j \leqslant m$ 的 i, j, 使得 $G(x_i)G(x_j) < 0$ 成立. 不失一般性, 假定 $j = i+1$, 即 $G(x_i)G(x_{i+1}) < 0$. 于是, 存在 h 满足 $x_i < h < x_{i+1}$ 使得 $G(h) = 0$. 不失一般性, 再假定对于任意满足 $x_i < x < h$ 的 x 有 $G(x) < 0$, 而对于任意的 x 满足 $h < x < x_{i+1}$ 又有 $G(x) > 0$. 注意到

$$F(x_{k+1}) - F(x_k) = G(x_k) + \tau(x_{k+1}) - \tau(x_k), k \geqslant 1, \tag{5.4.15}$$

$$G(h) = T + F(h - \beta h) - F(h) = 0. \tag{5.4.16}$$

由式 (5.4.15) 和式 (5.4.16) 可得

$$
\begin{aligned}
F(x_{i+1}) - F(h) &= F(x_i) + G(x_i) + \tau(x_{i+1}) - \tau(x_i) - F(h) \\
&= F(x_i^+) - F(h^+) + \tau(x_{i+1}) - \tau(x_i).
\end{aligned} \tag{5.4.17}
$$

其中 $h^+ = h - \beta h$. 由于 $x_i < h$ 和假设 (H1), 有 $x_i^+ < h^+$. 因此, 根据引理 5.4.2 和假设 (H3) 有

$$
F(x_i^+) - F(h^+) > \tau(x_i^+) - \tau(h^+) > \tau(x_i) - \tau(h). \tag{5.4.18}
$$

由式 (5.4.17) 和式 (5.4.18), 得到

$$
F(x_{i+1}) - F(h) > \tau(x_{i+1}) - \tau(h). \tag{5.4.19}
$$

由引理 5.4.2 知, 上式说明 $x_{i+1} < h$, 矛盾. 因此, $G(x_k) = 0, \forall k$ 满足 $1 \leqslant k \leqslant m$, 即 $\tau(x_1) - \tau(x_k) + F(x_k) - F(x_1) = 0$. 于是, 由引理 5.4.2 知, $x_k = x_1, k \geqslant 1$. 这样 在每次脉冲时刻 $\tau_k(x)$ 后 x 的值相同, 并且相邻两次脉冲时刻之间的区间上的 积分曲线也相同, 根据常微分方程的理论可知, $x(t, x_0)$ 是系统 (5.4.4) 的周期解, 最 小正周期为 $T_0 = T$. ■

　　由以上引理的证明过程可以看出, 假设 (H3) 中对函数 $\tau(x)$ 限制的重要性, 并 且脉冲时刻函数所具有的形式为 $\tau_k(x) = kT + \tau(x)$, 保证了最小正周期为 T. 下 面的定理给出模型 (5.4.4) 存在周期解的充要条件.

　　定理 5.4.1　假设 (H1)∼ 假设 (H3) 成立, 那么系统假设 (5.4.4) 存在以 T 为 最小正周期的周期解 $x(t, x_0)$ 当且仅当

$$
x_0 = \frac{\overline{K}R}{Rd(\overline{K}) - \overline{K}d(\overline{K}) + \overline{K}}, \tag{5.4.20}
$$

其中

$$
\overline{K} = R + \frac{\beta R \mathrm{e}^{-Tr}}{(1 - \beta)(\mathrm{e}^{-rT} - 1)} > 0, \tag{5.4.21}
$$

$$
d(\overline{K}) = \mathrm{e}^{r[T + \tau(\overline{K})]}. \tag{5.4.22}
$$

　　证明　充分性: 注意到式 (5.4.21), 有 $\overline{K} \in G_0$. 计算知, 式 (5.4.20) 说明 $\overline{K} \in H_0$, 即 $H(\overline{K}, x_0) = 0$. 因此有

$$
F(\overline{K}) - F(x_0) = T + \tau(\overline{K}). \tag{5.4.23}
$$

考查解 $x(t, x_0)$, 有

$$F(x_1) - F(x_0) = T + \tau(x_1). \tag{5.4.24}$$

这样由式 (5.4.23) 和式 (5.4.24) 得

$$F(x_1) - F(\overline{K}) = \tau(x_1) - \tau(\overline{K}). \tag{5.4.25}$$

由引理 5.4.2 知, 上式意味着 $x_1 = \overline{K}$, 因此 $G(x_1) = G(\overline{K}) = 0$. 根据式 (5.4.5) 对 $F(x)$ 的定义, 有

$$F(x_2) - F(x_1) = G(x_1) + \tau(x_2) - \tau(x_1), \tag{5.4.26}$$

即

$$F(x_2) - F(x_1) = \tau(x_2) - \tau(x_1). \tag{5.4.27}$$

使用与引理 5.4.3 相同的方法, 可以证明 $x(t, x_0)$ 是以 T 为周期的.

必要性: 假设 $x(t, x_0)$ 是系统 (5.4.4) 的周期解, 由引理 5.4.3 知, $x_1 = x_2$. 于是

$$F(x_2) - F(x_1^+) = T + \tau(x_2) - \tau(x_1) = T. \tag{5.4.28}$$

式 (5.4.28) 说明 $\overline{K} = x_1$ 是函数 $G(x)$ 的零点. 由系统式 (5.4.4) 和式 (5.4.21) 知, $\overline{K}$ 是函数 $G(x)$ 的唯一零点. 因此有

$$F(x_1) - F(x_0) = T + \tau(x_1), \tag{5.4.29}$$

亦即

$$F(\overline{K}) - F(x_0) = T + \tau(\overline{K}). \tag{5.4.30}$$

式 (5.4.30) 说明 $\overline{K} \in H_0$. 代入计算知, 当且仅当式 (5.4.20) 成立时, 有 $H(\overline{K}, x_0) = 0$. ∎

由定理 5.4.1 知, 要使系统 (5.4.4) 得到周期解, 必须使其初值 x_0 满足一定的条件, 并且式 (5.4.20) 给出了这样的初值的计算方法. 从定理 5.4.1 的证明过程知道, 零点 $\overline{K}$ 的值与 $x_1 = x(t_1, x_0)$ 的值相等, 并且由假设 (H1) 知, 式 (5.4.21) 求得的 $\overline{K}$ 满足 $0 \leqslant \overline{K} \leqslant R$, 即 $0 \leqslant x_1 \leqslant R$. 这与现实中的生活生产也是相符合的.

定理 5.4.2 系统 (5.4.4) 若存在非平凡周期解, 则周期解是唯一的.

证明 由定理 5.4.1 必要性的证明过程, 知道若系统 (5.4.4) 存在周期解, 那么 $x_1 = \overline{k}$. 其中 $\overline{k}$ 是函数 $G(x)$ 的零点. 因为函数 $G(x)$ 的零点唯一, 因此 x_1 也是唯一的. 由脉冲系统解的存在唯一性定理即知, 系统 (5.4.4) 的周期解存在且唯一. ∎

在模型 (5.4.4) 中, 令 $R = 1$, $r = 1.2$, $\beta = 0.7$, $T = 1.9$, $x_0 = 0.0906$, $\tau_k(x) = 1.9k + 0.855 \ln \dfrac{x}{1-x}$, 那么系统 (5.4.4) 可以写成

$$
\begin{cases}
\dfrac{\mathrm{d}x}{\mathrm{d}t} = 1.2x(1-x), \ t \neq \tau_k(x), \\[2mm]
\Delta x = -0.7x, \ t = \tau_k(x), \\[2mm]
x(0^+) = 0.0906, \ k = 1, 2, \cdots.
\end{cases}
\tag{5.4.31}
$$

通过计算, 先求得 $t > 0$ 上的 x 的积分曲线, 并将其代入脉冲时刻函数 $\tau_1(x) = 1.9 + 0.855 \ln \dfrac{x}{1-x}$, 得到 $t_1 = 2.7659$, 以及鱼类种群数量 $x(t_1, x_0) = 0.7336$. 之后在脉冲时刻 τ_1, 由于捕获鱼群, 即脉冲效应, 使得鱼群数量瞬时减少为 $x(\tau_1+, x_0) = 0.2201$. 第一次捕获时刻 τ_1 之后, 鱼类的种群数量 x 满足 $0.22 < x < 0.8$. 并且在区间 $(\tau_1, +\infty)$ 上, 容易验证假设 (H1)~ 假设 (H4) 成立, 由定理 5.4.1 知, 系统 (5.4.31) 的解在 $\tau_1 = 2.7659$ 之后呈周期性变化 (图 5.3).

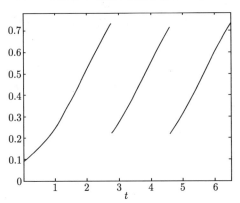

图 5.3   系统 (5.4.31) 解的周期变化

本节内容由文献 [148] 改写.

第6章　随机脉冲系统的稳定与控制问题

6.1　随机脉冲系统的稳定性分析

6.1.1　随机脉冲开关系统的 p 阶稳定性

关于随机系统和脉冲系统的一些问题一直受到很多学者的关注, 它们在各方面都有广泛的应用. 近年来关于随机脉冲系统的研究也越来越多. 如 Wu 等[121] 研究了如下随机脉冲系统的 p 阶稳定性:

$$
\begin{cases}
\mathrm{d}x(t) = f(x(t),t)\mathrm{d}t + g(x(t),t)\mathrm{d}w(t), & t \neq \tau_i, \\
x(\tau_i) = I_i(x(\tau_i^-),\tau_i,\xi_{\tau_i}), & t = \tau_i, \quad i = 1,2,\cdots, \\
x(t_0) = x_0,
\end{cases}
$$

其中 ξ_{τ_i} 是一个随机序列且 $\{\tau_i\}$ 是一个离散的常数集合.

本小节讨论如下随机脉冲开关系统的 p 阶稳定性:

$$
\begin{cases}
\mathrm{d}x(t) = f(x(t),t,r(t))\mathrm{d}t + g(x(t),t,r(t))\mathrm{d}w(t), & t \neq \tau_i, \\
x(\tau_i) = I_i(x(\tau_i^-),\tau_i,r(\tau_i)), & t = \tau_i, \quad i = 1,2,\cdots, \\
x(t_0) = x_0,
\end{cases}
$$

其中 $\{\tau_i\}$ 是离散常数集合且 $r(t)$ 是取值在 $S = \{1,2,\cdots,N\}$ 中的 Markovian 链.

令 $\{r(t), t \geqslant 0\}$ 是一个右连续的 Markovian 链, 并假设 Markovian 链 $r(\cdot)$ 与 Brownian 运动 $w(\cdot)$ 相互独立. 为简单起见, 定义 $\Gamma = \{\tau_i : i = 1,2,\cdots,$ 且 $\sigma \leqslant \tau_1 < \tau_2 < \cdots < \tau_i \cdots\}$, $\mathbf{R}_\sigma = \{x \in \mathbf{R} : x \geqslant \sigma\}$, 其中 $\sigma \in \mathbf{R}$ 是一个常数.

考虑如下随机脉冲开关系统:

$$
\begin{cases}
\mathrm{d}x(t) = f(x(t),t,r(t))\mathrm{d}t + g(x(t),t,r(t))\mathrm{d}w(t), & t \neq \tau_i, \\
x(\tau_i) = I_i(x(\tau_i^-),\tau_i,r(\tau_i)), & t = \tau_i, \quad i = 1,2,\cdots, \\
x(t_0) = x_0,
\end{cases} \tag{6.1.1}
$$

其中 $f : \mathbf{R}^n \times \mathbf{R}_\sigma \times S \to \mathbf{R}^n$ 且 $f(0,t,i) = 0$ 当 $t \geqslant \sigma, i \in S$; $g : \mathbf{R}^n \times \mathbf{R}_\sigma \times S \to \mathbf{R}^{n \times k}$ 且 $g(0,t,i) = 0$ 当 $t \geqslant \sigma, i \in S$; $\mathrm{d}w(t)$ 是一个 k 维 Wiener 过程, $I_i : \mathbf{R}^n \times \Gamma \times S \to R^n$ 是状态变量在时刻 τ_i 的变化, $x(\tau_i^-) = \lim\limits_{t \to \tau_i^-} x(t)$ 当所有 $\tau_i \in \Gamma$ 且 $t_0 \in \mathbf{R}_\sigma$.

在本小节中, 假设方程组 (6.1.1) 有唯一的随机解, 且所有解在 $\{\tau_i, i = 1,2,\cdots\}$ 上总是右连续且有左极限.

定义6.1.1　令 $p>0$, 则式 (6.1.1) 的平凡解为

(1) p 阶稳定, 如果对任意 $\varepsilon>0$, 存在一个 $\delta>0$, 使得

$$E\|x(t)\|^p<\varepsilon, \quad 当\ t>t_0\ 且\ \|x_0\|^p<\delta;$$

(2) 一致 p 阶稳定, 如果对系统 (6.1.1)δ 与 t_0 无关;

(3) 渐近 p 阶稳定, 如果它是 p 阶稳定, 且存在一个 $\delta_0>0$ 使得

$$当\ \|x_0\|^p<\delta_0\ 时, \quad \lim_{t\to+\infty}E\|x(t)\|^p=0;$$

(4) 一致渐近 p 阶稳定, 如果它是 p 阶稳定, 且存在一个 $\delta>0$ 满足, 对任意 $\varepsilon>0$, 存在一个与 t_0 无关的 $T=T(\varepsilon)$ 使得

$$E\|x(t)\|^p<\varepsilon, \quad 当\ t>t_0+T\ 且\ \|x_0\|^p<\delta;$$

(5) p 阶不稳定, 如果存在一个 $\varepsilon>0$, 对任意 $\delta>0$, 存在 x_0 满足 $\|x_0\|^p<\delta$ 与 $t_1>t_0$ 使得 $E\|x(t_1)\|^p\geqslant\varepsilon$.

为得到主要结论, 首先给出一些定义. 令 $C^{2,1}(\mathbf{R}^n\times\mathbf{R}_\sigma\times S;\mathbf{R}^+)$ 为定义在 $\mathbf{R}^n\times\mathbf{R}_\sigma\times S$ 上的非负函数族 $V(x,t,i)$, 该函数对 x 连续二次可微且对 t 连续一次可微. 对每一个 $V\in C^{2,1}(\mathbf{R}^n\times\mathbf{R}_\sigma\times S;\mathbf{R}^+)$ 定义如下算子 $LV:\mathbf{R}^n\times\mathbf{R}_\sigma\times S\to\mathbf{R}$,

$$LV(x,t,i)=V_t(x,t,i)+V_x(x,t,i)f(x,t,i)$$
$$+\frac{1}{2}\mathrm{trace}[g^{\mathrm{T}}(x,t,i)V_{xx}(x,t,i)g(x,t,i)]+\sum_{j=1}^N\gamma_{ij}V(x,t,j),$$

其中

$$V_t(x,t,i)=\frac{\partial V(x,t,i)}{\partial t},$$
$$V_x(x,t,i)=\left(\frac{\partial V(x,t,i)}{\partial x_1},\frac{\partial V(x,t,i)}{\partial x_2},\cdots,\frac{\partial V(x,t,i)}{\partial x_n}\right),$$
$$V_{xx}(x,t,i)=\left(\frac{\partial^2 V(x,t,i)}{\partial x_i\partial x_j}\right)_{n\times n}.$$

在给出结果之前, 还需要一些引理. 考虑如下随机开关系统:

$$\begin{cases} \mathrm{d}y(t)=f(y(t),t,r(t))\mathrm{d}t+g(y(t),t,r(t))\mathrm{d}w(t),\ t\geqslant t_0,\\ y(t_0)=y_0, \end{cases} \tag{6.1.2}$$

其中 $f:\mathbf{R}^n\times\mathbf{R}_\sigma\times S\to\mathbf{R}^n$ 且当 $t\geqslant\sigma,i\in S$ 时, 有 $f(0,t,i)=0$, $g:\mathbf{R}^n\times\mathbf{R}_\sigma\times S\to\mathbf{R}^{n\times k}$ 且当 $t\geqslant\sigma,i\in S$ 时, 有 $g(0,t,i)=0$. $\mathrm{d}w(t)$ 是一个 k 维 Wiener 过程.

引理 6.1.1[117]　如果 $V \in C^{2,1}(\mathbf{R}^n \times \mathbf{R}_\sigma \times S; \mathbf{R}^+)$, 则对于任意停时 $0 \leqslant t_1 \leqslant t_2 < +\infty$, 都有

$$E(V(x(t_2), t_2, r(t_2))) = EV(x(t_1), t_1, r(t_1)) + E\left(\int_{t_1}^{t_2} LV(x(s), s, r(s))\mathrm{d}s\right).$$

引理 6.1.2　对方程组 (6.1.2), 若存在 $V \in C^{2,1}(\mathbf{R}^n \times \mathbf{R}_\sigma \times S; \mathbf{R}^+)$ 使得

(1) $c_1 \|y\|^p \leqslant V(y, t, i) \leqslant c_2 \|y\|^p$;

(2) 存在 $\mu > 0$ 和 $\lambda : \mathbf{R}_\sigma \to \mathbf{R}$ 使得对每一个 $E\|y(t)\|^p \leqslant \mu$, 当 $t \geqslant t_0$ 都有

$$E(LV(y(t), t, r(t))) \leqslant \lambda(t) E(V(y(t), t, r(t)));$$

(3) $\displaystyle\int_\sigma^{+\infty} \lambda^+(t)\mathrm{d}t < +\infty, \lambda^+(t) = \max\{\lambda(t), 0\}$;

则对任意给定 $T \in R_\sigma$ 与任意 $0 < \delta < (c_1/c_2)\mu \exp\left(-\displaystyle\int_{t_0}^t \lambda^+(s)\mathrm{d}s\right)$, 当 $\|y_0\|^p < \delta$ 且 $r(0) = i_0$, 对所有 $t \in [t_0, T]$, 都有

$$E(V(y(t), t, r(t))) \leqslant V(y_0, t_0, i_0) \exp\left(\int_{t_0}^t \lambda(s)\mathrm{d}s\right).$$

证明　令 $\delta < (c_1/c_2)\mu \exp\left(-\displaystyle\int_{t_0}^t \lambda^+(s)\mathrm{d}s\right)$, 显然有 $0 < \delta < \mu$. 要证明如果 $\|y_0\|^p < \delta$ 则对所有的 $t \in [t_0, T]$ 有

$$E(V(y(t), t, r(t))) < c_1\mu. \tag{6.1.3}$$

由 $\|y_0\|^p < \delta$ 和条件 (1) 知, $V(y_0, t_0, i_0) < c_1\mu \exp\left(-\displaystyle\int_{t_0}^t \lambda(s)\mathrm{d}s\right) \leqslant c_1\mu$. 若式 (6.1.3) 不成立, 则存在 $t_1 \in [t_0, T]$, 使得 $E(V(y(t_1), t_1, r(t_1))) = c_1\mu$ 且对所有的 $t \in [t_0, t_1)$, 都有 $E(V(y(t), t, r(t))) < c_1\mu$.

此时, 对所有 $t \in [t_0, t_1]$, 有 $E\|y(t)\|^p \leqslant \mu$. 由条件 (2) 可知, 对任意 $t \in [t_0, t_1]$ 有

$$E(LV(y(t), t, r(t))) < \lambda(t) E(V(y(t), t, r(t))).$$

通过一般化的 Ito 公式 (引理 6.1.1), 显然可得

$$\begin{aligned}
E(V(y(t), t, r(t))) &= EV(y_0, t_0, i_0) + E\left(\int_{t_0}^t LV(y(s), s, r(s))\mathrm{d}s\right) \\
&\quad + E\left(\int_{t_0}^t \frac{\partial V(y(s), s, r(s))}{\partial x} f(y(s), s, r(s))\mathrm{d}w(s)\right) \\
&\leqslant EV(y_0, t_0, i_0) + \int_{t_0}^t \lambda(s) E(V(y(s), s, r(s)))\mathrm{d}s.
\end{aligned}$$

再由 Gronwall 不等式知, 对任意 $t \in [t_0, t_1]$, 都有

$$E(V(y(t), t, r(t))) \leqslant V(y_0, t_0, i_0) \exp\left(\int_{t_0}^t \lambda(s)\mathrm{d}s\right) < c_1\mu,$$

故有 $E(V(y(t_1), t_1, r(t_1))) < c_1\mu$, 这与假设矛盾. 因此式 (6.1.3) 成立. 通过引理中条件 (1), 对 $\forall t \in [t_0, T]$, 当 $\|y_0\|^p < \delta$, 有 $E\|y(t)\|^p < \mu$.

此外, 由条件 (2), 对任意 $\|y_0\|^p < \delta$, 对任意 $t \in [t_0, T]$, 可得

$$E(LV(y(t), t, r(t))) \leqslant \lambda(t) E(V(y(t), t, r(t))).$$

再由 Gronwall 不等式, 得到对所有的 $t \in [t_0, T]$, 有

$$E(V(y(t), t, r(t))) \leqslant V(y_0, t_0, i_0) \exp\left(\int_{t_0}^t \lambda(s)\mathrm{d}s\right). \qquad \blacksquare$$

下面给出随机开关系统、随机开关脉冲系统一致 p 阶稳定的判定条件.

定理 6.1.1　令 c_1 与 c_2 为正数, 若存在 $V \in C^{2,1}(\mathbf{R}^n \times \mathbf{R}_\sigma \times S, \mathbf{R}^+)$ 使得

(1) $c_1\|x\|^p \leqslant V(x, t, i) \leqslant c_2\|x\|^p$;

(2) 存在 $\mu_1 > 0$ 与 $\lambda_1 : \mathbf{R}_\sigma \to \mathbf{R}$ 及常数 $M > 0$ 使得对所有的 $i = 0, 1, 2, \cdots$, 都有 $\int_{\tau_i}^{\tau_{i+1}} \lambda_1^+(t)\mathrm{d}t \leqslant M$; 且对每个 $E\|x(t)\|^p \leqslant \mu_1$, 可得对任何 $t \in [t_0, +\infty) \backslash \Gamma$, 有

$$E(LV(x(t), t, r(t))) \leqslant \lambda_1(t) E(V(x(t), t, r(t))),$$

其中 $\lambda_1^+(t) = \max\{\lambda_1(t), 0\}$;

(3) 存在 $\mu_2 > 0$ 与 $\lambda_2 : \Gamma \to \mathbf{R}^+$ 使得对每一个 $E\|x(\tau_i^-)\|^p \leqslant \mu_2$, 都有对任意 $\tau_i \in \Gamma$, 如下不等式成立

$$E(V(x(\tau_i), \tau_i, r(\tau_i))) \leqslant \lambda_2(\tau_i) E(V(x(\tau_i^-), \tau_i, r(\tau_i)));$$

(4) $\sum_{i=0}^{+\infty} \hat{\lambda}^+ (\tau_i) < +\infty$, 其中 $\hat{\lambda}^+(\tau_i) = \max\{\hat{\lambda}(\tau_i), 0\}$, $\hat{\lambda}(\tau_i) = \ln(\lambda_2(\tau_i)) + \int_{\tau_i}^{\tau_{i+1}} \lambda_1^+(s)\mathrm{d}s$, $i = 0, 1, 2, \cdots$,

则方程组 (6.1.1) 的平凡解是一致 p 阶稳定的.

证明　令 $\mu = \min\{\mu_1, \mu_2\}$, 则对于任意 $\varepsilon : 0 < \varepsilon \leqslant \mu$, 存在一个独立于 t_0 的 δ 使得

$$\delta = \frac{c_1}{c_2} \varepsilon \exp\left(-\left(M + \sum_{i=0}^{+\infty} \hat{\lambda}^+(\tau_i)\right)\right),$$

显然有 $0 < \delta \leqslant (c_1/c_2)\mu$. 对任意 $t_0 \in \mathbf{R}_\sigma$, 存在一个 $\ell \geqslant 1$ 使得 $t_0 \in [\tau_{\ell-1}, \tau_\ell)$. 当

$\|x_0\|^p < \delta$ 时, 易知 $\|x_0\|^p < (c_1/c_2)\mu\exp(-M) \leqslant (c_1/c_2)\mu\exp\left(-\int_{\tau_0}^{\tau_\ell} \hat{\lambda}_1^+(s)\mathrm{d}s\right)$, 由引理 6.1.2 可得, 对所有的 $t \in [t_0, \tau_\ell)$, 有

$$
\begin{aligned}
E(V(x(t), t, r(t))) &\leqslant \exp\left(\int_{t_0}^{\tau_\ell} \lambda_1(s)\mathrm{d}s\right) V(x_0, t_0, i_0) \\
&\leqslant \exp\left(\int_{\tau_i}^{\tau_{i+1}} \hat{\lambda}_1^+(s)\mathrm{d}s\right) V(x_0, t_0, i_0) \\
&< c_1\varepsilon \exp\left(-\sum_{i=0}^{+\infty} \hat{\lambda}^+(\tau_i)\right) \\
&\leqslant c_1\varepsilon \exp\left(-\sum_{i=l}^{+\infty} \hat{\lambda}^+(\tau_i)\right).
\end{aligned}
$$

下证对任意 $i = \ell, \ell+1, \ell+2, \cdots$, 当 $t \in [\tau_i, \tau_{i+1})$ 时, 有

$$
E(V(x(t), t, r(t))) < c_1\varepsilon \exp\left(-\sum_{j=i+1}^{+\infty} \hat{\lambda}^+(\tau_j)\right). \tag{6.1.4}
$$

当 $i = \ell$, 有

$$
\begin{aligned}
E(V(x(\tau_\ell), \tau_\ell, r(\tau_\ell))) &\leqslant \lambda_2(\tau_\ell) E(V(x(\tau_\ell^-), \tau_\ell, r(\tau_\ell))) \\
&< \lambda_2(\tau_\ell) c_1\varepsilon \exp\left(-\sum_{i=\ell}^{+\infty} \hat{\lambda}^+(\tau_i)\right) \\
&\leqslant c_1\varepsilon \exp\left(-\left(\int_{\tau_\ell}^{\tau_{\ell+1}} \lambda_1^+(s)\mathrm{d}s + \sum_{i=\ell+1}^{+\infty} \hat{\lambda}^+(\tau_i)\right)\right) \\
&\leqslant c_1\varepsilon \exp\left(-\int_{\tau_\ell}^{\tau_{\ell+1}} \lambda_1^+(s)\mathrm{d}s\right),
\end{aligned}
$$

所以 $E\|x(\tau_\ell)\|^p < \varepsilon \exp\left(-\int_{\tau_\ell}^{\tau_{\ell+1}} \lambda_1^+(s)\mathrm{d}s\right)$. 根据引理 6.1.2 可知, 当 $t \in [\tau_\ell, \tau_{\ell+1})$ 时, 有

$$
\begin{aligned}
E(V(x(t), t, r(t))) &\leqslant E(V(x(\tau_\ell), \tau_\ell, r(\tau_\ell))) \exp\left(\int_{\tau_\ell}^{t} \lambda_1(s)\mathrm{d}s\right) \\
&\leqslant E(V(x(\tau_\ell), \tau_\ell, r(\tau_\ell))) \exp\left(\int_{\tau_\ell}^{\tau_{\ell+1}} \lambda_1^+(s)\mathrm{d}s\right) \\
&< c_1\varepsilon \exp\left(-\sum_{i=\ell+1}^{+\infty} \hat{\lambda}^+(\tau_i)\right).
\end{aligned}
$$

类似地, 使用数学归纳法与引理 6.1.2 可以得证对于所有 $i = \ell, \ell+1, \ell+2, \cdots$, 式 (6.1.4) 是成立的.

从式 (6.1.4), 得到对所有 $t \geqslant t_0$, 有

$$E(V(x(t), t, r(t))) < c_1 \varepsilon.$$

由条件 (1) 知, 当 $t \geqslant t_0$,

$$E\|x(t)\|^p < \varepsilon.$$

由定义可得, 方程组 (6.1.1) 的解一致 p 阶稳定. ■

推论6.1.1　令 c_1, c_2 为正数, 若存在 $V \in C^{2,1}(\mathbf{R}^n \times \mathbf{R}_\sigma \times S, \mathbf{R}^+)$ 使得

(1) $c_1\|x\|^p \leqslant V(x, t, i) \leqslant c_2\|x\|^p$;

(2) 存在 $\mu > 0$ 与 $\lambda : \mathbf{R}_\sigma \to \mathbf{R}$ 使得对每一个 $E\|x(t)\|^p \leqslant \mu$, 有对任意 $t \geqslant t_0$

$$E(LV(x(t), t, r(t))) \leqslant \lambda(t)E(V(x(t), t, r(t)));$$

(3) $\displaystyle\int_\sigma^{+\infty} \lambda^+(t)\mathrm{d}t < +\infty$, 其中 $\lambda^+(t) = \max\{\lambda(t), 0\}$,

则方程组 (6.1.2) 的平凡解是一致 p 阶稳定的.

定理 6.1.2　令 c_1, c_2 为正数, 若存在 $V \in C^{2,1}(\mathbf{R}^n \times \mathbf{R}_\sigma \times S, \mathbf{R}^+)$ 使得

(1) $c_1\|x\|^p \leqslant V(x, t, i) \leqslant c_2\|x\|^p$;

(2) 存在 $\mu_1 > 0$ 与 $\lambda_1 : \mathbf{R}_\sigma \to \mathbf{R}$ 及常数 $M > 0$ 使得对 $\forall i = 0, 1, 2, \cdots$, 都有 $\displaystyle\int_{\tau_i}^{\tau_{i+1}} \lambda_1^+(t)\mathrm{d}t \leqslant M$; 且对每个 $E\|x(t)\|^p \leqslant \mu_1$, 可以得到, 对任意 $t \in [t_0, +\infty)\backslash\Gamma$, 有

$$E(LV(x(t), t, r(t))) \leqslant \lambda_1(t)E(V(x(t), t, r(t))),$$

其中 $\lambda_1^+(t) = \max\{\lambda_1(t), 0\}$;

(3) 存在 $\mu_2 > 0$ 与 $\lambda_2 : \Gamma \to \mathbf{R}^+$ 使得对每一个 $E\|x(\tau_i^-)\|^p \leqslant \mu_2$, 可以得到, 对任意 $\tau_i \in \Gamma$, 有

$$E(V(x(\tau_i), \tau_i, r(\tau_i))) \leqslant \lambda_2(\tau_i)E(V(x(\tau_i^-), \tau_i, r(\tau_i)));$$

(4) $\displaystyle\sum_{i=0}^{+\infty} \hat{\lambda}^+(\tau_i) < +\infty$, 其中 $\hat{\lambda}^+(\tau_i) = \max\{\hat{\lambda}(\tau_i), 0\}$, $\hat{\lambda}(\tau_i) = \ln(\lambda_2(\tau_i)) + \displaystyle\int_{\tau_i}^{\tau_{i+1}} \lambda_1^+(s)\mathrm{d}s$, $i = 0, 1, 2, \cdots$;

(5) $\displaystyle\sum_{i=0}^{+\infty} \lambda^-(\tau_i) = +\infty$, 其中 $\lambda^-(\tau_i) = -\min\{\lambda(\tau_i), 0\}$, $\lambda(\tau_i) = \ln(\lambda_2(\tau_i)) + \displaystyle\int_{\tau_i}^{\tau_{i+1}} \lambda_1(s)\mathrm{d}s$, $i = 0, 1, 2, \cdots$,

则方程组 (6.1.1) 的平凡解是一致 p 阶稳定且渐近 p 阶稳定的.

证明 由定理 6.1.1 可知, 方程组 (6.1.1) 的解是一致 p 阶稳定的.

令 $\mu = \min\{\mu_1, \mu_2\}$, 则对任意 ε 都有 $0 < \varepsilon \leqslant \mu$, 令 $\delta(\varepsilon)$ 为一致 p 阶稳定中的 δ. 定义 $\delta_0 = \delta(\mu)$, 则有对任意 $t_0 \in \mathbf{R}_\sigma$ 与 $\|x_0\|^p < \delta_0$, 可得当 $t \geqslant t_0$, 有 $E\|x(t)\|^p < \mu$, 即得

$$0 \leqslant E(V(x(t), t, r(t))) \leqslant c_2\mu. \tag{6.1.5}$$

由条件 (4), 存在 $N_0 = N_0(\varepsilon) \geqslant 0$, 使得当 $n_2 \geqslant n_1 \geqslant N_0$ 时, 有

$$\sum_{i=n_1}^{n_2} \hat{\lambda}^+(\tau_i) < 1. \tag{6.1.6}$$

由条件 (5), 存在 $N_1 > 0$, 使得

$$\sum_{i=N_0}^{N_0+N_1} \lambda^-(\tau_i) > M + 1 + \ln\left(\frac{c_2\mu}{c_1\delta(\varepsilon)}\right). \tag{6.1.7}$$

下面, 用反证法证明对任意 $\|x_0\|^p < \delta_0$, 存在 $\hat{t} \in [\tau_{N_0}, \tau_{N_0+N_1}]$, 使得 $E(V(x(\hat{t}), \hat{t}, r(\hat{t}))) < c_1\delta(\varepsilon)$.

若该结论不成立, 则当 $t \in [\tau_{N_0}, \tau_{N_0+N_1}]$ 时, 有 $c_1\delta(\varepsilon) \leqslant E(V(x(t), t, r(t))) < c_2\varepsilon$. 通过一般化的 Ito 公式 (引理 6.1.1), 数学归纳法和式 (6.1.5)~式 (6.1.7), 可得

$$E(V(x(\tau_{N_0+N_1}), \tau_{N_0+N_1}, r(\tau_{N_0+N_1})))$$

$$\leqslant E(V(x(\tau_{N_0+N_1}^-), \tau_{N_0+N_1}, r(\tau_{N_0+N_1})))\lambda_2(\tau_{N_0+N_1})$$

$$\leqslant E(V(x(\tau_{N_0+N_1-1}), \tau_{N_0+N_1-1}, r(\tau_{N_0+N_1-1})))\lambda_2(\tau_{N_0+N_1})$$

$$\times \exp\left(\int_{\tau_{N_0+N_1-1}}^{\tau_{N_0+N_1}} \lambda_1(s)\mathrm{d}s\right)$$

$$\vdots$$

$$\leqslant E(V(x(\tau_{N_0}), \tau_{N_0}, r(\tau_{N_0}))) \prod_{i=N_0}^{N_0+N_1} \lambda_2(\tau_i) \prod_{i=N_0}^{N_0+N_1-1} \exp\left(\int_{\tau_i}^{\tau_{i+1}} \lambda_1(s)\mathrm{d}s\right)$$

$$\leqslant E(V(x(\tau_{N_0}), \tau_{N_0}, r(\tau_{N_0}))) \prod_{i=N_0}^{N_0+N_1} \lambda_2(\tau_i) \prod_{i=N_0}^{N_0+N_1} \exp\left(\int_{\tau_i}^{\tau_{i+1}} \lambda_1(s)\mathrm{d}s\right) \mathrm{e}^M$$

$$= E(V(x(\tau_{N_0}), \tau_{N_0}, r(\tau_{N_0}))) \exp\left\{M + \sum_{i=N_0}^{N_0+N_1}\left[\ln(\lambda_2(\tau_i)) + \int_{\tau_i}^{\tau_{i+1}} \lambda_1(s)\mathrm{d}s\right]\right\}$$

$$= E(V(x(\tau_{N_0}), \tau_{N_0}, r(\tau_{N_0}))) \exp\left\{M + \sum_{i=N_0}^{N_0+N_1}\left[\lambda^+(\tau_i) - \lambda^-(\tau_i)\right]\right\}$$

$$\leqslant E(V(x(\tau_{N_0}), \tau_{N_0}, r(\tau_{N_0}))) \exp \left\{ M + \sum_{i=N_0}^{N_0+N_1} \left[\hat{\lambda}^+(\tau_i) - \lambda^-(\tau_i) \right] \right\}$$

$$< E(V(x(\tau_{N_0}), \tau_{N_0}, r(\tau_{N_0}))) \exp \left\{ M + \sum_{i=N_0}^{N_0+N_1} \hat{\lambda}^+(\tau_i) - \sum_{i=N_0}^{N_0+N_1} \lambda^-(\tau_i) \right\}$$

$$< E(V(x(\tau_{N_0}), \tau_{N_0}, r(\tau_{N_0}))) \exp \left\{ M + 1 - \left[M + 1 + \ln \left(\frac{c_2 \mu}{c_1 \delta(\varepsilon)} \right) \right] \right\}$$

$$= E(V(x(\tau_{N_0}), \tau_{N_0}, r(\tau_{N_0}))) \left\{ \frac{c_2 \mu}{c_1 \delta(\varepsilon)} \right\}$$

$$< c_1 \delta(\varepsilon).$$

故与假设矛盾. 因此, 存在 $\hat{t} \in [\tau_{N_0}, \tau_{N_0+N_1}]$, 使得 $E(V(x(\hat{t}), \hat{t}, r(\hat{t}))) < c_1 \delta(\varepsilon)$, 即 $E\|x(\hat{t})\|^p < \delta(\varepsilon)$. 由定理 6.1.1 可得, 当 $t \geqslant t_1 = \hat{t}$, 有 $E\|x(t)\|^p < \varepsilon$. 令 $T = \tau_{N_0+N_1} + |\sigma|$, 则有当 $t \geqslant t_0 + T$, $E\|x(t)\|^p < \varepsilon$ 成立. ■

推论6.1.2 令 c_1, c_2 为正数, 若存在 $V \in C^{2,1}(\mathbf{R}^n \times \mathbf{R}_\sigma \times S, \mathbf{R}^+)$ 使得

(1) $c_1 \|x\|^p \leqslant V(x, t, i) \leqslant c_2 \|x\|^p$;

(2) 存在 $\mu > 0$ 与 $\lambda : R_\sigma \to R$ 使得对每一个 $E\|x(t)\|^p \leqslant \mu$, 我们有对任意 $t \geqslant t_0$,

$$E(LV(x(t), t, r(t))) \leqslant \lambda(t) E(V(x(t), t, r(t)));$$

(3) $\displaystyle\int_\sigma^{+\infty} \lambda^+(t) \mathrm{d}t < +\infty$, 其中 $\lambda^+(t) = \max\{\lambda(t), 0\}$;

(4) $\displaystyle\int_\sigma^{+\infty} \lambda^-(t) \mathrm{d}t = +\infty$, 其中 $\lambda^-(t) = -\min\{\lambda(t), 0\}$,

则方程组 (6.1.2) 的平凡解是一致 p 阶稳定且渐近 p 阶稳定的.

定理 6.1.3 令 c_1, c_2 为正数, 若存在 $V \in C^{2,1}(\mathbf{R}^n \times \mathbf{R}_\sigma \times S, \mathbf{R}^+)$ 使得

(1) $c_1 \|x\|^p \leqslant V(x, t, i) \leqslant c_2 \|x\|^p$;

(2) 存在 $\mu_1 > 0$ 与 $\lambda_1 : R_\sigma \to R$ 及常数 $M > 0$ 使得对所有的 $i = 0, 1, 2, \cdots$, 有 $\displaystyle\int_{\tau_i}^{\tau_{i+1}} \lambda_1^+(t) \mathrm{d}t \leqslant M$; 且对每个 $E\|x(t)\|^p \leqslant \mu_1$, 可以得到对任意 $t \in [t_0, +\infty) \backslash \Gamma$, 有

$$E(LV(x(t), t, r(t))) \leqslant \lambda_1(t) E(V(x(t), t, r(t))),$$

其中 $\lambda_1^+(t) = \max\{\lambda_1(t), 0\}$;

(3) 存在 $\mu_2 > 0$ 与 $\lambda_2 : \Gamma \to \mathbf{R}^+$ 使得对每一个 $E\|x(\tau_i^-)\|^p \leqslant \mu_2$, 可得, 对任意 $\tau_i \in \Gamma$, 有

$$E(V(x(\tau_i), \tau_i, r(\tau_i))) \leqslant \lambda_2(\tau_i) E(V(x(\tau_i^-), \tau_i, r(\tau_i)));$$

(4) $\sum\limits_{i=0}^{+\infty} \hat{\lambda}^+(\tau_i) < +\infty$, 其中, $\hat{\lambda}^+(\tau_i) = \max\{\hat{\lambda}(\tau_i), 0\}$, $\hat{\lambda}(\tau_i) = \ln(\lambda_2(\tau_i)) + \int_{\tau_i}^{\tau_{i+1}} \lambda_1^+(s)\mathrm{d}s, i = 0, 1, 2, \cdots$;

(5) 对任意 $\ell > 0$, 存在 $N(\ell) \in \mathbf{Z}^+$ 满足当 $n \geqslant 0$ 时, 有 $\sum\limits_{i=n}^{n+N(\ell)} \lambda^-(\tau_i) > \ell$, 其中 $\lambda^-(\tau_i) = -\min\{\lambda(\tau_i), 0\}$, $\lambda(\tau_i) = \ln(\lambda_2(\tau_i)) + \int_{\tau_i}^{\tau_{i+1}} \lambda_1(s)\mathrm{d}s, i = 0, 1, 2, \cdots$;

(6) 存在 $L > 0$, 使得 $\tau_{i+1} - \tau_i \leqslant L, i = 0, 1, 2, \cdots$,

则方程组 (6.1.1) 的平凡解是一致渐近 p 阶稳定的.

证明 该定理的证明过程与定理 6.1.2 的证明类似, 只是 T 与 t_0 无关, 故省略. ∎

推论6.1.3 令 c_1, c_2 为正数, 若存在 $V \in C^{2,1}(\mathbf{R}^n \times \mathbf{R}_\sigma \times S, \mathbf{R}^+)$, 使得

(1) $c_1\|x\|^p \leqslant V(x, t, i) \leqslant c_2\|x\|^p$;

(2) 存在 $\mu > 0$ 与 $\lambda: R_\sigma \to R$ 使得对每一个 $E\|x(t)\|^p \leqslant \mu$, 都有对任意 $t \geqslant t_0$,

$$E(LV(x(t), t, r(t))) \leqslant \lambda(t)E(V(x(t), t, r(t)));$$

(3) $\int_\sigma^{+\infty} \lambda^+(t)\mathrm{d}t < +\infty$, 其中 $\lambda^+(t) = \max\{\lambda(t), 0\}$;

(4) 对任意 $\ell > 0$, 存在一个 $T(\ell) \in R$, 满足当 $t \geqslant t_0$, 有 $\int_t^{t+T(\ell)} \lambda^-(s)\mathrm{d}s > \ell$, 其中 $\lambda^-(s) = -\min\{\lambda(s), 0\}$,

则方程组 (6.1.2) 的平凡解是一致渐近 p 阶稳定的.

考虑如下随机脉冲开关系统:

$$\begin{cases} \mathrm{d}x(t) = f(x(t), t, r(t))\mathrm{d}t + g(x(t), t, r(t))\mathrm{d}w(t), & t \neq \tau_i \\ x(\tau_i) = I_i(x(\tau_i^-), \tau_i, r(\tau_i)), & t = \tau_i = 2i\pi, \quad i = 0, 1, 2, \cdots, \\ x(t_0) = x_0, \end{cases} \tag{6.1.8}$$

其中 $r(t)$ 是取值在 $S = \{1, 2\}$ 上的 Markvion 链, $\mathrm{d}\omega(t)$ 是 1 维的 Wiener 过程, $x = (x_1, x_2, x_3, x_4)^\mathrm{T}$,

$$f(x(t), t, 1) = \begin{pmatrix} x_1\sin t + x_2x_3x_4 \\ x_2\sin t - x_1x_3x_4 \\ x_3\sin t + x_1x_2x_4 \\ x_4\sin t - x_1x_2x_3 \end{pmatrix}, f(x(t), t, 2) = \begin{pmatrix} x_1\sin t - x_2x_3x_4 \\ x_2\sin t + x_1x_3x_4 \\ x_3\sin t - x_1x_2x_4 \\ x_4\sin t + x_1x_2x_3 \end{pmatrix},$$

$$g(x(t), t, 1) = g(x(t), t, 2) = \begin{pmatrix} x_1 \cos t \\ x_2 \cos t \\ x_3 \cos t \\ x_4 \cos t \end{pmatrix},$$

$$I_i(x(\tau_i^-), \tau_i, 1) = I_i(x(\tau_i^-), \tau_i, 2) = \begin{pmatrix} a_1(\tau_i)x_1(\tau_i^-) \\ a_2(\tau_i)x_2(\tau_i^-) \\ a_3(\tau_i)x_3(\tau_i^-) \\ a_4(\tau_i)x_4(\tau_i^-) \end{pmatrix},$$

且 $\lambda_2(\tau_i) \triangleq \max\limits_{k=1,2,3,4} \{a_k^2(\tau_i)\} \leqslant \exp\{-(\pi+4)\}$, $i = 0, 1, 2, \cdots$, 则方程组 (6.1.8) 的平凡解是 2 阶一致渐近稳定的.

证明　取 $V(x(t), t, r(t)) = x_1^2 + x_2^2 + x_3^2 + x_4^2$, 通过 Ito 公式, 则当 $t \neq \tau_i$, $i = 0, 1, 2, \cdots$ 时, 有

$$\begin{aligned} E(LV(x(t), t, r(t))) &= (2\sin t + \cos^2 t)E(V(x(t), t, r(t)) \\ &= \lambda_1(t)E(V(x(t), t, r(t))), \end{aligned}$$

其中 $\lambda_1(t) = (2\sin t + \cos^2 t)$. 另外

$$\begin{aligned} E(V(x(\tau_i), \tau_i, r(\tau_i))) &= E(x_1^2(\tau_i) + x_2^2(\tau_i) + x_3^2(\tau_i) + x_4^2(\tau_i)) \\ &= E\left(\sum_{k=1}^4 a_k^2(\tau_i)x_k^2(\tau_i^-)\right) \\ &\leqslant \lambda_2(\tau_i)E(V(x(\tau_i^-), \tau_i, r(\tau_i))). \end{aligned}$$

又有

$$\begin{aligned} \left(\ln(\lambda_2(\tau_i)) + \int_{\tau_i}^{\tau_{i+1}} \lambda_1(t)\mathrm{d}t\right)^- &= \left(\ln(\lambda_2(\tau_i)) + \int_{2i\pi}^{2(i+1)\pi} (2\sin t + \cos^2 t)\mathrm{d}t\right)^- \\ &= (\ln(\lambda_2(\tau_i)) + \pi)^- \geqslant 4, \end{aligned}$$

其中 $(\cdot)^- = -\min\{(\cdot), 0\}$, 且有

$$\begin{aligned} \ln(\lambda_2(\tau_i)) + \int_{\tau_i}^{\tau_{i+1}} \lambda_1^+(t)\mathrm{d}t &= \ln(\lambda_2(\tau_i)) + \int_{2i\pi}^{2(i+1)\pi} (2\sin t + \cos^2 t)^+\mathrm{d}t \\ &\leqslant -(4+\pi) + 2\int_{2i\pi}^{2(i+1)\pi} (\sin t)^+\mathrm{d}t + \int_{2i\pi}^{2(i+1)\pi} \cos^2 t\,\mathrm{d}t \\ &= 0 \end{aligned}$$

其中 $(\cdot)^+ = \max\{(\cdot),0\}$, 因此可得

$$\sum_{i=0}^{+\infty}\left(\ln(\lambda_2(\tau_i)) + \int_{\tau_i}^{\tau_{i+1}}\lambda_1^+(t)\mathrm{d}t\right)^+ < +\infty.$$

由定理 6.1.3 可知, 方程组 (6.1.8) 的平凡解是 2 阶一致渐近稳定的. ∎

6.1.2　一类线性随机脉冲滞后系统的稳定性

本小节主要讨论一类线性随机脉冲滞后系统的稳定性问题, 通过线性随机脉冲滞后系统的解与一般随机滞后系统解的对应关系, 由研究不含脉冲效应的一般随机滞后系统解的稳定性来得到随机脉冲滞后系统解的稳定性. 令 $(\Omega, \mathscr{F}, \{\mathscr{F}_t\}_{t\geqslant 0}, P)$ 为一个完备的概率空间, $\omega(t)$ 是定义在概率空间上的 1 维 Brownian 运动.

一般地, 一阶线性随机滞后方程有如下的形式:

$$\mathrm{d}y(t) + \sum_{i=1}^{n}p_i(t)y(t-\tau_i(t))\mathrm{d}t + \sum_{i=1}^{n}q_i(t)y(t-\tau_i(t))\mathrm{d}\omega(t) = 0,$$

其中 $p_i : [t_0, +\infty) \to \mathbf{R}$ 与 $q_i : [t_0, +\infty) \to \mathbf{R}$ 都是局部可求和函数, $\tau_i : [t_0, +\infty) \to [0, +\infty)$ 是 Lebesgue- 可积函数且当 $t \to +\infty$, 有 $t - \tau_i(t) \to +\infty$, $i = 1, 2, \cdots, n$.

相对应的, 一阶线性随机脉冲控制滞后方程有如下形式:

$$\mathrm{d}y(t) + \sum_{i=1}^{n}p_i(t)y(t-\tau_i(t))\mathrm{d}t + \sum_{i=1}^{n}q_i(t)y(t-\tau_i(t))\mathrm{d}\omega(t) + u(t)\mathrm{d}t = 0.$$

设计如下的脉冲控制:

$$u(t) = \sum_{k=1}^{\infty}b_k y(t)\varsigma(t-t_k),$$

其中 $b_k \in (-\infty, -1) \cup (-1, +\infty)$ 是常数, $\varsigma(.)$ 是 Dirac 脉冲. 显然, 当 $t \neq t_k$ 时有 $u(t) = 0$. 因此, 受控系统可以写成

$$\begin{cases} \mathrm{d}y(t) + \sum_{i=1}^{n}p_i(t)y(t-\tau_i(t))\mathrm{d}t + \sum_{i=1}^{n}q_i(t)y(t-\tau_i(t))\mathrm{d}\omega(t) = 0, \\ \hspace{8cm} t \neq t_k, \\ y(t_k^+) - y(t_k) = b_k y(t_k), \qquad k = 1, 2, \cdots, \end{cases} \tag{6.1.9}$$

且具有如下假设,

(A_1) $0 \leqslant t_0 < t_1 < t_2 < \cdots < t_k < \cdots$ 是固定时刻且有 $\lim_{k\to+\infty} t_k = +\infty$;

(A_2) $\Delta y|_{t_k} := y(t_k^+) - y(t_k) = b_k y(t_k)$ 即脉冲控制 $u(t)$ 在点 t_k 处形成一个跃变效果, 且 $b_k \in (-\infty, -1) \cup (-1, +\infty)$ 是常数, $k = 1, 2, \cdots$;

(A₃) $p_i : [t_0, +\infty) \to \mathbf{R}$ 与 $q_i : [t_0, +\infty) \to \mathbf{R}$ 是局部可求和函数, $\tau_i : [t_0, +\infty) \to [0, +\infty)$ 是 Lebesgue- 可积函数且当 $t \to +\infty$, 有 $t - \tau_i(t) \to +\infty$, $i = 1, 2, \cdots, n$. 对任意 $\sigma \geqslant t_0$, 令

$$r_\sigma = \min_{1 \leqslant i \leqslant n} \inf_{t \geqslant \sigma} \{t - \tau_i(t)\}. \tag{6.1.10}$$

并定义 $PC([r_\sigma, \sigma]; \mathbf{R})$ 为在 $[t_k, t_{k+1}] \cap (r_\sigma, \sigma)$ 上绝对连续的函数集合, 位于 $(r_\sigma, \sigma]$ 上的 t_k 具有第一类不连续点. 令 $PC_{F_0}^b([r_\sigma, \sigma]; \mathbf{R})$ 为 F_0 有界可测 $PC([r_\sigma, \sigma]; R)$ 类随机变量 $\phi = \{\phi(\theta) : r_\sigma \leqslant \theta \leqslant \sigma\}$ 的集合.

定义6.1.2　对任意 $\sigma \geqslant 0$, $\phi \in PC_{F_0}^b$, 若函数 $y(t, \sigma, \phi)$, $y \in [r_\sigma, +\infty) \to R$ 满足下述条件:

(1) $y(t, \sigma, \phi)$ 在每个区间 $(t_k, t_{k+1}) \subset [r_\sigma, +\infty)$ 上都绝对连续;

(2) 对任意 $t_k \in [\sigma, +\infty)$, $k = 1, 2, \cdots$, $y(t_k^+, \sigma, \phi)$ 和 $y(t_k^-, \sigma, \phi)$ 都存在, 且 $y(t_k^-, \sigma, \phi) = y(t_k, \sigma, \phi)$;

(3) $y(t, \sigma, \phi)$ 在 $[\sigma, +\infty)$ 上几乎处处满足方程 (6.1.9), 且在 $[\sigma, +\infty)$ 上的脉冲时刻 t_k 存在第一类不连续点,

则 $y(t, \sigma, \phi)$ 称为系统 (6.1.9) 满足如下初始条件的解

$$y(t) = \phi(t), \qquad\qquad t \in [r_\sigma, \sigma]. \tag{6.1.11}$$

定义6.1.3　对任意 $\phi \in PC_{F_0}^b$, 定义 $\|\phi\| = \max\{|\phi(s)| : s \in [r_\sigma, \sigma]\}$, 则脉冲系统 (6.1.9) 的解称为

(1) 稳定的, 如果对任意 $\varepsilon > 0$ 和 $\sigma \geqslant 0$, 存在 $\delta = \delta(\varepsilon, \sigma) > 0$ 使得当 $\phi \in PC_{F_0}^b$, $E \|\phi\| < \delta$, 有 $E |y(t, \sigma, \phi)| < \varepsilon$, $t \geqslant \sigma$;

(2) 一致稳定的, 如果 δ 与 σ 无关;

(3) 渐近稳定的, 如果 $y(t, \sigma, \phi)$ 是稳定的且对任意 $\sigma \geqslant t_0$, 存在一个 $\delta_0 = \delta_0(\sigma) > 0$, 使得当 $\phi \in PC_{F_0}^b$, $E \|\phi\| < \delta$ 时, 有 $\lim_{t \to +\infty} E |y(t, \sigma, \phi)| = 0$.

下面, 通过寻找相对应的一般随机滞后系统的解的稳定性来得到一类线性随机脉冲滞后系统的解的稳定性.

考虑如下形式的一般随机滞后方程:

$$\mathrm{d}x(t) + \sum_{i=1}^n p_i(t) \prod_{t - \tau_i(t) \leqslant t_k < t} (1 + b_k)^{-1} x(t - \tau_i(t)) \mathrm{d}t$$

$$+ \sum_{i=1}^n q_i(t) \prod_{t - \tau_i(t) \leqslant t_k < t} (1 + b_k)^{-1} x(t - \tau_i(t)) \mathrm{d}\omega(t) = 0, \tag{6.1.12}$$

其中 p_i, τ_i, b_k 满足假设 (A₁) ∼ 假设 (A₃), $i = 1, 2, \cdots, n$, $k = 1, 2, \cdots$. 方程 (6.1.12) 在 $[\sigma, +\infty)$ 上的解 $x(t)$ 在 $[r_\sigma, +\infty)$ 上是绝对连续, 且当 $t \in [\sigma, +\infty)$ 时几

乎处处满足方程 (6.1.12), 并且满足条件 (6.1.11). 类似于定义 6.1.3, 方程 (6.1.12) 解的稳定性也能给出相应的定义.

定理 6.1.4 假设 $(A_1) \sim$ 假设 (A_3) 成立,

(1) 如果 $x(t, \sigma, \phi)$ 是方程 (6.1.12) 的解, 则 $y(t, \sigma, \phi) = \prod\limits_{\sigma \leqslant t_k < t} (1 + b_k) \times x(t, \sigma, \phi)$ 是脉冲方程 (6.1.9) 的解.

(2) 如果 $y(t, \sigma, \phi)$ 是脉冲方程 (6.1.9) 的解, 则可以得到 $x(t, \sigma, \phi) = \prod\limits_{\sigma \leqslant t_k < t} (1 + b_k)^{-1} y(t, \sigma, \phi)$ 是随机方程 (6.1.12) 的解.

证明 令 $x(t) = x(t, \sigma, \phi)$, $y(t) = y(t, \sigma, \phi)$. 首先证明结论 (1). 易见, $y(t) = \prod\limits_{\sigma \leqslant t_k < t} (1 + b_k)x(t)$ 在每一个区间 $(t_k, t_{k+1}]$ 上都绝对连续, 且在 $(t_k, t_{k+1}]$ 上, 当 $t \neq t_k, k = 1, 2, \cdots$, 有

$$
\begin{aligned}
&\mathrm{d}y(t) + \sum_{i=1}^{n} p_i(t)y(t - \tau_i(t))\mathrm{d}t + \sum_{i=1}^{n} q_i(t)y(t - \tau_i(t))\mathrm{d}\omega(t) \\
&= \mathrm{d}\left[\prod_{\sigma \leqslant t_k < t} (1 + b_k)x(t) \right] + \sum_{i=1}^{n} p_i(t) \prod_{\sigma \leqslant t_k < t - \tau_i(t)} (1 + b_k) \\
&\quad \times x(t - \tau_i(t))\mathrm{d}t + \sum_{i=1}^{n} q_i(t) \prod_{\sigma \leqslant t_k < t - \tau_i(t)} (1 + b_k)x(t - \tau_i(t))\mathrm{d}\omega(t) \\
&= \prod_{\sigma \leqslant t_k < t} (1 + b_k)[\mathrm{d}x(t) + \sum_{i=1}^{n} p_i(t) \prod_{t - \tau_i(t) \leqslant t_k < t} (1 + b_k)^{-1} x(t - \tau_i(t))\mathrm{d}t \\
&\quad + \sum_{i=1}^{n} q_i(t) \prod_{t - \tau_i(t) \leqslant t_k < t} (1 + b_k)^{-1} x(t - \tau_i(t))\mathrm{d}\omega(t)] \\
&= 0. \qquad (6.1.13)
\end{aligned}
$$

另一方面, 对任意 t_k 都有

$$
y(t_k^+) = \lim_{t \to t_k^+} \prod_{\sigma \leqslant t_j < t} (1 + b_j)x(t) = \prod_{\sigma \leqslant t_j \leqslant t_k} (1 + b_j)x(t).
$$

并且

$$
y(t_k) = \prod_{\sigma \leqslant t_j < t_k} (1 + b_j)x(t).
$$

因此, 对于任意 $k = 1, 2, \cdots$, 有

$$
y(t_k^+) = (1 + b_k)y(t_k). \qquad (6.1.14)
$$

由式 (6.1.13) 与式 (6.1.14) 知, $y(t)$ 是方程 (6.1.9) 满足初始条件 (6.1.11) 的解.

下面证明结论 (2). 由 $y(t)$ 在每个区间 $(t_k, t_{k+1}]$ 上都是绝对连续的且由式 (6.1.14), 可得如下结果:

$$x(t_k^+) = \prod_{\sigma \leqslant t_j \leqslant t_k} (1 + b_j)^{-1} y(t_k^+)$$

$$= \prod_{\sigma \leqslant t_j < t_k} (1 + b_j)^{-1} y(t_k) = x(t_k), \qquad (6.1.15)$$

且有

$$x(t_k^-) = \prod_{\sigma \leqslant t_j \leqslant t_{k-1}} (1 + b_j)^{-1} y(t_k^-) = x(t_k), \quad k = 1, 2, \cdots,$$

故 $x(t)$ 在 $[\sigma, +\infty)$ 上都是连续的. 易得 $x(t)$ 在 $[\sigma, +\infty)$ 上也是绝对连续的. 因此 $x(t) = \prod_{\sigma \leqslant t_k < t} (1 + b_k)^{-1} y(t)$ 是满足方程 (6.1.12) 的解. ■

接下来的结果即为脉冲方程 (6.1.9) 稳定性的比较定理.

定理 6.1.5　*假设 $(\mathrm{A}_1) \sim$ 假设 (A_3) 成立,*

(1) 对任意的 $\sigma \geqslant t_0$, 存在正常数 $M(\sigma)$, 使得对任意的 $t \geqslant \sigma$ 都有

$$\left| \prod_{\sigma \leqslant t_k < t} (1 + b_k) \right| \leqslant M(\sigma), \qquad (6.1.16)$$

如果随机系统 (6.1.12) 的解是稳定的, 则脉冲系统 (6.1.9) 的解也是稳定的.

(2) 存在常数 M_1, 使得对于任意 $\sigma \geqslant t_0$, $t \geqslant \sigma$, 都有

$$\left| \prod_{\sigma \leqslant t_k < t} (1 + b_k) \right| \leqslant M_1, \qquad (6.1.17)$$

如果随机系统 (6.1.12) 的解是一致稳定的, 则脉冲系统 (6.1.9) 的解也是一致稳定的.

(3) 假设式 (6.1.16) 成立. 如果随机系统 (6.1.12) 的解是渐近稳定的, 则脉冲系统 (6.1.9) 的解也是渐近稳定的.

证明　这里仅证结论 (1), 结论 (2) 和结论 (3) 的证明都与之类似.

对任意 σ, ϕ, 令 $y(t) = y(t, \sigma, \phi)$, $x(t) = x(t, \sigma, \phi)$ 分别是方程 (6.1.9) 与方程 (6.1.12) 满足初始条件 (6.1.11) 的解.

由假定条件方程 (6.1.12) 的解是稳定的, 可得对任意 $\varepsilon > 0$, $\sigma \geqslant t_0$, 存在 $\delta(\varepsilon, \sigma)$ 使得当 $\phi \in PC_{F_0}^b$, $E \|\phi\| < \delta$ 时, 有

$$E |x(t)| < \frac{\varepsilon}{M(\sigma)}. \qquad (6.1.18)$$

由定理 6.1.4 知, $y(t) = \prod\limits_{\sigma \leqslant t_k < t} (1 + b_k)x(t)$ 是方程 (6.1.9) 满足条件 (6.1.11) 的解且

对于任意 $t \geqslant \sigma$, 由式 (6.1.16) 和式 (6.1.18) 可得

$$E|y(t)| = E\left|\prod_{\sigma \leqslant t_k < t} (1 + b_k)x(t)\right| \leqslant \left|\prod_{\sigma \leqslant t_k < t} (1 + b_k)\right| E|x(t)| < \varepsilon.$$

即知方程 (6.1.9) 的解是稳定的. ∎

类似的, 可以得到如下关于方程 (6.1.12) 解的稳定性比较定理.

定理 6.1.6 假设 $(A_1) \sim$ 假设 (A_3) 成立,

(1) 对任意 $\sigma \geqslant t_0$, 存在正常数 $M'(\sigma)$ 使得, 对任意 $t \geqslant \sigma$, 成立

$$\left|\prod_{\sigma \leqslant t_k < t} (1 + b_k)^{-1}\right| \leqslant M'(\sigma), \tag{6.1.19}$$

如果脉冲系统 (6.1.9) 的解是稳定的, 则随机系统 (6.1.12) 的解也是稳定的.

(2) 存在常数 M_1' 使得对于任意 $\sigma > t_0, t \geqslant \sigma$, 成立

$$\left|\prod_{\sigma \leqslant t_k < t} (1 + b_k)^{-1}\right| \leqslant M_1', \tag{6.1.20}$$

如果脉冲系统 (6.1.9) 的解是一致稳定的, 则随机系统 (6.1.12) 的解也是一致稳定的.

(3) 假设式 (6.1.19) 成立. 如果脉冲系统 (6.1.9) 的解是渐近稳定的, 则随机系统 (6.1.12) 的解也是渐近稳定的.

通过定理 6.1.5 和定理 6.1.6, 易得下面推论.

推论6.1.4 假设 $(A_1) \sim$ 假设 (A_3) 成立,

(1) 如果式 (6.1.16) 和式 (6.1.19) 成立, 则脉冲系统 (6.1.9) 的解是稳定的当且仅当随机系统 (6.1.12) 的解也是稳定的.

(2) 如果式 (6.1.17) 和式 (6.1.20) 成立, 则脉冲系统 (6.1.9) 的解是一致稳定的当且仅当随机系统 (6.1.12) 的解也是一致稳定的.

(3) 如果式 (6.1.16) 和式 (6.1.19) 成立, 则脉冲系统 (6.1.9) 的解是渐近稳定的当且仅当随机系统 (6.1.12) 的解也是渐近稳定的.

考虑如下线性随机脉冲滞后方程:

$$\begin{cases} dy(t) + p(t)y(t - \tau(t))dt + q(t)y(t - \tau(t))d\omega(t) = 0, \ t \neq t_k, \\ y(t_k^+) - y(t_k) = b_k y(t_k), \quad k = 1, 2, \cdots, \end{cases} \tag{6.1.21}$$

其中 $p(t) = t\cos t$, $q(t) = t\sin t$, $b_k = \dfrac{-1}{2k}$, $k = 1, 2, \cdots$, $\tau(t) \geqslant 0$, 且假设 $(A_1) \sim$ 假设 (A_3) 成立. 相应地, 考虑以下随机系统的稳定性:

$$\mathrm{d}x(t) + p(t) \prod_{t-\tau(t)\leqslant t_k<t} (1+b_k)^{-1} x(t-\tau(t))\mathrm{d}t$$

$$+ q(t) \prod_{t-\tau(t)\leqslant t_k<t} (1+b_k)^{-1} x(t-\tau(t))\mathrm{d}\omega(t) = 0, \tag{6.1.22}$$

由文献 [119] 中的定理可得, 方程 (6.1.22) 的解是一致稳定的. 又由

$$\left| \prod_{t-\tau(t)\leqslant t_k<t} (1+b_k) \right| < 1$$

和定理 6.1.5 知, 可得方程 (6.1.21) 的解是一致稳定的.

　　本小节研究了一类线性随机脉冲滞后系统的解的稳定性问题. 通过找到线性随机脉冲滞后系统的解与一般随机滞后系统解的对应关系, 由研究不含脉冲效应的一般随机滞后系统解的稳定性来得到随机脉冲滞后系统解的稳定性.

　　本节内容由文献 [40], [152] 改写.

6.2　随机脉冲系统的 H_∞ 滤波

6.2.1　一类带脉冲效应的随机 Markovian 切换系统的 H_∞ 滤波

　　本小节研究一类带脉冲效应的随机 Markovian 切换系统 H_∞ 滤波问题. 目的是依据采样测量方法, 通过构建适当的滤波器使滤波误差系统随机稳定, 同时保证系统具有一定的 H_∞ 性能; 我们以线性矩阵不等式的形式给出了这种滤波器的存在性的一个充分条件, 当相应的线性矩阵不等式可解时, 可得到所要的滤波器的具体表示; 还给出了数值例子以说明方法的有效性.

　　设 $\{\tau_k, k=1,2,\cdots\}$ 是满足下列关系:

$$0 < \tau_1 < \tau_2 < \cdots < \tau_k < \tau_{k+1} < \cdots$$

的给定数列. (为简便起见, 下文中设 $\tau_0 \equiv 0$)

　　$\{r(t), t\geqslant 0\}$ (也记为 $\{r_t, t\geqslant 0\}$) 是完备概率空间 $(\Omega, \mathscr{F}, \mathscr{F}_t, P)$ 上的右连续 Markovian 链, 取值于有限离散状态空间 $S = \{1, 2, \cdots, N\}$ 其生成元为 $\Gamma = (\gamma_{ij})_{N\times N}$, 转移概率为

$$P\{r(t+\Delta) = j | r(t) = i\} = \begin{cases} \gamma_{ij}\Delta + o(\Delta), & \text{若 } i \neq j, \\ 1 + \gamma_{ii}\Delta + o(\Delta), & \text{若 } i = j. \end{cases}$$

这里 $\Delta > 0$, 且有 $\lim\limits_{\Delta \to 0} o(\Delta)/\Delta = 0$. $\gamma_{ij} \geqslant 0$ $(i \neq j)$ 表示从模态 i 到模态 j 的转移速率, 而且 $\gamma_{ii} = -\sum\limits_{j \neq i} \gamma_{ij}$.

考虑如下带脉冲效应的随机 Markovian 切换系统:

$$\begin{cases} \mathrm{d}x(t) = A(r_t)x(t)\mathrm{d}t + B(r_t)v(t)\mathrm{d}t + E(r_t)x(t)\mathrm{d}\omega_t, \ t \neq \tau_k, \\ x(\tau_k) = C_d x(\tau_k^-) + D_d \delta(\tau_k), \quad t = \tau_k, \ k = 1, 2, \cdots, \end{cases} \quad (6.2.1)$$

这里 $x(t) \in \mathbf{R}^n$ 是系统状态, $v(t) \in \mathbf{R}^{m_1}$ 是属于空间 $L_2[0, +\infty)$ 的连续扰动, $\delta(\tau_k) \in \mathbf{R}^{m_2}$ 是属于空间 $l_2[0, +\infty)$ 的离散扰动, $\omega(t)$ 是均值为零的维纳过程满足以下关系:

$$E\{\mathrm{d}\omega(t)\} = 0, E\{\mathrm{d}\omega(t)^2\} = \mathrm{d}t.$$

对每个可能的值 $r_t \in S$, 当 $r_t = i$ 时, 记 $A(r_t) = A(i), B(r_t) = B(i)$ 及 $E(r_t) = E(i)$. 这里 $A(i), B(i), C_d, D_d$ 和 $E(i)$ 都是已知实常数矩阵.

下文中用 $x(t; x_0, r_0)$(不引起混淆时用 $x(t)$) 表示在给定初值条件 (x_0, r_0) 下, 系统 (6.2.1) 的唯一解.

类似于文献 [67] 中的定义 2.2, 我们给出下述定义.

定义6.2.1 设 $v(t) = 0$ 和 $\delta(\tau_k) = 0$. 如果对于任一初始条件 (x_0, r_0), 存在正常数 $T(x_0, r_0)$, 使得下式成立:

$$E\left\{ \int_0^{+\infty} \| x(t) \|^2 \, \mathrm{d}t|_{(x_0, r_0)} \right\} \leqslant T(x_0, r_0), \quad (6.2.2)$$

则称脉冲随机系统 (6.2.1) 是随机稳定的.

现设

$$y(\tau_k) = C_y x(\tau_k^-) + B_y \eta(\tau_k), \ k = 1, 2, \cdots, \quad (6.2.3)$$

其中 $y(\tau_k) \in \mathbf{R}^p$ 是采样测量, $\eta(\tau_k) \in \mathbf{R}^{m_3}$ 是属于空间 $l_2[0, +\infty)$ 的离散噪声, C_y 和 B_y 是已知常数矩阵.

系统要估计的输出控制量为

$$z(t) = C_z x(t) + B_z v(t) \quad (6.2.4)$$

其中 $z(t) \in \mathbf{R}^q$, C_z 和 B_z 是已知常数矩阵.

在本节中所考虑的关于系统 (6.2.1) 的 H_∞ 滤波问题为依据采样测量方法, 通过构建适当的滤波器获得信号 $z(t)$ 的一个估计 $\hat{z}(t)$, 并且保证系统具有一定的 H_∞ 性能水平. 更详细地说, 就是设计一个下面形式的 n 阶的随机稳定的滤波器:

$$\begin{cases} \mathrm{d}\hat{x}(t) = A_f(r_t)\hat{x}(t)\mathrm{d}t, \quad t \neq \tau_k, \\ \hat{x}(\tau_k) = B_f \hat{x}(\tau_k^-) + C_f y(\tau_k), \quad k = 0, 1, 2, \cdots, \\ \hat{z}(t) = L_f \hat{x}(t) \end{cases} \quad (6.2.5)$$

使得滤波误差系统是随机稳定的, 并且滤波误差

$$\tilde{z}(t) = z(t) - \hat{z}(t), \tag{6.2.6}$$

在给定零初始条件下, 对于非零的

$$(v, \delta, \eta) \in L_2[0, +\infty) \bigoplus l_2[0, +\infty) \bigoplus l_2[0, +\infty),$$

满足关系

$$\|\tilde{z}\|_{E_2} \leqslant \gamma(\|v\|_{L_2}^2 + \|\delta\|_{l_2}^2 + \|\eta\|_{l_2}^2)^{1/2}, \tag{6.2.7}$$

其中 $\gamma > 0$ 是一个给定的常数.

滤波器 (6.2.5) 也是一个 Markovian 切换系统, 其中 $A_f(r_t), B_f, C_f$ 和 L_f 是待确定的滤波器参数.

以下定理在得到 H_∞ 滤波问题的解中起关键作用.

定理 6.2.1　考虑系统式 (6.2.1) 及式 (6.2.4), 如果对每一 $i \in S$, 存在一对称正定矩阵 $P > 0$, 使得下列线性矩阵不等式成立:

$$\begin{bmatrix} PA(i) + A^{\mathrm{T}}(i)P + E(i)^{\mathrm{T}}PE(i) + C_z^{\mathrm{T}}C_z & PB(i) + C_z^{\mathrm{T}}B_z \\ B^{\mathrm{T}}(i)P + B_z^{\mathrm{T}}C_z & B_z^{\mathrm{T}}B_z - \gamma^2 I \end{bmatrix} < 0, \tag{6.2.8}$$

$$\begin{bmatrix} C_d^{\mathrm{T}}PC_d - P & C_d^{\mathrm{T}}PD_d \\ D_d^{\mathrm{T}}PC_d & D_d^{\mathrm{T}}PD_d - \gamma^2 I \end{bmatrix} < 0, \tag{6.2.9}$$

则该系统是随机稳定的, 并且下式成立:

$$\|z\|_{E_2} \leqslant \gamma(\|v\|_{L_2}^2 + \|\delta\|_{l_2}^2)^{1/2}. \tag{6.2.10}$$

证明　设系统 (6.2.1) 中, $v(t) = 0$ 及 $\delta(\tau_k) = 0, k \in \mathbf{Z}^+$. 此时系统为如下形式:

$$\begin{cases} \mathrm{d}x(t) = A(r_t)x(t)\mathrm{d}t + E(r_t)x(t)\mathrm{d}\omega_t, & t \neq \tau_k, \\ x(\tau_k) = C_d x(\tau_k^-), & t = \tau_k, \quad k = 1, 2, \cdots, \end{cases} \tag{6.2.11}$$

设在时刻 $t, x(t)$ 与 r_t 的值分别是 x 与 i. 设正定对称矩阵 $P > 0$ 是满足条件 (6.2.8) 和条件 (6.2.9) 的解. 注意到对任一时刻 $t > 0$, 都存在一整数 k, 使得 $t \in [\tau_k, \tau_{k+1})$. 定义

$$V(x(t), i) = x(t)^{\mathrm{T}}Px(t). \tag{6.2.12}$$

利用性质 $\sum_{j=1}^{N} \gamma_{ij} = 0$, 对于 $t \in [\tau_k, \tau_{k+1})$, 来自点 (x, i) 的无穷小生成元 $\mathscr{L}$ 为

$$\begin{aligned} \mathscr{L}V(x(t), i) &= \dot{x}^{\mathrm{T}}(t)Px(t) + x^{\mathrm{T}}(t)P\dot{x}(t) + x^{\mathrm{T}}(t)E^{\mathrm{T}}(i)PE(i)x(t) \\ &= x^{\mathrm{T}}(t)[PA(i) + A^{\mathrm{T}}(i)P + E^{\mathrm{T}}(i)PE(i)]x(t). \end{aligned} \tag{6.2.13}$$

现记 $\Psi(i)$ 为

$$\Psi(i) = PA(i) + A^{\mathrm{T}}(i)P + W^{\mathrm{T}}(i)PW(i), \qquad (6.2.14)$$

利用 Schur 补和条件 (6.2.8), 可推出 $\Psi(i) + C_z^{\mathrm{T}} C_z < 0$, 又因 $C_z^{\mathrm{T}} C_z \geqslant 0$, 故可知 $\Psi(i) < 0$. 由式 (6.2.13), 得

$$\mathscr{L}V(x(t), i) \leqslant -\lambda \parallel x(t) \parallel^2, \qquad (6.2.15)$$

其中 $\lambda = \min_{i \in S} \lambda_{\min}(-\Psi(i)) > 0$. 根据 Dynkin 公式, 对每一 $t \in [\tau_k, \tau_{k+1}), k = 0, 1, 2, \cdots$, 可得下式:

$$E\{V(x(t), i) - V(x(\tau_k, r_{\tau_k}))\} = E\left\{ \int_{\tau_k}^t \mathscr{L}V(x(s), r_s)\mathrm{d}s|_{(x_0, r_0)} \right\},$$

结合式 (6.2.15) 就有

$$E\{V(x(t), i) - V(x(\tau_k), r_{\tau_k})\} \leqslant -\lambda E\left\{ \int_{\tau_k}^t \parallel x(s) \parallel^2 \mathrm{d}s|_{(x_0, r_0)} \right\}, \qquad (6.2.16)$$

对于 $k = 1, 2, \cdots$, 由条件 (6.2.9), 可知

$$\begin{aligned}
&E\{V(x(\tau_k), r_{\tau_k})\} - E\{V(x(\tau_k^-), r_{\tau_k^-})\} \\
&= E\{[C_d x(\tau_k^-)]^{\mathrm{T}} P C_d x(\tau_k^-) - x(\tau_k^-)^{\mathrm{T}} P x(\tau_k^-)\} \\
&= E\{x(\tau_k^-)^{\mathrm{T}} (C_d^{\mathrm{T}} P C_d - P) x(\tau_k^-)\} \leqslant 0.
\end{aligned}$$

所以

$$E\{V(x(\tau_k), r_{\tau_k})\} \leqslant E\{V(x(\tau_k^-), r_{\tau_k^-})\}, \quad k = 1, 2, \cdots, \qquad (6.2.17)$$

结合条件 (6.2.17), 易得

$$\begin{aligned}
E\{V(x(t), i)\} \leqslant &E\{V(x(\tau_k^-), r_{\tau_k^-})\} - \lambda E\left\{ \int_{\tau_k}^t \parallel x(s) \parallel^2 \mathrm{d}s|_{(x_0, r_0)} \right\} \\
\leqslant &E\{V(x(\tau_{k-1}), r_{\tau_{k-1}})\} - \lambda E\left\{ \int_{\tau_{k-1}}^t \parallel x(s) \parallel^2 \mathrm{d}s|_{(x_0, r_0)} \right\} \\
\leqslant &E\{V(x(\tau_{k-1}^-), r_{\tau_{k-1}^-})\} - \lambda E\left\{ \int_{\tau_{k-1}}^t \parallel x(s) \parallel^2 \mathrm{d}s|_{(x_0, r_0)} \right\} \\
&\vdots \\
\leqslant &E\{V(x(\tau_0), r_{\tau_0})\} - \lambda E\left\{ \int_{\tau_0}^t \parallel x(s) \parallel^2 \mathrm{d}s|_{(x_0, r_0)} \right\}.
\end{aligned}$$

因而对于所有的 $t \geqslant 0$, 可知下式成立:

$$\lambda E \left\{ \int_0^t \| x(s) \|^2 \, \mathrm{d}s|_{(x_0, r_0)} \right\} \leqslant E\{V(x(\tau_0), r_{\tau_0})\} - E\{V(x(t), i)\}$$
$$\leqslant V(x_0, r_0),$$

这就证明了该系统是随机稳定的.

以下考虑系统 (6.2.1) 的 H_∞ 性能, 即证明式 (6.2.10) 成立. 由式 (6.2.12), 考虑到 $\sum\limits_{j=1}^{N} \gamma_{ij} = 0$, 可知对于 $t \in [\tau_k, \tau_{k+1})$, 来自点 (x, i) 的无穷小生成元 $\mathscr{L}$ 是

$$\begin{aligned}
\mathscr{L}V(x(t), i) &= \dot{x}^{\mathrm{T}}(t)Px(t) + x^{\mathrm{T}}(t)P\dot{x}(t) + x^{\mathrm{T}}(t)E^{\mathrm{T}}(i)PE(i)x(t) \\
&= x^{\mathrm{T}}(t)[PA(i) + A^{\mathrm{T}}(i)P + E^{\mathrm{T}}(i)PE(i)]x(t) \\
&\quad + x^{\mathrm{T}}(t)PB(i)v(t) + v^{\mathrm{T}}(i)B^{\mathrm{T}}(i)Px(t),
\end{aligned} \tag{6.2.18}$$

再由 Dynkin 公式, 可得

$$E\{V(x(t), i) - V(x(\tau_k, r_{\tau_k}))\} = E \left\{ \int_{\tau_k}^t \mathscr{L}V(x(s), r_s)\mathrm{d}s|_{(x_0, r_0)} \right\}, \tag{6.2.19}$$

注意到

$$\begin{aligned}
&z(t)^{\mathrm{T}}z(t) - \gamma^2 v(t)^{\mathrm{T}}v(t) \\
&= [C_z x(t) + B_z v(t)]^{\mathrm{T}}[C_z x(t) + B_z v(t)] - \gamma^2 v(t)^{\mathrm{T}}v(t) \\
&= x(t)^{\mathrm{T}}C_z^{\mathrm{T}}(t)C_z(t)x(t) + x(t)^{\mathrm{T}}C_z^{\mathrm{T}}(t)B_z(t)v(t) + v(t)^{\mathrm{T}}B_z^{\mathrm{T}}(t)C_z(t)x(t) \\
&\quad + v(t)^{\mathrm{T}}B_z^{\mathrm{T}}(t)B_z(t)v(t) - \gamma^2 v(t)^{\mathrm{T}}v(t),
\end{aligned}$$

可知

$$z(t)^{\mathrm{T}}z(t) - \gamma^2 v(t)^{\mathrm{T}}v(t) + \mathscr{L}V(x(t), i) = \begin{bmatrix} x(t)^{\mathrm{T}} & v(t)^{\mathrm{T}} \end{bmatrix} \Phi(i) \begin{bmatrix} x(t) \\ v(t) \end{bmatrix}, \tag{6.2.20}$$

其中

$$\Phi(i) = \begin{bmatrix} PA(i) + A^{\mathrm{T}}(i)P + E(i)^{\mathrm{T}}PE(i) + C_z^{\mathrm{T}}C_z & PB(i) + C_z^{\mathrm{T}}B_z \\ B^{\mathrm{T}}(i)P + B_z^{\mathrm{T}}C_z & B_z^{\mathrm{T}}B_z - \gamma^2 I \end{bmatrix}.$$

根据式 (6.2.9), 结合式 (6.2.19) 与式 (6.2.20), 可知对于每一 $t \in [\tau_k, \tau_{k+1})$,

$$E \left\{ \int_{\tau_k}^t [z(s)^{\mathrm{T}}z(s) - \gamma^2 v(s)^{\mathrm{T}}v(s)]\mathrm{d}s \right\} \leqslant E\{V(x(\tau_k))\}. \tag{6.2.21}$$

再考虑到式 (6.2.1) 的第二式, 可证得

$$
\begin{aligned}
&-\gamma^2 \delta(\tau_k)^{\mathrm{T}} \delta(\tau_k) + E\{V(x(\tau_k))\} - E\{V(x(\tau_k^-))\} \\
=&E\left\{ \begin{bmatrix} x(\tau_k^-)^{\mathrm{T}} & \delta(\tau_k)^{\mathrm{T}} \end{bmatrix} \begin{bmatrix} C_d^{\mathrm{T}} P C_d - P & C_d^{\mathrm{T}} P D_d \\ D_d^{\mathrm{T}} P C_d & D_d^{\mathrm{T}} P D_d - \gamma^2 I \end{bmatrix} \begin{bmatrix} x(\tau_k^-) \\ \delta(\tau_k) \end{bmatrix} \right\} \leqslant 0,
\end{aligned}
$$

故有

$$
-\gamma^2 \delta(\tau_k)^{\mathrm{T}} \delta(\tau_k) \leqslant E\{V(x(\tau_k^-))\} - E\{V(x(\tau_k))\}. \tag{6.2.22}
$$

再注意到零初始条件, 对于 $[0,t]$ 中所有可能的 τ_k, 结合式 (6.2.21) 与式 (6.2.22) 得

$$
E\left\{ \int_0^t [z(s)^{\mathrm{T}} z(s) - \gamma^2 v(s)^{\mathrm{T}} v(s)] \mathrm{d}s \right\} - \sum_{\tau_k \in (0,t)} \gamma^2 \delta(\tau_k)^{\mathrm{T}} \delta(\tau_k) \leqslant 0,
$$

这表明式 (6.2.13) 成立. ■

下面的定理给出带脉冲效应的随机 Markovian 切换系统的 H_∞ 滤波问题的解.

定理 6.2.2 考虑随机脉冲系统 (6.2.1), 式 (6.2.3) 与式 (6.2.4). 对于给定的正数 $\gamma > 0$, 如果存在矩阵 $X > 0, Y > 0, \Theta, \Psi, \Omega$ 与 $Z(i), i \in S$ 使得下列线性矩阵不等式成立:

$$
\begin{bmatrix}
\Gamma_1 & \Gamma_2 & E^{\mathrm{T}}(i)Y & E^{\mathrm{T}}(i)X & C_z^{\mathrm{T}} & YB(i) + C_z^{\mathrm{T}} B_z \\
\star & XA(i) + A^{\mathrm{T}}(i)X & E^{\mathrm{T}}(i)Y & E^{\mathrm{T}}(i)X & \Theta & XB(i) + \Theta B_z \\
YE(i) & YE(i) & -Y & -X & 0 & 0 \\
XE(i) & XE(i) & -X & -X & 0 & 0 \\
C_z & \Theta^{\mathrm{T}} & 0 & 0 & -I & 0 \\
\star & \star & 0 & 0 & 0 & B_z^{\mathrm{T}} B_z - \gamma^2 I
\end{bmatrix} < 0, \tag{6.2.23}
$$

其中 $\Gamma_1 = YA(i) + A^{\mathrm{T}}(i)Y$, $\Gamma_2 = A^{\mathrm{T}}(i)X + Z(i)$;

$$
\begin{bmatrix}
-Y & -X & 0 & 0 & C_d^{\mathrm{T}}Y + C_y^{\mathrm{T}} \Omega^{\mathrm{T}} & C_d^{\mathrm{T}}X \\
-X & -X & 0 & 0 & C_d^{\mathrm{T}}Y + C_y^{\mathrm{T}} \Omega^{\mathrm{T}} + \Psi^{\mathrm{T}} & C_d^{\mathrm{T}}X \\
0 & 0 & -\gamma^2 I & 0 & D_d^{\mathrm{T}}Y & D_d^{\mathrm{T}}X \\
0 & 0 & 0 & -\gamma^2 I & B_y^{\mathrm{T}} \Omega^{\mathrm{T}} & 0 \\
\star & \star & YD_d & \Omega B_y & -Y & -X \\
XC_d & XC_d & XD_d & 0 & -X & -X
\end{bmatrix} < 0, \tag{6.2.24}
$$

则该系统的 H_∞ 滤波问题是可解的. 并且在上述条件下, 一个理想的形如式 (6.2.5) 的 H_∞ 滤波器其参数为

$$
A_f(i) = W^{-1}[Z(i) - YA(i)]X^{-1}S^{-\mathrm{T}}, \quad B_f = W^{-1}\Psi,
$$

$$C_f = W^{-1}\Omega, \quad L_f = (C_z - \Theta^{\mathrm{T}})X^{-1}S^{-\mathrm{T}},$$

其中 S 与 W 为满足下面条件

$$SW^{\mathrm{T}} = I - X^{-1}Y$$

的任意非奇异矩阵.

证明　引入矩阵

$$\bar{P} = \left[\begin{array}{cc} Y & I \\ W^{\mathrm{T}} & 0 \end{array}\right] \left[\begin{array}{cc} I & X^{-1} \\ 0 & S^{\mathrm{T}} \end{array}\right]^{-1},$$

通过计算可知矩阵 $\bar{P} > 0$.

令

$$\bar{x}(t) = \left[\begin{array}{c} x(t) \\ \hat{x}(t) \end{array}\right], \bar{\eta}(\tau_k) = \left[\begin{array}{c} \delta(\tau_k) \\ \eta(\tau_k) \end{array}\right],$$

根据式 (6.2.1), 式 (6.2.3), 式 (6.2.4) 和式 (6.2.5), 可得

$$\begin{cases} \mathrm{d}\bar{x}(t) = [\bar{A}(r_t)\bar{x}(t) + \bar{B}(r_t))v(t)]\mathrm{d}t + \bar{E}(r_t)\bar{x}(t)\mathrm{d}\omega(t), & t \neq \tau_k, \\ \bar{x}(\tau_k) = \bar{C}_d x(\tau_k^-) + \bar{D}_d\bar{\eta}(\tau_k), & k = 1, 2, \cdots, \\ \tilde{z}(t) = \bar{C}_z\bar{x}(t) + \bar{B}_z v(t), \end{cases}$$

其中

$$\bar{A}(r_t) = \left[\begin{array}{cc} A(r_t) & 0 \\ 0 & A_f(r_t) \end{array}\right], \bar{B}(r_t) = \left[\begin{array}{c} B(r_t) \\ 0 \end{array}\right], \bar{E}(r_t) = \left[\begin{array}{cc} E(r_t) & 0 \\ 0 & 0 \end{array}\right],$$

$$\bar{C}_d = \left[\begin{array}{cc} C_d & 0 \\ C_f C_y & B_f \end{array}\right], \bar{D}_d = \left[\begin{array}{cc} D_d & 0 \\ 0 & C_f B_y \end{array}\right], \bar{C}_z = \left[\begin{array}{cc} C_z & -L_f \end{array}\right], \bar{B}_z = B_z.$$

注意到上述表示式, 并结合式 (6.2.23) 与式 (6.2.24), 可推得

$$\left[\begin{array}{cc} \bar{P}\bar{A}(i) + \bar{A}^{\mathrm{T}}(i)\bar{P} + \bar{E}(i)^{\mathrm{T}}\bar{P}\bar{E}(i) + \bar{C}_z^{\mathrm{T}}\bar{C}_z & \bar{P}\bar{B}(i) + \bar{C}_z^{\mathrm{T}}\bar{B}_z \\ \bar{B}^{\mathrm{T}}(i)\bar{P} + \bar{B}_z^{\mathrm{T}}\bar{C}_z & \bar{B}_z^{\mathrm{T}}\bar{B}_z - \gamma^2 I \end{array}\right] < 0,$$

$$\left[\begin{array}{cc} \bar{C}_d^{\mathrm{T}}\bar{P}\bar{C}_d - \bar{P} & \bar{C}_d^{\mathrm{T}}\bar{P}\bar{D}_d \\ \bar{D}_d^{\mathrm{T}}\bar{P}\bar{C}_d & \bar{D}_d^{\mathrm{T}}\bar{P}\bar{D}_d - \gamma^2 I \end{array}\right] < 0.$$

再利用定理 6.2.1, 可得结论. ∎

在此部分给出一个数值例子展示所提出的方法的有效性.

考虑一个具有两模态的由以下参数描述的带脉冲效应的随机 Markovian 切换系统 (6.2.1) 及式 (6.2.3) 和式 (6.2.4).

- 模态 1:

$$A(1) = \begin{bmatrix} -1.5 & 1 & -1 \\ 0.5 & -2.5 & 1 \\ 0 & -0.6 & -3.5 \end{bmatrix}, \quad B(1) = \begin{bmatrix} 0.5 & 0.2 \\ 0.3 & 0.2 \\ 0.5 & 0 \end{bmatrix},$$

$$E(1) = \begin{bmatrix} 1.0 & 0 & 0.2 \\ 0.5 & 0.4 & 0.1 \\ 0.2 & -0.1 & 0.2 \end{bmatrix}, \quad C_d = \begin{bmatrix} 0.1 & 0 & 0.2 \\ 0.1 & 0 & 0.2 \\ 0.2 & -0.1 & 0.3 \end{bmatrix},$$

$$D_d = \begin{bmatrix} 0.1 \\ 0 \\ 0.2 \end{bmatrix}, \quad C_y = \begin{bmatrix} 0.1 & 0 & 0.2 \\ 0.2 & 0.2 & 0 \end{bmatrix}, \quad B_y = \begin{bmatrix} 0 \\ 0.2 \end{bmatrix},$$

$$C_z = \begin{bmatrix} 0 & 1 & 1 \end{bmatrix}, \quad B_z = \begin{bmatrix} 0.3 & 0.2 \end{bmatrix};$$

- 模态 2:

$$A(2) = \begin{bmatrix} -1.2 & 1 & -1 \\ 0.5 & -2 & 1 \\ 0 & -0.6 & -4 \end{bmatrix}, \quad B(2) = \begin{bmatrix} 0.4 & 0.3 \\ 0.3 & -0.1 \\ 0.3 & 0.1 \end{bmatrix},$$

$$E(2) = \begin{bmatrix} 0.8 & 0.3 & -0.2 \\ 0.3 & 0.2 & 0.1 \\ -0.2 & 0.1 & 0.2 \end{bmatrix}.$$

模态之间的切换方式为

$$\Gamma = \begin{bmatrix} -2 & 2 \\ 3 & -3 \end{bmatrix}.$$

假设 $\gamma = 2.5$. 根据这组数据, 使用 Matlab 线性矩阵不等式控制工具箱解式 (6.2.23) 与式 (6.2.24) 组成的线性矩阵不等式组, 得到如下解:

$$X = \begin{bmatrix} 3.5732 & 1.3031 & -0.1261 \\ 1.3031 & 2.5610 & -0.6340 \\ -0.1261 & -0.6340 & 1.5252 \end{bmatrix},$$

$$Y = \begin{bmatrix} 4.6938 & 1.1704 & -0.1195 \\ 1.1704 & 3.8905 & -0.5927 \\ -0.1195 & -0.5927 & 2.9291 \end{bmatrix},$$

$$Z(1) = \begin{bmatrix} -3.8539 & -0.8719 & -0.3792 \\ -1.4501 & -0.2933 & -0.1201 \\ -0.3431 & -0.0905 & -0.0013 \end{bmatrix},$$

$$Z(2) = \begin{bmatrix} -2.4114 & -0.9234 & 0.2863 \\ -1.7450 & -0.6291 & 0.2274 \\ 0.1713 & 0.0642 & 0.0128 \end{bmatrix},$$

$$\Gamma = \begin{bmatrix} -0.2623 \\ 0.2825 \\ -0.0055 \end{bmatrix}, \quad \Omega = \begin{bmatrix} -0.0526 & -0.0156 \\ -0.0474 & -0.0143 \\ -0.0708 & -0.0159 \end{bmatrix},$$

$$\Psi = \begin{bmatrix} -0.0144 & -0.0026 & -0.0641 \\ -0.0160 & -0.0050 & -0.0760 \\ -0.0465 & 0.0203 & -0.1301 \end{bmatrix}.$$

根据定理 6.2.2, 故知该系统的 H_∞ 滤波问题是可解的. 选择如下的非奇异矩阵 S 和 W:

$$S = \begin{bmatrix} 0.5 & 0 & 0 \\ 0 & 0.5 & 0 \\ 0 & 0 & 0.5 \end{bmatrix}, \quad W = \begin{bmatrix} -0.8271 & 0.5634 & 0.1572 \\ 0.5985 & -1.4982 & -0.6273 \\ 0.1509 & -0.6260 & -2.0885 \end{bmatrix},$$

再根据定理 6.2.2 可知, 该系统的一个形如式 (6.2.5) 的理想的 H_∞ 滤波器的参数可取为

$$A_f(1) = \begin{bmatrix} -1.9794 & 0.3094 & -0.7518 \\ 1.6316 & -4.1588 & 6.2464 \\ 0.0098 & -1.0653 & -9.5766 \end{bmatrix},$$

$$A_f(2) = \begin{bmatrix} -2.5853 & 2.5637 & -1.0981 \\ 1.0788 & -1.3310 & 7.2487 \\ 0.1011 & -2.1775 & -11.0110 \end{bmatrix},$$

$$B_f = \begin{bmatrix} 0.0313 & 0.0092 & 0.1480 \\ 0.0148 & 0.0124 & 0.0907 \\ 0.0201 & -0.0128 & 0.0458 \end{bmatrix}, \quad C_f = \begin{bmatrix} 0.1141 & 0.0343 \\ 0.0681 & 0.0218 \\ 0.0217 & 0.0036 \end{bmatrix},$$

$$L_f = \begin{bmatrix} -0.1893 & 1.0914 & 1.7564 \end{bmatrix}.$$

原系统 (6.2.1) 和结果系统 (6.2.5) 的样本轨道分别如图 6.1 和图 6.2 所示.

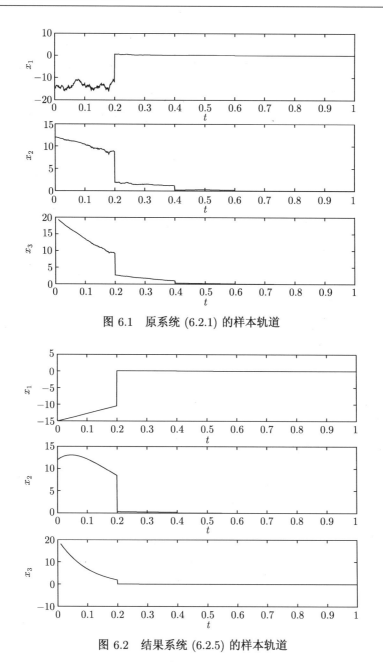

图 6.1　原系统 (6.2.1) 的样本轨道

图 6.2　结果系统 (6.2.5) 的样本轨道

6.2.2　一类不确定随机脉冲系统的鲁棒 H_∞ 滤波

本小节主要研究一类不确定随机脉冲系统的鲁棒 H_∞ 滤波问题. 通过解决具有固定时刻输出的不确定随机脉冲系统的鲁棒稳定性, 来得到不确定随机脉冲系统

的鲁棒 H_∞ 滤波问题的解, 并用 LMIs 方法给出充分条件.

记 $(\Omega, \mathscr{F}, P)$ 是一个概率空间且 Ω 是样本空间, $\mathscr{F}$ 是样本空间子集上的 σ- 代数. 考虑如下不确定随机脉冲系统:

$$(\Sigma): \mathrm{d}x(t) = [(A + \Delta A(t))x(t) + (B + \Delta B(t))v(t)]\mathrm{d}t$$
$$+ [(K + \Delta K(t))x(t) + (G + \Delta G(t))v(t)]\mathrm{d}\omega(t),$$
$$t \in [t_i, t_{i+1}), \tag{6.2.25}$$

$$x(t_i) = C_d x(t_i^-) + D_d \zeta(t_i), \quad i = 0, 1, 2, \cdots, \tag{6.2.26}$$

其中 $\{t_i\}$ 是脉冲时刻序列, $x(t) \in \mathbf{R}^n$ 是状态, $v(t) \in \mathbf{R}^{m_1}$ 是属于 $L_2[0, +\infty)$ 的连续型干扰, $\zeta(t_i) \in \mathbf{R}^{m_2}$ 是属于 $l_2[0, +\infty)$ 的离散型干扰, $\omega(t)$ 是 Wiener 过程, 且满足 $E\{\mathrm{d}\omega(t)\} = 0$ 和 $E\{\mathrm{d}\omega(t)^2\} = \mathrm{d}t$. A, B, C_d, D_d, K, G 是已知的实数矩阵, $\Delta A(t), \Delta B(t), \Delta K(t), \Delta G(t)$ 是具有时变不确定性因素的未知实数矩阵, 且假设具有如下形式:

$$[\Delta A(t) \; \Delta B(t) \; \Delta K(t) \; \Delta G(t) = MF(t)[N_a \; N_b \; N_e \; N_g], \tag{6.2.27}$$

其中 M, N_a, N_b, N_e, N_g 是已知的实常数矩阵, 且有 $F(\cdot): \mathbf{R} \to \mathbf{R}^{k \times l}$ 是未知的时变矩阵函数满足下面条件:

$$F(t)^{\mathrm{T}} F(t) \leqslant I, \qquad \forall t \geqslant 0. \tag{6.2.28}$$

并且假设 $F(t)$ 中的所有元素都是 Lebesgue 可测的.

首先, 介绍一下随机稳定的概念.

定义6.2.2　当系统 (Σ) 中 $v(t) = 0$ 和 $\zeta(t_k) = 0$, 如果对任意 $\varepsilon > 0$, 存在一个 $\mu(\varepsilon) > 0$, 使得

$$E\|x(t)\|^2 < \varepsilon, \quad \text{当 } t > 0 \text{ 且 } E\|x_0\|^2 < \mu(\varepsilon),$$

则称随机系统 (Σ) 为均方稳定. 此外, 若有对任意初始条件满足 $\lim\limits_{t \to +\infty} E|x(t)|^2 = 0$, 则系统 (Σ) 为均方渐近稳定. 如果对所有可容的不确定矩阵 $\Delta A(t)$ 与 $\Delta K(t)$, 系统 (Σ) 都为均方渐近稳定, 则称系统 (Σ) 为鲁棒随机稳定.

现假设

$$y(t_i) = C x(t_i^-) + D \eta(t_i), \qquad i = 0, 1, 2, \cdots, \tag{6.2.29}$$

其中 $y(t_i) \in \mathbf{R}^p$ 是在确定时刻的可测输出, $\eta(t_i) \in \mathbf{R}^{m_3}$ 是属于 $l_2[0, +\infty)$ 的离散噪声, C 与 D 是已知常数矩阵. 假设待估计的状态变量的线性组合如下:

$$z(t) = Lx(t), \tag{6.2.30}$$

其中 $z(t) \in \mathbf{R}^q$ 且 L 是一个常数矩阵.

随后, 本小节研究的鲁棒 H_∞ 滤波问题就是要通过给定 H_∞ 意义下的滤波器得到信号 $z(t)$ 的估计 $\hat{z}(t)$, 也就是说, 要得到具有如下形式的线性时变且随机稳定的滤波器.

$$(\Sigma_f): \mathrm{d}\hat{x}(t) = A_f \hat{x}(t)\mathrm{d}t, \qquad t \in [t_i, t_{i+1}), \tag{6.2.31}$$

$$\hat{x}(t_i) = B_f x(t_i^-) + C_f y(t_i), \quad i = 0, 1, 2, \cdots, \tag{6.2.32}$$

$$\hat{z}(t) = L_f \hat{x}(t), \tag{6.2.33}$$

使得滤波误差系统是鲁棒随机稳定的, 并且在对任意非零 $(v, \zeta, \eta) \in L_2[0, +\infty) \oplus l_2[0, +\infty) \oplus l_2[0, +\infty)$ 和所有可容不确定条件下的零初始条件的情况下, 误差

$$\tilde{z}(t) = z(t) - \hat{z}(t), \tag{6.2.34}$$

满足

$$\|\tilde{z}\|_{E_2} \leqslant \gamma \left(\|v\|_{L_2}^2 + \|\zeta\|_{l_2}^2 + \|\eta\|_{l_2}^2 \right)^{1/2}, \tag{6.2.35}$$

其中 $\gamma > 0$ 是一个给定常数.

下面, 通过一种 LMI 方法来解决鲁棒 H_∞ 滤波问题.

引理 6.2.1[120] 令 A, D, P, W, F 是具有适当维数的实矩阵并且有 $W > 0$, $F(t)^\mathrm{T} F(t) \leqslant I$, 则有如下结论:

(1) 对于任意 $\varepsilon > 0$ 和向量 $x, y \in \mathbf{R}^n$, 有

$$2x^\mathrm{T} DFPy \leqslant \varepsilon^{-1} x^\mathrm{T} DD^\mathrm{T} x + \varepsilon y^\mathrm{T} P^\mathrm{T} Py.$$

(2) 对于任意 $\varepsilon > 0$ 使得 $W - \varepsilon DD^\mathrm{T} > 0$, 有

$$(A + DFP)^\mathrm{T} W^{-1}(A + DFP) \leqslant A^\mathrm{T}(W - \varepsilon DD^\mathrm{T})^{-1}A + \varepsilon^{-1}P^\mathrm{T}P.$$

定理 6.2.3 考虑不确定随机脉冲系统 (Σ) 与式 (6.2.30). 如果存在一个矩阵 $P > 0$ 与常数 $\varepsilon_1 > 0$, $\varepsilon_2 > 0$ 使得如下 LMIs 成立:

$$\begin{bmatrix} M_{11} & M_{12} & PM & K^\mathrm{T}P & 0 \\ M_{21} & M_{22} & 0 & G^\mathrm{T}P & 0 \\ M^\mathrm{T}P & 0 & -\varepsilon_1 I & 0 & 0 \\ PK & PG & 0 & -P & PM \\ 0 & 0 & 0 & M^\mathrm{T}P & -\varepsilon_2 I \end{bmatrix} < 0, \tag{6.2.36}$$

$$\begin{bmatrix} C_d^\mathrm{T}PC_d - P & C_d^\mathrm{T}PD_d \\ D_d^\mathrm{T}PC_d & D_d^\mathrm{T}PD_d - \gamma^2 I \end{bmatrix} < 0. \tag{6.2.37}$$

其中

$$M_{11} = PA + A^\mathrm{T}P + L^\mathrm{T}L + \varepsilon_1 N_a^\mathrm{T}N_a + \varepsilon_2 N_k^\mathrm{T}N_k,$$

$$M_{12} = PB + \varepsilon_1 N_a^\mathrm{T}N_b + \varepsilon_2 N_k^\mathrm{T}N_g,$$

$$M_{21} = B^\mathrm{T}P + \varepsilon_1 N_b^\mathrm{T}N_a + \varepsilon_2 N_g^\mathrm{T}N_k,$$

$$M_{22} = \varepsilon_1 N_b^\mathrm{T}N_b + \varepsilon_2 N_g^\mathrm{T}N_g - \gamma^2 I,$$

则该系统是鲁棒随机稳定的, 且有

$$\|z\|_{E_2} \leqslant \gamma \left(\|v\|_{L_2}^2 + \|\zeta\|_{l_2}^2 \right)^{1/2}, \tag{6.2.38}$$

证明 首先希望得到当 $v(t) = 0$, $\zeta(t_i) = 0$ 时系统 (Σ) 的鲁棒稳定性. 考虑

$$(\Sigma_1) : \mathrm{d}x(t) = (A + \Delta A(t))x(t)\mathrm{d}t$$
$$+ (K + \Delta K(t))x(t)\mathrm{d}\omega(t), \quad t \in [t_i, t_{i+1}), \tag{6.2.39}$$

$$x(t_i) = C_d x(t_i^-), \qquad i = 0, 1, 2, \cdots. \tag{6.2.40}$$

对任意 $t > 0$, 存在一个整数 $i > 0$, 使得 $t \in [t_i, t_{i+1})$. 定义

$$V(x(t)) = x(t)^\mathrm{T} P x(t). \tag{6.2.41}$$

对系统 (Σ_1) 使用 Ito 公式, 得到当 $t \in [t_i, t_{i+1})$ 时,

$$\mathrm{d}V(x(t)) = LV(x(t))\mathrm{d}t + 2x(t)^\mathrm{T}P[K + \Delta K(t)]\mathrm{d}\omega(t),$$

其中

$$LV(x(t)) = 2x(t)^\mathrm{T}P(A + \Delta A)x(t)$$
$$+ x(t)^\mathrm{T}[K + \Delta K(t)]^\mathrm{T}P[K + \Delta K(t)]x(t). \tag{6.2.42}$$

由式 (6.2.36) 可得 $P^{-1} - \varepsilon_2^{-1}MM^\mathrm{T} > 0$ 且有

$$PA + A^\mathrm{T}P + \varepsilon_1 N_a^\mathrm{T}N_a + \varepsilon_1^{-1}PMM^\mathrm{T}P$$
$$+ \varepsilon_2 N_k^\mathrm{T}N_k + K(P^{-1} - \varepsilon_2^{-1}MM^\mathrm{T})^{-1}K < 0. \tag{6.2.43}$$

从这个结论以及 $\varepsilon_1 > 0, \varepsilon_2 > 0$ 再利用引理 6.2.1, 可得

$$2x(t)^\mathrm{T}P\Delta A(t)x(t) \leqslant x(t)^\mathrm{T}[\varepsilon_1 N_a^\mathrm{T}N_a + \varepsilon_1^{-1}PMM^\mathrm{T}P]x(t), \tag{6.2.44}$$

$$x(t)^{\mathrm{T}}[K + \Delta K(t)]^{\mathrm{T}}P[K + \Delta K(t)]$$
$$\leqslant x(t)^{\mathrm{T}}[\varepsilon_2 N_k^{\mathrm{T}}N_k + K(P^{-1} - \varepsilon_2^{-1}MM^{\mathrm{T}})^{-1}K]x(t). \tag{6.2.45}$$

从式 (6.2.42)~式 (6.2.45), 得到对所有的 $t \in [t_i, t_{i+1})$ 与 $x(t) \neq 0$, 有

$$LV(t) \leqslant -\lambda|x(t)|^2, \tag{6.2.46}$$

其中

$$\lambda = \lambda_{\min}[-PA - A^{\mathrm{T}}P - \varepsilon_1 N_a^{\mathrm{T}}N_a - \varepsilon_1^{-1}PMM^{\mathrm{T}}P$$
$$- \varepsilon_2 N_k^{\mathrm{T}}N_k - K(P^{-1} - \varepsilon_2^{-1}MM^{\mathrm{T}})^{-1}K] > 0.$$

则有

$$\mathrm{d}V(x(t)) \leqslant -\lambda|x(t)|^2\mathrm{d}t + 2x(t)^{\mathrm{T}}P[K + \Delta K(t)]x(t)\mathrm{d}\omega(t). \tag{6.2.47}$$

令

$$\beta = \lambda/\lambda_{\max}(P) > 0.$$

通过式 (6.2.47) 并且使用分部积分公式[119], 有

$$\mathrm{d}[\mathrm{e}^{\beta t}V(x(t))] \leqslant 2\mathrm{e}^{\beta t}x(t)^{\mathrm{T}}P(K + \Delta K(t))x(t)\mathrm{d}\omega(t).$$

将不等式的两边分别从 t_i 至 t 进行积分后取期望可得

$$E\{V(x(t))\} \leqslant \mathrm{e}^{\beta(t_i-t)}E\{V(x(t_i))\}. \tag{6.2.48}$$

由式 (6.2.48)、式 (6.2.40)、式 (6.2.42), 可以推导出当 $t \in [t_i, t_{i+1})$, 有

$$E|x(t)|^2 \leqslant (\mathrm{e}^{-\beta t}/\lambda_{\min}(P))E\{V(x_0)\}.$$

这就可以得到系统 (Σ_1) 是鲁棒随机稳定的.

下面, 我们要得到系统 (Σ) 的 H_∞ 性能. 对系统 (Σ) 使用 Ito 公式并且可以得到当 $t \in [t_i, t_{i+1})$, 有

$$\mathrm{d}V(x(t)) = LV(x(t))\mathrm{d}t + 2x(t)^{\mathrm{T}}P[(K + \Delta K(t))x(t)$$
$$+ (G + \Delta G(t))v(t)]\mathrm{d}\omega(t). \tag{6.2.49}$$

其中 $V(x(t))$ 在式 (6.2.41) 中给定且

$$LV(x(t)) = 2x(t)^{\mathrm{T}}P[(A + \Delta A)x(t) + (B + \Delta B)v(t)]$$
$$+ [(K + \Delta K(t))x(t) + (G + \Delta G(t))v(t)]^{\mathrm{T}}$$
$$\times P[(K + \Delta K(t))x(t) + (G + \Delta G(t))v(t)]. \tag{6.2.50}$$

类似于式 (6.2.46) 的推导, 可得当 $t \in [t_i, t_{i+1})$, 有

$$
\mathrm{d}V(x(t)) \leqslant \begin{bmatrix} x(t)^{\mathrm{T}} & v(t)^{\mathrm{T}} \end{bmatrix} \Phi_1 \begin{bmatrix} x(t) \\ v(t) \end{bmatrix} \mathrm{d}t
$$
$$
+ 2x(t)^{\mathrm{T}} P[(K + \Delta K(t))x(t) + (G + \Delta G(t))v(t)]\mathrm{d}\omega(t), \quad (6.2.51)
$$

其中

$$
\Phi_1 = \begin{bmatrix} PA + A^{\mathrm{T}}P + \varepsilon_1^{-1}PMM^{\mathrm{T}}P & PB \\ B^{\mathrm{T}}P & 0 \end{bmatrix}
$$
$$
+ \varepsilon_1 \bar{N}_a^{\mathrm{T}} \bar{N}_a + \bar{K}^{\mathrm{T}}(P^{-1} - \varepsilon_2^{-1}MM^{\mathrm{T}})^{-1}\bar{K} + \varepsilon_2 \bar{N}^{\mathrm{T}} \bar{N},
$$
$$
\bar{N}_a = \begin{bmatrix} N_a & N_b \end{bmatrix}, \quad \bar{N} = \begin{bmatrix} N_k & N_g \end{bmatrix}, \quad \bar{K} = \begin{bmatrix} K & K_v \end{bmatrix},
$$

对式 (6.2.51) 两边从 t_i 到 t 进行积分并且取期望, 可以得到

$$
E\{V(x(t))\} \leqslant E\{V(x(t_i))\}
$$
$$
+ E\left\{ \int_{t_i}^{t} \begin{bmatrix} x(s)^{\mathrm{T}} & v(s)^{\mathrm{T}} \end{bmatrix} \Phi_1 \begin{bmatrix} x(s) \\ v(s) \end{bmatrix} \mathrm{d}s \right\}. \quad (6.2.52)
$$

由该式与式 (6.2.37) 可以推导出当 $t \in [t_i, t_{i+1})$

$$
E\left\{ \int_{t_i}^{t} [z(s)^{\mathrm{T}}z(s) - \gamma^2 v(s)^{\mathrm{T}}v(s)]\mathrm{d}s \right\} < E\{V(x(t_i))\}. \quad (6.2.53)
$$

现考虑式 (6.2.26) 与式 (6.2.38), 可得

$$
-\gamma^2 \zeta(t_i)^{\mathrm{T}} \zeta(ih) + E\{V(x(t_i))\} - E\{V(x(t_i^-))\}
$$
$$
\leqslant E\left\{ \begin{bmatrix} x(t_i^-)^{\mathrm{T}} & \zeta(t_i^-)^{\mathrm{T}} \end{bmatrix} \bar{Q} \begin{bmatrix} x(t_i^-) \\ \zeta(t_i^-) \end{bmatrix} \right\} < 0,
$$

其中

$$
\bar{Q} = \begin{bmatrix} C_d^{\mathrm{T}}PC_d - P & C_d^{\mathrm{T}}PD_d \\ D_d^{\mathrm{T}}PC_d & D_d^{\mathrm{T}}PD_d - \gamma^2 I \end{bmatrix},
$$

即得

$$
-\gamma^2 \zeta(t_i)^{\mathrm{T}} \zeta(t_i) < E\{V(x(t_i^-))\} - E\{V(x(t_i))\}. \quad (6.2.54)
$$

注意到零初始条件并将式 (6.2.53) 与式 (6.2.54) 组合考虑到所有在 $[0, t]$ 上可能的 t_i, 可以得到

$$
E\left\{ \int_{t_i}^{t} [z(s)^{\mathrm{T}}z(s) - \gamma^2 v(s)^{\mathrm{T}}v(s)]\mathrm{d}s \right\} - \sum_{t_i \in (0,t)} \gamma^2 \zeta(t_i)^{\mathrm{T}} \zeta(t_i) < 0,
$$

即可得式 (6.2.38) 成立. ∎

现在考虑不确定脉冲随机系统的鲁棒 H_∞ 滤波问题.

定理 6.2.4 考虑不确定随机系统 (Σ) 与式 (6.2.29)、式 (6.2.30). 给定一个常数 $\gamma > 0$, 若存在常数 $\varepsilon_1 > 0$, $\varepsilon_2 > 0$, 矩阵 $X > 0$, $Y > 0$, Γ, Ψ 和 Ω 使得下面的 LMIs 成立,

$$
\begin{bmatrix}
J_1 & H_1 & H_2 & YM & K^{\mathrm{T}}Y & 0 & L^{\mathrm{T}} \\
H_1^{\mathrm{T}} & J_2 & H_3 & XM & K^{\mathrm{T}}Y & 0 & L_{27} \\
H_2^{\mathrm{T}} & H_3^{\mathrm{T}} & J_3 & 0 & G^{\mathrm{T}}Y & 0 & 0 \\
M^{\mathrm{T}}Y & M^{\mathrm{T}}X & 0 & -\varepsilon_1 I & 0 & 0 & 0 \\
YK & YK & YG & 0 & -Y & YM & 0 \\
0 & 0 & 0 & 0 & M^{\mathrm{T}}Y & -\varepsilon_2 I & 0 \\
L & L+\Gamma & 0 & 0 & 0 & 0 & -I
\end{bmatrix} < 0,
\tag{6.2.55}
$$

$$
\begin{bmatrix}
-Y & -X & 0 & 0 & N_{15} & C_d^{\mathrm{T}}X \\
-X & -X & 0 & 0 & N_{25} & C_d^{\mathrm{T}}X \\
0 & 0 & -\gamma^2 I & 0 & D_d^{\mathrm{T}}Y & D_d^{\mathrm{T}}X \\
0 & 0 & 0 & -\gamma^2 I & D_d^{\mathrm{T}}\Omega^{\mathrm{T}} & 0 \\
N_{51} & N_{52} & YD_d & \Omega D & -Y & -X \\
XC_d & XC_d & XD_d & 0 & -X & -X
\end{bmatrix} < 0,
\tag{6.2.56}
$$

其中

$$
\begin{aligned}
J_1 &= A^{\mathrm{T}}Y + YA + \varepsilon_1 N_a^{\mathrm{T}}N_a + \varepsilon_2 N_k^{\mathrm{T}}N_k, \\
J_2 &= A^{\mathrm{T}}X + XA + \varepsilon_1 N_a^{\mathrm{T}}N_a + \varepsilon_2 N_k^{\mathrm{T}}N_k, \\
J_3 &= \varepsilon_1 N_b^{\mathrm{T}}N_b + \varepsilon_2 N_g^{\mathrm{T}}N_g - \gamma^2 I, \\
H_1 &= A^{\mathrm{T}}X + YA + Z + \varepsilon_1 N_a^{\mathrm{T}}N_a + \varepsilon_2 N_k^{\mathrm{T}}N_k, \\
H_2 &= YB + \varepsilon_1 N_a^{\mathrm{T}}N_b + \varepsilon_2 N_k^{\mathrm{T}}N_g, \\
H_3 &= XB + \varepsilon_1 N_a^{\mathrm{T}}N_b + \varepsilon_2 N_k^{\mathrm{T}}N_g, \\
L_{27} &= L^{\mathrm{T}} + \Gamma^{\mathrm{T}}, \\
N_{15} &= C_d^{\mathrm{T}}Y + C^{\mathrm{T}}\Omega^{\mathrm{T}}, \quad N_{25} = C_d^{\mathrm{T}}Y + C^{\mathrm{T}}\Omega^{\mathrm{T}} + \Psi^{\mathrm{T}}, \\
N_{51} &= C_d Y + \Omega C, \quad N_{52} = C_d Y + \Omega C + \Psi,
\end{aligned}
$$

则该系统的鲁棒 H_∞ 滤波问题可解. 并且可得一个形如式 (6.2.31)~ 式 (6.2.33) 的 H_∞ 滤波器如下:

$$
\begin{aligned}
A_f &= W^{-1}ZX^{-1}S^{-\mathrm{T}}, \quad B_f = W^{-1}\Psi X^{-1}S^{-\mathrm{T}}, \\
C_f &= W^{-1}\Omega, \quad L_f = -\Gamma X^{-1}S^{-\mathrm{T}},
\end{aligned}
\tag{6.2.57}
$$

其中 S 和 W 是任意非退化矩阵满足

$$SW^{\mathrm{T}} = I - X^{-1}Y. \tag{6.2.58}$$

证明　取

$$Q = \begin{bmatrix} I & \bar{X} \\ 0 & S^{\mathrm{T}} \end{bmatrix} \begin{bmatrix} Y & I \\ W^{\mathrm{T}} & 0 \end{bmatrix}^{-1},$$

其中 $\bar{X} = X^{-1} > 0$. 通过计算, 可以证明 $Q > 0$. 再令

$$\xi(t) = \begin{bmatrix} x(t)^{\mathrm{T}} & \hat{x}(t)^{\mathrm{T}} \end{bmatrix}^{\mathrm{T}}, \quad \bar{\eta}(t_i) = \begin{bmatrix} \zeta(t_i)^{\mathrm{T}} & \eta(t_i)^{\mathrm{T}} \end{bmatrix}^{\mathrm{T}}.$$

随后通过式 (6.2.29)、式 (6.2.30), 系统 (Σ) 与滤波器 (Σ_f), 得到

$$(\Sigma_e) : \mathrm{d}\xi(t) = [(\tilde{A} + \Delta\tilde{A}(t))x(t) + (\tilde{B} + \Delta\tilde{B}(t))v(t)]\mathrm{d}t$$
$$+ [(\tilde{K} + \Delta\tilde{K}(t))\xi(t) + (\tilde{G} + \Delta\tilde{G}(t))v(t)]\mathrm{d}\omega(t),$$
$$t \in [t_i, t_{i+1}), \tag{6.2.59}$$

$$\xi(t_i) = \tilde{C}_d\xi(t_i^-) + \tilde{D}_d\bar{\eta}(t_i), \qquad i = 0, 1, 2, \cdots, \tag{6.2.60}$$

$$\tilde{z}(t) = \tilde{L}\xi(t), \tag{6.2.61}$$

其中 $\tilde{z}(t)$ 在式 (6.2.34) 中已定义, 且

$$\tilde{A} = \begin{bmatrix} A & 0 \\ 0 & A_f \end{bmatrix}, \; \tilde{B} = \begin{bmatrix} B \\ 0 \end{bmatrix}, \; \tilde{K} = \begin{bmatrix} K & 0 \\ 0 & 0 \end{bmatrix}, \; \tilde{G} = \begin{bmatrix} G \\ 0 \end{bmatrix},$$

$$\tilde{C}_d = \begin{bmatrix} C_d & 0 \\ C_fC & B_f \end{bmatrix}, \tilde{D}_d = \begin{bmatrix} D_d & 0 \\ 0 & C_fD \end{bmatrix}, \tag{6.2.62}$$

$$\tilde{L} = \begin{bmatrix} L & -L_f \end{bmatrix}, \tag{6.2.63}$$

$$\Delta\tilde{A}(t) = \begin{bmatrix} \Delta A(t) & 0 \\ 0 & 0 \end{bmatrix}, \; \Delta\tilde{B}(t) = \begin{bmatrix} \Delta B(t) \\ 0 \end{bmatrix},$$

$$\Delta\tilde{K}(t) = \begin{bmatrix} \Delta K(t) & 0 \\ 0 & 0 \end{bmatrix}, \; \Delta\tilde{G}(t) = \begin{bmatrix} \Delta G(t) \\ 0 \end{bmatrix}, \tag{6.2.64}$$

系统 (Σ_e) 中的不确定因子可以另写成如下形式,

$$\begin{bmatrix} \Delta\tilde{A}(t) & \Delta\tilde{B}(t) & \Delta\tilde{K}(t) & \Delta\tilde{G}(t) \end{bmatrix} = \tilde{M}F(t)\begin{bmatrix} \tilde{N}_a & \tilde{N}_b & \tilde{N}_k & \tilde{N}_g \end{bmatrix}, \tag{6.2.65}$$

其中

$$\tilde{M} = \left[\begin{array}{c} M \\ 0 \end{array} \right], \ \tilde{N}_a = \left[\begin{array}{cc} N_a & 0 \end{array} \right], \ \tilde{N}_b = N_b, \ \tilde{N}_k = \left[\begin{array}{cc} N_k & 0 \end{array} \right], \ \tilde{N}_g = N_g.$$

由上面推导出的几个式子, 以及式 (6.2.55), 式 (6.2.56), 可以得到

$$\left[\begin{array}{ccccc} R_{11} & R_{12} & Q^{-1}\tilde{M} & \tilde{K}^{\mathrm{T}}Q^{-1} & 0 \\ R_{21} & R_{22} & 0 & \tilde{G}^{\mathrm{T}}Q^{-1} & 0 \\ \tilde{M}^{\mathrm{T}}Q^{-1} & 0 & -\varepsilon_1 I & 0 & 0 \\ Q^{-1}\tilde{K} & Q^{-1}\tilde{G} & 0 & -Q^{-1} & Q^{-1}\tilde{M} \\ 0 & 0 & 0 & \tilde{M}^{\mathrm{T}}Q^{-1} & -\varepsilon_2 I \end{array} \right] < 0, \qquad (6.2.66)$$

$$\left[\begin{array}{cc} \tilde{C}_d^{\mathrm{T}}Q^{-1}\tilde{C}_d - Q^{-1} & \tilde{C}_d^{\mathrm{T}}Q^{-1}\tilde{D}_d \\ \tilde{D}_d^{\mathrm{T}}Q^{-1}\tilde{C}_d & \tilde{D}_d^{\mathrm{T}}Q^{-1}\tilde{D}_d - \gamma^2 I \end{array} \right] < 0, \qquad (6.2.67)$$

其中

$$R_{11} = Q^{-1}\tilde{A} + \tilde{A}^{\mathrm{T}}Q^{-1} + \tilde{L}^{\mathrm{T}}\tilde{L} + \varepsilon_1 \tilde{N}_a^{\mathrm{T}}\tilde{N}_a + \varepsilon_2 \tilde{N}_k^{\mathrm{T}}\tilde{N}_k,$$

$$R_{12} = Q^{-1}\tilde{B} + \varepsilon_1 \tilde{N}_a^{\mathrm{T}}\tilde{N}_b + \varepsilon_2 \tilde{N}_k^{\mathrm{T}}\tilde{N}_g,$$

$$R_{21} = \tilde{B}^{\mathrm{T}}Q^{-1} + \varepsilon_1 \tilde{N}_b^{\mathrm{T}}\tilde{N}_a + \varepsilon_2 \tilde{N}_g^{\mathrm{T}}\tilde{N}_k,$$

$$R_{22} = \varepsilon_1 \tilde{N}_b^{\mathrm{T}}\tilde{N}_b + \varepsilon_2 \tilde{N}_g^{\mathrm{T}}\tilde{N}_g - \gamma^2 I.$$

最后由式 (6.2.66)、式 (6.2.67) 以及定理 6.2.3, 就可以得到滤波器问题的解. ∎

本节内容由文献 [147], [151] 改写.

6.3 随机脉冲系统的镇定与控制问题

本节研究几类随机脉冲线性/非线性系统, 分 4 小节. 6.3.1 小节研究一类带脉冲效应和 Markovian 切换的不确定性随机系统的鲁棒稳定性和输出反馈控制; 6.3.2 小节研究一类带 Markovian 切换的不确定随机脉冲系统的保成本控制问题; 6.3.3 小节研究一类带脉冲效应的随机非线性系统的 H_∞ 镇定; 6.3.4 小节讨论一类随机非线性 Markovian 切换系统的混杂控制.

6.3.1 一类带 Markovian 切换不确定随机脉冲系统的鲁棒稳定性

本小节研究一类带脉冲效应和 Markovian 切换的不确定性随机系统的鲁棒稳定性. 在一定的假设条件下, 以线性矩阵不等式的形式给出了所研究系统鲁棒随机

稳定的充分条件; 随后把该结果应用到闭环系统, 设计了线性输出反馈控制器使系统鲁棒随机稳定, 并提出了计算线性输出反馈控制器的增益的方法, 以及给出数值例子说明所提出的方法的有效性.

设 $(\Omega, \mathscr{F}, \mathscr{F}_t, P)$ 是带有参考族 $\mathscr{F}_t$ 的完备概率空间, $\mathscr{F}_t$ 满足通常条件 (单调递增及 $\mathscr{F}_0$ 包含所有 $P-$ 零集).

设 $\{\tau_k, k = 1, 2, \cdots\}$ 是满足下式的给定数列:

$$0 < \tau_1 < \tau_2 < \cdots < \tau_k < \tau_{k+1} < \cdots$$

而且存在一正数 $\epsilon > 0$, $\tau_k - \tau_{k-1} \geqslant \epsilon$, 在下文中假设 $\tau_0 \equiv 0$.

设 $\{r(t), t \geqslant 0\}$ (也记为 $\{r_t, t \geqslant 0\}$) 是空间 $(\Omega, \mathscr{F}, \mathscr{F}_t, P)$ 上的右连续 Markovian 链, 取值于有限离散状态空间 $S = \{1, 2, \cdots, N\}$, 其生成元为 $\Gamma = (\gamma_{ij})_{N \times N}$, 转移概率

$$P\{r(t + \Delta) = j | r(t) = i\} = \begin{cases} \gamma_{ij}\Delta + o(\Delta), & \text{若 } i \neq j, \\ 1 + \gamma_{ii}\Delta + o(\Delta), & \text{若 } i = j. \end{cases}$$

这里 $\Delta > 0$, 且有 $\lim_{\Delta \to 0} o(\Delta)/\Delta = 0$. $\gamma_{ij} \geqslant 0$ $(i \neq j)$ 表示从模态 i 到模态 j 的转移速率, 而且 $\gamma_{ii} = -\sum_{j \neq i} \gamma_{ij}$.

考虑如下带脉冲效应和 Markovian 切换的不确定性随机系统:

$$\begin{cases} \mathrm{d}x(t) = A(r_t, t)x(t)\mathrm{d}t + B(r_t)u(t)\mathrm{d}t \\ \qquad\qquad + B_v(r_t)v(t)\mathrm{d}t + W(r_t)x(t)\mathrm{d}\omega_t, \ t \neq \tau_k, \\ x(\tau_k) = Cx(\tau_k^-), \quad t = \tau_k, \ k = 1, 2, \cdots, \\ x(0) = x_0, \\ z(t) = Lx(t). \end{cases} \tag{6.3.1}$$

其中 $x(t) \in \mathbf{R}^n$ 是系统状态, $x_0 \in \mathbf{R}^n$ 为初始状态, $u(t) \in \mathbf{R}^l$ 控制输入, $v(t) \in \mathbf{R}^{m_1}$ 是系统的外部连续扰动, 属于空间 $L_2[0, +\infty)$; ω_t 是独立于系统模态 $\{r_t, t \geqslant 0\}$ 的标准维纳过程, $z(t) \in \mathbf{R}^{n_z}$ 是可测输出. 当 $r_t = i$ 时, 设矩阵 $A(i, t)$ 由下式给出:

$$A(i, t) = A(i) + D_A(i)F_A(i, t)E_A(i),$$

其中矩阵 $A(i), D_A(i), E_A(i), B(i), B_v(i), W(i), C, L$ 是已知实矩阵, $F_A(i, t)$ 是刻画系统不确定性的未知实矩阵, 并满足关系:

$$F_A^{\mathrm{T}}(i, t)F_A(i, t) \leqslant I.$$

对于给定的初始条件 (x_0, r_0), 假设系统 (6.3.1) 存在唯一解, 并用 $x(t; x_0, r_0)$ (或 $x(t)$) 表示该系统满足初始条件的解.

给出几个定义.

定义6.3.1 系统 (6.3.1) (当 $u(t) \equiv 0$ 时) 称为

(1) 随机稳定, 如果对于任一初始条件 (x_0, r_0), 存在正常数 $T(x_0, r_0)$ 使得下式成立:

$$E\left\{\int_0^{+\infty} \| x(t) \|^2 \mathrm{d}t|_{(x_0, r_0)}\right\} \leqslant T(x_0, r_0). \tag{6.3.2}$$

(2) 鲁棒随机稳定, 如果对于所有的可允许不确定性, 系统随机稳定.

定义6.3.2 系统 (6.3.1) 称为

(1) 可随机镇定, 如果存在下面的控制

$$u(t) = Kz(t), \tag{6.3.3}$$

(其中 K 是常数矩阵) 使得闭环系统随机稳定;

(2) 可鲁棒随机镇定, 如果对于所有的可允许不确定性, 存在形如 (6.3.3) 的控制, 使得闭环系统随机稳定.

我们研究系统 (6.3.1) 的鲁棒随机稳定问题, 以及设计一种线性输出反馈控制器使系统 (6.3.1) 的闭环系统随机稳定. 先给出一个已存在的引理.

引理 6.3.1 设 X, Y 和 F 是具有适当维数的实矩阵, ε 是正常数, 则对于所有满足 $F^{\mathrm{T}}F \leqslant I$ 的矩阵 F, 有

$$XFY + Y^{\mathrm{T}}F^{\mathrm{T}}X^{\mathrm{T}} \leqslant \varepsilon X^{\mathrm{T}}X + \varepsilon^{-1}Y^{\mathrm{T}}Y.$$

考虑带脉冲效应和 Markovian 切换的不确定性随机系统 (6.3.1) 当 $u(t) \equiv 0$ 时的情况, 此时系统形式如下:

$$\begin{cases} \mathrm{d}x(t) = A(r_t, t)x(t)\mathrm{d}t + B_v(r_t)v(t)\mathrm{d}t \\ \qquad\quad + W(r_t)x(t)\mathrm{d}\omega_t, \ t \neq \tau_k, \\ x(\tau_k) = Cx(\tau_k^-), \quad\quad t = \tau_k, \ k = 1, 2, \cdots, \\ x(0) = x_0, \\ z(t) = Lx(t). \end{cases} \tag{6.3.4}$$

下面的定理给出了判定上述系统鲁棒随机稳定的一个充分条件.

定理 6.3.1 考虑系统 (6.3.4). 如果对于每一 $i \in S$ 和所有可允许不确定性, 存在一个对称正定矩阵 $P > 0$, 正常数 $\varepsilon_A = (\varepsilon_A(1), \cdots, \varepsilon_A(N))$ 和 $\varepsilon_v = (\varepsilon_v(1), \cdots, \varepsilon_v(N))$ 使得下列线性矩阵不等式成立:

$$\begin{bmatrix} J_0(i) & PB_v(i) & PD_A(i) \\ B_v^{\mathrm{T}}(i)P & -\varepsilon_v(i)I & 0 \\ D_A^{\mathrm{T}}(i)P & 0 & -\varepsilon_A(i)I \end{bmatrix} < 0, \tag{6.3.5}$$

$$C^{\mathrm{T}}PC - P \leqslant 0, \tag{6.3.6}$$

其中 $J_0(i) = PA(i) + A^{\mathrm{T}}(i)P + W^{\mathrm{T}}(i)PW(i) + \varepsilon_A(i)E_A^{\mathrm{T}}(i)E_A(i)$, 则该系统是鲁棒随机稳定的.

证明　假设在时刻 t, $x(t)$ 与 r_t 分别为 x 与 i. 设对称正定矩阵 $P > 0$ 是式 (6.3.5) 和式 (6.3.6) 的解. 对每一 $t > 0$, 存在整数 k 使得 $t \in [\tau_k, \tau_{k+1})$. 定义

$$V(x(t), i) = x(t)^{\mathrm{T}}Px(t), \tag{6.3.7}$$

考虑到 $\sum_{j=1}^{N} \gamma_{ij} = 0$, 对于 $t \in [\tau_k, \tau_{k+1})$, 来自点 (x, i) 的系统 (6.3.1) 的 Markovian 过程 $(x(t), r_t), t \geqslant 0$ 的无穷小生成元 $\mathscr{L}$ 为

$$\begin{aligned}
\mathscr{L}V(x(t), i) &= \dot{x}^{\mathrm{T}}(t)Px(t) + x^{\mathrm{T}}(t)P\dot{x}(t) \\
&\quad + x^{\mathrm{T}}(t)W^{\mathrm{T}}(i)PW(i)x(t) \\
&= x^{\mathrm{T}}(t)[PA(i) + A^{\mathrm{T}}(i)P + W^{\mathrm{T}}(i)PW(i)]x(t) \\
&\quad + 2x^{\mathrm{T}}(t)PD_A(i)F_A(i,t)E_A(i)x(t) \\
&\quad + 2x^{\mathrm{T}}(t)PB_v(i)v(t),
\end{aligned} \tag{6.3.8}$$

利用引理 6.3.1, 可知

$$\begin{aligned}
2x^{\mathrm{T}}(t)PD_A(i)F_A(i,t)E_A(i)x(t) &\leqslant \varepsilon_A(i)x^{\mathrm{T}}(t)E_A^{\mathrm{T}}(i)E_A(i)x(t) \\
&\quad + \varepsilon_A^{-1}(i)x^{\mathrm{T}}(t)PD_A(i)D_A^{\mathrm{T}}(i)Px(t),
\end{aligned}$$

$$2x^{\mathrm{T}}(t)PB_v(i)v(t) \leqslant \varepsilon_v^{-1}(i)x^{\mathrm{T}}(t)PB_v(i)B_v^{\mathrm{T}}(i)Px(t) + \varepsilon_v(i)v^{\mathrm{T}}(t)v(t).$$

故有

$$\begin{aligned}
\mathscr{L}V(x(t), i) &\leqslant x^{\mathrm{T}}(t)[PA(i) + A^{\mathrm{T}}(i)P + W^{\mathrm{T}}(i)PW(i)]x(t) \\
&\quad + \varepsilon_A(i)x^{\mathrm{T}}(t)E_A^{\mathrm{T}}(i)E_A(i)x(t) \\
&\quad + \varepsilon_A^{-1}(i)x^{\mathrm{T}}(t)PD_A(i)D_A^{\mathrm{T}}(i)Px(t) \\
&\quad + \varepsilon_v^{-1}(i)x^{\mathrm{T}}(t)PB_v(i)B_v^{\mathrm{T}}(i)Px(t) + \varepsilon_v(i)v^{\mathrm{T}}(t)v(t) \\
&= x^{\mathrm{T}}(t)\Psi(i)Px(t) + \varepsilon_v(i)v^{\mathrm{T}}(t)v(t),
\end{aligned}$$

其中

$$\begin{aligned}
\Psi(i) &= PA(i) + A^{\mathrm{T}}(i)P + W^{\mathrm{T}}(i)PW(i) \\
&\quad + \varepsilon_A(i)E_A^{\mathrm{T}}(i)E_A(i) + \varepsilon_A^{-1}(i)PD_A(i)D_A^{\mathrm{T}}(i)P \\
&\quad + \varepsilon_v^{-1}(i)PB_v(i)B_v^{\mathrm{T}}(i)P,
\end{aligned} \tag{6.3.9}$$

由 Schur 补和式 (6.3.9), 可推得 $\Psi(i) < 0$. 因而,

$$\mathscr{L}V(x(t), i) \leqslant -\lambda \parallel x(t) \parallel^2 + \varepsilon_v(i)v^{\mathrm{T}}(t)v(t), \tag{6.3.10}$$

其中 $\lambda = \min_{i \in S} \lambda_{\min}(-\Psi(i)) > 0$.

根据 Dynkin 公式, 对于 $t \in [\tau_k, \tau_{k+1}), k = 0, 1, 2, \cdots$, 有

$$E\{V(x(t), i) - V(x(\tau_k, r_{\tau_k}))\} = E\left\{\int_{\tau_k}^{t} \mathscr{L}V(x(s), r_s)\mathrm{d}s|_{(x_0, r_0)}\right\},$$

再结合式 (6.3.10) 可知

$$E\{V(x(t), i) - V(x(\tau_k), r_{\tau_k})\}$$
$$\leqslant -\lambda E\left\{\int_{\tau_k}^{t} \| x(s) \|^2 \mathrm{d}s|_{(x_0, r_0)}\right\} + \varepsilon_v(i)\int_{\tau_k}^{t} v^{\mathrm{T}}(s)v(s)\mathrm{d}s. \qquad (6.3.11)$$

注意到式 (6.3.6), 对于 $k = 1, 2, \cdots$, 有

$$E\{V(x(\tau_k), r_{\tau_k})\} - E\{V(x(\tau_k^-), r_{\tau_k^-})\}$$
$$= E\{[Cx(\tau_k^-)]^{\mathrm{T}}P[Cx(\tau_k^-)] - x(\tau_k^-)^{\mathrm{T}}Px(\tau_k^-)\}$$
$$= E[x(\tau_k^-)^{\mathrm{T}}(C^{\mathrm{T}}PC - P)x(\tau_k^-)] \leqslant 0.$$

所以

$$E\{V(x(\tau_k), r_{\tau_k})\} \leqslant E\{V(x(\tau_k^-), r_{\tau_k^-})\}, \quad k = 1, 2, \cdots, \qquad (6.3.12)$$

再结合式 (6.3.11), 可得

$$E\{V(x(t), i)\}$$
$$\leqslant E\{V(x(\tau_k^-), r_{\tau_k^-})\} - \lambda E\left\{\int_{\tau_k}^{t} \| x(s) \|^2 \mathrm{d}s|_{(x_0, r_0)}\right\}$$
$$\quad + \varepsilon_v(i)\int_{\tau_k}^{t} v^{\mathrm{T}}(s)v(s)\mathrm{d}s$$
$$\leqslant E\{V(x(\tau_{k-1}), r_{\tau_{k-1}})\} - \lambda E\left\{\int_{\tau_{k-1}}^{t} \| x(s) \|^2 \mathrm{d}s|_{(x_0, r_0)}\right\}$$
$$\quad + \varepsilon_v(i)\int_{\tau_{k-1}}^{t} v^{\mathrm{T}}(s)v(s)\mathrm{d}s$$
$$\leqslant E\{V(x(\tau_{k-1}^-), r_{\tau_{k-1}^-})\} - \lambda E\left\{\int_{\tau_{k-1}}^{t} \| x(s) \|^2 \mathrm{d}s|_{(x_0, r_0)}\right\}$$
$$\quad + \varepsilon_v(i)\int_{\tau_{k-1}}^{t} v^{\mathrm{T}}(s)v(s)\mathrm{d}s$$
$$\vdots$$
$$\leqslant E\{V(x(\tau_0), r_{\tau_0})\} - \lambda E\left\{\int_{\tau_0}^{t} \| x(s) \|^2 \mathrm{d}s|_{(x_0, r_0)}\right\}$$
$$\quad + \varepsilon_v(i)\int_{\tau_0}^{t} v^{\mathrm{T}}(s)v(s)\mathrm{d}s$$

因而对所有 $t \geqslant 0$, 有

$$\lambda E\left\{\int_0^t \| x(s) \|^2 \, \mathrm{d}s|_{(x_0,r_0)}\right\} \leqslant E\{V(x(\tau_0),r_{\tau_0})\} - E\{V(x(t),i)\}$$
$$+ \varepsilon_v(i)\int_{\tau_0}^t v^{\mathrm{T}}(s)v(s)\mathrm{d}s$$
$$\leqslant V(x_0,r_0) + \varepsilon_v(i)\int_0^\infty v^{\mathrm{T}}(s)v(s)\mathrm{d}s.$$

这表明该系统是鲁棒随机稳定的. ■

　　下面考虑系统 (6.3.1) 的鲁棒随机镇定问题. 主要研究系统 (6.3.1) 的线性输出反馈镇定控制器的设计.

　　设控制器取下列形式:

$$u(t) = Kz(t) = KLx(t), \tag{6.3.13}$$

其中 K 待定.

　　下面的定理给出了结论.

　　定理 6.3.2　如果存在一对称正定矩阵 $X > 0$、矩阵 Y、矩阵 Z、正数 $\eta_A(i) > 0, i \in S$ 和 $\eta_v(i) > 0, i \in S$ 满足下列条件

$$\begin{bmatrix} J_1(i) & XW^{\mathrm{T}}(i) & XE_A^{\mathrm{T}}(i) \\ W(i)X & -X & 0 \\ E_A(i)X & 0 & -\eta_A(i)I \end{bmatrix} < 0, \tag{6.3.14}$$

$$\begin{bmatrix} -X & XC^{\mathrm{T}} \\ CX & -X \end{bmatrix} \leqslant 0, \tag{6.3.15}$$

$$YL = LX, \tag{6.3.16}$$

其中

$$J_1(i) = A(i)X + XA^{\mathrm{T}}(i) + B(i)ZL + L^{\mathrm{T}}Z^{\mathrm{T}}B^{\mathrm{T}}(i) + \eta_A(i)D_A(i)D_A^{\mathrm{T}}(i)$$
$$+ \eta_v(i)B_v(i)B_v^{\mathrm{T}}(i),$$

则增益为 $K = ZY^{-1}$ 的控制器 (6.3.13) 鲁棒随机镇定系统 (6.3.1).

　　证明　将式 (6.3.13) 代入式 (6.3.1), 得到下面的闭环系统:

$$\begin{cases} \mathrm{d}x(t) = \bar{A}(r_t)x(t)\mathrm{d}t + B_v(r_t)v(t)\mathrm{d}t + W(r_t)x(t)\mathrm{d}\omega_t, & t \neq \tau_k, \\ x(\tau_k) = Cx(\tau_k^-), & t = \tau_k, k = 1,2,\cdots, \\ x(0) = x_0, \end{cases} \tag{6.3.17}$$

其中 $\bar{A}(r_t) = A(r_t) + B(r_t)KL$.

根据定理 6.3.1 可知, 如果对每一 $i \in S$, 存在一对称正定矩阵 $P > 0$ 和正数 $\varepsilon_A = (\varepsilon_A(1), \cdots, \varepsilon_A(N))$ 及 $\varepsilon_v = (\varepsilon_v(1), \cdots, \varepsilon_v(N))$, 使得下列条件成立:

$$
\begin{bmatrix}
\bar{J}(i) & PB_v(i) & PD_A(i) \\
B_v^{\mathrm{T}}(i)P & -\varepsilon_v(i)I & 0 \\
D_A^{\mathrm{T}}(i)P & 0 & -\varepsilon_A(i)I
\end{bmatrix} < 0, \tag{6.3.18}
$$

$$
C^{\mathrm{T}}PC - P \leqslant 0, \tag{6.3.19}
$$

其中 $\bar{J}(i) = P\bar{A}(i) + \bar{A}^{\mathrm{T}}(i)P + W^{\mathrm{T}}(i)PW(i) + \varepsilon_A(i)E_A^{\mathrm{T}}(i)E_A(i)$, 则控制器 (6.3.13) 鲁棒随机镇定系统 (6.3.1).

由 Schur 补可知, 式 (6.3.18) 等价于

$$
\begin{aligned}
& P\bar{A}(i) + \bar{A}^{\mathrm{T}}(i)P + W^{\mathrm{T}}(i)PW(i) + \varepsilon_A(i)E_A^{\mathrm{T}}(i)E_A(i) \\
& + \varepsilon_A^{-1}(i)PD_A(i)D_A^{\mathrm{T}}(i)P + \varepsilon_v^{-1}(i)PB_v(i)B_v^{\mathrm{T}}(i)P < 0,
\end{aligned} \tag{6.3.20}
$$

令 $X = P^{-1}$, 用矩阵 X 左乘和右乘上面不等式的两边, 并令 $K = ZY^{-1}, YL = LX$, $\eta_A(i) = \varepsilon_A^{-1}(i), i \in S$ 以及 $\eta_v(i) = \varepsilon_v^{-1}(i)$, 得到

$$
J_1(i) + XW^{\mathrm{T}}(i)X^{-1}W(i)X + \eta_A^{-1}(i)XE_A^{\mathrm{T}}(i)E_A(i)X < 0, \tag{6.3.21}
$$

再由 Schur 补, 式 (6.3.21) 等价于式 (6.3.14). 考虑到 $X = P^{-1}$, 可知式 (6.3.19) 等价于式 (6.3.15). 故得所需的结果. ■

在此部分给出一个数值例子展示所提出的方法的有效性. 考虑一个具有两模态的系统 (6.3.1), 参数描述如下.

• 模态 1:

$$
A(1) = \begin{bmatrix} 1.8 & -0.5 \\ 0.1 & 1 \end{bmatrix}, \qquad B(1) = \begin{bmatrix} 1.1 & 0 \\ 0 & 1.2 \end{bmatrix},
$$

$$
B_v(1) = \begin{bmatrix} 1.0 & 0 \\ 0 & 1.1 \end{bmatrix}, \qquad W(1) = \begin{bmatrix} 0.1 & 0 \\ 0.1 & 0.1 \end{bmatrix},
$$

$$
D_A(1) = \begin{bmatrix} 0.1 \\ 0.2 \end{bmatrix}, \qquad E_A(1) = \begin{bmatrix} 0.2 & 0.1 \end{bmatrix},
$$

$$
C = \begin{bmatrix} 0.8 & 0.2 \\ -0.3 & 0.7 \end{bmatrix}, \qquad L = \begin{bmatrix} 1 & 0 \\ 0.2 & 1 \end{bmatrix};
$$

● 模态 2:

$$A(2) = \begin{bmatrix} -0.2 & -0.5 \\ 0.5 & -0.25 \end{bmatrix}, \qquad B(2) = \begin{bmatrix} 1.0 & 0 \\ 0 & 1.0 \end{bmatrix},$$

$$B_v(2) = \begin{bmatrix} 1.0 & 0 \\ 0 & 1.0 \end{bmatrix}, \qquad W(2) = \begin{bmatrix} 0.2 & 0 \\ 0 & 0.1 \end{bmatrix},$$

$$D_A(2) = \begin{bmatrix} 0.12 \\ 0.1 \end{bmatrix}, \qquad E_A(2) = \begin{bmatrix} 0.1 & 0.2 \end{bmatrix}.$$

模态之间的切换方式为

$$\Gamma = \begin{bmatrix} -2 & 2 \\ 3 & -3 \end{bmatrix}.$$

根据这组数据, 定理 6.3.2 中式 (6.3.14) $\sim$ 式 (6.3.16) 的解如下:

$$X = \begin{bmatrix} 3.3664 & -0.7471 \\ -0.7471 & 3.5452 \end{bmatrix}, \quad Y = \begin{bmatrix} 3.5158 & -0.7471 \\ -0.7529 & 3.3957 \end{bmatrix},$$

$$Z = \begin{bmatrix} -6.9467 & 0.9819 \\ 2.5913 & -3.7155 \end{bmatrix},$$

$$\eta_A(1) = 1.5638, \qquad \eta_A(2) = 1.1850,$$

$$\eta_v(1) = 0.7424, \qquad \eta_v(2) = 0.9852.$$

增益矩阵为

$$K = \begin{bmatrix} -2.0086 & -0.1527 \\ 0.5276 & -0.9781 \end{bmatrix}.$$

根据定理 6.3.2 知, 增益为 K 的控制器 (6.3.13) 是系统 (6.3.1) 的鲁棒随机镇定控制器.

6.3.2　一类带 Markovian 切换不确定随机脉冲系统的保成本控制

本小节研究一类带 Markovian 切换的不确定随机脉冲系统的保成本控制问题. 首先对于未受控的系统, 我们以线性矩阵不等式的形式给出系统鲁棒稳定的条件, 以及获得成本函数的一个上界; 接着对于受控系统, 设计了一种线性状态反馈控制器使闭环系统鲁棒随机稳定, 并给出成本函数的一个上界; 进一步, 建立了一种优化问题以获得闭环系统最小的保成本; 最后给出数值例子说明方法的有效性.

设 $(\Omega, \mathscr{F}, \mathscr{F}_t, P)$ 是带有参考族 $\mathscr{F}_t$ 的完备概率空间, $\mathscr{F}_t$ 满足通常条件 (单调递增及 $\mathscr{F}_0$ 包含所有 $P-$ 零集). $\{\tau_k, k = 0, 1, 2, \cdots\}$ 是一个给定的数列满足关系: $0 \leqslant \tau_0 < \tau_1 < \tau_2 < \cdots < \tau_k < \tau_{k+1} < \cdots$, $\lim\limits_{k \to \infty} \tau_k = +\infty$ (为简洁起见, 在下文中记 $\tau_0 \equiv 0$). 设 $\{r(t), t \geqslant 0\}$ (或记为 $\{r_t, t \geqslant 0\}$) 是该概率空间上的右连续 Markovian 链, 取值于有限离散状态空间 $S = \{1, 2, \cdots, N\}$, 其生成元为 $\Gamma = (\gamma_{ij})_{N \times N}$, 转移概率为

$$P\{r(t + \Delta) = j \mid_{r(t)=i}\} = \begin{cases} \gamma_{ij}\Delta + o(\Delta), & i \neq j, \\ 1 + \gamma_{ij}\Delta + o(\Delta), & i = j, \end{cases}$$

这里 $\Delta > 0$, 且有 $\lim\limits_{\Delta \to 0} o(\Delta)/\Delta = 0$. $\gamma_{ij} \geqslant 0$ $(i \neq j)$ 是从模态 i 到模态 j 的转移速率, 而 $\gamma_{ii} = -\sum\limits_{j \neq i} \gamma_{ij}$.

考虑如下的带 Markovian 切换的不确定随机脉冲系统:

$$\begin{cases} \mathrm{d}x(t) = [(A(r_t) + \Delta A(t, r_t))x(t) + (B(r_t) + \Delta B(t, r_t))u(t)]\mathrm{d}t \\ \qquad\quad + [(E(r_t) + \Delta E(t, r_t))x(t) + (G(r_t) \\ \qquad\quad + \Delta G(t, r_t))u(t)]\mathrm{d}\omega_t, \quad t \neq \tau_k, \\ x(\tau_k) = C_k x(\tau_k^-), \quad t = \tau_k, \ k = 1, 2, \cdots, \\ x(0) = x_0. \end{cases} \tag{6.3.22}$$

这里 $x(t) \in \mathbf{R}^n$ 是系统状态, $u(t) \in \mathbf{R}^m$ 是输入控制, $A(r_t)$, $B(r_t)$, $E(r_t)$, $G(r_t)$ 和 C_k 是具有适当维数的已知实矩阵; ω_t 是与系统模态 $\{r_t, t \geqslant 0\}$ 独立的标准维纳过程; $\Delta A(t, r_t), \Delta B(t, r_t), \Delta E(t, r_t)$ 和 $\Delta G(t, r_t)$ 是未知的范数有界的时变矩阵, 用以表示参数不确定性, 假设它们具有以下形式:

$$\begin{bmatrix} \Delta A(t, r_t) & \Delta B(t, r_t) & \Delta E(t, r_t) & \Delta G(t, r_t) \end{bmatrix} = MF(t) \begin{bmatrix} N_A(r_t) & N_B(r_t) & N_E(r_t) & N_G(r_t) \end{bmatrix}, \tag{6.3.23}$$

其中 $M, N_A(r_t), N_B(r_t), N_E(r_t)$ 和 $N_G(r_t)$ 是已知实常数矩阵, $F(t) \in \mathbf{R}^{m \times l}$ 是满足下式的未知时变矩阵函数:

$$F^{\mathrm{T}}(t)F(t) \leqslant I, \quad \forall t \geqslant 0. \tag{6.3.24}$$

假设 $F(t)$ 的所有元素都是勒贝格可测的. 如果式 (6.3.23) 和式 (6.3.24) 都满足, 称参数不确定性矩阵 $\Delta A(t, r_t), \Delta B(t, r_t), \Delta E(t, r_t)$ 和 $\Delta G(t, r_t)$ 是可允许的. 用 $x(t; x_0, r_0)$ (不引起混淆时, 简记为 $x(t)$) 表示系统 (6.3.22) 对应于初始条件 (x_0, r_0) 的解.

设成本函数取下列形式:

$$J = E \int_0^{+\infty} [x^{\mathrm{T}}(t)Qx(t) + u^{\mathrm{T}}(t)Ru(t)]\mathrm{d}t, \tag{6.3.25}$$

其中 Q 和 R 给定的正定对称矩阵.

类似于文献 [63] 和文献 [64], 在本小节中采用如下定义.

定义6.3.3　当 $u(t) = 0$ 时, 如果系统 (6.3.22) 对于任意的初值 x_0 和初始模态 $r_0 \in S$, 都存在一个有限正常数 $T(x_0, r_0)$(当 $x(0) = 0$ 时, $T(0, r_0) = 0$), 使得对于所有的可允许不确定性, 下面式子成立:

$$E\left\{ \int_0^{+\infty} \| x(t) \|^2 \, \mathrm{d}t|_{(x_0, r_0)} \right\} \leqslant T(x_0, r_0),$$

则称系统 (6.3.22) 为鲁棒随机稳定的 (RSS).

定义6.3.4　对于不确定性系统 (6.3.22), 如果存在一个控制 $u(t)$ 和一个正常数 γ, 使得对于所有的可允许不确定性, 闭环系统都是鲁棒随机稳定的, 并且成本函数的闭环值 (6.3.25) 满足 $J \leqslant \gamma$, 则称系统 (6.3.22) 为可鲁棒随机镇定的, γ 称为一个保成本, 而称 $u(t)$ 为鲁棒随机镇定的保成本控制.

假定对于反馈, 系统状态可利用. 我们的目标是设计一个形如下式的无记忆状态反馈控制器:

$$u(t) = K(r_t)x(t), \tag{6.3.26}$$

来使得系统 (6.3.22) 鲁棒随机稳定, 以及给出一个保成本.

下文中, 当 $r_t = i$ 时, 记矩阵 $L(r_t)$ 为 $L(i)$(相应地, $L(t, r_t)$ 为 $L(t, i)$). 这里 L 可表示矩阵 A, B, E, G, ΔA, ΔB, ΔE, ΔG, N_A, N_B, N_E, N_G 以及 K.

先给出下文中要用到的引理.

引理 6.3.2[65]　设 A, D, H, W 和 $F(t)$ 是具有适当维数的实矩阵, 并且满足关系 $W > 0$ 及 $F^{\mathrm{T}}(t)F(t) \leqslant I$. 则

(a) 对于任意的正常数 $\varepsilon > 0$, 以及具有适当维数的的向量 x 和 y, 下式成立:

$$x^{\mathrm{T}} DF(t)Hy + y^{\mathrm{T}} H^{\mathrm{T}} F^{\mathrm{T}}(t)D^{\mathrm{T}} x \leqslant \varepsilon^{-1} x^{\mathrm{T}} DD^{\mathrm{T}} x + \varepsilon y^{\mathrm{T}} H^{\mathrm{T}} Hy;$$

(b) 对于满足条件 $W - \varepsilon DD^{\mathrm{T}} > 0$ 的任意正常数 $\varepsilon > 0$, 下式成立:

$$[A + DF(t)H]^{\mathrm{T}} W^{-1}[A + DF(t)H] \leqslant A^{\mathrm{T}}(W - \varepsilon DD^{\mathrm{T}})^{-1}A + \varepsilon^{-1} H^{\mathrm{T}} H.$$

先考虑如下未受控系统 (即系统 (6.3.22) 中 $u(t) = 0$ 的情形):

$$\begin{cases} \mathrm{d}x(t) = (A(r_t) + \Delta A(t, r_t))x(t)\mathrm{d}t \\ \qquad\qquad + (E(r_t) + \Delta E(t, r_t))x(t)\mathrm{d}\omega_t, \quad t \neq \tau_k, \\ x(\tau_k) = C_k x(\tau_k^-), \qquad t = \tau_k, \ k = 1, 2, \cdots, \\ x(0) = x_0. \end{cases} \tag{6.3.27}$$

此时成本函数 (6.3.25) 为

$$J_0 = E \int_0^{+\infty} x^{\mathrm{T}}(t)Qx(t)\mathrm{d}t. \tag{6.3.28}$$

下面给出系统 (6.3.27) 是鲁棒随机稳定以及成本函数 (6.3.28) 是上有界的条件, 即定理 6.3.3.

定理 6.3.3 如果存在对称正定矩阵 $X(i) > 0$, $i = 1, 2, \cdots, N$ 和正常数 $\varepsilon_1 > 0, \varepsilon_2 > 0$, 使得对于 $i \in S$, 下列线性矩阵不等式成立:

$$\begin{bmatrix} J_1(i) & J_{12}(i) & X(i)N_A^{\mathrm{T}}(i) & X(i)N_E^{\mathrm{T}}(i) & X(i)Q & \Gamma(i) \\ \star & J_2(i) & 0 & 0 & 0 & 0 \\ \star & 0 & -\varepsilon_1 I & 0 & 0 & 0 \\ \star & 0 & 0 & -\varepsilon_2 I & 0 & 0 \\ \star & 0 & 0 & 0 & -Q & 0 \\ \star & 0 & 0 & 0 & 0 & -\Xi(i) \end{bmatrix} < 0, \tag{6.3.29}$$

$$\begin{bmatrix} -X(i) & X(i)C_k^{\mathrm{T}} \\ C_k X(i) & -X(i) \end{bmatrix} \leqslant 0, \quad k = 1, 2, \cdots, \tag{6.3.30}$$

其中

$$J_1(i) = X(i)A^{\mathrm{T}}(i) + A(i)X(i) + \varepsilon_1 MM^{\mathrm{T}} + \gamma_{ii}X(i),$$
$$J_{12}(i) = X(i)E^{\mathrm{T}}(i),$$
$$J_2(i) = -X(i) + \varepsilon_2 MM^{\mathrm{T}},$$
$$\Gamma(i) = [\sqrt{\gamma_{i1}}X(i) \cdots \sqrt{\gamma_{ii-1}}X(i) \sqrt{\gamma_{ii+1}}X(i) \cdots \sqrt{\gamma_{iN}}X(i)],$$
$$\Xi(i) = \mathrm{diag}\{X(1), \cdots, X(i-1), X(i+1), \cdots, X(N)\},$$

$\star$ 表示对称矩阵的对角线下方元素. 则系统 (6.3.27) 是鲁棒随机稳定的, 且有

$$J_0 = E \int_0^{+\infty} x^{\mathrm{T}}(t)Qx(t)\mathrm{d}t \leqslant \gamma \triangleq x_0^{\mathrm{T}}X^{-1}(r_0)x_0. \tag{6.3.31}$$

证明 假定矩阵 $X(i) > 0$, $i = 1, 2, \cdots, N$, 和正常数 $\varepsilon_1 > 0, \varepsilon_2 > 0$ 是满足式 (6.3.29) 和式 (6.3.30) 的解. 令

$$P(i) = X^{-1}(i), \quad i \in S, \tag{6.3.32}$$

显然, $P(i) > 0$. 定义

$$V(x(t), i) = x(t)^{\mathrm{T}}P(i)x(t).$$

对于任意 $t > 0$, 存在一个整数 k, 使得 $t \in [\tau_k, \tau_{k+1})$.

对于系统 (6.3.27), Markovian 过程 $\{(x(t), r_t),\quad t \geqslant 0\}$ 来自点 (x, i) 的无穷小生成元 $\mathscr{L}$ 为

$$
\begin{aligned}
\mathscr{L}V(x(t), i) &= \dot{x}^{\mathrm{T}}(t)P(i)x(t) + x^{\mathrm{T}}(t)P(i)\dot{x}(t) + x^{\mathrm{T}}(t)(E(i) \\
&\quad + \triangle E(t, i))^{\mathrm{T}} P(i)(E(i) + \triangle E(t, i))x(t) \\
&\quad + x^{\mathrm{T}}(t)\left[\sum_{j=1}^{N} \gamma_{ij} P(j)\right] x(t) \\
&= x(t)^{\mathrm{T}}[A^{\mathrm{T}}(i)P(i) + P(i)A(i) + \triangle A^{\mathrm{T}}(t, i)P(i) \\
&\quad + P(i)\triangle A(t, i)]x(t) + x(t)^{\mathrm{T}}[(E(i) + \triangle E(t, i))^{\mathrm{T}} \\
&\quad \cdot P(i)(E(i) + \triangle E(t, i)) + \sum_{j=1}^{N} \gamma_{ij} P(j)]x(t),
\end{aligned} \tag{6.3.33}
$$

根据式 (6.3.23)、式 (6.3.24) 和引理 6.3.2, 对于任意的正数 $\varepsilon > 0$, 有

$$
\begin{aligned}
&x(t)^{\mathrm{T}}[\triangle A^{\mathrm{T}}(t, i)P(i) + P(i)\triangle A(t, i)]x(t) \\
&= x(t)^{\mathrm{T}}[N_A^{\mathrm{T}}(i)F^{\mathrm{T}}(t)M^{\mathrm{T}}P(i) + P(i)MF(t)N_A(i)]x(t) \\
&\leqslant x^{\mathrm{T}}(t)[\varepsilon_1 P(i)MM^{\mathrm{T}}P(i) + \varepsilon_1^{-1} N_A^{\mathrm{T}}(i)N_A(i)]x(t),
\end{aligned} \tag{6.3.34}
$$

及

$$
\begin{aligned}
&x^{\mathrm{T}}(t)[E(i) + \triangle E(t, i)]^{\mathrm{T}} P(i)(E(i) + \triangle E(t, i))x(t) \\
&= x^{\mathrm{T}}(t)[E(i) + MF(t)N_E(i))^{\mathrm{T}} P(i)(E(i) + MF(t)N_E(i)]x(t) \\
&\leqslant x^{\mathrm{T}}(t)[E^{\mathrm{T}}(i)(P^{-1}(i) - \varepsilon_2 MM^{\mathrm{T}})^{-1} E(i) + \varepsilon_2^{-1} N_E^{\mathrm{T}}(i)N_E(i)]x(t).
\end{aligned} \tag{6.3.35}
$$

从式 (6.3.33) ~ 式 (6.3.35), 可得

$$
\begin{aligned}
\mathscr{L}V(x(t), i) &\leqslant x(t)^{\mathrm{T}}[A^{\mathrm{T}}(i)P(i) + P(i)A(i) \\
&\quad + \varepsilon_1 P(i)MM^{\mathrm{T}}P(i) + \varepsilon_1^{-1} N_A^{\mathrm{T}}(i)N_A(i) \\
&\quad + E^{\mathrm{T}}(i)(P^{-1}(i) - \varepsilon_2 MM^{\mathrm{T}})^{-1} E(i) \\
&\quad + \varepsilon_2^{-1} N_E^{\mathrm{T}}(i)N_E(i) + \sum_{j=1}^{N} \gamma_{ij} P(j)]x(t) \\
&= x^{\mathrm{T}}(t)\, \varPsi(i)x(t),
\end{aligned} \tag{6.3.36}
$$

其中

$$
\begin{aligned}
\Psi(i) =& A^{\mathrm{T}}(i)P(i) + P(i)A(i) + \varepsilon_1 P(i)MM^{\mathrm{T}}P(i) + \varepsilon_1^{-1}N_A^{\mathrm{T}}(i)N_A(i) \\
&+ E^{\mathrm{T}}(i)(P^{-1}(i) - \varepsilon_2 MM^{\mathrm{T}})^{-1}E(i) \\
&+ \varepsilon_2^{-1}N_E^{\mathrm{T}}(i)N_E(i) + \sum_{j=1}^{N}\gamma_{ij}P(j).
\end{aligned}
$$

以下论证矩阵 $\Psi(i)$ 是负定的.

从式 (6.3.29) 和 Schur 补可知

$$
\begin{bmatrix}
J_X(i) & X(i)E^{\mathrm{T}}(i) & X(i)N_A^{\mathrm{T}}(i) & X(i)N_E^{\mathrm{T}}(i) \\
\star & -X(i) + \varepsilon_2 MM^{\mathrm{T}} & 0 & 0 \\
\star & 0 & -\varepsilon_1 I & 0 \\
\star & 0 & 0 & -\varepsilon_2 I
\end{bmatrix} < 0, \qquad (6.3.37)
$$

这里 $J_X(i) = X(i)A^{\mathrm{T}}(i) + A(i)X(i) + \varepsilon_1 MM^{\mathrm{T}} + \sum\limits_{j=1}^{N}\gamma_{ij}X(i)X^{-1}(j)X(i) + X(i)QX(i)$,

$\star$ 表示对称矩阵的右下方元素.

用对角阵 $\mathrm{diag}[P(i), I, I, I]$ 左乘和右乘不等式 (6.3.37) 的两边, 得到

$$
\begin{bmatrix}
J_P(i) & E^{\mathrm{T}}(i) & N_A^{\mathrm{T}}(i) & N_E^{\mathrm{T}}(i) \\
E(i) & -P^{-1}(i) + \varepsilon_2 MM^{\mathrm{T}} & 0 & 0 \\
N_A(i) & 0 & -\varepsilon_1 I & 0 \\
N_E(i) & 0 & 0 & -\varepsilon_2 I
\end{bmatrix} < 0, \qquad (6.3.38)
$$

其中 $J_P(i) = A^{\mathrm{T}}(i)P(i) + P(i)A(i) + \varepsilon_1 P(i)MM^{\mathrm{T}}P(i) + \sum\limits_{j=1}^{N}\gamma_{ij}P(j) + Q$. 再由 Schur

补, 式 (6.3.38) 等价于 $J_P(i) + \varepsilon_1^{-1}N_A^{\mathrm{T}}(i)N_A(i) + E^{\mathrm{T}}(i)(P^{-1}(i) - \varepsilon_2 MM^{\mathrm{T}})^{-1}E(i) +$ $\varepsilon_2^{-1}N_E^{\mathrm{T}}(i)N_E(i) < 0$, 再结合条件 $Q > 0$, 可知 $\Psi(i) < 0$. 根据式 (6.3.36), 得

$$
\mathscr{L}V(x(t), i) \leqslant -\lambda \parallel x(t) \parallel^2, \qquad (6.3.39)
$$

其中 $\lambda = \min\limits_{i \in S}\lambda_{\min}(-\Psi(i)) > 0$. 由 Dynkin 公式可知, 当 $t \in [\tau_k, \tau_{k+1})$ 时,

$$
E\{V(x(t), i) - V(x(\tau_k), r_{\tau_k})\} = E\left\{\int_{\tau_k}^{t}\mathscr{L}V(x(s), r_s)\mathrm{d}s|_{(x_0, r_0)}\right\},
$$

结合式 (6.3.39) 就有

$$
E\{V(x(t), i) - V(x(\tau_k), r_{\tau_k})\} \leqslant -\lambda E\left\{\int_{\tau_k}^{t}\parallel x(t) \parallel^2 \mathrm{d}t|_{(x_0, r_0)}\right\}, \qquad (6.3.40)
$$

由 Schur 补, 式 (6.3.30) 等价于

$$X(i)C_k^{\mathrm{T}}X^{-1}(i)C_kX(i) - X(i) \leqslant 0, \quad k = 1, 2, \cdots,$$

用 $P(i)$ 左乘和右乘上面不等式的两边可得

$$C_k^{\mathrm{T}}P(i)C_k - P(i) \leqslant 0, \quad k = 1, 2, \cdots, \tag{6.3.41}$$

于是

$$\begin{aligned}
&EV(x(\tau_k), r_{\tau_k}) - EV(x(\tau_k^-), r_{\tau_k^-})\\
=&E[x^{\mathrm{T}}(\tau_k^-)(C_k^{\mathrm{T}}P(i)C_k - P(i))x(\tau_k^-)] \leqslant 0,
\end{aligned}$$

此即,

$$E\{V(x(\tau_k), r_{\tau_k})\} \leqslant E\{V(x(\tau_k^-), r_{\tau_k^-})\}, \quad k = 1, 2, \cdots, \tag{6.3.42}$$

从式 (6.3.40) 和式 (6.3.42) 知

$$E\{V(x(t), i)\} \leqslant E\{V(x(\tau_k^-), r_{\tau_k^-})\} - \lambda E\left\{\int_{\tau_k}^t \parallel x(t) \parallel^2 \mathrm{d}t|_{(x_0, r_0)}\right\}, \tag{6.3.43}$$

类似可得

$$\begin{aligned}
E\{V(x(\tau_k^-), r_{\tau_k^-})\} \leqslant &E\{V(x(\tau_{k-1}^-), r_{\tau_{k-1}^-})\}\\
&- \lambda E\left\{\int_{\tau_{k-1}}^{\tau_k^-} \parallel x(t) \parallel^2 \mathrm{d}t|_{(x_0, r_0)}\right\}\\
E\{V(x(\tau_{k-1}^-), r_{\tau_{k-1}^-})\} \leqslant &E\{V(x(\tau_{k-2}^-), r_{\tau_{k-2}^-})\}\\
&- \lambda E\left\{\int_{\tau_{k-2}}^{\tau_{k-1}^-} \parallel x(t) \parallel^2 \mathrm{d}t|_{(x_0, r_0)}\right\}\\
&\vdots\\
E\{V(x(\tau_1^-), r_{\tau_1^-})\} \leqslant &E\{V(x(\tau_0), r_{\tau_0})\}\\
&- \lambda E\left\{\int_{\tau_0}^{\tau_1^-} \parallel x(t) \parallel^2 \mathrm{d}t|_{(x_0, r_0)}\right\}.
\end{aligned}$$

上述不等式说明对于所有的 $t \geqslant 0$, 有

$$\begin{aligned}
\lambda E\left\{\int_0^t \parallel x(t) \parallel^2 \mathrm{d}t|_{(x_0, r_0)}\right\} \leqslant &E\{V(x(\tau_0), r_{\tau_0})\} - E\{V(x(t), i)\}\\
\leqslant &V(x_0, r_0).
\end{aligned}$$

这表明系统 (6.3.27) 是鲁棒随机稳定的.

以下论证式 (6.3.31). 这只需证明对于每一 $T > 0$, 下式成立:

$$J_0(T) \triangleq E \int_0^T x^T(t)Qx(t)\mathrm{d}t \leqslant x_0^T P(r_0)x_0. \tag{6.3.44}$$

事实上, 由于对每个 T, 都存在一个 $k \in \mathbf{N}$ 使得 $T \in [\tau_k, \tau_{k+1})$, 由 Dynkin 公式和式 (6.3.36) 可知

$$
\begin{aligned}
&E \int_{\tau_k}^T x^T(t)Qx(t)\mathrm{d}t \\
=&E \int_{\tau_k}^T [x^T(t)Qx(t) + \mathscr{L}V(x(t),i)]\mathrm{d}t - E \int_{\tau_k}^T \mathscr{L}V(x(t),i)\mathrm{d}t \\
\leqslant&E \int_{\tau_k}^T x^T(t)\varPhi(i)x(t)\mathrm{d}t - E \int_{\tau_k}^T \mathscr{L}V(x(t),i)\mathrm{d}t \\
\leqslant&EV(x(\tau_k), r_{\tau_k}) - EV(x(T), r_T),
\end{aligned}
$$

这里

$$
\begin{aligned}
\varPhi(i) =& A^T(i)P(i) + P(i)A(i) + \varepsilon_1 P(i)MM^T P(i) + \varepsilon_1^{-1} N_A^T(i)N_A(i) \\
&+ E^T(i)(P^{-1}(i) - \varepsilon_2 MM^T)^{-1}E(i) + \varepsilon_2^{-1} N_E^T(i)N_E(i) \\
&+ \sum_{j=1}^N \gamma_{ij}P(j) + Q \\
<&\, 0.
\end{aligned}
$$

根据式 (6.3.42), 得

$$E \int_{\tau_k}^T x^T(t)Qx(t)\mathrm{d}t \leqslant EV(x(\tau_k^-), r_{\tau_k^-}) - EV(x(T), r_T).$$

类似可得

$$E \int_{\tau_{k-1}}^{\tau_k} x^T(t)Qx(t)\mathrm{d}t \leqslant EV(x(\tau_{k-1}^-), r_{\tau_{k-1}^-}) - EV(x(\tau_k^-), r_{\tau_k^-}),$$

$$E \int_{\tau_{k-2}}^{\tau_{k-1}} x^T(t)Qx(t)\mathrm{d}t \leqslant EV(x(\tau_{k-2}^-), r_{\tau_{k-2}^-}) - EV(x(\tau_{k-1}^-), r_{\tau_{k-1}^-}),$$

$$\vdots$$

$$E \int_{\tau_0}^{\tau_1} x^T(t)Qx(t)\mathrm{d}t \leqslant EV(x(\tau_0), r_0) - EV(x(\tau_1^-), r_{\tau_1^-}),$$

故有

$$
\begin{aligned}
J_0(T) &= E\int_0^T x^{\mathrm{T}}(t)Qx(t)\mathrm{d}t \\
&= E\int_{\tau_0}^{\tau_1} x^{\mathrm{T}}(t)Qx(t)\mathrm{d}t + E\int_{\tau_1}^{\tau_2} x^{\mathrm{T}}(t)Qx(t)\mathrm{d}t \\
&\quad + \cdots + E\int_{\tau_k}^{T} x^{\mathrm{T}}(t)Qx(t)\mathrm{d}t \\
&\leqslant [EV(x(\tau_0),r_0) - EV(x(\tau_1^-),r_{\tau_1^-})] \\
&\quad + [EV(x(\tau_1^-),r_{\tau_1^-}) - EV(x(\tau_2^-),r_{\tau_2^-})] \\
&\quad + \cdots + [EV(x(\tau_k^-),r_{\tau_k^-}) - EV(x(T),r_T)] \\
&= EV(x(\tau_0),r_0) - EV(x(T),r_T) \\
&\leqslant x^{\mathrm{T}}(0)P(r_0)x(0),
\end{aligned}
$$

即为式 (6.3.44).　　　　　　　　　　　　　　　　　　　　　　　　　　■

接下来, 设计形如式 (6.3.26) 的控制器, 使得闭环系统是鲁棒随机稳定的, 并且使得相应的成本函数

$$
J = E\int_0^{+\infty} [x^{\mathrm{T}}(t)Qx(t) + u^{\mathrm{T}}(t)Ru(t)]\mathrm{d}t,
$$

有一定的上界.

把式 (6.3.26) 代入式 (6.3.22) 得到如下的闭环系统:

$$
\begin{cases}
\mathrm{d}x(t) = (\bar{A}(i) + \bar{\Delta}A(t,i))x(t)\mathrm{d}t + (\bar{E}(i) + \bar{\Delta}E(t,i))x(t)\mathrm{d}\omega_t, & t \neq \tau_k, \\
x(\tau_k) = C_k x(\tau_k^-), & t = \tau_k, \ k = 1,2,\cdots, \\
x(0) = x_0.
\end{cases}
\tag{6.3.45}
$$

其中 $\bar{A}(i) = A(i) + B(i)K(i)$, $\bar{\Delta}A(t,i) = MF(t)N_{\bar{A}}(i)$, $\bar{E}(i) = E(i) + G(i)K(i)$, $\bar{\Delta}E(t,i) = MF(t)N_{\bar{E}}(i)$, 这里 $N_{\bar{A}}(i) = N_A(i) + N_B(i)K(i)$, $N_{\bar{E}}(i) = N_E(i) + N_G(i)K(i)$. 相应的成本函数是

$$
J = E\int_0^{+\infty} x^{\mathrm{T}}(t)\bar{Q}x(t)\mathrm{d}t,
\tag{6.3.46}
$$

其中 $\bar{Q} = Q + K^{\mathrm{T}}(i)RK(i)$.

根据定理 6.3.3, 易知有定理 6.3.4.

定理 6.3.4 如果存在对称正定矩阵, $X(i)$, $i = 1, 2, \cdots, N$, 以及正常数 $\varepsilon_1 > 0, \varepsilon_2 > 0$ 使得对于每个 $i \in S$ 下列条件成立:

$$
\begin{bmatrix}
J_2(i) & J_{12}(i) & X(i)N_{\bar{A}}^{\mathrm{T}}(i) & X(i)N_{\bar{E}}^{\mathrm{T}}(i) & X(i)\bar{Q} & \Gamma(i) \\
\star & J_{22}(i) & 0 & 0 & 0 & 0 \\
\star & 0 & -\varepsilon_1 I & 0 & 0 & 0 \\
\star & 0 & 0 & -\varepsilon_2 I & 0 & 0 \\
\star & 0 & 0 & 0 & -\bar{Q} & 0 \\
\star & 0 & 0 & 0 & 0 & -\Xi(i)
\end{bmatrix} < 0, \quad (6.3.47)
$$

$$
\begin{bmatrix}
-X(i) & X(i)C_k^{\mathrm{T}} \\
C_k X(i) & -X(i)
\end{bmatrix} \leqslant 0, \quad k = 1, 2, \cdots, \quad (6.3.48)
$$

其中

$$J_2(i) = X(i)\bar{A}^{\mathrm{T}}(i) + \bar{A}(i)X(i) + \varepsilon_1 MM^{\mathrm{T}} + \gamma_{ii}X(i),$$
$$J_{12}(i) = X(i)\bar{E}^{\mathrm{T}}(i),$$
$$J_{22}(i) = -X(i) + \varepsilon_2 MM^{\mathrm{T}},$$
$$\Gamma(i) = [\sqrt{\gamma_{i1}}X(i) \cdots \sqrt{\gamma_{ii-1}}X(i) \sqrt{\gamma_{ii+1}}X(i) \cdots \sqrt{\gamma_{iN}}X(i)],$$
$$\Xi(i) = \mathrm{diag}\{X(1), \cdots, X(i-1), X(i+1), \cdots, X(N)\},$$

$\star$ 表示对称矩阵的右下方元素. 则闭环系统 (6.3.45) 是鲁棒随机稳定的, 且有

$$J = E \int_0^{+\infty} x^{\mathrm{T}}(t)\bar{Q}x(t)\mathrm{d}t \leqslant x_0^{\mathrm{T}}X^{-1}(r_0)x_0. \quad (6.3.49)$$

为得到控制器增益, 以下把式 (6.3.47) 变形为对每一模态 $i \in S$ 容易计算增益的形式, 注意到

$$\bar{A}(i)X(i) = (A(i) + B(i)K(i))X(i),$$
$$N_{\bar{A}}(i)X(i) = (N_A(i) + N_B(i)K(i))X(i),$$
$$\bar{E}(i)X(i) = (E(i) + G(i)K(i))X(i),$$
$$N_{\bar{E}}(i)X(i) = (N_E(i) + N_G(i)K(i))X(i),$$
$$X(i)\bar{Q}X(i) = X(i)QX(i) + X(i)K^{\mathrm{T}}(i)RK(i)X(i),$$

令 $Y(i) = K(i)X(i)$, $i \in S$. 由 Schur 补, 式 (6.3.47) 等价于下列线性矩阵不等式:

$$\begin{bmatrix} H_1(i) & H_2^{\mathrm{T}}(i) & H_3^{\mathrm{T}}(i) & H_4^{\mathrm{T}}(i) & X(i)Q & Y^{\mathrm{T}}(i)R & \Gamma(i) \\ H_2(i) & H_{22}(i) & 0 & 0 & 0 & 0 & 0 \\ H_3(i) & 0 & -\varepsilon_1 I & 0 & 0 & 0 & 0 \\ H_4(i) & 0 & 0 & -\varepsilon_2 I & 0 & 0 & 0 \\ QX(i) & 0 & 0 & 0 & -Q & 0 & 0 \\ RY(i) & 0 & 0 & 0 & 0 & -R & 0 \\ \Gamma^{\mathrm{T}}(i) & 0 & 0 & 0 & 0 & 0 & -\Xi(i) \end{bmatrix} < 0, \qquad (6.3.50)$$

其中

$$\begin{aligned} H_1(i) &= X(i)A^{\mathrm{T}}(i) + A(i)X(i) + Y^{\mathrm{T}}(i)B^{\mathrm{T}}(i) + B(i)Y(i) \\ &\quad + \varepsilon_1 MM^{\mathrm{T}} + \gamma_{ii}X(i), \\ H_2(i) &= E(i)X(i) + G(i)Y(i), \\ H_{22}(i) &= -X(i) + \varepsilon_2 MM^{\mathrm{T}}, \\ H_3(i) &= N_A(i)X(i) + N_B(i)Y(i), \\ H_4(i) &= N_E(i)X(i) + N_G(i)Y(i). \end{aligned}$$

于是有下面的定理.

定理 6.3.5　如果存在对称正定矩阵 $X(i)$, $i = 1, 2, \cdots, N$, 矩阵 $Y(i)$, $i = 1, 2, \cdots, N$, 及常数 $\varepsilon_1 > 0$ 和 $\varepsilon_2 > 0$, 使得式 (6.3.48) 和式 (6.3.50) 对于每一 $i \in S$ 成立, 则增益为 $K(i) = Y(i)X^{-1}(i)$, $i \in S$ 的控制器 (6.3.26) 使得系统 (6.3.22) 是鲁棒随机稳定的, 并且 $\gamma = x_0^{\mathrm{T}} X^{-1}(r_0) x_0$ 是系统的一个保成本.

上述定理提出了一种设计状态反馈保成本镇定控制器的方法. 下面给出使得闭环系统的保成本最小化的控制器的设计方法.

考虑优化问题

$$\min_{\alpha, \varepsilon_1 > 0, \varepsilon_2 > 0, X(1) > 0, \cdots, X(N) > 0, Y(1), \cdots, Y(N)} \alpha \qquad (6.3.51)$$

$$\begin{aligned} \text{s.t.} \quad &\text{(i) } (6.3.48), \\ &\text{(ii) } (6.3.50), \\ &\text{(iii) } \begin{bmatrix} -\alpha & x^{\mathrm{T}}(0) \\ x(0) & -X(r_0) \end{bmatrix} \leqslant 0. \end{aligned}$$

有以下结果.

定理 6.3.6　对于具有成本函数 (6.3.25) 的系统 (6.3.22), 如果优化问题 (6.3.51) 有解 $\alpha, \varepsilon_1, \varepsilon_2, X(1), \cdots, X(N), Y(1), \cdots, Y(N)$, 则增益为 $K(i) = Y(i)X^{-1}(i)$, $i \in S$ 的控制器 (6.3.26) 是系统的有最小保成本的镇定控制器.

证明　由定理 6.3.5, 以任一可行解 $\alpha, \varepsilon_1, \varepsilon_2, X(1), \cdots, X(N), Y(1), \cdots, Y(N)$ 构造的控制器 (6.3.26) 是系统 (6.3.22) 的一个保成本控制器. 由 Schur 补可知, 式

(6.3.51) 中的条件 (iii) 等价于 $x^{\mathrm{T}}(0)X^{-1}(r_0)x(0) \leqslant \alpha$, 即 $\gamma \leqslant \alpha$. 因而, α 的最小化意味着不确定系统 (6.3.22) 的保成本最小化. 从目标函数和约束条件的凸性可得优化问题 (6.3.51) 的解的最优性. ■

在此部分给出一个数值例子展示所提出的方法的有效性, 考虑一个具有两模态的由以下参数描述的系统 (6.3.22).

- 模态 1:

$$A(1) = \begin{bmatrix} 0.5 & 0.2 & 0.4 \\ -0.5 & -2.5 & 0.2 \\ 0 & 0.4 & 0.9 \end{bmatrix}, \quad B(1) = \begin{bmatrix} 1.0 & 0 \\ 0.2 & 0.5 \\ -0.3 & 2.0 \end{bmatrix},$$

$$E(1) = \begin{bmatrix} 0.4 & 0.1 & 0.7 \\ -0.1 & 0.5 & 1.2 \\ 0.8 & -0.3 & 0.5 \end{bmatrix}, \quad G(1) = \begin{bmatrix} 0.5 & -0.2 \\ 1 & 0.5 \\ 0.3 & 1.2 \end{bmatrix},$$

$$C_1 = C_2 = \cdots = C_k = \cdots = \begin{bmatrix} 0.8 & 0.1 & -0.1 \\ 0 & 0.7 & 0.4 \\ 0.2 & -0.5 & -0.6 \end{bmatrix}, \quad M = \begin{bmatrix} 0.2 \\ 0.3 \\ -0.5 \end{bmatrix},$$

$$N_A(1) = \begin{bmatrix} 0.4 & -0.2 & 0.7 \end{bmatrix}, \quad N_B(1) = \begin{bmatrix} 0.3 & 0.5 \end{bmatrix},$$

$$N_E(1) = \begin{bmatrix} -0.2 & 0.5 & 1.3 \end{bmatrix}, \quad N_G(1) = \begin{bmatrix} 0.6 & 0.2 \end{bmatrix};$$

- 模态 2:

$$A(2) = \begin{bmatrix} -2.0 & 0.5 & 0.9 \\ 0.5 & -3.0 & -0.2 \\ 1.0 & 0.4 & -0.6 \end{bmatrix}, \quad B(2) = \begin{bmatrix} 2.3 & 0.7 \\ 0.6 & -0.5 \\ -0.3 & 1.2 \end{bmatrix},$$

$$E(2) = \begin{bmatrix} 0.8 & 0.2 & 0.4 \\ 0.1 & -0.5 & 1.5 \\ 2.0 & 0.3 & -0.5 \end{bmatrix}, \quad G(2) = \begin{bmatrix} 0.2 & 0.9 \\ -0.3 & 0.5 \\ 0.7 & 1.0 \end{bmatrix},$$

$$N_A(2) = \begin{bmatrix} 0.4 & -0.3 & 0 \end{bmatrix}, \quad N_B(2) = \begin{bmatrix} -0.5 & -0.2 \end{bmatrix},$$

$$N_E(2) = \begin{bmatrix} 0.3 & -0.4 & 0.1 \end{bmatrix}, \quad N_G(2) = \begin{bmatrix} -0.2 & 0.7 \end{bmatrix}.$$

模态之间的切换为 $\Gamma = \begin{bmatrix} -4 & 4 \\ 5 & -5 \end{bmatrix}.$

假定系统 (6.3.22) 的初始条件为

$$x_0 = \begin{bmatrix} 3.3 & -2.4 & 5.9 \end{bmatrix}^{\mathrm{T}}, \quad r_0 = 2.$$

权矩阵 Q 和 R 如下:

$$Q = \begin{bmatrix} 2.0 & 0 & 0 \\ 0 & 3.0 & -1.2 \\ 0 & -1.2 & 4.0 \end{bmatrix}, \quad R = \begin{bmatrix} 1.0 & 0.3 \\ 0.3 & 1.2 \end{bmatrix}.$$

根据这套数据, 定理中 6.3.6 的优化问题 (6.3.51) 的解为

$$X(1) = \begin{bmatrix} 0.4671 & 0.1902 & 0.0175 \\ 0.1902 & 1.1409 & -0.1448 \\ 0.0175 & -0.1448 & 0.4642 \end{bmatrix},$$

$$X(2) = \begin{bmatrix} 0.8118 & 0.2352 & -0.0379 \\ 0.2352 & 1.1004 & -0.1629 \\ -0.0379 & -0.1629 & 0.4168 \end{bmatrix},$$

$$Y(1) = \begin{bmatrix} -0.4838 & -0.2604 & -0.1006 \\ -0.0381 & 0.1587 & -0.436 \end{bmatrix},$$

$$Y(2) = \begin{bmatrix} -1.4498 & -1.0945 & 0.7049 \\ -0.5145 & 0.1124 & -0.37 \end{bmatrix},$$

$$\alpha = 103.0508, \quad \varepsilon_1 = 0.4693, \quad \varepsilon_2 = 0.6778.$$

相应的控制器增益是

$$K(1) = \begin{bmatrix} -0.9915 & -0.0893 & -0.2072 \\ -0.0597 & 0.0314 & -0.9272 \end{bmatrix},$$

$$K(2) = \begin{bmatrix} -1.5911 & -0.4517 & 1.3701 \\ -0.7108 & 0.1201 & -0.9053 \end{bmatrix}.$$

根据定理 6.3.6, 具有上述增益 $K(1)$ 及增益 $K(2)$ 的控制器 (6.3.26) 鲁棒随机镇定系统 (6.3.22), 而最小保成本是 $\gamma = 103.0508$.

此例子中系统的样本轨道如图 6.3、图 6.4 和图 6.5 所示.

6.3.3 一类带脉冲效应的随机非线性系统的 H_∞ 镇定

本小节研究一类带脉冲效应的随机非线性系统的 H_∞ 镇定问题. 在一定的假设条件下, 给出了关于系统随机稳定的条件; 设计了系统的线性状态反馈镇定控制

器, 并以线性矩阵不等式的形式给出充分条件来计算控制器的增益; 最后给出数值例子说明方法的有效性.

考虑以下带脉冲效应的随机非线性系统:

$$
\begin{cases}
\mathrm{d}x(t) = [Ax(t) + f(x(t))]\mathrm{d}t + Bu(t)\mathrm{d}t \\
\qquad\quad + B_v v(t)\mathrm{d}t + Wx(t)\mathrm{d}\omega_t, \quad t \neq \tau_k, \\
x(\tau_k) = C_k x(\tau_k^-), \qquad t = \tau_k, \ k = 1, 2, \cdots, \\
x(0) = x_0, \\
z(t) = C_z x(t) + D_z u(t) + B_z v(t),
\end{cases}
\tag{6.3.52}
$$

其中 $x(t) \in \mathbf{R}^n$ 是系统状态, $z(t) \in \mathbf{R}^{n_z}$ 是待控制输出, $u(t) \in \mathbf{R}^m$ 为输入控制, $v(t) \in \mathbf{R}^p$ 是属于 $[0, +\infty)$ 上平方可积向量函数空间 $L_2[0, +\infty)$ 的连续扰动; $A, B,$ B_v, W, C_z, D_z, B_z 及 C_k 是具有适当维数的已知实矩阵; $f(x(t)) \in \mathbf{R}^n$ 是刻画系统非线性性质的给定函数; ω_t 是标准维纳过程, 独立于系统模态 $\{r_t, t \geqslant 0\}$.

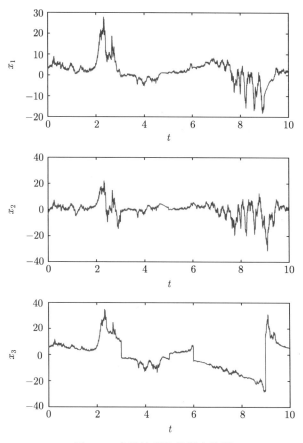

图 6.3 未受控系统的样本轨道

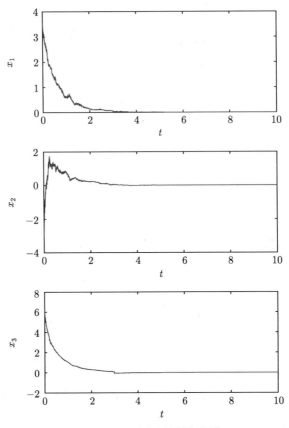

图 6.4　闭环系统的样本轨道

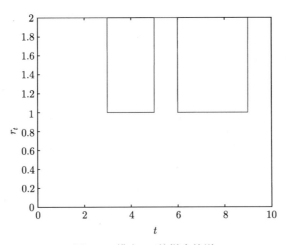

图 6.5　模态 r_t 的样本轨道

在本小节中作如下假设.

假设 6.3.A 函数 $f(x(t))$ 满足条件

$$\| f(x(t)) \|^2 \leqslant \alpha \| x(t) \|^2,$$

其中 α 是已知正常数.

用 $x(t; x_0)$(不引起混淆时简记为 $x(t)$) 表示系统 (6.3.52) 在给定初值条件 x_0 下的唯一解.

以下是本小节中要用到的定义.

定义6.3.5 设系统 (6.3.52) 中 $u(t) = 0$ 及 $v(t) = 0$. 如果对于任一初始条件 x_0, 存在正常数 $T(x_0)$, 使得下式成立:

$$E\left\{ \int_0^{+\infty} \| x(t) \|^2 \, \mathrm{d}t | x_0 \right\} \leqslant T(x_0), \tag{6.3.53}$$

则称系统 (6.3.52) 是随机稳定的.

定义6.3.6 设系统 (6.3.52) 中, $u(t) = 0$, γ 是一个给定正常数. 如果对于任一初始条件 x_0, 存在正常数 $T(x_0)$, 使得下式成立:

$$\|z\|_2 \triangleq E\left\{ \int_0^{+\infty} z^{\mathrm{T}}(t)z(t)\mathrm{d}t | x_0 \right\}^{1/2} \leqslant \gamma[\|v\|_2^2 + T(x_0)]^{1/2}, \tag{6.3.54}$$

则系统 (6.3.52) 称为具有 γ 干扰衰减水平随机稳定.

本小节研究上述带脉冲效应的随机非线性系统, 给出系统 (6.3.52) 随机稳定性和随机镇定的一些结果. 对于随机稳定性问题, 给出了线性矩阵不等式方法检验系统的稳定性; 对于系统 (6.3.52) 的 H_∞ 镇定问题, 设计形如

$$u(t) = Kx(t), \tag{6.3.55}$$

的状态反馈控制器, 使得对于一个给定的正常数 $\gamma > 0$, 相应的闭环系统是具有 γ 干扰衰减水平随机稳定, (这里 K 为待定增益) 此时系统 (6.3.52) 称为具有 γ 干扰衰减水平可随机镇定.

先考虑系统 (6.3.52) 中 $u(t) = 0$ 的情形, 此时系统是带脉冲效应的自治随机非线性系统. 下面的定理给出了判定系统随机稳定的一个充分条件.

定理 6.3.7 设系统 (6.3.52) 中, $u(t) = 0$ 及 $v(t) = 0$. 如果对于每一 $i \in S$, 存在一对称正定矩阵 $P > 0$ 和正常数 $\varepsilon > 0$, 使得下列线性矩阵不等式成立:

$$\begin{bmatrix} J_1 & P \\ P & -\varepsilon I \end{bmatrix} < 0, \tag{6.3.56}$$

$$C_k^{\mathrm{T}} P C_k - P \leqslant 0, \quad k = 1, 2, \cdots, \tag{6.3.57}$$

其中 $J_1 = A^{\mathrm{T}}P + PA + \varepsilon\alpha I + W^{\mathrm{T}}PW$, 则系统是随机稳定的.

证明   设在时刻 t, 过程 $x(t)$ 的状态为 x. 假设对称正定矩阵 $P > 0$ 是满足式 (6.3.56) 与式 (6.3.57) 的解. 对于每一 $t > 0$, 存在一个整数 k, 使得 $t \in [\tau_k, \tau_{k+1})$. 定义

$$V(x(t)) = x(t)^{\mathrm{T}} P x(t),$$

对于 $t \in [\tau_k, \tau_{k+1})$, 系统 (6.3.52) 的过程 $\{x(t), t \geqslant 0\}$ 来自点 x 的无穷小生成元 $\mathscr{L}$ 是

$$
\begin{aligned}
\mathscr{L}V(x(t)) &= \dot{x}^{\mathrm{T}}(t) P x(t) + x^{\mathrm{T}}(t) P \dot{x}(t) + x^{\mathrm{T}}(t) W^{\mathrm{T}} P W x(t) \\
&= x(t)^{\mathrm{T}}[A^{\mathrm{T}}P + AP + W^{\mathrm{T}}PW]x(t) \\
&\quad + f^{\mathrm{T}}(x(t)) P x(t) + x^{\mathrm{T}}(t) P f(x(t)),
\end{aligned}
\tag{6.3.58}
$$

利用引理 1.2.3 和假设 6.3.A 可得, 对任一 $\varepsilon > 0$,

$$
\begin{aligned}
f^{\mathrm{T}}(x(t)) P x(t) + x^{\mathrm{T}}(t) P f(x(t)) &\leqslant \varepsilon^{-1} x^{\mathrm{T}}(t) P^2 x(t) + \varepsilon f^{\mathrm{T}}(x(t)) f(x(t)) \\
&\leqslant \varepsilon^{-1} x^{\mathrm{T}}(t) P^2 x(t) + \varepsilon \alpha x^{\mathrm{T}}(t) x(t) \\
&= x^{\mathrm{T}}(t)[\varepsilon^{-1} P^2 + \varepsilon \alpha I]x(t),
\end{aligned}
$$

故有

$$
\begin{aligned}
\mathscr{L}V(x(t)) &\leqslant x(t)^{\mathrm{T}}[A^{\mathrm{T}}P + AP + W^{\mathrm{T}}PW]x(t) \\
&\quad + x^{\mathrm{T}}(t)[\varepsilon^{-1}P^2 + \varepsilon \alpha I]x(t),
\end{aligned}
$$

记 $\Psi = A^{\mathrm{T}}P + PA + \varepsilon^{-1}P^2 + \varepsilon \alpha I + W^{\mathrm{T}}PW$, 可知

$$\mathscr{L}V(x(t)) \leqslant x^{\mathrm{T}}(t) \Psi x(t), \tag{6.3.59}$$

由 Schur 补和式 (6.3.56), 得到 $\Psi < 0$.

因而

$$\mathscr{L}V(x(t)) \leqslant -\lambda \parallel x(t) \parallel^2, \tag{6.3.60}$$

其中 $\lambda = \lambda_{\min}(-\Psi) > 0$.

对任一 $t \in [\tau_k, \tau_{k+1})$, 由 Dynkin 公式, 可得

$$E\{V(x(t)) - V(x(\tau_k))\} = E\left\{\int_{\tau_k}^t \mathscr{L}V(x(s))\mathrm{d}s \big| x_0 \right\},$$

结合式 (6.3.60), 就有

$$E\{V(x(t)) - V(x(\tau_k))\} \leqslant -\lambda E\left\{\int_{\tau_k}^t \parallel x(t) \parallel^2 \mathrm{d}t \big| x_0 \right\}, \tag{6.3.61}$$

再由式 (6.3.57),

$$E\{V(x(\tau_k))\} \leqslant E\{V(x(\tau_k^-))\}, \quad k = 1, 2, \cdots,$$

故有

$$E\{V(x(t))\} \leqslant E\{V(x(\tau_k^-))\} - \lambda E\left\{\int_{\tau_k}^t \parallel x(t) \parallel^2 \mathrm{d}t|x_0\right\}$$

$$\leqslant E\{V(x(\tau_{k-1}))\} - \lambda E\left\{\int_{\tau_{k-1}}^t \parallel x(t) \parallel^2 \mathrm{d}t|x_0\right\}$$

$$\leqslant E\{V(x(\tau_{k-1}^-))\} - \lambda E\left\{\int_{\tau_{k-1}}^t \parallel x(t) \parallel^2 \mathrm{d}t|x_0\right\}$$

$$\vdots$$

$$\leqslant E\{V(x(\tau_0))\} - \lambda E\left\{\int_{\tau_0}^t \parallel x(t) \parallel^2 \mathrm{d}t|x_0\right\}.$$

因而, 对任何 $t \geqslant 0$, 都有

$$\lambda E\left\{\int_0^t \parallel x(t) \parallel^2 \mathrm{d}t|x_0\right\} \leqslant E\{V(x(\tau_0))\} - E\{V(x(t))\} \leqslant V(x_0),$$

这表明系统是随机稳定的. ■

下面的定理给出了系统 (6.3.52) 是具有 γ 干扰衰减水平随机稳定的条件.

定理 6.3.8 设系统 (6.3.52) 中 $u(t) = 0$, γ 是一个正常数. 如果存在对称正定矩阵 $P > 0$ 和正数 $\varepsilon > 0$, 使得下列条件成立:

$$\begin{bmatrix} J_2 & C_z^\mathrm{T} B_z + P B_v \\ B_z^\mathrm{T} C_z + B_v^\mathrm{T} P & B_z^\mathrm{T} B_z - \gamma^2 I \end{bmatrix} < 0, \tag{6.3.62}$$

$$C_k^\mathrm{T} P C_k - P \leqslant 0, \quad k = 1, 2, \cdots, \tag{6.3.63}$$

其中 $J_2 = A^\mathrm{T} P + PA + \varepsilon^{-1} P^2 + \varepsilon\alpha I + W^\mathrm{T} PW + C_z^\mathrm{T} C_z$, 则系统是随机稳定的, 且有下式成立:

$$\|z\|_2 \leqslant (\gamma^2 \|v\|_2^2 + x_0^\mathrm{T} P x_0)^{1/2}. \tag{6.3.64}$$

这表明系统 (6.3.52) 具有 γ 干扰衰减水平.

证明 从式 (6.3.62), 并用 Schur 补, 可得下面不等式:

$$A^\mathrm{T} P + PA + \varepsilon^{-1} P^2 + \varepsilon\alpha I + W^\mathrm{T} PW + C_z^\mathrm{T} C_z < 0,$$

因 $C_z^\mathrm{T} C_z \geqslant 0$, 故有

$$A^\mathrm{T} P + PA + \varepsilon^{-1} P^2 + \varepsilon\alpha I + W^\mathrm{T} PW < 0,$$

由上不等式和式 (6.3.63), 根据定理 6.3.7, 可知系统 (6.3.52) 是随机稳定的.

下面证明式 (6.3.64). 对于 $T > 0$, 定义下面的性能函数:

$$J_T = E \int_0^T [z^{\mathrm{T}}(t)z(t) - \gamma^2 v^{\mathrm{T}}(t)v(t)]\mathrm{d}t.$$

要证式 (6.3.64), 只需论证 J_∞ 有界, 即

$$J_\infty \leqslant V(x_0) = x_0^{\mathrm{T}} P x_0.$$

首先考虑到 $V(x(t)) = x^{\mathrm{T}}(t)Px(t)$, 有

$$\begin{aligned}
\mathscr{L}V(x(t)) =& x(t)^{\mathrm{T}}[A^{\mathrm{T}}P + AP + W^{\mathrm{T}}PW]x(t) \\
&+ f^{\mathrm{T}}(x(t))Px(t) + x^{\mathrm{T}}(t)Pf(x(t)) \\
&+ x^{\mathrm{T}}(t)PB_v v(t) + v^{\mathrm{T}}(t)B_v^{\mathrm{T}}Px(t) \\
\leqslant& x^{\mathrm{T}}(t)\Psi x(t) + x^{\mathrm{T}}(t)PB_v v(t) + v^{\mathrm{T}}(t)B_v^{\mathrm{T}}Px(t),
\end{aligned} \tag{6.3.65}$$

其中 $\Psi = A^{\mathrm{T}}P + AP + W^{\mathrm{T}}PW + \varepsilon^{-1}P^2 + \varepsilon\alpha I$. 再注意到

$$\begin{aligned}
& z(t)^{\mathrm{T}}z(t) - \gamma^2 v(t)^{\mathrm{T}}v(t) \\
=& [C_z x(t) + B_z v(t)]^{\mathrm{T}}[C_z x(t) + B_z v(t)] - \gamma^2 v(t)^{\mathrm{T}}v(t) \\
=& x(t)^{\mathrm{T}}C_z^{\mathrm{T}}C_z x(t) + x(t)^{\mathrm{T}}C_z^{\mathrm{T}}B_z v(t) + v(t)^{\mathrm{T}}B_z^{\mathrm{T}}C_z x(t) \\
&+ v(t)^{\mathrm{T}}B_z^{\mathrm{T}}B_z v(t) - \gamma^2 v(t)^{\mathrm{T}}v(t),
\end{aligned}$$

可得

$$z(t)^{\mathrm{T}}z(t) - \gamma^2 v(t)^{\mathrm{T}}v(t) + \mathscr{L}V(x(t)) \leqslant [x(t)^{\mathrm{T}} \ v(t)^{\mathrm{T}}] \ \Phi \begin{bmatrix} x(t) \\ v(t) \end{bmatrix}, \tag{6.3.66}$$

这里 $\Phi = \begin{bmatrix} \Psi + C_z^{\mathrm{T}}C_z & PB + C_z^{\mathrm{T}}B_z \\ B^{\mathrm{T}}P + B_z^{\mathrm{T}}C_z & B_z^{\mathrm{T}}B_z - \gamma^2 I \end{bmatrix}$.

由于对每一 $T > 0$, 都存在一个 $k \in \mathbf{N}$, 使得 $T \in [\tau_k, \tau_{k+1})$. 根据 Dynkin 公式, 并结合式 (6.3.62)、式 (6.3.63) 和式 (6.3.66), 可得到

$$\begin{aligned}
& E \int_{\tau_k}^T [z^{\mathrm{T}}(t)z(t) - \gamma^2 v^{\mathrm{T}}(t)v(t)]\mathrm{d}t \\
=& E \int_{\tau_k}^T [z^{\mathrm{T}}(t)z(t) - \gamma^2 v^{\mathrm{T}}(t)v(t) + \mathscr{L}V(x(t))]\mathrm{d}t - E \int_{\tau_k}^T \mathscr{L}V(x(t))\mathrm{d}t \\
\leqslant& E \int_{\tau_k}^T \eta^{\mathrm{T}}(t)\Phi\eta(t)\mathrm{d}t - E \int_{\tau_k}^T \mathscr{L}V(x(t))\mathrm{d}t \\
\leqslant& EV(x(\tau_k)) - EV(x(T)) \\
\leqslant& EV(x(\tau_k^-)) - EV(x(T)),
\end{aligned}$$

类似地, 有

$$E \int_{\tau_{k-1}}^{\tau_k} [z^T(t)z(t) - \gamma^2 v^T(t)v(t)]dt \leqslant EV(x(\tau_{k-1})) - EV(x(\tau_k^-))$$

$$\leqslant EV(x(\tau_{k-1}^-)) - EV(x(\tau_k^-)),$$

$$E \int_{\tau_{k-2}}^{\tau_{k-1}} [z^T(t)z(t) - \gamma^2 v^T(t)v(t)]dt \leqslant EV(x(\tau_{k-2}^-)) - EV(x(\tau_{k-1}^-)),$$

$$\vdots$$

$$E \int_{\tau_0}^{\tau_1} [z^T(t)z(t) - \gamma^2 v^T(t)v(t)]dt \leqslant EV(x(\tau_0)) - EV(x(\tau_1^-)).$$

所以

$$\begin{aligned}
J_T =& E \int_0^T [z^T(t)z(t) - \gamma^2 v^T(t)v(t)]dt \\
=& E \int_{\tau_0}^{\tau_1} [z^T(t)z(t) - \gamma^2 v^T(t)v(t)]dt \\
&+ E \int_{\tau_1}^{\tau_2} [z^T(t)z(t) - \gamma^2 v^T(t)v(t)]dt \\
&+ \cdots + E \int_{\tau_k}^T [z^T(t)z(t) - \gamma^2 v^T(t)v(t)]dt \\
\leqslant& [EV(x(\tau_0)) - EV(x(\tau_1^-))] + [EV(x(\tau_1^-)) - EV(x(\tau_2^-))] \\
&+ \cdots + [EV(x(\tau_k^-)) - EV(x(T))] \\
=& EV(x(\tau_0)) - EV(x(T)) \\
\leqslant& x^T(0)Px(0).
\end{aligned}$$

因而 $J_\infty \leqslant V(x_0, r_0)$, 也就是

$$\|z\|_2^2 - \gamma^2 \|v\|_2^2 \leqslant x_0^T Px_0.$$

这就得到所需的结果. ∎

注6.3.1 上面定理中的条件 (6.3.62) 可转化为下面的线性矩阵不等式形式:

$$\begin{bmatrix} J_1 & P & C_z^T B_z + PB_v \\ P & -\varepsilon I & 0 \\ B_z^T C_z + B_v^T P & 0 & B_z^T B_z - \gamma^2 I \end{bmatrix} < 0. \tag{6.3.67}$$

下面考虑形如式 (6.3.55) 的控制器, 使得相应的闭环系统 (6.3.52) 是具有 γ 干

扰衰减水平随机稳定的. 为此先把式 (6.3.55) 代入闭环系统 (6.3.52), 得到闭环系统

$$
\begin{cases}
\mathrm{d}x(t) = [\bar{A}x(t) + f(x(t))]\mathrm{d}t \\
\qquad\qquad + B_v v(t)\mathrm{d}t + Wx(t)\mathrm{d}\omega_t, \quad t \neq \tau_k, \\
x(\tau_k) = C_k x(\tau_k^-), \quad t = \tau_k, \quad k = 1, 2, \cdots \\
x(0) = x_0, \\
z(t) = \bar{C}_z x(t) + B_z v(t).
\end{cases}
\tag{6.3.68}
$$

其中 $\bar{A} = A + BK$ 及 $\bar{C}_z = C_z + D_z K$.

根据定理 6.3.8, 可得闭环系统具有 γ 干扰衰减水平随机稳定的条件如下.

定理 6.3.9　设 γ 是一给定正常数. 如果存在对称正定矩阵 $P > 0$ 和一正常数 $\varepsilon > 0$, 使得下列条件成立:

$$
\begin{bmatrix}
\bar{J}_2 & \bar{C}_z^{\mathrm{T}} B_z + P B_v \\
B_z^{\mathrm{T}} \bar{C}_z + B_v^{\mathrm{T}} P & B_z^{\mathrm{T}} B_z - \gamma^2 I
\end{bmatrix} < 0.
\tag{6.3.69}
$$

$$
C_k^{\mathrm{T}} P C_k - P \leqslant 0, \quad k = 1, 2, \cdots,
\tag{6.3.70}
$$

其中 $\bar{J}_2 = \bar{A}^{\mathrm{T}} P + P\bar{A} + \varepsilon^{-1} P^2 + \varepsilon \alpha I + W^{\mathrm{T}} P W + \bar{C}_z^{\mathrm{T}} \bar{C}_z$, 则闭环系统 (6.3.68) 是随机稳定的, 且满足下式:

$$
\|z\|_2 \leqslant [\gamma^2 \|v\|_2^2 + x_0^{\mathrm{T}} P x_0]^{1/2},
$$

即带控制器 (6.3.55) 的系统 (6.3.52) 是具有 γ 干扰衰减水平随机稳定的.

以下综合控制器增益. 我们把式 (6.3.69) 变形为易于计算增益的形式, 注意到

$$
\begin{bmatrix}
\bar{J}_2 & \bar{C}_z^{\mathrm{T}} B_z + P B_v \\
B_z^{\mathrm{T}} \bar{C}_z + B_v^{\mathrm{T}} P & B_z^{\mathrm{T}} B_z - \gamma^2 I
\end{bmatrix}
=
\begin{bmatrix}
\bar{J}_3 & P B_v \\
B_v^{\mathrm{T}} P & -\gamma^2 I
\end{bmatrix}
+
\begin{bmatrix}
\bar{C}_z^{\mathrm{T}} \\
B_z^{\mathrm{T}}
\end{bmatrix}
\begin{bmatrix}
\bar{C}_z & B_z
\end{bmatrix},
\tag{6.3.71}
$$

其中 $\bar{J}_3 = \bar{A}^{\mathrm{T}} P + P\bar{A} + \varepsilon^{-1} P^2 + \varepsilon \alpha I + W^{\mathrm{T}} P W$.

由 Schur 补可知, 式 (6.3.69) 等价于下面的不等式:

$$
\begin{bmatrix}
\bar{J}_4 & I & P B_v & \bar{C}_z^{\mathrm{T}} \\
I & -\varepsilon^{-1} \alpha^{-1} I & 0 & 0 \\
B_v^{\mathrm{T}} P & 0 & -\gamma^2 I & B_z^{\mathrm{T}} \\
\bar{C}_z & 0 & B_z & -I
\end{bmatrix} < 0,
\tag{6.3.72}
$$

其中 $\bar{J}_4 = \bar{A}^{\mathrm{T}} P + P\bar{A} + \varepsilon^{-1} P^2 + W^{\mathrm{T}} P W$.

考虑到 $\bar{J}_4$ 是非线性的, 故不等式 (6.3.72) 也是非线性的, 因而不能用线性矩阵不等式工具箱求解. 现将不等式 (6.3.72) 转化成线性矩阵不等式.

令 $X = P^{-1}$ 及 $\eta = \varepsilon^{-1}$. 用 $\mathrm{diag}[X, I, I, I]$ 左乘和右乘上面不等式的两边可得

$$
\begin{bmatrix}
\bar{J}_X & X & B_v & X\bar{C}_z^{\mathrm{T}} \\
X & -\eta\alpha^{-1}I & 0 & 0 \\
B_v^{\mathrm{T}} & 0 & -\gamma^2 I & B_z^{\mathrm{T}} \\
\bar{C}_z X & 0 & B_z & -I
\end{bmatrix} < 0. \tag{6.3.73}
$$

这里 $J_X = X\bar{A}^{\mathrm{T}} + \bar{A}X + \eta I + XW^{\mathrm{T}}X^{-1}WX$, $X\bar{C}_z^{\mathrm{T}} = X[C_z + D_z K]^{\mathrm{T}} = XC_z^{\mathrm{T}} + Y^{\mathrm{T}}D_z^{\mathrm{T}}$. 其中 $X\bar{A}^{\mathrm{T}} + \bar{A}X = XA^{\mathrm{T}} + AX + Y^{\mathrm{T}}B^{\mathrm{T}} + BY$, 而 $Y = KX$.

再用 Schur 补可知, 不等式 (6.3.73) 等价于下面的线性矩阵不等式:

$$
\begin{bmatrix}
J & X & B_v & H^{\mathrm{T}} & XW^{\mathrm{T}} \\
X & -\eta\alpha^{-1}I & 0 & 0 & 0 \\
B_v^{\mathrm{T}} & 0 & -\gamma^2 I & B_z^{\mathrm{T}} & 0 \\
H & 0 & B_z & -I & 0 \\
WX & 0 & 0 & 0 & -X
\end{bmatrix} < 0, \tag{6.3.74}
$$

其中 $J = XA^{\mathrm{T}} + AX + \eta I + Y^{\mathrm{T}}B^{\mathrm{T}} + BY$, $H = C_z X + D_z Y$.

由于 $X = P^{-1}$, 可知式 (6.3.70) 等价于线性矩阵不等式:

$$
\begin{bmatrix}
-X & XC_k^{\mathrm{T}} \\
C_k X & -X
\end{bmatrix} \leqslant 0, \quad k = 1, 2, \cdots, \tag{6.3.75}
$$

由以上讨论可得以下定理.

定理 6.3.10 对给定的正数 $\gamma > 0$, 如果存在对称正定矩阵 $X > 0$, 矩阵 Y 及一个正数 $\eta > 0$, 满足下面线性矩阵不等式组:

$$
\begin{bmatrix}
J & X & B_v & H^{\mathrm{T}} & XW^{\mathrm{T}} \\
X & -\eta\alpha^{-1}I & 0 & 0 & 0 \\
B_v^{\mathrm{T}} & 0 & -\gamma^2 I & B_z^{\mathrm{T}} & 0 \\
H & 0 & B_z & -I & 0 \\
WX & 0 & 0 & 0 & -X
\end{bmatrix} < 0, \tag{6.3.76}
$$

$$
\begin{bmatrix}
-X & XC_k^{\mathrm{T}} \\
C_k X & -X
\end{bmatrix} \leqslant 0, \quad k = 1, 2, \cdots, \tag{6.3.77}
$$

其中 $J = XA^{\mathrm{T}} + AX + \eta I + Y^{\mathrm{T}}B^{\mathrm{T}} + BY$, $H = C_z X + D_z Y$, 则系统 (6.3.52) 在增益为 $K = YX^{-1}$ 的控制器 (6.3.55) 下是随机稳定的, 并且闭环系统具有 γ 干扰衰减水平.

在此部分给出一个数值例子展示所提出的方法的有效性.

考虑一个由闭环系统 (6.3.52) 描述的随机非线性系统, 假设其参数如下:

$$A = \begin{bmatrix} 2 & 0.2 & 0.4 \\ -0.5 & -3 & 0.2 \\ 0 & 0.4 & 0.9 \end{bmatrix}, \quad \alpha = 4, \quad B = \begin{bmatrix} 1 & 0 \\ 0.2 & 0.5 \\ -0.3 & 2 \end{bmatrix},$$

$$B_v = \begin{bmatrix} 1 \\ 0.1 \\ 1.1 \end{bmatrix}, \quad W = \begin{bmatrix} 0.4 & 0.1 & 0.7 \\ -0.1 & 0.5 & 1.2 \\ 0.8 & -0.3 & 0.5 \end{bmatrix}, \quad B_z = \begin{bmatrix} 0.9 \\ 0.4 \end{bmatrix},$$

$$C_z = \begin{bmatrix} 1 & 0 & 2 \\ 0 & 1 & 0.9 \end{bmatrix}, \quad D_z = \begin{bmatrix} 2 & 0.1 \\ 0 & 1.1 \end{bmatrix},$$

$$C_1 = C_2 = \cdots = C_k = \cdots = \begin{bmatrix} 0.8 & 0.1 & -0.1 \\ 0 & 0.7 & 0.4 \\ 0.2 & -0.5 & -0.6 \end{bmatrix}.$$

根据这组数据, 定理 6.3.10 中式 (6.3.76) 和式 (6.3.77) 解为

$$X = \begin{bmatrix} 0.0158 & 0.0113 & -0.0028 \\ 0.0113 & 0.1394 & -0.0220 \\ -0.0028 & -0.0220 & 0.1078 \end{bmatrix},$$

$$Y = \begin{bmatrix} -0.2593 & -0.0083 & 0.0540 \\ 0.0332 & -0.5015 & -1.7473 \end{bmatrix},$$

$$\eta = 0.1637.$$

相应的增益矩阵是

$$K = \begin{bmatrix} -17.3580 & 1.4018 & 0.3349 \\ 3.7631 & -6.6549 & -17.4740 \end{bmatrix}.$$

根据定理 6.3.10, 增益为 K 的控制器 (6.3.55) 是系统的随机镇定控制器, 而且是闭环系统是随机稳定的, 具有 γ 干扰衰减水平 (本例中取 $\gamma = 10$).

6.3.4　一类随机非线性 Markovian 切换系统的混杂控制

本小节讨论一类随机非线性 Markovian 切换系统的混杂控制. 首先介绍了系统的一个混杂控制器; 然后在一定的假设下, 给出了系统在纯脉冲控制下的镇定条件;

接着在脉冲控制下, 讨论了系统的输出反馈镇定问题, 并设计了线性输出反馈控制器; 最后给出了一个数值例子说明所提出的方法的有效性.

考虑如下的随机非线性 Markovian 切换系统:

$$\begin{cases} \mathrm{d}x(t) = [A(r_t)x(t) + f(x(t), r_t)]\mathrm{d}t + W(r_t)x(t)\mathrm{d}\omega_t, \\ x(0) = x_0, \\ y(t) = L(r_t)x(t), \end{cases} \tag{6.3.78}$$

其中 $x(t) \in \mathbf{R}^n$ 是系统状态, $y(t) \in \mathbf{R}^p$ 为输出, $A(r_t), W(r_t)$ 和 $L(r_t)$ 都是已知实矩阵, $f(x(t), r_t) \in \mathbf{R}^n$ 是刻画系统非线性性质的给定函数, $\omega_t \in \mathbf{R}$ 是标准维纳过程, 假设它独立于系统模态 $\{r_t, t \geqslant 0\}$.

系统 (6.3.78) 的一个控制系统可描述为

$$\begin{cases} \mathrm{d}x(t) = [A(r_t)x(t) + f(x(t), r_t) + u(t)]\mathrm{d}t + W(r_t)x(t)\mathrm{d}\omega_t, \\ x(0) = x_0, \\ y(t) = L(r_t)x(t), \end{cases} \tag{6.3.79}$$

其中 $u(t)$ 是输入控制.

对系统 (6.3.78), 构造一个混杂控制器 $u = u_1 + u_2$ 如下:

$$u_1(t) = B(r_t)u^c(t)l_k(t), \qquad u_2(t) = \sum_{k=1}^{+\infty} (C_k - I)x(t)\delta(t - \tau_k), \tag{6.3.80}$$

这里 $B(r_t)$ 是已知实矩阵, $u^c(t) \in \mathbf{R}^m$ 是连续的输入控制. 当 t 满足 $\tau_{k-1} < t < \tau_k$ 时, $l_k(t) = 1$; 在其他情形即 $t = \tau_k$, $k = 1, 2, \cdots$, 时, $l_k(t) = 0$. 其中离散点 τ_k, $k = 1, 2, \cdots$, 满足

$$0 < \tau_1 < \tau_2 < \cdots < \tau_k < \tau_{k+1} < \cdots, \qquad \lim_{k \to +\infty} \tau_k = +\infty,$$

这里 $\tau_1 > \tau_0, \tau_0 = 0$ 为初始时刻, 对每一 k, C_k 是待定矩阵, $\delta(\cdot)$ 是 Dirac 脉冲.

不失一般性, 假设

$$x(\tau_k) = x(\tau_k^+) = \lim_{h \to 0^+} x(\tau_k + h).$$

在控制 (6.3.80) 下, 系统 (6.3.79) 变为

$$\begin{cases} \mathrm{d}x(t) = [A(r_t)x(t) + f(x(t), r_t) + B(r_t)u^c(t)]\mathrm{d}t + W(r_t)x(t)\mathrm{d}\omega_t, & t \neq \tau_k, \\ x(\tau_k) = C_k x(\tau_k^-), & t = \tau_k, \ k = 1, 2, \cdots, \\ x(0) = x_0, \\ y(t) = L(r_t)x(t). \end{cases} \tag{6.3.81}$$

注6.3.2　系统 (6.3.81) 称为混杂控制下的随机 Markovian 切换系统. 当式 (6.3.80) 中的 $u_1 \equiv 0$ 时, 系统 (6.3.79) 称为纯脉冲控制下的随机 Markovian 切换系统. 假设上面系统的解具有存在唯一性.

在本小节中作如下假设.

假设 6.3.B　函数 $f(x(t), i)$ 满足条件

$$\| f(x(t), i) \|^2 \leqslant \alpha(i) \| x(t) \|^2, \forall i \in S.$$

其中 $\alpha(i)$ 是已知正常数.

当考虑脉冲控制 u_2 下的随机非线性 Markovian 切换系统 (6.3.79) 的线性输出反馈镇定问题时, 取式 (6.3.80) 中的 $u^c(t)$ 的形式为

$$u^c(t) = K(r_t) y(t), \tag{6.3.82}$$

这里对每一 $i \in S$, $K(i)$ 是待定的增益矩阵.

下面给出几个定义.

定义6.3.7　如果对于任一初始条件 (x_0, r_0), 存在正常数 $T(x_0, r_0)$, 使得下式成立:

$$E\left\{ \int_0^{+\infty} \| x(t) \|^2 \, \mathrm{d}t|_{(x_0, r_0)} \right\} \leqslant T(x_0, r_0),$$

则称系统 (6.3.78) 是随机稳定的.

定义6.3.8　如果存在形如 (6.3.80) 的控制器 (其中 $u_1 \equiv 0$) 使得系统 (6.3.79) 的相应系统随机稳定, 则称系统 (6.3.79) 称为在纯脉冲控制下可随机镇定.

先考虑系统 (6.3.79) 在纯脉冲控制下的镇定问题, 此时系统成为

$$\begin{cases} \mathrm{d}x(t) = [A(r_t)x(t) + f(x(t), r_t)]\mathrm{d}t + W(r_t)x(t)\mathrm{d}\omega_t, & t \neq \tau_k, \\ x(\tau_k) = C_k x(\tau_k^-), & t = \tau_k, \ k = 1, 2, \cdots, \\ x(0) = x_0. \end{cases} \tag{6.3.83}$$

对于 (6.3.83), 有以下定理.

定理 6.3.11　如果对于每一 $i \in S$, 存在对称正定矩阵 $P = (P(1), \cdots, P(N)) > 0$ 和正常数 $\varepsilon > 0$ 使得下列条件成立:

$$\begin{bmatrix} J(i) & P(i) \\ P(i) & -\varepsilon I \end{bmatrix} < 0, \tag{6.3.84}$$

$$C_k^{\mathrm{T}} P(i) C_k - P(i) \leqslant 0, \tag{6.3.85}$$

其中 $J(i) = P(i)A(i) + A^{\mathrm{T}}(i)P(i) + \varepsilon\alpha(i)I + \sum_{j=1}^{N} \gamma_{ij}P(i) + W^{\mathrm{T}}(i)P(i)W(i)$, 则系统 (6.3.83) 是随机稳定的.

证明 假设在时刻 t, $x(t)$ 与 r_t 分别为 x 与 i.

设对称正定矩阵 $P = (P(1), \cdots, P(N)) > 0$ 是式 (6.3.84) 和式 (6.3.85) 的解. 对每一 $t > 0$, 存在整数 k, 使得 $t \in [\tau_k, \tau_{k+1})$. 定义

$$V(x(t), i) = x(t)^{\mathrm{T}} P(i) x(t), \tag{6.3.86}$$

对于 $t \in [\tau_k, \tau_{k+1})$, 来自点 (x, i) 的系统 (6.3.78) 的 Markovian 过程 $\{(x(t), r_t), t \geqslant 0\}$ 的无穷小生成元 $\mathscr{L}$ 为

$$\begin{aligned}
\mathscr{L}V(x(t), i) &= 2x(t)^{\mathrm{T}} P(i)[A(i)x(t) + f(x(t), i)] \\
&\quad + x^{\mathrm{T}}(t) W^{\mathrm{T}}(i) P(i) W(i) x(t) \\
&\quad + x^{\mathrm{T}}(t) \left[\sum_{j=1}^{N} \gamma_{ij} P(i) \right] x(t).
\end{aligned} \tag{6.3.87}$$

利用引理 1.2.3, Schur 补和假设 6.3.B, 可知对任意 $\varepsilon > 0$,

$$\begin{aligned}
2x^{\mathrm{T}}(t) P(i) f(x(t), i) &\leqslant \varepsilon^{-1} x^{\mathrm{T}}(t) P^2(i) x(t) + \varepsilon f^{\mathrm{T}}(x(t), i) f(x(t), i) \\
&\leqslant \varepsilon^{-1} x^{\mathrm{T}}(t) P^2(i) x(t) + \varepsilon \alpha(i) x^{\mathrm{T}}(t) x(t) \\
&= x^{\mathrm{T}}(t) [\varepsilon^{-1} P^2(i) + \varepsilon \alpha(i) I] x(t).
\end{aligned}$$

记

$$\begin{aligned}
\Psi(i) &= P(i) A(i) + A^{\mathrm{T}}(i) P(i) + \varepsilon^{-1} P^2(i) \\
&\quad + \varepsilon \alpha(i) I + W^{\mathrm{T}}(i) P(i) W(i) + \sum_{j=1}^{N} \gamma_{ij} P(i),
\end{aligned}$$

可得

$$\mathscr{L}V(x(t), i) \leqslant x^{\mathrm{T}}(t) \Psi(i) x(t), \tag{6.3.88}$$

由 Schur 补和式 (6.3.84), 可推得 $\Psi(i) < 0$. 因而

$$\mathscr{L}V(x(t), i) \leqslant -\lambda \parallel x(t) \parallel^2, \tag{6.3.89}$$

其中 $\lambda = \min\limits_{i \in S} \lambda_{\min}(-\Psi(i)) > 0$.

根据 Dynkin 公式, 得

$$E\{V(x(t), i) - V(x(\tau_k, r_{\tau_k}))\} = E\left\{ \int_{\tau_k}^{t} \mathscr{L}V(x(s), r_s) \mathrm{d}s|_{(x_0, r_0)} \right\},$$

结合式 (6.3.89), 可得

$$E\{V(x(t),i) - V(x(\tau_k),r_{\tau_k})\} \leqslant -\lambda E\left\{\int_{\tau_k}^t \|x(s)\|^2\,ds|_{(x_0,r_0)}\right\}, \qquad (6.3.90)$$

注意到式 (6.3.85), 即有

$$EV(x(\tau_k),r_{\tau_k}) - EV(x(\tau_k^-),r_{\tau_k^-}) = E[x^{\mathrm{T}}(\tau_k^-)(C_k^{\mathrm{T}}P(i)C_k - P(i))x(\tau_k^-)]$$
$$\leqslant 0,$$

也就是

$$E\{V(x(\tau_k),r_{\tau_k})\} \leqslant E\{V(x(\tau_k^-),r_{\tau_k^-})\}, \ k=1,2,\cdots. \qquad (6.3.91)$$

所以

$$E\{V(x(t),i)\} \leqslant E\{V(x(\tau_k^-),r_{\tau_k^-})\} - \lambda E\left\{\int_{\tau_k}^t \|x(s)\|^2\,ds|_{(x_0,r_0)}\right\}$$
$$\leqslant E\{V(x(\tau_{k-1}),r_{\tau_{k-1}})\} - \lambda E\left\{\int_{\tau_{k-1}}^t \|x(s)\|^2\,ds|_{(x_0,r_0)}\right\}$$
$$\leqslant E\{V(x(\tau_{k-1}^-),r_{\tau_{k-1}^-})\} - \lambda E\left\{\int_{\tau_{k-1}}^t \|x(s)\|^2\,ds|_{(x_0,r_0)}\right\}$$
$$\vdots$$
$$\leqslant E\{V(x(\tau_0),r_{\tau_0})\} - \lambda E\left\{\int_{\tau_0}^t \|x(s)\|^2\,ds|_{(x_0,r_0)}\right\}.$$

这样对一切 $t \geqslant 0$, 都有

$$\lambda E\left\{\int_0^t \|x(s)\|^2\,ds|_{(x_0,r_0)}\right\} \leqslant E\{V(x(\tau_0),r_{\tau_0})\} - E\{V(x(t),i)\}$$
$$\leqslant V(x_0,r_0).$$

故系统是随机稳定的.　　　　　　　　　　　　　　　　　　　　　　　　　　　■

以下考虑在脉冲控制 u_2 下, 随机非线性 Markovian 切换系统的输出反馈镇定. 即设计形如式 (6.3.82) 的输出反馈控制器镇定系统 (6.3.81). 下面的定理给出了结果.

定理 6.3.12　如果存在对称正定矩阵 $X = (X(1),\cdots,X(N)) > 0$, 矩阵 $Y = (Y(1),\cdots,Y(N))$ 和正常数 $\eta > 0$, 满足下列条件:

$$\bar{P} = \begin{bmatrix} J_1(i) & X(i) & X(i)W^{\mathrm{T}}(i) & \Gamma_i(X) \\ X(i) & -\dfrac{\eta}{\alpha(i)}I & 0 & 0 \\ W(i)X(i) & 0 & -X(i) & 0 \\ \Gamma_i^{\mathrm{T}}(X) & 0 & 0 & \Xi_i(X) \end{bmatrix} < 0, \tag{6.3.92}$$

$$\begin{bmatrix} -X(i) & X(i)C_k^{\mathrm{T}} \\ C_k X(i) & -X(i) \end{bmatrix} \leqslant 0, \tag{6.3.93}$$

$$Y(i)L(i) = L(i)X(i), \tag{6.3.94}$$

其中

$$J_1(i) = A(i)X(i) + X(i)A^{\mathrm{T}}(i) + B(i)Z(i)L(i)$$
$$+ L^{\mathrm{T}}(i)Z^{\mathrm{T}}(i)B^{\mathrm{T}}(i) + \gamma_{ii}X(i) + \eta I,$$

$$\Gamma_i(X) = [\sqrt{\gamma_{i1}}X(i) \cdots \sqrt{\gamma_{ii-1}}X(i)\sqrt{\gamma_{ii+1}}X(i) \cdots \sqrt{\gamma_{iN}}X(i)],$$

$$\Xi_i(X) = \mathrm{diag}\{X(1), \cdots, X(i-1), X(i+1), \cdots, X(N)\}.$$

则在脉冲控制 u_2 下, 增益为 $K(i) = Z(i)Y^{-1}(i), i \in S$ 的控制器 (6.3.82) 随机镇定系统 (6.3.79).

证明   把式 (6.3.80) 和式 (6.3.82) 代入系统 (6.3.79) 得到如下闭环系统:

$$\begin{cases} \mathrm{d}x(t) = [\bar{A}(r_t)x(t) + f(x(t), r_t)]\mathrm{d}t + W(r_t)x(t)\mathrm{d}\omega_t, & t \neq \tau_k, \\ x(\tau_k) = C_k x(\tau_k^-), & t = \tau_k, \ k = 1, 2, \cdots, \\ x(0) = x_0, \\ y(t) = L(r_t)x(t), \end{cases} \tag{6.3.95}$$

其中 $\bar{A}(r_t) = A(r_t) + B(r_t)K(r_t)L(r_t)$.

根据定理可知, 对每一 $i \in S$, 如果存在对称正定矩阵 $P = (P(1), \cdots, P(N)) > 0$、矩阵 $C_k, k = 1, 2, \cdots$ 和正常数 $\varepsilon > 0$, 使得下面条件成立:

$$\begin{bmatrix} \bar{J}(i) & P(i) \\ P(i) & -\varepsilon I \end{bmatrix} < 0, \tag{6.3.96}$$

$$C_k^{\mathrm{T}}P(i)C_k - P(i) \leqslant 0, \tag{6.3.97}$$

其中 $\bar{J}(i) = P(i)\bar{A}(i) + \bar{A}^{\mathrm{T}}(i)P(i) + \varepsilon\alpha(i)I + W^{\mathrm{T}}(i)P(i)W(i) + \sum\limits_{j=1}^{N}\gamma_{ij}P(i)$, 则符合式 (6.3.82) 的控制器 (6.3.80) 镇定系统 (6.3.79).

由 Schur 补知道, 式 (6.3.96) 等价于

$$
P(i)\bar{A}(i) + \bar{A}^{\mathrm{T}}(i)P(i) + \varepsilon\alpha(i)I + W^{\mathrm{T}}(i)P(i)W(i)
$$
$$
+ \sum_{j=1}^{N}\gamma_{ij}P(i) + \varepsilon^{-1}P^2(i) < 0,
$$

令 $X(i) = P^{-1}(i), i \in S$, 并用 $X(i)$ 左乘和右乘上面不等式的两边, 再记 $K(i) = Z(i)Y^{-1}(i)$, $Y(i)L(i) = L(i)X(i)$ 以及 $\eta = \varepsilon^{-1}$, 可以得到

$$
J_1(i) + \eta^{-1}\alpha(i)X(i)X(i) + X(i)W^{\mathrm{T}}(i)X^{-1}(i)W(i)X(i)
$$
$$
+ X(i)\left[\sum_{j\neq i}\gamma_{ij}X^{-1}(j)\right]X(i) < 0, \tag{6.3.98}
$$

再由 Schur 补, 知式 (6.3.98) 等价于式 (6.3.92). 注意到 $X(i) = P^{-1}(i)$, 又知式 (6.3.97) 等价于式 (6.3.93), 这样就得到所要的结果. ∎

在此部分给出一个数值例子, 展示所提出的方法的有效性.

考虑一个两模态的系统 (6.3.79), 假设其参数如下:

• 模态 1:

$$
A(1) = \begin{bmatrix} 0 & -1 & 1 \\ -1 & 3 & 0 \\ 0 & 0 & 0 \end{bmatrix}, \quad B(1) = \begin{bmatrix} 0 & 0.2 \\ 1 & 0 \\ -0.1 & 1 \end{bmatrix},
$$

$$
W(1) = \begin{bmatrix} 0.5 & 1 & 0.1 \\ 0.1 & 0 & 1 \\ 0 & 0 & 0.1 \end{bmatrix}, \quad L(1) = \begin{bmatrix} 1 & 0 & 1 \\ 0.3 & 1 & 0 \end{bmatrix};
$$

• 模态 2:

$$
A(2) = \begin{bmatrix} 0 & 1.2 & 1.4 \\ -1 & -3 & 0 \\ 0 & 0 & 0 \end{bmatrix}, \quad B(2) = \begin{bmatrix} 0 & -0.2 \\ 1.2 & 0 \\ 0.1 & 1 \end{bmatrix},
$$

$$
W(2) = \begin{bmatrix} 0.2 & 0 & 0.1 \\ 1 & 0.1 & 0.1 \\ 0.1 & 0.1 & 0.1 \end{bmatrix}, \quad L(2) = \begin{bmatrix} 1 & 0 & 1 \\ 0.1 & 1 & 0 \end{bmatrix}.
$$

模态之间的切换为 $\Gamma = \begin{bmatrix} -2 & 2 \\ 1 & -1 \end{bmatrix}$,

取 $C_1 = C_2 = \cdots = \begin{bmatrix} 0.9 & 0 & 0.1 \\ -0.1 & 0.9 & 0 \\ 0 & 0.1 & 0.8 \end{bmatrix}$.

根据这套数据, 定理 6.3.12 中式 (6.3.92) ~ 式 (6.3.94) 的解如下:

$$X(1) = \begin{bmatrix} 0.6890 & -0.0060 & -0.2866 \\ -0.0060 & 1.5168 & -0.3960 \\ -0.2866 & -0.3960 & 1.5967 \end{bmatrix},$$

$$X(2) = \begin{bmatrix} 1.0003 & -0.4517 & -0.7529 \\ -0.4517 & 4.0267 & -0.1368 \\ -0.7529 & -0.1368 & 2.3668 \end{bmatrix},$$

$$Y(1) = \begin{bmatrix} 0.9335 & -0.5150 \\ -0.3728 & 1.5477 \end{bmatrix},$$

$$Y(2) = \begin{bmatrix} 0.9633 & -0.6536 \\ -0.4796 & 3.9548 \end{bmatrix},$$

$$\eta = 0.5186.$$

相应的控制器增益是

$$K(1) = \begin{bmatrix} 3.7061 & 1.2332 \\ 0.8927 & 2.2354 \end{bmatrix}, \qquad K(2) = \begin{bmatrix} 4.5247 & 0.7477 \\ 0.5487 & 1.1021 \end{bmatrix}.$$

根据定理 6.3.12, 在脉冲控制下, 增益为 $K(1)$ 与 $K(2)$ 的控制器 (6.3.82) 能随机镇定系统 (6.3.79). (本例中参数 $\alpha(i), i = 1, 2$ 取值为 $\alpha(1) = \alpha(2) = 0.1$.)

本节部分内容由文献 [73], [76] 改写而成.

第7章　离散脉冲系统的控制问题

7.1　离散脉冲线性系统的 H_∞ 滤波和 H_∞ 输出反馈镇定问题

7.1.1　离散线性脉冲系统的 H_∞ 输出反馈镇定问题

考虑如下离散线性脉冲控制系统

$$\Sigma : \begin{cases} x(k+1) = Ax(k) + B_\omega\omega(k) + B_u u(k), & k \in \mathbf{Z},\ k \neq \tau_j, \\ x(\tau_j^+) = x(\tau_j + 1) = Gx(\tau_j), & \tau_j \in \mathbf{Z},\ j \in \mathbf{Z}^+, \\ z(k) = C_z x(k) + D_{z\omega}\omega(k) + D_{zu}u(k), \\ y(k) = C_y x(k), \end{cases} \tag{7.1.1}$$

其中 $x \in \mathbf{R}^{n_x}$ 是状态向量, $u \in \mathbf{R}^{n_u}$ 是控制输入向量, $\omega \in \mathbf{R}^\omega$ 是扰动输入向量, $y \in \mathbf{R}^{n_y}$ 是测量输出向量, $z \in \mathbf{R}^{n_z}$ 是控制输出向量, $\Omega =: \{\tau_1, \tau_2, \cdots, : \tau_1 < \tau_2 < \cdots\} \subset \mathbf{Z}$ 为脉冲点的集合, 当 $j \to +\infty$ 时, $\tau_j \to +\infty$, 并且假设 $\tau_0 = k_0, x(\tau_0) = x(k_0) = 0$.

对于以上系统考虑一类输出反馈控制器

$$\Sigma_c : \begin{cases} x_c(k+1) = A_c x_c(k) + B_c y(k), & k \in \mathbf{Z},\ k \neq \tau_j, \\ x_c(\tau_j + 1) = G_c x_c(\tau_j), & \tau_j \in \mathbf{Z},\ j \in \mathbf{Z}^+, \\ u(k) = C_c x_c(k) + D_c y(k), \end{cases} \tag{7.1.2}$$

其中 $x_c \in \mathbf{R}^{n_c}$ 是控制状态向量, n_c 是预先给定的控制器的维数, 如果 $n_c = 0$, 则 Σ_c 为一静态输出反馈控制器. Σ_c 的系统矩阵 $K_{A_cB_c}, K_{C_cD_c}, K_{G_cH_c}$ 定义如下:

$$K_{A_cB_c} = \begin{bmatrix} A_c & B_c \\ 0 & 0 \end{bmatrix}, \quad K_{C_cD_c} = \begin{bmatrix} 0 & 0 \\ C_c & D_c \end{bmatrix}, \quad K_{G_cH_c} = \begin{bmatrix} G_c & H_c \\ 0 & 0 \end{bmatrix}.$$

将此控制器代入原系统则可以得到闭环系统

$$\Sigma_{cl} : \begin{cases} x_{cl}(k+1) = A_{cl}x_{cl}(k) + B_{cl}\omega(k), & k \in \mathbf{Z},\ k \neq \tau_j, \\ x_{cl}(\tau_j + 1) = G_{cl}x_{cl}(\tau_j) + H_{cl}\omega(k), & \tau_j \in \mathbf{Z},\ j \in \mathbf{Z}^+, \\ z(k) = C_{cl}x_{cl}(k) + D_{cl}\omega(k), \end{cases}$$

其中 $x_{cl}(k) = [x^{\mathrm{T}} \quad x_c^{\mathrm{T}}]^{\mathrm{T}}$, 系数矩阵 $A_{cl}, B_{cl}, G_{cl}, H_{cl}$ 由下面的等式给出:

$$
\begin{bmatrix} A_{cl} & B_{cl} \\ C_{cl} & D_{cl} \end{bmatrix} = \left[\begin{array}{cc|c} A & 0 & B_\omega \\ 0 & 0 & 0 \\ \hline C_z & 0 & D_{z\omega} \end{array} \right] + \left[\begin{array}{cc} 0 & B_u \\ I_{n_c} & 0 \\ \hline 0 & D_{z\omega} \end{array} \right] (K_{A_c B_c} + K_{C_c D_c}) \begin{bmatrix} 0 & I_{n_c} \\ C_y & 0 \end{bmatrix}
$$

$$
=: \begin{bmatrix} \widehat{A} & \widehat{B_\omega} \\ \widehat{C_z} & D_{z\omega} \end{bmatrix} + \begin{bmatrix} \widehat{B_u} \\ \widehat{D_{z\omega}} \end{bmatrix} (K_{A_c B_c} + K_{C_c D_c})(\widehat{C_y}).
$$

$$(7.1.3)$$

$$
\begin{bmatrix} G_{cl} & H_{cl} \\ C_{cl} & D_{cl} \end{bmatrix} = \left[\begin{array}{cc|c} G & 0 & 0 \\ 0 & 0 & 0 \\ \hline C_z & 0 & D_{z\omega} \end{array} \right] + \left[\begin{array}{cc} 0 & 0 \\ I_{n_c} & 0 \\ \hline 0 & D_{z\omega} \end{array} \right] (K_{G_c H_c} + K_{C_c D_c}) \begin{bmatrix} 0 & I_{n_c} \\ C_y & 0 \end{bmatrix}
$$

$$
=: \begin{bmatrix} \widehat{G} & 0 \\ \widehat{C_z} & D_{z\omega} \end{bmatrix} + \begin{bmatrix} \widehat{H_u} \\ \widehat{D_{z\omega}} \end{bmatrix} (K_{G_c H_c} + K_{C_c D_c})(\widehat{C_y}).
$$

$$(7.1.4)$$

H_∞ 输出反馈镇定问题: 假设 $\omega \in \ell_2[0, +\infty)$, 对于一个给定的 γ, 设计一个输出反馈控制器 Σ_c, 使得在非零初态 $x(k_0)$ 下, 对于所有非零的 $\omega \in \ell_2[0, +\infty)$, 都有

$$\|z\|_2 \leqslant \|\omega\|_2,$$

其中 $\|f\|_2 = \left(\sum\limits_{i=0}^{+\infty} \|f_k\|^2 \right)^{1/2}$, $\|f_k\| = \sqrt{f_k^{\mathrm{T}} f_k}$, $f^{\mathrm{T}} = (f_1^{\mathrm{T}}, \ f_2^{\mathrm{T}}, \cdots, f_k^{\mathrm{T}}, \cdots)$.

首先, 我们给出一般离散线性脉冲系统的稳定性定理, 为此考虑如下离散线性脉冲系统:

$$
\begin{cases} x(k+1) = Ax(k), & k \in \mathbf{Z}, \ k \neq \tau_j, \\ \triangle x(\tau_j) = x(\tau_j + 1) - x(\tau_j) = Fx(\tau_j), & \tau_j \in \mathbf{Z}, \ j \in \mathbf{Z}^+, \end{cases}
$$

$$(7.1.5)$$

设 $G = I + F$, 第二个表达式也可表示为 $x(\tau_j + 1) = Gx(\tau_j), \tau_j \in \mathbf{Z}, j \in \mathbf{Z}^+$, 其中 A, G 为常数实矩阵.

引理 7.1.1[107] 如果存在一个正定矩阵 P 满足 $A^{\mathrm{T}} PA - P < 0$ 和 $G^{\mathrm{T}} PG - P < 0$, 那么系统 (7.1.5) 渐近稳定.

引理 7.1.2(Schur 引理) 考虑实对称矩阵 $S \in \mathbf{R}^{n \times n}$, 并将 S 进行分块:

$$
S = \begin{bmatrix} S_{11} & S_{12} \\ S_{12}^{\mathrm{T}} & S_{22} \end{bmatrix},
$$

其中 S_{11} 是 $r \times r$ 阶的, 假定 S_{11}, S_{12} 是非奇异的, 则以下三个条件是等价的:

(i) $S < 0$;

(ii) $S_{11} < 0, S_{22} - S_{12}^{\mathrm{T}} S_{11}^{-1} S_{12} < 0$;

(iii) $S_{22} < 0, S_{11} - S_{12} S_{22}^{-1} S_{12}^{\mathrm{T}} < 0$.

引理 7.1.3　闭环系统 Σ_{cl} 渐近稳定并且其 H_∞ 模小于 γ, 即 $\|z\|_2/\|\omega\|_2 \leqslant \gamma$, 如果存在一个正定矩阵 $P \in \mathbf{R}^{(n_x+n_c)\times(n_x+n_c)}$ 和控制系统矩阵 $K_{A_cB_c}, K_{C_cD_c}, K_{G_cH_c}$ 满足以下不等式组

$$\begin{bmatrix} -P & 0 & * & * \\ 0 & -\gamma^2 I_{n_\omega} & * & * \\ PA_{cl} & PB_{cl} & -P & * \\ C_{cl} & D_{cl} & 0 & -I_{n_z} \end{bmatrix} < 0, \tag{7.1.6}$$

$$\begin{bmatrix} -P & 0 & * & * \\ 0 & -\gamma^2 I_{n_\omega} & * & * \\ PG_{cl} & PH_{cl} & -P & * \\ C_{cl} & D_{cl} & 0 & -I_{n_z} \end{bmatrix} < 0. \tag{7.1.7}$$

证明　由引理 7.1.2 不难看出, 式 (7.1.6) 和式 (7.1.7) 意味着

$$\begin{bmatrix} P & 0 \\ 0 & \gamma^2 I_{n_\omega} \end{bmatrix} > \begin{bmatrix} A_{cl} & B_{cl} \\ C_{cl} & D_{cl} \end{bmatrix}^{\mathrm{T}} \begin{bmatrix} P & 0 \\ 0 & I_{n_c} \end{bmatrix} \begin{bmatrix} A_{cl} & B_{cl} \\ C_{cl} & D_{cl} \end{bmatrix}, \tag{7.1.8}$$

$$\begin{bmatrix} P & 0 \\ 0 & \gamma^2 I_{n_\omega} \end{bmatrix} > \begin{bmatrix} G_{cl} & H_{cl} \\ C_{cl} & D_{cl} \end{bmatrix}^{\mathrm{T}} \begin{bmatrix} P & 0 \\ 0 & I_{n_c} \end{bmatrix} \begin{bmatrix} G_{cl} & H_{cl} \\ C_{cl} & D_{cl} \end{bmatrix}. \tag{7.1.9}$$

因此, 存在一个适当的常数 $\varepsilon, 0 < \varepsilon < 1$, 使得以下不等式组成立

$$\begin{bmatrix} P & 0 \\ 0 & (1-\varepsilon)\gamma^2 I_{n_\omega} \end{bmatrix} > \begin{bmatrix} A_{cl} & B_{cl} \\ C_{cl} & D_{cl} \end{bmatrix}^{\mathrm{T}} \begin{bmatrix} P & 0 \\ 0 & I_{n_c} \end{bmatrix} \begin{bmatrix} G_{cl} & H_{cl} \\ C_{cl} & D_{cl} \end{bmatrix}, \tag{7.1.10}$$

$$\begin{bmatrix} P & 0 \\ 0 & (1-\varepsilon)\gamma^2 I_{n_\omega} \end{bmatrix} > \begin{bmatrix} G_{cl} & H_{cl} \\ C_{cl} & D_{cl} \end{bmatrix}^{\mathrm{T}} \begin{bmatrix} P & 0 \\ 0 & I_{n_c} \end{bmatrix} \begin{bmatrix} G_{cl} & H_{cl} \\ C_{cl} & D_{cl} \end{bmatrix}. \tag{7.1.11}$$

由式 (7.1.10) 和式 (7.1.11) 有

$$P > A_{cl}^{\mathrm{T}} PA_{cl}, \quad P > G_{cl}^{\mathrm{T}} PG_{cl}.$$

根据引理 7.1.1 的结论, 当 $\omega(k) = 0$ 时, 闭环系统 Σ_{cl} 是渐近稳定的.

下面证明 $\|z\|_2/\|\omega\|_2 \leqslant \gamma$.

令

$$J(k) = \|z(k)\|^2 - (1-\varepsilon)\gamma^2\|\omega(k)\|^2.$$

对于任意的 $k \neq \tau_j$, $j \in \mathbf{Z}^+$, 有

$$
\begin{aligned}
J(k) &= [\|z(k)\|^2 - (1-\varepsilon)\gamma^2\|\omega(k)\|^2 + \Delta V(k)] - \Delta V(k)\\
&= \{[C_{cl}x_{cl}(k) + D_{cl}\omega(k)]^{\mathrm{T}}[C_{cl}x_{cl}(k) + D_{cl}\omega(k)]\\
&\quad + [A_{cl}x_{cl}(k) + B_{cl}\omega(k)]^{\mathrm{T}}P[A_{cl}x_{cl}(k) + B_{cl}\omega(k)]\\
&\quad - (1-\varepsilon)\gamma^2\omega(k)^{\mathrm{T}}\omega(k) - x_{cl}^{\mathrm{T}}(k)Px_{cl}(k)\} - \Delta V(k)\\
&= \begin{pmatrix} x_{cl}(k) \\ \omega(k) \end{pmatrix}^{\mathrm{T}} [(C_{cl}\ \ D_{cl})^{\mathrm{T}}(C_{cl}\ \ D_{cl}) - \begin{pmatrix} P & 0 \\ 0 & (1-\varepsilon)\gamma^2 I_{n_\omega} \end{pmatrix}\\
&\quad + (A_{cl}\ \ B_{cl})^{\mathrm{T}}(A_{cl}\ \ B_{cl})] \begin{pmatrix} x_{cl}(k) \\ \omega(k) \end{pmatrix} - \Delta V(k)\\
&= \begin{pmatrix} x_{cl}(k) \\ \omega(k) \end{pmatrix}^{\mathrm{T}} \left\{ \begin{pmatrix} A_{cl} & B_{cl} \\ C_{cl} & D_{cl} \end{pmatrix}^{\mathrm{T}} \begin{pmatrix} P & 0 \\ 0 & I_{n_z} \end{pmatrix} \begin{pmatrix} A_{cl} & B_{cl} \\ C_{cl} & D_{cl} \end{pmatrix} \right.\\
&\quad \left. - \begin{pmatrix} P & 0 \\ 0 & (1-\varepsilon)\gamma^2 I_{n_\omega} \end{pmatrix} \right\} - \Delta V(k).
\end{aligned}
$$

对于任意的 $k = \tau_j$, $j \in \mathbf{Z}^+$, 有

$$
\begin{aligned}
J(\tau_j) &= \begin{pmatrix} x_{cl}(\tau_j) \\ \omega(\tau_j) \end{pmatrix}^{\mathrm{T}} \left\{ \begin{pmatrix} G_{cl} & H_{cl} \\ C_{cl} & D_{cl} \end{pmatrix}^{\mathrm{T}} \begin{pmatrix} P & 0 \\ 0 & I_{n_z} \end{pmatrix} \begin{pmatrix} G_{cl} & H_{cl} \\ C_{cl} & D_{cl} \end{pmatrix} \right.\\
&\quad \left. - \begin{pmatrix} P & 0 \\ 0 & (1-\varepsilon)\gamma^2 I_{n_\omega} \end{pmatrix} \right\} \begin{pmatrix} x_{cl}(\tau_j) \\ \omega(\tau_j) \end{pmatrix} - \Delta V(\tau_j). \quad (7.1.12)
\end{aligned}
$$

因此, 由不等式 (7.1.10) 和不等式 (7.1.11), 对任意的 $k \in \mathbf{Z}$, 得到

$$J(k) < -\Delta V(k),$$

即

$$\|z(k)\|^2 < (1-\varepsilon)\gamma^2\|\omega(k)\|^2 - \Delta V(k).$$

于是对于任意的 $n > k_0$,

$$
\begin{aligned}
\sum_{k=k_0}^{n} \|z(k)\|^2 &< (1-\varepsilon)\gamma^2 \sum_{k=k_0}^{n} \|\omega(k)\|^2 - V(n+1)\\
&\leqslant (1-\varepsilon)\gamma^2 \|\omega(k)\|_2^2 - V(n+1).
\end{aligned}
$$

注意到 $V(n+1) > 0$, 有

$$\|z(k)\|_2^2 \leqslant (1-\varepsilon)\gamma^2 \|\omega(k)\|_2^2 \leqslant \gamma^2 \|\omega(k)\|_2^2. \quad \blacksquare$$

下面给出主要结论.

定理 7.1.1   假设 C_y 是一个行满秩矩阵. 对于给定的 γ, 如果存在以下问题 1 的解 $(\bar{Q}, \bar{Z}_1, \bar{Z}_2, Y_{11}, Y_{12}, Y_{13}, \gamma)$, 系统可以被输出反馈控制器 Σ_c 镇定并且与其相对应的闭环系统的 H_∞ 模小于 γ. 此外, 如果解存在, 输出反馈控制器可以如下形式给出

$$K_{A_c B_c} = \begin{pmatrix} Y_{11} & 0 \\ 0 & 0 \end{pmatrix} \bar{Z}_1^{-1}, \quad K_{C_c D_c} = \begin{pmatrix} 0 & 0 \\ 0 & Y_{13} \end{pmatrix} \bar{Z}_1^{-1},$$

$$K_{G_c H_c} = \begin{pmatrix} Y_{12} & 0 \\ 0 & 0 \end{pmatrix} \bar{Z}_1^{-1}.$$

问题 1:

$$\underset{\{\bar{Q}, \bar{Z}_1, \bar{Z}_2, Y_{11}, Y_{12}, Y_{13}, \gamma\}}{\text{Minimize}} \gamma,$$

满足

$$\begin{bmatrix} Q - \bar{Z} - \bar{Z}^{\mathrm{T}} & * & * & * \\ 0 & -\gamma^2 I_{n_\omega} & * & * \\ \bar{A}\bar{Z} + \bar{B}_u Y_1 & \bar{B}_\omega & -\bar{Q} & * \\ \bar{C}_z \bar{Z} + \hat{D}_{zu} Y_1 & D_{z\omega} & 0 & -I_{n_z} \end{bmatrix} < 0, \quad (7.1.13)$$

$$\begin{bmatrix} Q - \bar{Z} - \bar{Z}^{\mathrm{T}} & * & * & * \\ 0 & -\gamma^2 I_{n_\omega} & * & * \\ \bar{G}\bar{Z} & 0 & -\bar{Q} & * \\ \bar{C}_z \bar{Z} + \hat{D}_{zu} Y_2 & D_{z\omega} & 0 & -I_{n_z} \end{bmatrix} < 0, \quad (7.1.14)$$

其中 $\bar{A} = T_y \hat{A} T_y^{-1}$, $\bar{G} = T_y \hat{G} T_y^{-1}$, $\bar{B}_\omega = T_y \hat{B}_\omega$, $\bar{B}_u = T_y \hat{B}_u$, $\bar{C}_z = \hat{C}_z T_y^{-1}$, T_y 是一个满秩的转换矩阵并满足 $\bar{C}_y = C_y T_y^{-1} = (I_{n_y + n_c}, \ 0)$, $\bar{Z}$, Y_1, Y_2 是分块对角结构的矩阵变量并分别被定义为 $\bar{Z} := \mathrm{diag}(\bar{Z}_1, \bar{Z}_2)$, $Y_1 := [\mathrm{diag}(Y_{11}, \ Y_{13}) \ 0]$, $Y_2 := [\mathrm{diag}(Y_{12}, \ Y_{13}) \ 0]$.

证明   假设问题 1 的一个解 $(\bar{Q}, \bar{Z}_1, \bar{Z}_2, Y_{11}, Y_{12}, Y_{13}, \gamma)$ 存在. 替换式 (7.1.13) 中的 $\bar{A}, \bar{B}_\omega, \bar{B}_u$ 和 $\bar{C}_z$, 并分别左乘和右乘 $\mathrm{diag}(T_y^{-1}, \ I_{n_\omega}, \ T_y^{-1}, \ I_{n_z})$ 和 $\mathrm{diag}(T_y^{-\mathrm{T}}, I_{n_\omega}, \ T_y^{-\mathrm{T}}, \ I_{n_z})$, 于是可得

$$\begin{bmatrix} T_y^{-1}(Q - \bar{Z} - \bar{Z}^{\mathrm{T}})T_y^{-\mathrm{T}} & * & * & * \\ 0 & -\gamma^2 I_{n_\omega} & * & * \\ \hat{A}T_y^{-1}\bar{Z}T_y^{-\mathrm{T}} + \hat{B}_u Y_1 T_y^{-\mathrm{T}} & \hat{B}_\omega & -T_y^{-1}\bar{Q}T_y^{-\mathrm{T}} & * \\ \hat{C}T_y^{-1}\bar{Z}T_y^{-\mathrm{T}} + \hat{D}_{zu}Y_1 T_y^{-\mathrm{T}} & D_{z\omega} & 0 & -I_{n_z} \end{bmatrix} < 0. \quad (7.1.15)$$

定义 $Z := T_y^{-1}\bar{Z}T_y^{-\mathrm{T}}$, $Q := T_y^{-1}\bar{Q}T_y^{-\mathrm{T}}$. 由 $T_y, \bar{Z}, Y_1, Z$ 的定义, 有

$$\begin{aligned} Y_1 T_y^{-\mathrm{T}} &= [\mathrm{diag}(Y_{11},\ Y_{13})\ \ 0]T_y^{-\mathrm{T}} \\ &= (K_{A_c B_c} + K_{C_c D_c})(I_{n_y + n_c}\ \ 0)\mathrm{diag}(\bar{Z}_1,\ \bar{Z}_2)T_y^{-\mathrm{T}} \\ &= (K_{A_c B_c} + K_{C_c D_c})\bar{C}_y \bar{Z} T_y^{-\mathrm{T}} \\ &= (K_{A_c B_c} + K_{C_c D_c})C_y Z. \end{aligned} \quad (7.1.16)$$

因此不等式 (7.1.15) 可以写成

$$\begin{bmatrix} Q - Z - Z^{\mathrm{T}} & * & * & * \\ 0 & -\gamma^2 I_{n_\omega} & * & * \\ \left[\hat{A} + \hat{B}_u(K_{A_c B_c} + K_{C_c D_c})\hat{C}_y\right]Z & \hat{B}_\omega & -Q & * \\ \left[\hat{C}_z + \hat{D}_{zu}(K_{A_c B_c} + K_{C_c D_c})\hat{C}_y\right]Z & D_{z\omega} & 0 & -I_{n_z} \end{bmatrix} < 0. \quad (7.1.17)$$

根据式 (7.1.3), $A_{cl} = \hat{A} + \hat{B}_u(K_{A_c B_c} + K_{C_c D_c})\hat{C}_y$, $B_{cl} = \hat{B}_\omega$, $C_{cl} = \hat{C}_z + \hat{D}_{zu}(K_{A_c B_c} + K_{C_c D_c})\hat{C}_y$, $D_{cl} = D_{z\omega}$. 分别以 $\mathrm{diag}(Z^{-\mathrm{T}}, I_{n_\omega}, I_{n_x}, I_{n_z})$ 和 $\mathrm{diag}(Z^{-1}, I_{n_\omega}, I_{n_x}, I_{n_z})$ 左乘和右乘不等式 (7.1.17), 得到

$$\begin{bmatrix} Z^{-\mathrm{T}}QZ^{-1} - Z^{-\mathrm{T}} - Z^{-1} & 0 & * & * \\ 0 & -\gamma^2 I_{n_\omega} & * & * \\ A_{cl}Z & B_{cl} & -Q & * \\ C_{cl}Z & D_{cl} & 0 & -I_{n_z} \end{bmatrix} < 0. \quad (7.1.18)$$

由 $(Z^{-1} - Q^{-1})^{\mathrm{T}}Q(Z^{-1} - Q^{-1}) \geqslant 0$ 得 $Z^{-\mathrm{T}}QZ^{-1} - Z^{-\mathrm{T}} - Z^{-1} \geqslant Q^{-1}$, 因此有

$$\begin{bmatrix} -Q^{-1} & 0 & * & * \\ 0 & -\gamma^2 I_{n_\omega} & * & * \\ A_{cl} & B_{cl} & -Q & * \\ C_{cl} & D_{cl} & 0 & -I_{n_z} \end{bmatrix} < 0. \quad (7.1.19)$$

分别以 $\mathrm{diag}(I_{n_x}, I_{n_\omega}, Q^{-1}, I_{n_z})$ 和 $\mathrm{diag}(I_{n_x}, I_{n_\omega}, Q^{-1}, I_{n_z})$ 左乘和右乘式 (7.1.19), 并通过定义 $P := Q^{-1}$, 得到式 (7.1.6). 同样, 式 (7.1.7) 也可以使用相同的办法得到. ∎

如果控制器的秩 $n_c = 0$, 即 Σ_c 为一静态输出反馈控制器, 那么 Σ_c 可以写成

$$u(k) = K_s y(k), \quad K_s \in \mathbf{R}^{p \times q}, \tag{7.1.20}$$

把条件 (7.1.13) 和条件 (7.1.14) 运用在带有式 (7.1.20) 的控制器的系统, 得到如下推论.

推论7.1.1　假设 C_y 是一个行满秩矩阵. 对于给定的 γ, 如果存在以下问题 2 的解 $(\bar{Q}, \bar{Z}_1, \bar{Z}_2, Y_1, \gamma)$, 系统 Σ 可以被输出反馈控制器 (7.1.20) 镇定并且与其相对应的闭环系统的 H_∞ 模小于 γ. 此外, 如果解存在, H_∞ 输出反馈控制器可以表示为

$$K_s = Y_1 \bar{Z}_1^{-1}.$$

问题 2:

$$\underset{\{\bar{Q}, \bar{Z}_1, \bar{Z}_2, Y_1, \gamma\}}{\text{Minimize}} \gamma$$

满足

$$\begin{bmatrix} \bar{Q} - \bar{Z} - \bar{Z}^{\mathrm{T}} & * & * & * \\ 0 & -\gamma^2 I_{n_\omega} & * & * \\ \bar{A}\bar{Z} + \bar{B}_u Y & \bar{B}_\omega & -\bar{Q} & * \\ \bar{C}_z \bar{Z} + D_{zu} Y & D_{z\omega} & 0 & -I_{n_z} \end{bmatrix} < 0, \tag{7.1.21}$$

$$\begin{bmatrix} \bar{Q} - \bar{Z} - \bar{Z}^{\mathrm{T}} & * & * & * \\ 0 & -\gamma^2 I_{n_\omega} & * & * \\ \bar{G}\bar{Z} & 0 & -\bar{Q} & * \\ \bar{C}_z \bar{Z} + D_{zu} Y & D_{z\omega} & 0 & -I_{n_z} \end{bmatrix} < 0, \tag{7.1.22}$$

其中 $\bar{A} = T_y A T_y^{-1}$, $\bar{G} = T_y G T_y^{-1}$, $\bar{B}_\omega = T_y B_\omega$, $\bar{B}_u = T_y B_u$, $\bar{C}_z = C_z T_y^{-1}$, T_y 是一个满秩的转换矩阵并满足 $\bar{C}_y = C_y T_y^{-1} = (I_{n_y}, \ 0)$, $\bar{Z}$ 是一个分块对角结构的矩阵变量并分别被定义为 $\bar{Z} := \text{diag}(\bar{Z}_1, \ \bar{Z}_2)$, $Y := (Y_1 \ 0)$.

下面, 将上述镇定方法应用于两个典型的脉冲系统的输出反馈控制问题, 即分散 H_∞ 输出反馈控制和同步 H_∞ 输出反馈控制.

1. 分散 H_∞ 输出反馈控制

考虑如下具有 r 个控制代理的离散脉冲大规模系统

$$\Sigma_d : \begin{cases} x(k+1) = Ax(k) + B_\omega \omega(k) + \displaystyle\sum_{i=1}^{r} B_{u_i} u_i(k), \quad k \in \mathbf{Z}, \ k \neq \tau_j, \\[2mm] x(\tau_j^+) = x(\tau_j + 1) = Gx(\tau_j), \ \tau_j \in \mathbf{Z}, \ j \in \mathbf{Z}^+, \\[2mm] z(k) = C_z x(k) + D_{z\omega}\omega(k) + \displaystyle\sum_{i=1}^{r} D_{zu_i} u_i(k), \\[2mm] y_i(k) = C_{y_i} x(k) \quad \forall i = 1, \cdots, r. \end{cases}$$

其中 Σ_d 由相互连通的子系统构成, y_i 是对应第 i 个控制器的观测. 分散镇定问题即为设计一个分散控制器使得受控的闭环大规模系统 Σ_d 稳定. 对于系统 Σ_d, 考虑如下的分散 H_∞ 输出反馈控制器设计问题:

$$u_i(k) = K_i y_i(k), \quad \forall i = 1, \cdots, r, \tag{7.1.23}$$

其中 $K_i \in \mathbf{R}^{p_i \times q_i}, \ \forall i = 1, \cdots, r.$ 定义 B_u, D_{zu}, C_y 分别为 $B_u := (B_{u_1} \ \cdots \ B_{u_r})$, $D_{zu} := (D_{zu_1} \ \cdots \ D_{zu_r}), C_y := (C_{y_1}^{\mathrm{T}} \ \cdots \ C_{y_r}^{\mathrm{T}})$ 且有 $n_y = \displaystyle\sum_{i=1}^{r} q_i.$ 对系统 Σ_d 应用条件 (7.1.21) 和条件 (7.1.22) 以及控制器 (7.1.23) 可得如下推论.

推论7.1.2 假设 C_y 是行满秩矩阵. 对于给定的 γ, 如果存在以下问题 3 的解 $(\bar{Q}, \bar{Z}_{11}, \bar{Z}_{12}, \cdots, \bar{Z}_{1r}, \bar{Z}_2, Y_1, Y_2, \cdots, Y_r, \gamma)$, 则系统 Σ_d 可以被分散输出反馈控制器 (7.1.23) 镇定并且其相对应的闭环系统 H_∞ 模小于 γ. 此外, 如果解存在, H_∞ 输出反馈控制器可由下式给出:

$$K_1 = Y_1 \bar{Z}_{11}^{-1}, \ K_2 = Y_2 \bar{Z}_{12}^{-1}, \cdots, \ K_r = Y_r \bar{Z}_{1r}^{-1}.$$

问题 3:

$$\underset{\{\bar{Q}, \bar{Z}_{11}, \bar{Z}_{12}, \cdots, \bar{Z}_{1r}, \bar{Z}_2, Y_1, Y_2, \cdots, Y_r, \gamma\}}{\text{Minimize}} \gamma$$

满足

$$\begin{bmatrix} \bar{Q} - \bar{Z}_d - \bar{Z}_d^{\mathrm{T}} & * & * & * \\ 0 & -\gamma^2 I_{n_\omega} & * & * \\ \bar{A}\bar{Z}_d + \bar{B}_u Y_d & \bar{B}_\omega & -\bar{Q} & * \\ \bar{C}_z \bar{Z}_d + D_{zu} Y_d & D_{z\omega} & 0 & -I_{n_z} \end{bmatrix} < 0, \tag{7.1.24}$$

$$\begin{bmatrix} \bar{Q} - \bar{Z}_d - \bar{Z}_d^{\mathrm{T}} & * & * & * \\ 0 & -\gamma^2 I_{n_\omega} & * & * \\ \bar{G}\bar{Z}_d & 0 & -\bar{Q} & * \\ \bar{C}_z \bar{Z}_d + D_{zu} Y_d & D_{z\omega} & 0 & -I_{n_z} \end{bmatrix} < 0, \tag{7.1.25}$$

其中 $\bar{A} = T_y A T_y^{-1}$, $\bar{G} = T_y G T_y^{-1}$, $\bar{B}_\omega = T_y B_\omega$, $\bar{B}_u = T_y B_u$, $\bar{C}_z = C_z T_y^{-1}$, T_y 是一个满秩的转换矩阵并满足 $\bar{C}_y = C_y T_y^{-1} = (I_{n_y} \quad 0)$, $\bar{Z}_d$ 是一个分块对角结构的矩阵变量并分别被定义为 $\bar{Z}_d := \mathrm{diag}(\bar{Z}_{11}, \bar{Z}_{12}, \cdots, \bar{Z}_{1r}, \bar{Z}_2)$, $Y := [\mathrm{diag}(Y_1, Y_2, \cdots, Y_r) \quad 0]$.

2. 同步 H_∞ 输出反馈控制

考虑如下脉冲系统集合

$$\Sigma_i : \begin{cases} x_i(k+1) = A_i x_i(k) + B_{\omega_i} \omega_i(k) + B_{u_i} u_i(k), & k \in \mathbf{Z}, \ k \neq \tau_j, \\ x_i(\tau_j^+) = x_i(\tau_j + 1) = G_i x_i(\tau_j), \ \tau_j \in \mathbf{Z}, \ j \in \mathbf{Z}^+, \\ z_i(k) = C_{z_i} x_i(k) + D_{z\omega_i} \omega_i(k) + D_{zu_i} u_i(k), \\ y_i(k) = C_{yi} x(k), \ \forall i = 1, \cdots, r. \end{cases}$$

同步镇定问题即为设计单个控制器可以同时镇定有限个系统 Σ_i, 如由不同的操作模式组成的或者由不同的操作线性化得到的一组系统. 对于系统 Σ_i, 考虑如下的 H_∞ 输出反馈控制器:

$$u_i(k) = K y_i(k), \quad \forall i = 1, \cdots, r, \tag{7.1.26}$$

对系统 Σ_i 应用条件 (7.1.21) 和条件 (7.1.22) 及控制器 (7.1.26) 可得如下推论.

推论7.1.3　假设 C_{y_i} 是行满秩矩阵. 对于给定的 γ_i, 如果存在以下问题 4 的解 $\{\bar{Q}_i, \bar{Z}_1, \bar{Z}_2, Y_1, \gamma_i\}$, 则系统 Σ_i 可以被同步输出反馈控制器 (7.1.26) 镇定并且其相对应的闭环系统 H_∞ 模小于 γ_i. 此外, 如果解存在, H_∞ 输出反馈控制器可由下式给出:

$$K = Y_1 \bar{Z}_1^{-1}.$$

问题 4:

$$\underset{\{\bar{Q}_i, \bar{Z}_1, \bar{Z}_2, Y_1, \gamma_i\}}{\mathrm{Minimize}} \quad \gamma$$

满足

$$\begin{bmatrix} \bar{Q}_i - \bar{Z} - \bar{Z}^{\mathrm{T}} & * & * & * \\ 0 & -\gamma_i^2 I_{n_\omega} & * & * \\ \bar{A}_i \bar{Z} + \bar{B}_{u_i} Y & \bar{B}_{\omega_i} & -\bar{Q}_i & * \\ \bar{C}_{z_i} \bar{Z} + D_{zu_i} Y & D_{z\omega_i} & 0 & -I_{n_z} \end{bmatrix} < 0, \tag{7.1.27}$$

$$\begin{bmatrix} \bar{Q}_i - \bar{Z} - \bar{Z}^{\mathrm{T}} & * & * & * \\ 0 & -\gamma_i^2 I_{n_\omega} & * & * \\ \bar{G}_i \bar{Z} & 0 & -\bar{Q}_i & * \\ \bar{C}_{z_i} \bar{Z} + D_{zu_i} Y & D_{z\omega_i} & 0 & -I_{n_z} \end{bmatrix} < 0, \tag{7.1.28}$$

其中 $\bar{A}_i = T_{y_i} A_i T_{y_i}^{-1}$, $\bar{G}_i = T_{y_i} G_i T_{y_i}^{-1}$, $\bar{B}_{\omega_i} = T_{y_i} B_{\omega_i}$, $\bar{B}_{u_i} = T_{y_i} B_{u_i}$, $\bar{C}_{z_i} = C_{z_i} T_{y_i}^{-1}$, T_{y_i} 是一个满秩的转换矩阵并满足 $\bar{C}_{y_i} = C_{y_i} T_{y_i}^{-1} = (I_{n_y}, \ 0)$, $\bar{Z}$ 是一个分块对角结构的矩阵变量, $\bar{Z} := \mathrm{diag}(\bar{Z}_1, \ \bar{Z}_2)$, $Y := (Y_1, \ 0)$.

考虑以下数值例子:

$$
\begin{cases}
x(k+1) = \begin{bmatrix} 0 & -1 \\ 1 & -0.5 \end{bmatrix} x(k) + \begin{bmatrix} 0 \\ 1 \end{bmatrix} \omega(k) + \begin{bmatrix} 1 & -0.2 \\ 0 & 0.3 \end{bmatrix} u(k), \quad k \in \mathbf{Z}, \ k \neq \tau_j, \\[4mm]
x(\tau_j + 1) = \begin{bmatrix} 0 & -1 \\ 1 & 0 \end{bmatrix} x(\tau_j), \ \tau_j \in \mathbf{Z}, \ j \in \mathbf{Z}^+, \\[4mm]
z(k) = [-1 \ \ 1]x(k), \\[2mm]
y(k) = \begin{bmatrix} 1 & 0 \\ 0 & 1 \end{bmatrix} x(k).
\end{cases}
$$

由系统易知状态转换矩阵 T_y 满足 $C_y T_y^{-1} = [I_{n_y + n_c} \ \ 0]$. 因此可得

$$
\bar{A} = A, \quad \bar{G} = G, \quad \bar{B}_\omega = B_\omega, \quad \bar{B}_u = B_u, \quad \bar{C}_z = C_z.
$$

令 $\gamma = 1.0276$, 由 Matlab 软件计算得到问题 2 的一个可行解为

$$
\bar{Q} = \begin{bmatrix} 0.7986 & 0.6968 \\ 0.6968 & 1.5550 \end{bmatrix}, \quad Y_1 = Y = \begin{bmatrix} 0.3967 & 1.6088 \\ -1.5010 & 0.2687 \end{bmatrix},
$$

$$
\bar{Z}_1 = \bar{Z} = \begin{bmatrix} 0.7988 & 0.6969 \\ 0.6969 & 1.5551 \end{bmatrix}.
$$

因此一个最优 H_∞ 静态输出反馈 $K(u(k) = Ky(k))$ 可以由推论 7.1.1 得出

$$
u(k) = \begin{bmatrix} -1.3333 & 2.3333 \\ -6.6667 & 6.6667 \end{bmatrix} y(k).
$$

令初始条件为 $x(0) = [-3 \ 3]^{\mathrm{T}}$ 以及如下干扰:

$$
\omega(k) = \begin{cases} \sin(30k\pi + \pi/100), & k \leqslant 7, \\ 0, & k > 7. \end{cases}
$$

仿真结果如图 7.1 和图 7.2 所示.

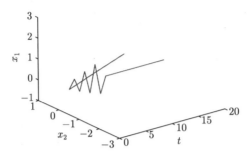

图 7.1　H_∞ 输出反馈控制下的系统响应 2 维图

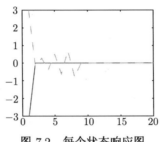

图 7.2　每个状态响应图

7.1.2　一类离散脉冲不确定系统的 H_∞ 滤波器设计问题

本小节主要讨论一类离散脉冲不确定系统的 H_∞ 滤波器设计问题. 考虑以下不确定系统:

$$
\begin{cases}
x(k+1) = Ax(k) + B\omega(k), \quad x(0) = 0 \quad k \in \mathbf{Z}, \ k \neq \tau_j, \\
\Delta x(\tau_j) = x(\tau_j + 1) - x(\tau_j) = M'x(\tau_j), \ \tau_j \in Z, \ j \in \mathbf{Z}^+, \\
y(k) = Cx(k) + D\omega(k), \\
z(k) = L_1 x(k) + L_2 \omega(k),
\end{cases}
\tag{7.1.29}
$$

其中 $x \in \mathbf{R}^n$ 状态向量, $y \in \mathbf{R}^r$ 是测量输出, $z \in \mathbf{R}^p$ 是被估计状态的线性组合, $\omega \in \mathbf{R}^m$ 是扰动输入, $\tau_j \in \Omega =: \{\tau_1, \tau_2, \cdots, : \tau_1 < \tau_2 < \cdots\} \subset \mathbf{Z}$ 是脉冲时刻, 并且对于任意的 $j \in \mathbf{Z}^+$, 当 $j \to +\infty$ 时, $\tau_j \to +\infty$.

$A, B, M, C, D, L_1, L_2 \ (M := I + M')$ 是含有部分未知参数的维数适当的矩阵. 它们属于以下不确定的多面体:

$$
\begin{aligned}
\Omega &= \{(A, B, M, C, D, L_1, L_2) | (A, B, M, C, D, L_1, L_2) \\
&= \sum_{i=1}^N \alpha_i (A^{(i)}, B^{(i)}, M^{(i)}, C^{(i)}, D^{(i)}, L_1^{(i)}, L_2^{(i)}) \alpha_i \geqslant 0, \ \sum_{i=1}^N \alpha_i = 1\}
\end{aligned}
\tag{7.1.30}
$$

其中 $(A^{(i)}, B^{(i)}, M^{(i)}, C^{(i)}, D^{(i)}, L_1^{(i)}, L_2^{(i)})$ 为已知多面体的顶点. 考虑系统 (7.1.29)

的一类滤波器

$$\begin{cases} \hat{x}(k+1) = \hat{A}\hat{x}(k) + \hat{B}y(k), & \hat{x}(0)=0 \quad k \in \mathbf{Z},\ k \neq \tau_j, \\ \hat{x}(\tau_j+1) = \hat{M}\hat{x}(\tau_j), & \tau_j \in \mathbf{Z},\ j \in \mathbf{Z}^+, \\ \hat{z}(k) = \hat{C}\hat{x}(k) + \hat{D}y(k), \end{cases} \tag{7.1.31}$$

其中矩阵 $(\hat{A},\ \hat{B},\ \hat{M},\ \hat{C},\ \hat{D})$ 待定.

定义 $\xi(k) = [x(k)\ \ \hat{x(k)}^{\mathrm{T}}]^{\mathrm{T}}$. 由系统 (7.1.29) 和滤波器 (7.1.31) 可以得到

$$\begin{cases} \xi(k+1) = \bar{A}\xi(k) + \bar{B}\omega(k), & \xi(0)=0, \quad k \in \mathbf{Z},\ k \neq \tau_j, \\ \xi(\tau_j+1) = \bar{M}\xi(\tau_j), & \tau_j \in \mathbf{Z},\ j \in \mathbf{Z}^+, \\ z(k)-\hat{z}(k) = \bar{C}\xi(k) + \bar{D}\omega(k), \end{cases} \tag{7.1.32}$$

其中

$$\bar{A} = \begin{bmatrix} A & 0 \\ \hat{B}C & \hat{A} \end{bmatrix},\ \bar{B} = \begin{bmatrix} B \\ \hat{B}D \end{bmatrix},\ \bar{M} = \begin{bmatrix} M & 0 \\ 0 & \hat{M} \end{bmatrix}, \tag{7.1.33}$$

$$\bar{C} = [L_1 - \hat{D}C\quad -\hat{C}],\quad \bar{D} = L_2 - \hat{D}D.$$

假设 $\omega \in \ell_2[0,\ +\infty)$, 并定义 $\|f\|_2 = \left(\sum\limits_{i=0}^{+\infty} \|f_k\|^2 \right)^{1/2}$, $\|f_k\| = \sqrt{f_k^{\mathrm{T}} f_k}$, $f^{\mathrm{T}} = (f_1^{\mathrm{T}},\ f_2^{\mathrm{T}}, \cdots, f_k^{\mathrm{T}}, \cdots)$.

鲁棒 H_∞ 滤波问题: 预先给定一个 γ, 设计类似 (7.1.31) 的滤波器使得滤波误差系统 (7.1.32) 渐近稳定, 并对所有的非零 $\omega \in \ell_2[0,+\infty)$, 以下不等式在多面体 (7.1.30) 上成立

$$\| z - \hat{z} \|_2 \leqslant \gamma \|\omega\|_2.$$

下面, 首先给出一些引理.

引理 7.1.4 系统 (7.1.32) 渐近稳定并且其 H_∞ 模小于 γ, 如果存在正定矩阵 $P > 0$ 满足以下不等式组

$$\begin{aligned} \tilde{A}\mathrm{diag}(P,\ I)\tilde{A} - \mathrm{diag}(P,\ \gamma^2 I) &< 0, \\ \tilde{M}^{\mathrm{T}}\mathrm{diag}(P,\ I)\tilde{M} - \mathrm{diag}(P\ \gamma^2 I) &< 0, \end{aligned} \tag{7.1.34}$$

其中

$$\tilde{A} = \begin{bmatrix} \bar{A} & \bar{B} \\ \bar{C} & \bar{D} \end{bmatrix},\quad \tilde{M} = \begin{bmatrix} \bar{M} & 0 \\ \bar{C} & \bar{D} \end{bmatrix}.$$

证明 由式 (7.1.34) 可得

$$P > \bar{A}^{\mathrm{T}}P\bar{A},\quad P > \bar{M}^{\mathrm{T}}P\bar{M}, \tag{7.1.35}$$

由引理 7.1.1 知, $\omega(k) = 0$ 时, 系统 (7.1.32) 渐近稳定.

由式 (7.1.34) 又可得, 存在一个 ε 满足 $0 < \varepsilon < 1$, 使得以下不等式组成立

$$
\begin{bmatrix} P & 0 \\ 0 & (1-\varepsilon)\gamma^2 I \end{bmatrix} > \begin{bmatrix} \bar{A} & \bar{B} \\ \bar{C} & \bar{D} \end{bmatrix}^{\mathrm{T}} \begin{bmatrix} P & 0 \\ 0 & I \end{bmatrix} \begin{bmatrix} \bar{A} & \bar{B} \\ \bar{C} & \bar{D} \end{bmatrix},
$$
$$
\begin{bmatrix} P & 0 \\ 0 & (1-\varepsilon)\gamma^2 I \end{bmatrix} > \begin{bmatrix} \bar{M} & 0 \\ \bar{C} & \bar{D} \end{bmatrix}^{\mathrm{T}} \begin{bmatrix} P & 0 \\ 0 & I \end{bmatrix} \begin{bmatrix} \bar{M} & 0 \\ \bar{C} & \bar{D} \end{bmatrix}.
$$
(7.1.36)

为了证明 $\gamma^2\|\omega\|_2^2$ 是 $\|q\|_2^2 (q(k) := z(k) - \hat{z}(k))$ 的一个上界, 定义

$$
J(k) = \|q(k)\|^2 - (1-\varepsilon)\gamma^2\|\omega(k)\|^2.
$$

再设 $V(k) = \xi(k)^{\mathrm{T}} P \xi(k)$, 并定义

$$
\Delta V(k) = V(k+1) - V(k).
$$

于是

$$
\begin{aligned}
&J(k) \\
&= [\|q(k)\|^2 - (1-\varepsilon)\gamma^2\|\omega(k)\|^2 + \Delta V(k)] - \Delta V(k) \\
&= \begin{cases}
\begin{pmatrix} \xi(k) \\ \omega(k) \end{pmatrix}^{\mathrm{T}} [(\bar{C}\ \bar{D})^{\mathrm{T}}(\bar{C}\ \bar{D}) - \begin{pmatrix} P & 0 \\ 0 & (1-\varepsilon)\gamma^2 I \end{pmatrix} \\
\qquad + (\bar{A}\ \bar{B})^{\mathrm{T}}(\bar{A}\ \bar{B})] \begin{pmatrix} \xi(k) \\ \omega(k) \end{pmatrix} - \Delta V(k), \quad k \neq \tau_j, \\[2mm]
\begin{pmatrix} \xi(k) \\ \omega(k) \end{pmatrix}^{\mathrm{T}} [(\bar{C}\ \bar{D})^{\mathrm{T}}(\bar{C}\ \bar{D}) - \begin{pmatrix} P & 0 \\ 0 & (1-\varepsilon)\gamma^2 I \end{pmatrix} \\
\qquad + (\bar{M}\ 0)^{\mathrm{T}}(\bar{M}\ 0)] \begin{pmatrix} \xi(k) \\ \omega(k) \end{pmatrix} - \Delta V(k), \quad k = \tau_j.
\end{cases} \\[3mm]
&= \begin{cases}
\begin{pmatrix} \xi(k) \\ \omega(k) \end{pmatrix}^{\mathrm{T}} \left[\begin{pmatrix} \bar{A} & \bar{B} \\ \bar{C} & \bar{D} \end{pmatrix}^{\mathrm{T}} \begin{pmatrix} P & 0 \\ 0 & I \end{pmatrix} \begin{pmatrix} \bar{A} & \bar{B} \\ \bar{C} & \bar{D} \end{pmatrix} - \begin{pmatrix} P & 0 \\ 0 & (1-\varepsilon)\gamma^2 I \end{pmatrix} \right] \\
\qquad \times \begin{pmatrix} \xi(k) \\ \omega(k) \end{pmatrix} - \Delta V(k), \quad k \neq \tau_j, \\[2mm]
\begin{pmatrix} \xi(k) \\ \omega(k) \end{pmatrix}^{\mathrm{T}} \left[\begin{pmatrix} \bar{M} & 0 \\ \bar{C} & \bar{D} \end{pmatrix}^{\mathrm{T}} \begin{pmatrix} P & 0 \\ 0 & I \end{pmatrix} \begin{pmatrix} \bar{M} & 0 \\ \bar{C} & \bar{D} \end{pmatrix} - \begin{pmatrix} P & 0 \\ 0 & (1-\varepsilon)\gamma^2 I \end{pmatrix} \right] \\
\qquad \times \begin{pmatrix} \xi(k) \\ \omega(k) \end{pmatrix} - \Delta V(k), \quad k = \tau_j.
\end{cases}
\end{aligned}
$$

由式 (7.1.36) 得, $J(k) < -\Delta V(k)$, 即

$$\|q(k)\|^2 < (1-\varepsilon)\gamma^2\|\omega(k)\|^2 - \Delta V(k).$$

则

$$\sum_{k=0}^{n}\|q(k)\|^2 < (1-\varepsilon)\gamma^2\sum_{k=0}^{n}\|\omega(k)\|^2 - V(n+1) \leqslant (1-\varepsilon)\gamma^2\|\omega\|_2^2 - V(n+1).$$

注意到以上不等式对所有的 $n>0$ 成立. 令 $n\to+\infty$, 由 $\lim_{n\to+\infty}\xi(n)=0$ 可以得到

$$\|q(k)\|_2^2 \leqslant (1-\varepsilon)\gamma^2\|\omega\|_2^2 < \gamma^2\|\omega\|_2^2. \qquad \blacksquare$$

引理 7.1.5 对于系统 (7.1.32) 而言, 不等式组 (7.1.34) 成立当且仅当存在矩阵 P, F, $G(P=P^{\mathrm{T}})$, 使得以下不等式组成立:

$$\begin{bmatrix} -\mathrm{diag}(P, \ \gamma^2 I) + \tilde{A}^{\mathrm{T}}F + F^{\mathrm{T}}\tilde{A} & -F^{\mathrm{T}} + \tilde{A}^{\mathrm{T}}G \\ -F + G^{\mathrm{T}}\tilde{A} & \mathrm{diag}(P, \ I) - (G+G^{\mathrm{T}}) \end{bmatrix} < 0, \qquad (7.1.37)$$

$$\begin{bmatrix} -\mathrm{diag}(P, \ \gamma^2 I) + \tilde{M}^{\mathrm{T}}F + F^{\mathrm{T}}\tilde{M} & -F^{\mathrm{T}} + \tilde{M}^{\mathrm{T}}G \\ -F + G^{\mathrm{T}}\tilde{M} & \mathrm{diag}(P, \ I) - (G+G^{\mathrm{T}}) \end{bmatrix} < 0. \qquad (7.1.38)$$

证明 首先, 如果对于矩阵 P, 式 (7.1.34) 成立, 令 $F=0$, $G^{\mathrm{T}}=G=\mathrm{diag}(P, \ I)$, 并运用引理 7.1.2, 式 (7.1.37) 和式 (7.1.38) 成立. 另一方面, 如果式 (7.1.37), 式 (7.1.38) 对于矩阵 P, F, G 成立, 用 $\Gamma^{\mathrm{T}} = [I \ \ \tilde{A}^{\mathrm{T}}]$ 和 Γ 分别左乘和右乘式 (7.1.37), 式 (7.1.38) 两个不等式, 可得式 (7.1.34). $\blacksquare$

引理 7.1.6 给定滤波器 (7.1.31), 系统 (7.1.32) 渐近稳定并且其 H_∞ 模小于 γ, 如果存在矩阵 $P^{(i)}, F, G$ $(P^{(i)}=P^{(i)\mathrm{T}})$ 满足以下不等式组

$$\begin{bmatrix} -\mathrm{diag}(P^{(i)}, \ \gamma^2 I) + \tilde{A}^{(i)\mathrm{T}}F + F^{\mathrm{T}}\tilde{A}^{(i)} & -F^{\mathrm{T}} + \tilde{A}^{(i)\mathrm{T}}G \\ -F + G^{\mathrm{T}}\tilde{A}^{(i)} & \mathrm{diag}(P^{(i)}, \ I) - (G+G^{\mathrm{T}}) \end{bmatrix} < 0, \qquad (7.1.39)$$

$$\begin{bmatrix} -\mathrm{diag}(P^{(i)}, \ \gamma^2 I) + \tilde{M}^{(i)\mathrm{T}}F + F^{\mathrm{T}}\tilde{M}^{(i)} & -F^{\mathrm{T}} + \tilde{M}^{(i)\mathrm{T}}G \\ -F + G^{\mathrm{T}}\tilde{M}^{(i)} & \mathrm{diag}(P^{(i)}, \ I) - (G+G^{\mathrm{T}}) \end{bmatrix} < 0, \qquad (7.1.40)$$

其中 $\tilde{A}^{(i)} = \begin{pmatrix} \bar{A}^{(i)} & \bar{B}^{(i)} \\ \bar{C}^{(i)} & \bar{D}^{(i)} \end{pmatrix}$, $\tilde{M}^{(i)} = \begin{pmatrix} \bar{M}^{(i)} & 0 \\ \bar{C}^{(i)} & \bar{D}^{(i)} \end{pmatrix}$, $\bar{A}^{(i)}$, $\bar{B}^{(i)}$, $\bar{C}^{(i)}$, $\bar{D}^{(i)}$ 是形如式 (7.1.33) 的多面体 Ω 中的第 i 个顶点矩阵, $i=1,2,\cdots,N$.

证明 考虑到

$$\begin{bmatrix} \bar{A} & \bar{B} \\ \bar{C} & \bar{D} \end{bmatrix} = \sum\alpha_i\begin{bmatrix} \bar{A}^{(i)\mathrm{T}} & \bar{B}^{(i)\mathrm{T}} \\ \bar{C}^{(i)\mathrm{T}} & \bar{D}^{(i)\mathrm{T}} \end{bmatrix}, \quad \begin{bmatrix} \bar{M} & 0 \\ \bar{C} & \bar{D} \end{bmatrix} = \sum\alpha_i\begin{bmatrix} \bar{M}^{(i)\mathrm{T}} & 0 \\ \bar{C}^{(i)\mathrm{T}} & \bar{D}^{(i)\mathrm{T}} \end{bmatrix}.$$

由式 (7.1.39) 和式 (7.1.40) 组合的凸函数在 Ω 的端点上意味着当 $P = \sum \alpha_i P^{(i)}$ 时式 (7.1.37)、式 (7.1.38) 成立. 由引理 7.1.5 知, 式 (7.1.34) 对 $P = \sum \alpha_i P^{(i)}$ 成立. ■

在式 (7.1.39) 和式 (7.1.40) 中, 令

$$F = \begin{bmatrix} \Lambda\Phi & 0 \\ 0 & \varepsilon\Psi \end{bmatrix}, \quad F = \begin{bmatrix} \Phi & 0 \\ 0 & \Psi \end{bmatrix}, \tag{7.1.41}$$

其中 $\Phi \in \mathbf{R}^{n\times n}$, $\Psi \in \mathbf{R}^{p\times p}$, $\Lambda = \mathrm{diag}(\lambda_1 I_n, \lambda_2 I_n)$, ε, λ_1 和 λ_2 是实数. 由引理 7.1.6 可得如下鲁棒 H_∞ 滤波问题的解.

定理 7.1.2   考虑在多面体 (7.1.30) 上的系统 (7.1.29), 鲁棒 H_∞ 滤波问题中形如式 (7.1.31) 滤波器存在的条件是对于给定的 ε, λ_1, λ_2 满足以下线性矩阵不等式组 (LMIs) 的解 $(\hat{P}_{11}^{(i)}, \hat{P}_{12}^{(i)}, \hat{P}_{22}^{(i)}, R, W, S_A, S_B, S_C, S_D, T, \Psi)$ 存在.

$$\left[\begin{array}{cc}
\lambda_1(A^{(i)\mathrm{T}}R + R^\mathrm{T}A^{(i)}) - \hat{P}_{11}^{(i)} & * \\
\lambda_1 W^\mathrm{T}A^{(i)} + \lambda_2(S_B C^{(i)} + S_A) - \hat{P}_{12}^{(i)} & -\lambda_2(S_A + S_A^\mathrm{T}) - \hat{P}_{22}^{(i)\mathrm{T}} \\
\varepsilon(\Psi^\mathrm{T}L_1^{(i)} - S_D C^{(i)} - S_C) + \lambda_1 B^{(i)\mathrm{T}}R & \varepsilon S_C + \lambda_1 B^{(i)\mathrm{T}}W + \lambda_2 D^{(i)\mathrm{T}}S_B^\mathrm{T} \\
-\lambda_1 R + R^\mathrm{T}A^{(i)} & -\lambda_1 W - \lambda_2 T^\mathrm{T} \\
W^\mathrm{T}A^{(i)} + S_B C^{(i)} + S_A & \lambda_2 T^\mathrm{T} - S_A \\
\Psi^\mathrm{T}L_1^{(i)} - S_D C^{(i)} - S_C & S_C
\end{array}\right.$$

$$\left.\begin{array}{cccc}
* & * & * & * \\
* & * & * & * \\
\Pi_1 & * & * & * \\
R^\mathrm{T}B^{(i)} & \hat{P}_{11}^{(i)} - (R + R^\mathrm{T}) & * & * \\
W^\mathrm{T}B^{(i)} + S_B D^{(i)} & \hat{P}_{12}^{(i)\mathrm{T}} - (W^\mathrm{T} + T) & \Pi_2 & * \\
-\varepsilon\Psi + \Psi^\mathrm{T}L_2^{(i)} - S_D D^{(i)} & 0 & 0 & \Pi_3
\end{array}\right] < 0, \tag{7.1.42}$$

$$\left[\begin{array}{cc}
\lambda_1(M^{(i)\mathrm{T}}R + R^\mathrm{T}M^{(i)}) - \hat{P}_{11}^{(i)} & * \\
\lambda_1 W^\mathrm{T}M^{(i)} + \lambda_2 S_M - \hat{P}_{12}^{(i)\mathrm{T}} & -\lambda_2(S_M + S_M^\mathrm{T}) - \hat{P}_{22}^{(i)} \\
\varepsilon(\Psi^\mathrm{T}L_1^{(i)} - S_D C^{(i)} - S_C) & \varepsilon S_C \\
-\lambda_1 R + R^\mathrm{T}M^{(i)} & -\lambda_1 W - \lambda_2 T^\mathrm{T} \\
W^\mathrm{T}M^{(i)} + S_M & \lambda_2 T^\mathrm{T} - S_M \\
\Psi^\mathrm{T}L_1^{(i)} - S_D C^{(i)} - S_C & S_C
\end{array}\right.$$

$$\begin{bmatrix} * & & * & * & * \\ * & & * & * & * \\ \Pi_1 & & * & * & * \\ 0 & \hat{P}_{11}^{(i)} - (R + R^{\mathrm{T}}) & * & * \\ 0 & \hat{P}_{12}^{(i)\mathrm{T}} - (W^{\mathrm{T}} + T) & \Pi_2 & * \\ -\varepsilon\Psi + \Psi^{\mathrm{T}}L_2^{(i)} - S_D D^{(i)} & 0 & 0 & \Pi_3 \end{bmatrix} < 0. \qquad (7.1.43)$$

其中 $\Pi_1 = -\gamma^2 I + \varepsilon(\Psi^{\mathrm{T}}L_2^{(i)} + L_2^{(i)\mathrm{T}}\Psi - S_D D^{(i)} - D^{(i)\mathrm{T}}S_D^{\mathrm{T}})$, $\Pi_2 = \hat{P}_{22}^{(i)} + (T + T^{\mathrm{T}})$, $\Pi_3 = I - (\Psi + \Psi^{\mathrm{T}})$, $i = 1, 2, \cdots, N$. 这种情况下, H_∞ 滤波器参数由以下的等式给出:

$$\hat{A} = T^{-1}S_A, \quad \hat{B} = T^{-1}S_B, \quad \hat{C} = \Psi^{-\mathrm{T}}S_C, \quad \hat{D} = \Psi^{-\mathrm{T}}S_D, \quad \hat{M} = T^{-1}S_M.$$

通过下例说明上述滤波器设计的有效性. 考虑以下的系统:

$$\begin{cases} x(k+1) = \begin{bmatrix} 1 & 0.01 \\ -0.05 & -0.1 \end{bmatrix} x(k) + \begin{bmatrix} 1 \\ 0.1 \end{bmatrix} \omega(k), \ x(0) = 0, \ k \in \mathbf{Z}, \ k \neq \tau_j, \\ x(\tau_j + 1) = \begin{bmatrix} 1 & 0 \\ 0 & 0.8 \end{bmatrix} x(\tau_j), \ \tau_j \in \mathbf{Z}, \ j \in \mathbf{Z}^+, \\ y(k) = (1 \ \ 0)x(k) + \omega(k), \\ z(k) = (1 \ \ 0)x(k), \end{cases}$$

其中 $\omega(k)$ 是不相关的零均值方差为 1 的白噪声. 令 $\gamma = 0.5$, 当取 $\lambda_1 = 0.2$, $\lambda_2 = -0.3$, $\varepsilon = 0.1$ 的时候, 通过计算软件得到问题的解, 其脉冲线性滤波器的参数为

$$\hat{A} = \begin{bmatrix} 0.2955 & 0.1235 \\ 1.1128 & 0.1294 \end{bmatrix}, \quad \hat{B} = \begin{bmatrix} 1.2788 \\ -0.0368 \end{bmatrix}, \quad \hat{M} = \begin{bmatrix} 0.4198 & -0.1499 \\ -1.1959 & -0.0060 \end{bmatrix},$$

$$\hat{C} = (0.0440 \ \ -0.0319), \quad \hat{D} = 0.9551.$$

7.1.3　分片离散脉冲系统的滤波器设计问题

考虑以下分片离散脉冲控制系统:

$$\begin{cases} x(k+1) = A_m x(k) + B_m v(k) + a_m, \ k \in \mathbf{Z}, \ k \neq \tau_j, \\ x(\tau_j + 1) = G_m x(\tau_j), \ \tau_j \in \mathbf{Z}^+, \ j \in \mathbf{Z}, \\ y(k) = C_m x(k) + D_m v(k), \ y(k) \in S_m, \ m \in M, \\ z(k) = L_m x(k), \end{cases} \qquad (7.1.44)$$

其中 $\{S_m\}_{m \in M} \subseteq R^p$ 是将输出空间划分成一系列区域的分块. $M = \{1, 2, \cdots, s\}$ 是空间的指标集. Ω 为脉冲点的集合 (如 7.1.2 节定义). $x(k) \in \mathbf{R}^n$ 是系统状态变量, $y(k) \in \mathbf{R}^p$ 是测量输出, $z(k) \in \mathbf{R}^r$ 是控制输出, $v(k) \in \mathbf{R}^q$ 是干扰项并且属于函数集 $\ell_2[0, +\infty)$, $(A_m, B_m, a_m, G_m, C_m, D_m, L_m)$ 是系统第 m 个模型, a_m 是补偿项. 这里假设对于任何满足初始条件的 $x(0) = x_0$, 系统 (7.1.44) 当 $k > 0$ 时存在唯一解. 再假设当时刻 k 系统模型从区域 S_m 跳转到区域 S_l 的时候, 系统在那个时刻的动态表现由 S_m 决定. 为了方便将来使用, 定义一个代表任何可能的区域转变的集合 Φ

$$\Phi := \{(m, l) | y(k) \in S_m, \ y(k+1) \in S_l\}. \tag{7.1.45}$$

本小节考虑以上系统的 H_∞ 和 H_2 滤波器设计问题, 为此, 采用以下形式的滤波器:

$$\begin{cases} \bar{x}(k+1) = A_m \bar{x}(k) + H_m(\bar{y}(k) - y(k)) + a_m, \quad k \in \mathbf{Z}, \ k \neq \tau_j, \\ \bar{x}(\tau_j + 1) = G_m \bar{x}(\tau_j), \ \tau_j \in Z^+, \ j \in \mathbf{Z}, \\ \bar{y}(k) = C_m \bar{x}(k) + D_m v(k), \quad y(k) \in S_m, \ m \in M, \\ \bar{z}(k) = L_m \bar{x}(k). \end{cases} \tag{7.1.46}$$

定义滤波误差 $\tilde{x}(k) = \bar{x}(k) - x(k)$, $\tilde{z}(k) = \bar{z}(k) - z(k)$. 由系统 (7.1.44) 和滤波器 (7.1.46) 可得以下滤波误差系统:

$$\begin{cases} \tilde{x}(k+1) = A_{cm} \tilde{x}(k) + B_{cm} v(k), \quad k \in \mathbf{Z}, \ k \neq \tau_j, \\ \tilde{x}(\tau_j + 1) = G_m \tilde{x}(\tau_j), \ \tau_j \in \mathbf{Z}^+, \ j \in \mathbf{Z}, \\ \tilde{z}(k) = L_m \tilde{x}(k), \quad y(k) \in S_m, \ m \in M, \end{cases} \tag{7.1.47}$$

其中

$$A_{cm} = A_m + H_m C_m, \quad B_{cm} = -(B_m + H_m D_m). \tag{7.1.48}$$

　　鲁棒 H_∞ 滤波问题: 对于给定的 $\gamma > 0$, 寻找形如式 (7.1.46) 的滤波器使得误差系统 (7.1.47) 全局渐近稳定并满足在零初始条件下对任何非零的 $v \in \ell_2$ 有下式成立:

$$\|\bar{z} - z\|_2 < \gamma \|v\|_2 \tag{7.1.49}$$

其中 $\bar{z}$ 是对控制输出 z 的估计, 则滤波误差系统 (7.1.47) 称为参数为 γ 的具有 H_∞ 性能的全局稳定.

　　鲁棒 H_2 滤波问题: 对于给定的 $\mu > 0$, 寻找形如式 (7.1.46) 的滤波器使得误差系统 (7.1.47) 全局渐近稳定并满足如下的误差系统的 H_2 模:

$$\|\bar{z} - z\|_\infty < \mu \|v\|_2 \tag{7.1.50}$$

其中 $\bar{z}$ 是对控制输出 z 的估计, 则滤波误差系统 (7.1.47) 称为参数为 μ 的具有 H_2 性能的全局稳定.

引理 7.1.7 令 $v \equiv 0$, 考虑误差系统 (7.1.47), 如果存在一个正定函数 $V(k, \tilde{x}(k))$ 和常数 η_1, η_2, ρ_1, ρ_2, θ_1, $\theta_2 > 0$ 满足当 $k \neq \tau_j$ 时,

$$
\begin{aligned}
&\eta_1 \|\tilde{x}(k)\|^2 < V(k, \tilde{x}(k)) < \rho_1 \|\tilde{x}(k)\|^2, \\
&\Delta V(k) := V(k+1, \tilde{x}(k+1)) - V(k, \tilde{x}(k)) < -\theta_1 \|\tilde{x}(k)\|^2,
\end{aligned}
\tag{7.1.51}
$$

当 $k \in \{\tau_0, \ \tau_1, \ \tau_j, \cdots\}$ 时,

$$
\begin{aligned}
&\eta_2 \|\tilde{x}(\tau_j)\|^2 < V(k, \tilde{x}(\tau_j)) < \rho_2 \|\tilde{x}(\tau_j)\|^2, \\
&\Delta V(\tau_j) < -\theta_2 \|\tilde{x}(\tau_j)\|^2,
\end{aligned}
\tag{7.1.52}
$$

那么系统 (7.1.47) 为全局指数稳定.

证明 由式 (7.1.51) 知, 当 $k \in (\tau_j, \tau_{j+1}]$ 时, 有

$$
V(k+1, \tilde{x}(k+1)) - V(k, \tilde{x}(k)) < -\theta_1 \|\tilde{x}(k)\|^2 < -\frac{\theta_1}{\rho_1} V(k, \tilde{x}(k)),
$$

即

$$
V(k+1, \tilde{x}(k+1)) < \left(1 - \frac{\theta_1}{\rho_1}\right) V(k, \tilde{x}(k)).
$$

由式 (7.1.52), 当 $k \in \{\tau_0, \ \tau_1, \ \tau_j, \cdots\}$ 时, 可得

$$
V(\tau_j + 1, \tilde{x}(\tau_j + 1)) < \left(1 - \frac{\theta_2}{\rho_2}\right) V(\tau_j, \tilde{x}(\tau_j)).
$$

由式 (7.1.51) 知, 有

$$
\begin{aligned}
-\rho_1 \|\tilde{x}(k)\|^2 < &-V(k, \tilde{x}(k)) \\
&\leqslant V(k+1, \tilde{x}(k+1)) - V(k, \tilde{x}(k)) \leqslant -\theta_1 \|\tilde{x}(k)\|^2,
\end{aligned}
$$

即 $\theta_1 < \rho_1$. 同理可得 $\theta_2 < \rho_2$.

因此, 对于任意的 $k \in \mathbf{Z}$, 由 $\delta = \min\left\{\dfrac{\theta_1}{\rho_1}, \ \dfrac{\theta_2}{\rho_2}\right\} \in (0, 1)$, 有

$$
V(k+1, \tilde{x}(k+1)) < (1 - \delta) V(k, \tilde{x}(k)).
$$

于是,

$$
V(k+1, \tilde{x}(k+1)) < (1 - \delta)^k V(0).
$$

定义 $\eta = \min(\eta_1, \ \eta_2)$, $\rho = \max(\rho_1, \ \rho_2)$, 由式 (7.1.51) 和式 (7.1.52) 得

$$
\eta \|\tilde{x}(k)\|^2 < V(k, \tilde{x}(k)) < (1 - \delta)^k V(0) < \rho (1 - \delta)^k \|\tilde{x}(0)\|^2,
$$

即

$$\|\tilde{x}(k)\|^2 < \frac{\rho}{\eta}(1-\delta)^k\|\tilde{x}(0)\|^2.$$

这就意味着误差系统 (7.1.47) 全局指数稳定. ■

引理 7.1.8 考虑系统 (7.1.47) 并令 $v \equiv 0$. 如果存在正定矩阵 P_m, $m \in M$, 满足以下不等式组

$$\begin{aligned} A_{cm}^{\mathrm{T}}P_mA_{cm} - P_m &< 0, \\ G_m^{\mathrm{T}}P_lG_m - P_m &< 0, \quad m,\, l \in \Phi, \end{aligned} \tag{7.1.53}$$

那么系统 (7.1.47) 全局指数稳定.

证明 考虑以下 Lyapunov 函数:

$$V(k,\tilde{x}(k)) = \tilde{x}(k)^{\mathrm{T}}P_m\tilde{x}(k), \quad y(k) \in S_m.$$

由于 $V(k,0) = 0$, $\forall k \in \mathbf{Z}$, 并且 $\eta\|\tilde{x}(k)\|^2 < V(k,\tilde{x}(k)) < \rho\|\tilde{x}(k)\|^2$, 对于任意 $\tilde{x}(k) \in \mathbf{R}^n$, $\eta_1 = \eta_2 = \eta < \min\limits_{m\in M}\lambda_{\min}(P_m)$, $\rho_1 = \rho_2 = \rho > \max\limits_{m\in M}\lambda_{\max}(P_m)$. 此外,

$$\Delta V(k) < -\theta\|\tilde{x}(k)\|^2,$$

其中 $\theta = \min\limits_{m,l\in\Phi}\{\lambda_{\min}(P_m - A_{cm}^{\mathrm{T}}P_lA_{cm}) < \rho, \ \lambda_{\min}(P_m - G_m^{\mathrm{T}}P_lG_m) < \rho\}$. 由引理 7.1.7, 系统 (7.1.47) 全局指数稳定. ■

引理 7.1.9 给定一个常数 $\gamma > 0$, 系统 (7.1.47) 全局稳定且其 H_∞ 模小于 γ, 如果存在正定矩阵集 P_m, $m \in M$, 满足以下不等式组

$$\gamma^2 I - B_{cm}^{\mathrm{T}}P_lB_{cm} > 0, \quad m,\, l \in \Phi, \tag{7.1.54}$$

$$\begin{aligned} &A_{cm}^{\mathrm{T}}P_lA_{cm} - P_m + A_{cm}^{\mathrm{T}}P_lB_{cm}(\gamma^2 I - B_{cm}^{\mathrm{T}}P_lB_{cm})^{-1}B_{cm}^{\mathrm{T}}P_lA_{cm} \\ &+ L_m^{\mathrm{T}}L_m < 0, \quad m,\, l \in \Phi, \end{aligned} \tag{7.1.55}$$

$$G_m^{\mathrm{T}}P_lG_m - P_m + L_m^{\mathrm{T}}L_m < 0, \quad m,\, l \in \Phi. \tag{7.1.56}$$

证明 由式 (7.1.54) 和式 (7.1.55) 得

$$A_{cm}^{\mathrm{T}}P_lA_{cm} - P_m < 0, \quad m,\, l \in \Phi. \tag{7.1.57}$$

由式 (7.1.56) 得

$$G_m^{\mathrm{T}}P_lG_m - P_m < 0, \quad m,\, l \in \Phi. \tag{7.1.58}$$

由引理 7.1.8 知, 误差系统全局指数稳定.

定义 Lyapunov 函数如下:

$$V(k, \tilde{x}(k)) = \tilde{x}(k)^{\mathrm{T}} P_m \tilde{x}(k), \quad y(k) \in S_m.$$

于是对任意的 $k \in (\tau_j, \tau_{j+1}]$, 由式 (7.1.55) 得

$$\begin{aligned}
\Delta V(k) &= \tilde{x}(k+1)^{\mathrm{T}} P_l \tilde{x}(k+1) - \tilde{x}(k)^{\mathrm{T}} P_m \tilde{x}(k) \\
&= \tilde{x}(k)^{\mathrm{T}} (A_{cm}^{\mathrm{T}} P_l A_{cm} - P_m) \tilde{x}(k) + v(k)^{\mathrm{T}} B_{cm}^{\mathrm{T}} P_l A_{cm} \tilde{x}(k) \\
&\quad + \tilde{x}(k)^{\mathrm{T}} A_{cm}^{\mathrm{T}} P_l B_{cm} v(k) + v(k)^{\mathrm{T}} B_{cm}^{\mathrm{T}} P_l B_{cm} v(k) \\
&\leqslant \tilde{x}(k)^{\mathrm{T}} [-A_{cm}^{\mathrm{T}} P_l B_{cm} (\gamma^2 I - B_{cm}^{\mathrm{T}} P_l B_{cm})^{-1} B_{cm}^{\mathrm{T}} P_l A_{cm} \\
&\quad - L_m^{\mathrm{T}} L_m] \tilde{x}(k) + v(k)^{\mathrm{T}} B_{cm}^{\mathrm{T}} P_l A_{cm} \tilde{x}(k) + \tilde{x}(k)^{\mathrm{T}} A_{cm}^{\mathrm{T}} P_l B_{cm} v(k) \\
&\quad + v(k)^{\mathrm{T}} B_{cm}^{\mathrm{T}} P_l B_{cm} v(k) \\
&= -\tilde{z}(k)^{\mathrm{T}} \tilde{z}(k) + \gamma^2 v(k)^{\mathrm{T}} v(k) - \varphi(k)^{\mathrm{T}} N \varphi(k),
\end{aligned} \tag{7.1.59}$$

其中 $N = \gamma^2 I - B_{cm}^{\mathrm{T}} P_l B_{cm}$, $\varphi(k) = v(k)^{\mathrm{T}} - N^{-1} B_{cm}^{\mathrm{T}} P_l A_{cm} \tilde{x}(k)$ 并且当系统仍然停留在区域 S_m 时 $m = l$, 当系统从区域 S_m 跳转到区域 S_l 时 $m \neq l$.

另一方面, 对于任意的 $k \in \{\tau_0, \tau_1, \tau_j, \cdots\}$, 由式 (7.1.56) 可得

$$\begin{aligned}
\Delta V(\tau_j) &= \tilde{x}(\tau_j + 1)^{\mathrm{T}} P_l \tilde{x}(\tau_j + 1) - \tilde{x}(\tau_j)^{\mathrm{T}} P_m \tilde{x}(\tau_j) \\
&= \tilde{x}(\tau_j)^{\mathrm{T}} (G_m^{\mathrm{T}} P_l G_m - P_m) \tilde{x}(\tau_j) \\
&\leqslant \tilde{x}(\tau_j)^{\mathrm{T}} (-L_m^{\mathrm{T}} L_m) \tilde{x}(\tau_j) \\
&= -\tilde{z}(\tau_j)^{\mathrm{T}} \tilde{z}(\tau_j) \\
&\leqslant -\tilde{z}(\tau_j)^{\mathrm{T}} \tilde{z}(\tau_j) + \gamma^2 v(\tau_j)^{\mathrm{T}} v(\tau_j).
\end{aligned} \tag{7.1.60}$$

则对任意的 $k \in \mathbf{Z}$, 由式 (7.1.59) 和式 (7.1.60) 得

$$\Delta V(k) \leqslant -\tilde{z}(k)^{\mathrm{T}} \tilde{z}(k) + \gamma^2 v(k)^{\mathrm{T}} v(k).$$

即

$$V(\tilde{x}(\infty)) - V(\tilde{x}(0)) \leqslant -\sum_{k=0}^{+\infty} \tilde{z}(k)^{\mathrm{T}} \tilde{z}(k) + \sum_{k=0}^{+\infty} \gamma^2 v(k)^{\mathrm{T}} v(k). \tag{7.1.61}$$

即当 $\tilde{x}(0) = 0$ 时,

$$\|\tilde{z}\|_2 < \gamma \|v\|_2. \qquad \blacksquare$$

定理 7.1.3 误差系统 (7.1.47) 全局稳定且 H_∞ 模小于 γ, 如果存在正定矩阵集 P_m, $m \in M$ 和两个矩阵集 R_m, Q_m, $m \in M$ 满足以下线性矩阵不等式组

(LMIs)

$$\begin{bmatrix} R_m + R_m^{\mathrm{T}} - P_l & R_m B_m + Q_m D_m \\ * & \gamma^2 I \end{bmatrix} > 0, \quad m, l \in \Phi, \tag{7.1.62}$$

$$\begin{bmatrix} P_l - R_m - R_m^{\mathrm{T}} & R_m A_m + Q_m C_m & R_m B_m + Q_m D_m \\ * & -P_m + L_m^{\mathrm{T}} L_m & 0 \\ * & * & -\gamma^2 I \end{bmatrix} < 0, \quad m, l \in \Phi, \tag{7.1.63}$$

$$\begin{bmatrix} P_l - R_m - R_m^{\mathrm{T}} & R_m G_m \\ * & -P_m + L_m^{\mathrm{T}} L_m \end{bmatrix} < 0, \quad m, l \in \Phi, \tag{7.1.64}$$

并且每个子系统的观测结果由以下等式给出:

$$H_m = R_m^{-1} Q_m, \quad m \in M. \tag{7.1.65}$$

证明　由式 (7.1.62) 和式 (7.1.65) 得

$$\begin{bmatrix} R_m + R_m^{\mathrm{T}} - P_l & -R_m B_{cm} \\ * & \gamma^2 I \end{bmatrix} > 0. \tag{7.1.66}$$

分别用 $[B_{cm}^{\mathrm{T}} \ \ I]$ 和 $[B_{cm}^{\mathrm{T}} \ \ I]^{\mathrm{T}}$ 左乘和右乘式 (7.1.66), 就得到式 (7.1.54). 运用类似的方法可以由式 (7.1.64) 得到式 (7.1.56).

下证由式 (7.1.63) 可以得到式 (7.1.55). 由式 (7.1.65), 可将式 (7.1.63) 写成以下形式:

$$\begin{bmatrix} P_l - R_m - R_m^{\mathrm{T}} & R_m [A_{cm} \ \ B_{cm}] \\ * & \begin{pmatrix} -P_m + L_m^{\mathrm{T}} L_m & 0 \\ * & -\gamma^2 I \end{pmatrix} \end{bmatrix} < 0. \tag{7.1.67}$$

分别用 $\left[\begin{pmatrix} A_{cm}^{\mathrm{T}} \\ B_{cm}^{\mathrm{T}} \end{pmatrix} \ \ I \right]$ 和 $\left[\begin{pmatrix} A_{cm}^{\mathrm{T}} \\ B_{cm}^{\mathrm{T}} \end{pmatrix} \ \ I \right]^{\mathrm{T}}$ 左乘和右乘式 (7.1.67) 得

$$\begin{bmatrix} A_{cm}^{\mathrm{T}} \\ B_{cm}^{\mathrm{T}} \end{bmatrix} P_l [A_{cm} \ \ B_{cm}] - \begin{bmatrix} P_m - L_m^{\mathrm{T}} L_m & 0 \\ * & \gamma^2 I \end{bmatrix} < 0, \tag{7.1.68}$$

即

$$\begin{bmatrix} A_{cm}^{\mathrm{T}} P_l A_{cm} - P_m + L_m^{\mathrm{T}} L_m & A_{cm}^{\mathrm{T}} P_l B_{cm} \\ * & B_{cm}^{\mathrm{T}} P_l B_{cm} - \gamma^2 I \end{bmatrix} < 0. \tag{7.1.69}$$

由引理 7.1.8, 式 (7.1.69) 即意味着式 (7.1.55). 因此由引理 7.1.9, 定理得证. ∎

下面将讨论分片线性离散脉冲系统的 H_2 滤波器设计问题.

引理 7.1.10　对于给定的一个常数 $\mu > 0$, 误差系统 (7.1.47) 全局稳定且其 H_2 模小于 μ, 如果存在正定矩阵集 P_m, $m \in M$ 满足以下不等式组

$$P_l - \frac{1}{\mu^2} L_m^{\mathrm{T}} L_m > 0, \quad m, l \in \Phi, \tag{7.1.70}$$

$$I - B_{cm}^{\mathrm{T}} P_l B_{cm} > 0, \quad m, l \in \Phi, \tag{7.1.71}$$

$$A_{cm}^{\mathrm{T}} P_l A_{cm} - P_m + A_{cm}^{\mathrm{T}} P_l B_{cm} (I - B_{cm}^{\mathrm{T}} P_l B_{cm})^{-1} B_{cm}^{\mathrm{T}} P_l A_{cm} < 0, \quad m, l \in \Phi, \tag{7.1.72}$$

$$G_m^{\mathrm{T}} P_l G_m - P_m < 0, \quad m, l \in \Phi. \tag{7.1.73}$$

证明　由式 (7.1.71)~式 (7.1.73) 可得

$$A_{cm}^{\mathrm{T}} P_l A_{cm} - P_m < 0, \quad G_m^{\mathrm{T}} P_l G_m - P_m < 0, \quad m, l \in \Phi.$$

由引理 7.1.8 知, 误差系统全局稳定. 定义 Lyapunov 函数如下:

$$V(k, \tilde{x}(k)) = \tilde{x}(k)^{\mathrm{T}} P_m \tilde{x}(k), \quad y(k) \in S_m.$$

因此, 对任意的 $k \in (\tau_j, \tau_{j+1}]$, 由式 (7.1.72) 得

$$\begin{aligned}
\Delta V(k) &= \tilde{x}(k+1)^{\mathrm{T}} P_l \tilde{x}(k+1) - \tilde{x}(k)^{\mathrm{T}} P_m \tilde{x}(k) \\
&= \tilde{x}(k)^{\mathrm{T}} (A_{cm}^{\mathrm{T}} P_l A_{cm} - P_m) \tilde{x}(k) + v(k)^{\mathrm{T}} B_{cm}^{\mathrm{T}} P_l A_{cm} \tilde{x}(k) \\
&\quad + \tilde{x}(k)^{\mathrm{T}} A_{cm}^{\mathrm{T}} P_l B_{cm} v(k) + v(k)^{\mathrm{T}} B_{cm}^{\mathrm{T}} P_l B_{cm} v(k) \\
&\leqslant \tilde{x}(k)^{\mathrm{T}} [-A_{cm}^{\mathrm{T}} P_l B_{cm} (\gamma^2 I - B_{cm}^{\mathrm{T}} P_l B_{cm})^{-1} B_{cm}^{\mathrm{T}} P_l A_{cm}] \tilde{x}(k) \\
&\quad + v(k)^{\mathrm{T}} B_{cm}^{\mathrm{T}} P_l A_{cm} \tilde{x}(k) + \tilde{x}(k)^{\mathrm{T}} A_{cm}^{\mathrm{T}} P_l B_{cm} v(k) \\
&\quad + v(k)^{\mathrm{T}} B_{cm}^{\mathrm{T}} P_l B_{cm} v(k) \\
&= v(k)^{\mathrm{T}} v(k) - \varphi(k)^{\mathrm{T}} N \varphi(k), \tag{7.1.74}
\end{aligned}$$

其中 $N = I - B_{cm}^{\mathrm{T}} P_l B_{cm}$, $\varphi(k) = v(k)^{\mathrm{T}} - N^{-1} B_{cm}^{\mathrm{T}} P_l A_{cm} \tilde{x}(k)$ 并且当系统仍然停留在区域 S_m 时 $m = l$, 当系统从区域 S_m 跳转到区域 S_l 时 $m \neq l$.

对于任意的 $k \in \{\tau_0, \tau_1, \tau_j, \cdots\}$, 由式 (7.1.73) 得

$$\begin{aligned}
\Delta V(\tau_j) &= \tilde{x}(\tau_j + 1)^{\mathrm{T}} P_l \tilde{x}(\tau_j + 1) - \tilde{x}(\tau_j)^{\mathrm{T}} P_m \tilde{x}(\tau_j) \\
&= \tilde{x}(\tau_j)^{\mathrm{T}} (G_m^{\mathrm{T}} P_l G_m - P_m) \tilde{x}(\tau_j) \\
&\leqslant 0 \\
&= v(\tau_j)^{\mathrm{T}} v(\tau_j). \tag{7.1.75}
\end{aligned}$$

则对任意的 $k \in \mathbf{Z}$, 由式 (7.1.74) 和式 (7.1.75) 得

$$V(\tilde{x}(k)) - V(\tilde{x}(0)) \leqslant \sum_{i=0}^{k} v(i)^{\mathrm{T}} v(i). \tag{7.1.76}$$

即当 $\tilde{x}(0) = 0$ 时,

$$V(\tilde{x}(k)) \leqslant \sum_{i=0}^{k} v(i)^{\mathrm{T}} v(i). \tag{7.1.77}$$

由式 (7.1.70) 得

$$\frac{1}{\mu^2} \tilde{x}(k)^{\mathrm{T}} L_m^{\mathrm{T}} L_m \tilde{x}(k) < \tilde{x}(k)^{\mathrm{T}} P_m \tilde{x}(k), \tag{7.1.78}$$

即

$$\tilde{z}(k)^{\mathrm{T}} \tilde{z}(k) < \mu^2 V(\tilde{x}(k)). \tag{7.1.79}$$

由式 (7.1.77) 和式 (7.1.79) 可得

$$\|\tilde{z}\|_{\infty}^2 < \mu^2 \|v\|_2^2, \tag{7.1.80}$$

这就意味着误差系统的 H_2 模小于 $\mu > 0$. ■

　　定理 7.1.4　对于给定的常数 $\mu > 0$, 如果存在正定矩阵集 P_m $(m \in M)$ 和两个矩阵集 R_m, Q_m $(m \in M)$ 使得以下线性矩阵不等式组 (LMIs) 成立, 则误差系统 (7.1.47) 全局稳定并且其 H_2 模小于 μ.

$$\begin{bmatrix} P_l & L_m^{\mathrm{T}} \\ * & \mu^2 I \end{bmatrix} > 0, \ m, l \in \Phi,$$

$$\begin{bmatrix} R_m + R_m^{\mathrm{T}} - P_l & R_m B_m + Q_m D_m \\ * & I \end{bmatrix} > 0, \ m, l \in \Phi,$$

$$\begin{bmatrix} P_l - R_m + R_m^{\mathrm{T}} & R_m A_m + Q_m C_m & R_m B_m + Q_m D_m \\ * & -P_m & 0 \\ * & * & I \end{bmatrix} < 0, \ m, l \in \Phi,$$

$$\begin{bmatrix} P_l - R_m + R_m^{\mathrm{T}} & R_m G_m \\ * & -P_m \end{bmatrix} < 0, \ m, l \in \Phi.$$

每个子系统的观测结果由以下等式给出

$$H_m = R_m^{-1} Q_m, \quad m \in M.$$

证法类似定理 7.1.3.

下面给出具体实例以说明. 考虑下面的系统:

$$
\begin{cases}
x(k+1) = A_m x(k) + B_m v(k) + a_m, \quad k \in \mathbf{Z},\ k \neq \tau_j, \\
x(\tau_j + 1) = G_m x(\tau_j),\ \tau_j \in \mathbf{Z}^+,\ j \in \mathbf{Z}, \\
y(k) = C_m x(k) + D_m v(k), \\
z(k) = L_m x(k), \quad m = 1, 2,
\end{cases}
$$

其中输出空间的划分为 $\{m = 1 \ \text{若}\ y(k) \geqslant 0\}$ 和 $\{m = 2 \ \text{若}\ y(k) < 0\}$. 脉冲时刻定义为 $\{\tau_j | \tau_j = 2 + 5j,\ \tau_j \in \mathbf{Z}^+,\ j \in \mathbf{Z}\}$, 系统矩阵为

$$
A_1 = \begin{bmatrix} 0 & 0.89 \\ -1.12 & 0.89 \end{bmatrix}, A_2 = \begin{bmatrix} 0 & 0.89 \\ 2 & 0.89 \end{bmatrix}, G_1 = \begin{bmatrix} 0 & 0.8 \\ 0 & 0.8 \end{bmatrix}, G_2 = \begin{bmatrix} 0 & 0.7 \\ 0 & 0.9 \end{bmatrix},
$$

$$
a_1 = \begin{bmatrix} 0 \\ 0 \end{bmatrix}, a_2 = \begin{bmatrix} 0 \\ -18.72 \end{bmatrix}, B_1 = \begin{bmatrix} 0 \\ 0.5 \end{bmatrix}, B_2 = \begin{bmatrix} -0.5 \\ 0 \end{bmatrix},
$$

$$
C_1 = C_2 = [1\ \ 0],\ D_1 = 0.5,\ D_2 = -0.5,\ L_1 = L_2 = [0.1\ \ 0],
$$

干扰项为 $v(k) = 0.01\mathrm{e}^{-0.0001k}\sin(2\pi \times 0.005k)$. 现考虑其滤波器的设计问题. 当 $\gamma = 1.4$ 时, 滤波器可以运用定理 7.1.3 得到, 其滤波器参数为

$$
P_1 = \begin{bmatrix} 0.8787 & -0.5299 \\ -0.5299 & 0.7991 \end{bmatrix}, \quad P_2 = \begin{bmatrix} 0.7686 & -0.4812 \\ -0.4812 & 0.7967 \end{bmatrix},
$$

$$
R_1 = \begin{bmatrix} 1.7921 & -1.2926 \\ -1.2981 & 1.6522 \end{bmatrix}, \quad R_2 = \begin{bmatrix} 1.4871 & -0.7467 \\ -0.7779 & 0.9612 \end{bmatrix},
$$

$$
H_1 = \begin{bmatrix} -0.5207 \\ 0.3795 \end{bmatrix}, \quad H_2 = \begin{bmatrix} -0.6799 \\ -2.4306 \end{bmatrix}.
$$

系统仿真结果如图 7.3 和图 7.4 所示.

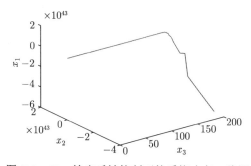

图 7.3 H_∞ 输出反馈控制下的系统响应 3 维图

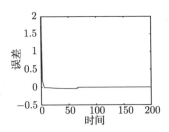

图 7.4 误差系统状态响应图

本节内容由文献 [153], [154], [155] 改写.

7.2 离散脉冲时滞线性系统的镇定问题

本节考虑一类离散带脉冲、滞后、Markovian 跳线性系统的镇定问题, 其中模式信号的滞后是常数的而系统状态滞后是时变的. 首先设计离散时间随机系统的带有滞后和脉冲的混杂控制器. 然后给出受控混杂系统的稳定性条件. 最后通过数值例子说明控制策略的可行性. 除非特别说明, 矩阵都具有合适的维数. S^+ 是 $n \times n$ 实对称正定矩阵集合. 记 $(\Omega, \mathscr{F}, P)$ 为一个完备概率空间. $\mathbf{N}$ 表示非负整数集合.

记 $\{r(k), k \in \mathbf{N}\}$ 是状态空间 $\Psi = \{1, 2, \cdots, s\}$ 的离散时间齐次 Markovian 链. 记状态转移矩阵为 $P = (p_{ij})_{i,j \in \Psi}$, 即 $\{r(k), k \in \mathbf{N}\}$ 的转移概率为

$$\Pr\{r(k+1) = j | r(k) = i\} = p_{ij}, \ i, j \in \Psi,$$

其中 $p_{ij} \geqslant 0, i, j \in \Psi$ 且 $\sum\limits_{j=1}^{s} p_{ij} = 1, i \in \Psi$.

一般地, 定义在完备概率空间 $(\Omega, \mathscr{F}, P)$ 上的离散 Markovian 跳线性系统可表示为如下形式:

$$x(k+1) = A(r(k))x(k), \tag{7.2.1}$$

其中 $k \in \mathbf{N}, x(k) \in \mathbf{R}^n$ 为系统状态. 相应的受控离散 Markovian 跳系统可表示为

$$x(k+1) = A(r(k))x(k) + u(k), \tag{7.2.2}$$

其中 $u(k)$ 是控制输入, $A_i \triangleq A(r(k) = i)$ 是具有合适维数的常数矩阵, $i \in \Psi$. 构造系统 (7.2.2) 中的时滞混杂控制 $u = u_1 + u_2$ 如下:

$$u_1(k) = B(r(k))K(r(k - \sigma_r))x(k - \sigma_x(k))l(k),$$
$$u_2(k) = \sum\limits_{j=0}^{+\infty}[G(r(k)) - A(r(k))]x(k)\delta(k - \tau_j), \tag{7.2.3}$$

其中 $G_i \triangleq G(r(k) = i)$ 和 $B_i \triangleq B(r(k) = i)$ 是常数矩阵, $i \in \Psi$. $\delta(\cdot)$ 是离散 Dirac 脉冲, 即当 $k \neq \tau_j$ 时, $l(k) = 1$; 当 $\tau_j \in \Omega = \{\tau_1, \tau_2, \cdots : < \tau_1 < \tau_2 < \cdots\} \subset \mathbf{Z}$ 时, $l(k) = 0$, $j \in \mathbf{Z}^+$. $\sigma_r \in \mathbf{Z}^+$ 是模式信号 $r(k)$ 发生时的常数滞后, 随后将详细介绍. $\sigma_x(k) \in \mathbf{Z}$ 是状态滞后, 可能为时变的, 并满足 $\sigma_{\min} \leqslant \sigma_x(k) \leqslant \sigma_{\max}$, 其中 $\sigma_{\min}, \sigma_{\max} \in \mathbf{Z}^+$. $\varphi(k) \in \mathbf{R}^n$, $k = -\sigma_{\max}, -\sigma_{\max} + 1, \cdots, 0$, 且 $\kappa(k) \in \Psi, k = -\sigma_r, -\sigma_r + 1, \cdots, 0$ 是初始条件.

在控制 (7.2.3) 下, 闭环系统 (7.2.2) 为

$$\begin{cases} x(k + 1) = A(r(k))x(k) + B(r(k))K(r(k - \sigma_r))x(k - \sigma_x(k)), \\ \hspace{5cm} k \neq \tau_j, \ j \in \mathbf{Z}^+, \\ x(\tau_j + 1) = G(r(\tau_j))x(\tau_j), \ j \in \mathbf{Z}^+. \end{cases} \tag{7.2.4}$$

定义7.2.1 如下系统称为具有 s 个模式的离散 Markovian 跳线性脉冲系统:

$$\begin{cases} x(k + 1) = A(r(k))x(k), \ k \neq \tau_j, \ j \in \mathbf{Z}^+, \\ x(\tau_j + 1) = G(r(\tau_j))x(\tau_j), \ j \in \mathbf{Z}^+, \end{cases} \tag{7.2.5}$$

其中 $\{r(k), k \in \mathbf{N}\}$ 是 Markovian 链且 $\tau_j \in \Omega$ 是脉冲时刻.

对于 $\sigma_r \in \mathbf{Z}^+$, 定义两个有限集合 $\Psi^{\sigma_r+1} \triangleq \underbrace{\Psi \times \Psi \times \cdots \times \Psi}_{\sigma_r+1 \ 次}$ 和 $\Psi_{\sigma_r+1} \triangleq \{1, 2, \cdots, s^{\sigma_r+1}\}$, 定义映射 $\psi : \Psi^{\sigma_r+1} \to \Psi_{\sigma_r+1}$, 其中 $\psi(\theta) \triangleq i + (i_{-1} - 1)s + \cdots + (i_{-\sigma_r-1} - 1)s^{\sigma_r-1} + (i_{-\sigma_r} - 1)s^{\sigma_r}$, $\theta = [i \ i_{-1} \ i_{-2} \cdots i_{-\sigma_r}]^{\mathrm{T}} \in \Psi^{\sigma_r+1}$, $i, i_{-1}, \cdots, i_{-\sigma_r} \in \Psi$. 对于任意 $v \in \Psi_{\sigma_r+1}$, 有唯一元素 $\theta \in \Psi^{\sigma_r+1}$ 满足 $\psi(\theta) = v$, 确定该元素方法类似文献 [111] 中引理 4 的证明方法. 映射 $\psi(\cdot)$ 是双射.

定义取值于向量的随机变量

$$r_r(k) \triangleq [r(k) \ r(k - 1) \ \cdots \ r(k - \sigma_r)]^{\mathrm{T}}.$$

则闭环系统 (7.2.4) 可表示为

$$\begin{cases} x(k + 1) = A(r_r(k))x(k) + B(r_r(k))K(r_r(k))x(k - \sigma_x(k)), \\ \hspace{5cm} k \neq \tau_j, \ j \in \mathbf{Z}^+, \\ x(\tau_j + 1) = G(r_r(\tau_j))x(\tau_j), \ j \in \mathbf{Z}^+, \end{cases} \tag{7.2.6}$$

其中 $A(r_r(k)) = A(r(k))$, $B(r_r(k)) = B(r(k))$ 和 $K(r_r(k)) = K(r(k - \sigma_r))$. 因而闭环系统 (7.2.4) 成为具有 s^{σ_r+1} 个模式和时变滞后的 Markovian 跳线性脉冲系统. 下面给出系统 (7.2.4) 随机稳定的概念.

定义7.2.2 记 $x(k; \varphi(\cdot), \kappa(\cdot))$ 为系统 (7.2.4) 的状态轨线. 若如下不等式

$$E\left(\sum_{k=0}^{+\infty} \|x(k; \varphi(\cdot), \kappa(\cdot))\|^2 \mid \varphi(\cdot), \kappa(\cdot)\right) < +\infty,$$

对任意初始条件 $\varphi(k) \in \mathbf{R}^n, k = -\sigma_{\max}, -\sigma_{\max} + 1, \cdots, 0$, 和 $\kappa(k) \in \Psi, k = -\sigma_r, -\sigma_r + 1, \cdots, 0$ 都成立, 则系统 (7.2.4) 称为随机稳定的.

定理 7.2.1 闭环系统 (7.2.4) 是随机稳定的, 如果存在矩阵 $P_v \in S^+, Q \in S^+$, $\mathcal{Z} \in S^+, Y_{1v} \in \mathbf{R}^{n \times n}, Y_{2v} \in \mathbf{R}^{n \times n}$, 对任意的 $v \in \Psi_{\sigma_r+1}$, 满足下列耦合的 LMIs:

$$\begin{bmatrix} \Xi_{v11} & \Xi_{v12} & Y_{1v} \\ * & \Xi_{v22} & Y_{2v} \\ * & * & -\dfrac{1}{\sigma_{\max}}\mathcal{Z} \end{bmatrix} < 0, \tag{7.2.7}$$

$$\begin{bmatrix} \Pi_{v11} & \Pi_{v12} & Y_{1v} \\ * & \Pi_{v22} & Y_{2v} \\ * & * & -\dfrac{1}{\sigma_{\max}}\mathcal{Z} \end{bmatrix} < 0, \tag{7.2.8}$$

其中

$$\Xi_{v11} = A_i^{\mathrm{T}} \left(\sum_{j=1}^{s} p_{ij} P_{u+j} \right) A_i - P_v + Y_{1v} + Y_{1v}^{\mathrm{T}} + (\sigma_{\max} - \sigma_{\min} + 1)Q$$
$$+ \sigma_{\max}(A_i - I)^{\mathrm{T}} \mathcal{Z}(A_i - I),$$

$$\Xi_{v12} = A_i^{\mathrm{T}} \left(\sum_{j=1}^{s} p_{ij} P_{u+j} \right) B_i K_{i-\sigma_r} - Y_{1v} + Y_{2v}^{\mathrm{T}} + \sigma_{\max}(A_i - I)^{\mathrm{T}} \mathcal{Z} B_i K_{i-\sigma_r},$$

$$\Xi_{v22} = K_{i-\sigma_r}^{\mathrm{T}} B_i^{\mathrm{T}} \left(\sum_{j=1}^{s} p_{ij} P_{u+j} \right) B_i K_{i-\sigma_r} - Y_{2v} - Y_{2v}^{\mathrm{T}} - Q$$
$$+ \sigma_{\max} K_{i-\sigma_r}^{\mathrm{T}} B_i^{\mathrm{T}} \mathcal{Z} B_i K_{i-\sigma_r},$$

$$\Pi_{v11} = G_i^{\mathrm{T}} \left(\sum_{j=1}^{s} p_{ij} P_{u+j} \right) G_i - P_v + Y_{1v} + Y_{1v}^{\mathrm{T}} + (\sigma_{\max} - \sigma_{\min} + 1)Q$$
$$+ \sigma_{\max}(G_i - I)^{\mathrm{T}} \mathcal{Z}(G_i - I),$$

$$\Pi_{v12} = - Y_{1v} + Y_{2v}^{\mathrm{T}},$$

$$\Pi_{v22} = - Y_{2v} - Y_{2v}^{\mathrm{T}} - Q,$$

且有 $\begin{bmatrix} i & i_{-1} & \cdots & i_{-\sigma_r} \end{bmatrix}^{\mathrm{T}} = \psi^{-1}(v)$ 和 $u \triangleq (i-1)s + (i_{-1}-1)s^2 + \cdots + (i_{-\sigma_r+2} - 1)s^{\sigma_r-1} + (i_{-\sigma_r+1} - 1)s^{\sigma_r}$.

证明 定义

$$x_k \triangleq [x^{\mathrm{T}}(k) \ x^{\mathrm{T}}(k-1) \ \cdots \ x^{\mathrm{T}}(k-\sigma_{\max})], \quad y(k) \triangleq x(k+1) - x(k).$$

构造以下 Lyapunov 函数.

$$V(x_k, r_r(k), k) \triangleq V_1(x_k, r_r(k), k) + V_2(x_k, r_r(k), k)$$
$$+ V_3(x_k, r_r(k), k) + V_4(x_k, r_r(k), k),$$

其中

$$V_1(x_k, r_r(k), k) = x^{\mathrm{T}}(k)P(r_r(k))x(k),$$

$$V_2(x_k, r_r(k), k) = \sum_{l=k-\sigma_x(k)}^{k-1} x^{\mathrm{T}}(l)Qx(l),$$

$$V_3(x_k, r_r(k), k) = \sum_{h=-\sigma_{\max}+2}^{-\sigma_{\min}+1} \sum_{l=k-1+h}^{k-1} x^{\mathrm{T}}(l)Qx(l),$$

$$V_4(x_k, r_r(k), k) = \sum_{h=-\sigma_{\max}+1}^{0} \sum_{l=k-1+h}^{k-1} y^{\mathrm{T}}(l)\mathcal{Z}y(l).$$

为简单起见, 设 k 时刻的模式是 $v \in \Psi_{\sigma_r+1}$, 即

$$v = \psi(r_r(k)) = i + (i_{-1} - 1)s + \cdots + (i_{-\sigma_r} - 1)s^{\sigma_r}, \ \text{且} \ P(r_r(k)) = P_v.$$

故矩阵 $A(r_r(k)) = A_i$, $G(r_r(k)) = G_i$, $B(r_r(k)) = B_i$ 以及 $K(r_r(k)) = K_{i_{-\sigma_r}}$. 那么在时刻 $k+1$, 系统进入下一个模式 $\eta \in \Psi_{\sigma_r+1}$, 即 $\eta = \psi(r_r(k+1)) = j + (j_{-1} - 1)s + \cdots + (j_{-\sigma_r} - 1)s^{\sigma_r}$, 则有

$$\tilde{p}_{v\eta} = p_{ij}\delta(i, j_{-1})\delta(i_{-1}, j_{-2})\cdots\delta(i_{-\sigma_r+1}, j_{-\sigma_r}).$$

因此, 若 $\eta = u + j$, 则有 $\tilde{p}_{v\eta} = p_{ij}$, 否则 $\tilde{p}_{v\eta} = 0$. 故有 $\sum_{\eta=1}^{s^{\sigma_r+1}} \tilde{p}_{v\eta}P_\eta = \sum_{j=1}^{s} p_{ij}P_{u+j}$.

因此, 对任意 $k \neq \tau_j, j \in \mathbf{Z}^+$, 有

$$E(V_1(x_{k+1}, r_r(k+1), k+1) | \ x_k, r_r(k), k) - V_1(x_k, r_r(k), k)$$

$$= E(x^{\mathrm{T}}(k+1)P(r_r(k+1))x(k+1) | \ x_k, r_r(k), k) - x^{\mathrm{T}}(k)P(r_r(k))x(k)$$

$$= \xi^{\mathrm{T}}(k) \begin{bmatrix} A_i^{\mathrm{T}} \left(\sum_{j=1}^{s} p_{ij}P_{u+j}\right) A_i - P_v & A_i^{\mathrm{T}} \left(\sum_{j=1}^{s} p_{ij}P_{u+j}\right) B_i K_{i_{-\sigma_r}} \\ * & K_{i_{-\sigma_r}}^{\mathrm{T}} B_i^{\mathrm{T}} \left(\sum_{j=1}^{s} p_{ij}P_{u+j}\right) B_i K_{i_{-\sigma_r}} \end{bmatrix} \xi(k),$$

其中 $\xi(k) = [x^{\mathrm{T}}(k)\ x^{\mathrm{T}}(k - \sigma_x(k))]^{\mathrm{T}}$, 并且, 对于 $k \in \{\tau_j, j \in \mathbf{Z}^+\}$,

$$E(V_1(x_{k+1}, r_r(k+1), k+1)|\ x_k, r_r(k), k) - V_1(x_k, r_r(k), k)$$

$$= \xi^{\mathrm{T}}(k) \left[\begin{array}{cc} G_i^{\mathrm{T}} \left(\sum_{j=1}^{s} p_{ij} P_{u+j} \right) G_i - P_v & 0 \\ 0 & 0 \end{array} \right] \xi(k).$$

另外,

$$E(V_2(x_{k+1}, r_r(k+1), k+1)|\ x_k, r_r(k), k) - V_2(x_k, r_r(k), k)$$

$$= x^{\mathrm{T}}(k)Qx(k) - x^{\mathrm{T}}(k - \sigma_x(k))Qx(k - \sigma_x(k)) + \sum_{l=k+1-\sigma_x(k+1)}^{k-\sigma_x(k)} x^{\mathrm{T}}(l)Qx(l).$$

且有

$$E(V_3(x_{k+1}, r_r(k+1), k+1)|x_k, r_r(k), k) - V_3(x_k, r_r(k), k)$$

$$= (\sigma_{\max} - \sigma_{\min})x^{\mathrm{T}}(k)Qx(k) - \sum_{l=k+1-\sigma_{\max}}^{k-\sigma_{\min}} x^{\mathrm{T}}(l)Qx(l).$$

因为 $\sigma_{\min} \leqslant \sigma_x(k) \leqslant \sigma_{\max}$, 有

$$\sum_{l=k+1-\sigma_x(k+1)}^{k-\sigma_x(k)} x^{\mathrm{T}}(l)Qx(l) - \sum_{l=k+1-\sigma_{\max}}^{k-\sigma_{\min}} x^{\mathrm{T}}(l)Qx(l) \leqslant 0.$$

因此,

$$E[V_2(x_{k+1}, r_r(k+1), k+1) + V_3(x_{k+1}, r_r(k+1), k+1)|x_k, r_r(k), k]$$

$$- [V_2(x_k, r_r(k), k) + V_3(x_k, r_r(k), k)]$$

$$\leqslant \xi^{\mathrm{T}}(k) \left[\begin{array}{cc} (\sigma_{\max} - \sigma_{\min} + 1)Q & 0 \\ 0 & -Q \end{array} \right] \xi(k).$$

另外, 在任意时刻 $k \neq \tau_j, j \in \mathbf{Z}^+$, 有 $y(k) = (A_i - I)x(k) + B_i K_{i-\sigma_r}x(k - \sigma_x(k))$, 故

$$E[V_4(x_{k+1}, r_r(k+1), k+1)|x_k, r_r(k), k] - V_4(x_k, r_r(k), k)$$

$$= \sigma_{\max}\xi^{\mathrm{T}}(k) \left[\begin{array}{cc} (A_i - I)^{\mathrm{T}}\mathcal{Z}(A_i - I) & (A_i - I)^{\mathrm{T}}\mathcal{Z}B_i K_{i-\sigma_r} \\ * & K_{i-\sigma_r}^{\mathrm{T}} B_i^{\mathrm{T}} \mathcal{Z}B_i K_{i-\sigma_r} \end{array} \right] \xi(k)$$

$$- \sum_{l=k-\sigma_{\max}}^{k-1} y^{\mathrm{T}}(l)\mathcal{Z}y(l),$$

且在任意脉冲时刻 $k \in \{\tau_j, j \in \mathbf{Z}^+\}$, 有 $y(k) = (G_i - I)x(k)$, 故

$$E[V_4(x_{k+1}, r_r(k+1), k+1)|x_k, r_r(k), k] - V_4(x_k, r_r(k), k)$$

$$= \sigma_{\max} y^{\mathrm{T}}(k)\mathcal{Z}y(k) - \sum_{l=k-\sigma_{\max}}^{k-1} y^{\mathrm{T}}(l)\mathcal{Z}y(l)$$

$$= \sigma_{\max}\xi^{\mathrm{T}}(k)\begin{bmatrix} (G_i-I)^{\mathrm{T}}\mathcal{Z}(G_i-I) & 0 \\ 0 & 0 \end{bmatrix}\xi(k) - \sum_{l=k-\sigma_{\max}}^{k-1} y^{\mathrm{T}}(l)\mathcal{Z}y(l).$$

同时注意到对任意 $n \times n$ 矩阵 $X_{11v} = X_{11v}^{\mathrm{T}}$, X_{12v}, $X_{22v} = X_{22v}^{\mathrm{T}}$, Y_{1v} 和 Y_{2v} 都满足

$$\begin{bmatrix} X_v & Y_v \\ Y_v^{\mathrm{T}} & \mathcal{Z} \end{bmatrix} \geqslant 0,$$

其中 $X_v = \begin{bmatrix} X_{11v} & X_{12v} \\ X_{12v}^{\mathrm{T}} & X_{22v} \end{bmatrix}$, $Y_v = \begin{bmatrix} Y_{1v} \\ Y_{2v} \end{bmatrix}$. 有如下不等式:

$$0 \leqslant \sum_{l=k-\sigma_x(k)}^{k-1} \begin{bmatrix} \xi(k) \\ y(l) \end{bmatrix}^{\mathrm{T}} \begin{bmatrix} X_v & Y_v \\ Y_v^{\mathrm{T}} & \mathcal{Z} \end{bmatrix} \begin{bmatrix} \xi(k) \\ y(l) \end{bmatrix}$$

$$= \sigma_x(k)\xi^{\mathrm{T}}(k)X_v\xi(k) + 2\xi^{\mathrm{T}}(k)Y_v\sum_{l=k-\sigma_x(k)}^{k-1} y(l) + \sum_{l=k-\sigma_x(k)}^{k-1} y^{\mathrm{T}}(l)\mathcal{Z}y(l)$$

$$\leqslant \xi^{\mathrm{T}}(k)\left(\begin{bmatrix} Y_{1v}+Y_{1v}^{\mathrm{T}} & -Y_{1v}+Y_{2v}^{\mathrm{T}} \\ -Y_{1v}^{\mathrm{T}}+Y_{2v} & -Y_{2v}-Y_{2v}^{\mathrm{T}} \end{bmatrix} + \sigma_{\max}X_v\right)\xi(k)$$

$$+ \sum_{l=k-\sigma_x(k)}^{k-1} y^{\mathrm{T}}(l)\mathcal{Z}y(l) \triangleq \Gamma_v.$$

因此, 对于 $\forall k \neq \tau_j, j \in \mathbf{Z}^+$, 有

$$E[V(x_{k+1}, r_r(k+1), k+1)|x_k, r_r(k), k] - V(x_k, r_r(k), k)$$

$$\leqslant E[V(x_{k+1}, r_r(k+1), k+1)|x_k, r_r(k), k] - V(x_k, r_r(k), k) + \Gamma_v$$

$$\leqslant \xi^{\mathrm{T}}(k)(\widehat{\Xi}_v + \sigma_{\max}X_v)\xi(k),$$

其中

$$\widehat{\Xi}_v = \begin{bmatrix} \Xi_{v11} & \Xi_{v12} \\ \Xi_{v12}^{\mathrm{T}} & \Xi_{v22} \end{bmatrix},$$

并对 $\forall k \in \{\tau_j, j \in \mathbf{Z}^+\}$, 有

$$E[V(x_{k+1}, r_r(k+1), k+1)|x_k, r_r(k), k] - V(x_k, r_r(k), k)$$

$$\leqslant \xi^{\mathrm{T}}(k)(\widehat{\Pi}_v + \sigma_{\max}X_v)\xi(k),$$

其中

$$\widehat{\Pi}_v = \left[\begin{array}{cc} \Pi_{v11} & \Pi_{v12} \\ \Pi_{v12}^{\mathrm{T}} & \Pi_{v22} \end{array} \right].$$

因此, 如果 $\widehat{\Xi}_v + \sigma_{\max} X_v < 0$, $\widehat{\Pi}_v + \sigma_{\max} X_v < 0$ 且有 $\left[\begin{array}{cc} X_v & Y_v \\ Y_v^{\mathrm{T}} & \mathcal{Z} \end{array} \right] \geqslant 0$, 那么对任意的 $x(k) \neq 0$, 有

$$E(V(x_{k+1}, r_r(k+1), k+1)|x_k, r_r(k), k) - V(x_k, r_r(k), k)$$
$$\leqslant -\gamma \|x(k)\|^2 < 0$$

其中

$$\gamma = \min\left(\inf_{v \in \Psi_{\sigma_r+1}} \left(\lambda_{\min}(-\widehat{\Xi}_v - \sigma_{\max} X_v) \right), \right.$$
$$\left. \inf_{v \in \Psi_{\sigma_r+1}} \left(\lambda_{\min}(-\widehat{\Pi}_v - \sigma_{\max} X_v) \right) \right).$$

进而对所有的 $T \geqslant 1$, 可得

$$E(V(x_{T+1}, r_r(T+1), T+1)) - E(V(x_0, r_r(0), 0)) \leqslant -\gamma \sum_{t=0}^{\mathrm{T}} \|x(t)\|^2.$$

这意味着对于任意的 $T \geqslant 1$, 都有

$$\sum_{t=0}^{\mathrm{T}} \|x(t)\|^2 \leqslant \frac{1}{\gamma}\left(E(V(x_0, r_r(0), 0)) - E(V(x_{T+1}, r_r(T+1), T+1)) \right)$$
$$\leqslant \frac{1}{\gamma} E(V(x_0, r_r(0), 0)),$$

即

$$\sum_{t=0}^{+\infty} \|x(t)\|^2 \leqslant \frac{1}{\gamma} E(V(x_0, r_r(0), 0)) < +\infty.$$

这说明闭环系统 (7.2.4) 是随机稳定的.

最后, 注意到存在 $X_v = X_v^{\mathrm{T}}$ 和 Y_v 使得 $\widehat{\Xi}_v + \sigma_{\max} X_v < 0$, $\widehat{\Pi}_v + \sigma_{\max} X_v < 0$ 且有

$$\left[\begin{array}{cc} X_v & Y_v \\ Y_v^{\mathrm{T}} & Z \end{array} \right] \geqslant 0,$$

当且仅当存在 Y_v 使得 $\widehat{\Xi}_v + \sigma_{\max} Y_v Z^{-1} Y_v^{\mathrm{T}} < 0$ 和 $\widehat{\Pi}_v + \sigma_{\max} Y_v Z^{-1} Y_v^{\mathrm{T}} < 0$ 成立. 另外, 最后两个不等式由 Schur 补等价性知分别等价于式 (7.2.7) 和式 (7.2.8). ■

下面给出线性离散系统 (7.2.2) 的混杂律控制设计使其随机稳定.

定理 7.2.2 对线性离散 Markovian 跳系统 (7.2.2), 存在混杂控制 (7.2.3) 使得闭环系统 (7.2.4) 是随机稳定的, 如果存在矩阵 $P_v \in S^+$, $R_v \in S^+$, $Q \in S^+$, $Z \in S^+$, $W \in S^+$, $Y_{1v} \in \mathbf{R}^{n \times n}$, $Y_{2v} \in \mathbf{R}^{n \times n}$, $v \in \Psi_{\sigma_r+1}$ 和 $K_{i-\sigma_r} \in \mathbf{R}^{m \times n}$, $i_{-\sigma_r} \in \Psi$, 对所有的 $v \in \Psi_{\sigma_r+1}$, 满足如下耦合的线性矩阵不等式组:

$$\begin{bmatrix} \Theta_{v11} & -Y_{1v}+Y_{2v}^{\mathrm{T}} & Y_{1v} & A_i^{\mathrm{T}}-I & M_{1i} \\ * & -Y_{2v}-Y_{2v}^{\mathrm{T}}-Q & Y_{2v} & K_{i-\sigma_r}^{\mathrm{T}}B_i^{\mathrm{T}} & M_{2i} \\ * & * & -\dfrac{1}{\sigma_{\max}}Z & 0 & 0 \\ * & * & * & -\dfrac{1}{\sigma_{\max}}W & 0 \\ * & * & * & * & -\Lambda_v \end{bmatrix} < 0, \qquad (7.2.9)$$

$$\begin{bmatrix} \Theta_{v11} & -Y_{1v}+Y_{2v}^{\mathrm{T}} & Y_{1v} & G_i^{\mathrm{T}}-I & L_{1i} \\ * & -Y_{2v}-Y_{2v}^{\mathrm{T}}-Q & Y_{2v} & 0 & 0 \\ * & * & -\dfrac{1}{\sigma_{\max}}Z & 0 & 0 \\ * & * & * & -\dfrac{1}{\sigma_{\max}}W & 0 \\ * & * & * & * & -\Lambda_v \end{bmatrix} < 0, \qquad (7.2.10)$$

及等式约束

$$ZW = I, \quad P_v R_v = I, \qquad (7.2.11)$$

其中

$$\Theta_{v11} = -P_v + Y_{1v} + Y_{1v}^{\mathrm{T}} + (\sigma_{\max} - \sigma_{\min} + 1)Q,$$
$$M_{1i} = [\sqrt{p_{i1}}A_i^{\mathrm{T}} \quad \sqrt{p_{i2}}A_i^{\mathrm{T}} \quad \cdots \quad \sqrt{p_{is}}A_i^{\mathrm{T}}],$$
$$M_{2i} = [\sqrt{p_{i1}}K_{i-\sigma_r}^{\mathrm{T}}B_i^{\mathrm{T}} \quad \cdots \quad \sqrt{p_{is}}K_{i-\sigma_r}^{\mathrm{T}}B_i^{\mathrm{T}}],$$
$$L_{1i} = [\sqrt{p_{i1}}G_i^{\mathrm{T}} \quad \sqrt{p_{i2}}G_i^{\mathrm{T}} \quad \cdots \quad \sqrt{p_{is}}G_i^{\mathrm{T}}],$$
$$\Lambda_v = \mathrm{diag}(R_{u+1}, R_{u+2}, \cdots, R_{u+s}).$$

以及 $i, i_{-\sigma_r}, u$ 如定理 7.2.2 所定义.

证明 注意到 LMIs(7.2.7) 和 LMIs(7.2.8) 等价于 $\widehat{\Xi}_v + \sigma_{\max} Y_v Z^{-1} Y_v^{\mathrm{T}} < 0$ 和 $\widehat{\Pi}_v + \sigma_{\max} Y_v Z^{-1} Y_v^{\mathrm{T}} < 0$. 通过定义 $W = Z^{-1}$ 和 $R_v = P_v^{-1}$ 以及 Schur 补等价性可知, 上式等价于式 (7.2.9) 和式 (7.2.10). ∎

下面给出具有两个操作模式的离散 Markovian 跳线性系统实例. 系统模式滞

后 $\sigma_r = 1$ 和系统状态滞后 $1 \leqslant \sigma_x(k) \leqslant 3$. 系统 (7.2.2) 参数如下给出:

$$A_1 = \begin{bmatrix} 1.7 & 0.9 \\ 0.2 & 1 \end{bmatrix}, A_2 = \begin{bmatrix} 0.5 & 0.1 \\ 0.2 & 1.4 \end{bmatrix}, \Pi = \begin{bmatrix} 0.15 & 0.85 \\ 0.5 & 0.5 \end{bmatrix},$$

并且 $\varphi(k) = [1, -1]^{\mathrm{T}}$, $k = -3, -2, -1, 0$ 和 $\kappa(k) = 1$, $k = -1, 0$, 是初始条件. 若给定控制律具有如下参数,

$$B_1 = [0.1 \quad 1]^{\mathrm{T}}, \quad B_2 = [1 \quad 0.9]^{\mathrm{T}}, \quad \tau_k = 3k, \quad k \in \mathbf{Z}^+,$$

$$G_1 = \begin{bmatrix} -0.2 & 0 \\ -0.1 & -0.3 \end{bmatrix}, \quad G_2 = \begin{bmatrix} -0.3 & -0.1 \\ 0 & -0.2 \end{bmatrix},$$

应用定理 7.2.2, 可得控制器

$$K_1 = [-0.0036 \quad -0.0098], \quad K_2 = [-0.0027 \quad -0.0123],$$

结合脉冲控制可随机镇定系统.

本节内容由文献 [156] 改写.

参 考 文 献

[1] Lakshmikantham V, Bainov D D, Simeonov P S. Theory of Impulsive Differential Equations. Singapore: World Scientific, 1989.

[2] Lakshmikantham V, Leela S, Martynyuk A A. Practical stability of Nonlinear systems. Singapore: World Scientific, 1990.

[3] Lakshmikantham V, Zhang Y. Strict practical stability of delay differential equation. Applied Mathematics and Computation, 2001, 122: 341-351.

[4] Lakshmikantham V, Mohapatra R N. Strict stability of differential equations. Nonlinear Analysis, 2001, 46: 915-921.

[5] Lakshmikantham V. Uniform asymptotic stability criteria for functional differential equations in terms of two measures. Nonlinear Analysis, 1998, 34(1): 1-6.

[6] Yang T. Impulsive Systems and Control: Theory and Application. Hauppauge: Nova Science Publishers, 2001.

[7] Lakshmikantham V, Vatsala A S. Hybrid systems on time scales. Journal of Computational and Applied Mathematics, 2002, 141(1-2): 227-235.

[8] Wang P, Liu X. New comparison principle and stability criteria for impulsive hybrid systems on time scales. Nonlinear analysis: Real World Applications, 2006, 7(5): 1096-1103.

[9] Yang T. Impulsive Control Theory. Berlin: Spinger-Verlag, Lecture Notes in Control and Information Sciences, 2001.

[10] Yang T. Impulsive control. IEEE Trans. Automat. Control, 1999, 44(5): 1081-1083.

[11] Yang T, Chua L O. Impulsive stabilization for control and synchronization of chaotic systems: Theory and application to secure communication. IEEE Trans.on Circuits and Systems I, 1997, 44: 976-988.

[12] Fu X L, Liu X Z, Sivaloganathan S. Oscillation criteria for impulsive parabolic differential equations with delay. Journal of Mathematical Analysis and Applications, 2002, 268: 647-664.

[13] Ballinger G, Liu X Z. Existence, uniqueness and boundedness results for impulsive delay differential equations. Appl Anal, 2000, 74: 71-93.

[14] Ballinger G, Liu X Z. Existence and uniqueness results for impulsive delay differential equations. Dynamics of Continuous, Discrete and Impulsive Systems, 1999, 5: 579-591.

[15] Liu X Z. Impulsive stabilization and control of chaotic systems. NonLinear Anal, 2001, 47: 1081-1092.

[16] Liu X Z, Stability of impulsive control systems with time delay. Mathematical and Computer Modelling, 2004, 39(4-5): 511-519.

[17] Liu B, Liu X Z, Chen G R, Wang H Y. Robust impulsive synchronization of uncertain dynamical networks. IEEE Trans Circuits Syst I, 2005, 52(7): 1431-1441.

[18] Khadra A, Liu X Z, Shen X M. Application of impulsive synchronization to communication security. IEEE Transaction on Circuits and Systems I, 2003, 50(3): 341-351.

[19] Liu B, Liu X Z, Liao X X. Stability and robustness of quasi-linear impulsive hybrid systems. Journal of Mathematical Analysis and Applications, 2003, 283: 416-430.

[20] Berezansky L, Braverman E. Linearized oscillation theory for a nonlinear delay impulsive equation. Journal of Computational and Applied Mathematics, 2003, 161: 477-495.

[21] Berezansky L, Braverman E. Explicit conditions of exponential stability for a linear impulsive delay differential equation. Journal of Mathematical Analysis and Applications, 1997, 214(2):

439-458.

[22] Berezansky L, Braverman E. On oscillator of a second order impulsive linear delay differential equation. Journal of Mathematical Analysis and Applications, 1999, 233(1): 276-300.

[23] Bainov D D, Stamova I M. On the practical stability of the solutions of impulsive systems of differential-difference equations with variable impulsive perturbations. Journal of Mathematical Analysis and Applications, 1996, 200: 272-288.

[24] Soliman A A. On stability for impulsive perturbed systems via cone-valued Lyapunov function method. Applied Mathematics and Computation, 2004, 157(1): 269-279.

[25] 廖晓昕. 动力系统的稳定性理论和应用. 北京: 国防工业出版社, 2000.

[26] Yan J R, Zhao A M, Zhang Q X. Oscillation properties of nonlinear impulsive delay differential equations and applications to population models. Journal of Mathematical Analysis and Applications, 2006, 322(1): 359-370.

[27] Luo Z G, Shen J H. New Razumikhin type theorems for impulsive functional differential equations. Applied Mathematics and Computation, 2002, 125: 375-386.

[28] Shen J H. Razumikhin techniques in impulsive functional differential equations. Nonlinear Analysis, 1999, 36: 119-130.

[29] Zhang S N. A new technique in stability of infinite delay differential equations. Computers and Mathematics with Applications, 2002, 44: 1275-1287.

[30] Wu S J, Kou C H, Zhang S N. Boundedness in terms of two measures for delay difference systems. Chinese Anal math, 2003, 24A: 639-646.

[31] Guan Z H, Chen G R, Yu X H, Qin Y. Robust decentralized stabilization for a class of large-scale time-delay uncertain impulsive dynamical systems. Automatica, 2002, 38: 2075-2084.

[32] Guan Z H, Chen G R. On delayed impulsive Hopfield neural networks. Neural Networks, 1999, 12(2): 273-280.

[33] Guan Z H, Hill D J, Shen X M. On hybrid impulsive and switching systems and application to nonlinear control. IEEE Trans Automat Control., 2005, 50: 1058-1062.

[34] Guan Z H, Yao J, Hill D J. Robust H_∞ control of singular impulsive systems with uncertain perturbation. IEEE Trans Circuits systemsII, 2005, 52: 293-298.

[35] Sun J T. Impulsive control of a new chaotic system. Mathematics and Computers in Simulation, 2004, 64(6): 669-677.

[36] Sun J T, Zhang Y P. Impulsive control of a nuclear spin generator. Journal of Computational and Applied Mathematics, 2003, 157(1): 235-242.

[37] Sun J T, Zhang Y P. Stability analysis of impulsive control systems. IEE Proceeding Control Theory and Applications, 2003, 150(4): 331-334.

[38] Zhang Y, Sun J T. Boundedness of the solutions of impulsive differential systems with time-varying delay. Applied Mathematics and Computation, 2004, 154(1): 279-288.

[39] Sun J T, Zhang Y P, Wu Q D. Less conservative conditions for asymptotic stability of impulsive control systems. IEEE Trans Automat. Control, 2003, 48(5): 829-831.

[40] Wu H J, Sun J T. p-Moment stability of stochastic differential equations with impulsive jump and Markovian switching. Automatica, 2006, 42(10): 1753-1759.

[41] de La Sen M, Luo N S. A note on the stability of linear time-delay systems with impulsive inputs. IEEE Transactions on Circuits and SystemsI, 2003, 50(1): 149-152.

[42] Bernfeld S R, Corduneanu C, Ignatyev A O. On the stability of invariant sets of functional

equations. Nonlinear Analysis, 2003, 55: 641-656.

[43] Martynyuk A A. Matrix-valued functionals approach for stability analysis of functional differential equations. Nonlinear Analysis, 2004, 56: 793-802.

[44] Haddad W M, Chellaboina V, Nersesov S G. Impulsive and Hybrid Dynamical Systems: Stability, Dissipativity, and Control. Princerton: Princerton University Press, 2006.

[45] Hagiwara T, Araki M. Absolute stability of sampled-data systems with a sector nonlinearity. Systems & Control Letters, 1996, 27: 293-304.

[46] Benchohra M, Henderson J, Ntouyas S K. Impulsive neutral functional differential equations in Banach spaces. Appl Anal, 2002, 80(3): 353-365.

[47] Rachunkova I. Singular dirichlet second-order BVPs with impulses. Journal of Differential Equations, 2003, 193: 435-459.

[48] Sattayatham P. Strongly nonlinear impulsive evolution equations and optimal control. Nonlinear Analysis, 2004, 57(7-8): 1005-1020.

[49] Ahmed N U. Existence of optimal controls for a general class of impulsive systems on Banach spaces. SIAM Journal on Control and Optimization, 2003, 42(2): 669-685.

[50] Silva GN, Vinter RB. Necessary conditions for optimal impulsive control problems. SIAM Journal on Control and Optimization, 1997, 35(6): 1829-1846.

[51] Motta M, Rampazzo F. Dynamic programming for nonlinear systems driven by ordinary and impulsive controls. SIAM Journal on Control and Optimization, 1996, 34(1): 199-225.

[52] Frigon M, O'Regan D. Impulsive differential equations with variable times. Nonlinear Analysis, 1996, 26(12): 1913-1922.

[53] de LaSen M. Stability of impulsive time-varying systems and compactness of the operators mapping the input space into the state and output spaces. Journal of Mathematical Analysis and Applications, 2006, 321(2): 621-650.

[54] Arutyunov A, Karamzin D, Pereira F. A nondegenerate maximum principle for the impulse control problem with state constraints. SIAM Journal on Control and Optimization, 2005, 43(5): 1812-1843.

[55] Pereira F L, Silva G N. Stability for impulsive control systems. Dynamical Systems: An International Journal, 2002, 17(4): 421-434.

[56] Soh C B. Robust stability of impulsive periodic hybrid systems with dependent perturbations. International Journal of Systems Science, 2000, 31(8): 1031-1041.

[57] Gao Y, Lygeros J, Quincampoix M, Seube N. On the control of uncertain impulsive systems: approximate stabilization and controlled invariance. International Journal of Control, 2004, 77(16): 1393-1407.

[58] Sun J T. Stability criteria of impulsive differential systems. Applied Mathematics and Computation, 2004, 156(1): 85-91.

[59] Liu X Z, Wang Q. On stability in terms of two measures for impulsive systems of functional differential equations. Journal of Mathematical Analysis and Applications, 2007, 326(1): 252-265.

[60] He Z M, Yu J S. Periodic boundary value problem for first-order impulsive ordinary differential equations. Journal of Mathematical Analysis and Applications, 2002, 272: 67-78.

[61] Ding W, Han M A. Periodic boundary value problem for the second order impulsive functional differential equations. Applied Mathematics and Computation, 2004, 155: 709-726.

[62]   Liz E. Existence and approximation of solutions for impulsive first order problems with nonlinear boundary conditions. Nonlinear Analysis, Theory, Methods and Applications, 1995, 25(11): 1191-1198.

[63]   Chen W H, Xu J X, Guan Z H. Guaranteed cost control for uncertain Markovian jump systems with mode-dependent time-delays. IEEE Transactions on Automatic Control, 2003, 48: 2270-2277.

[64]   Boukas E K. Static output feedback control for stochastic hybrid systems: LMI approach. Automatica, 2006, 42: 183-188.

[65]   Wang Y, Xie L, De Souza C E. Robust control of a class of uncertain nonliear system. Systems & Control Letters, 1992, 19: 139-149.

[66]   Peterson I R. A stabilization algorithm for a class of uncertain systems. Systems & Control Letters, 1987, 8: 351-357.

[67]   Boukas E K. Output feedback stabilization of stochastic non-linear hybrid systems. IMA J Math Control. Inform., 2006, 23: 137-148.

[68]   Bohner M, Peterson A. Dynamic Equations on Time Scales: an Introduction with Applications. Boston: Birkhauser, 2001.

[69]   Boukas E K, Liu Z K. Detreministic and Stochastic Time Delay Systems, Boston Birkhauser, 2002.

[70]   Li Z G, Soh Y C, Wen C Y. Switched and Impulsive Systems Analysis, Design, and Applications. Berlin: Springer-Verlag, 2005.

[71]   Liberzon D. Switching in Systems and Control. Boston: Birkhauser, 2003.

[72]   Wonham W M. Linear Multivariable Control: A Geometric Approach. 2nd ed.: New York: Springer-Verlag, 1979.

[73]   Dong Y W, Sun J T. On hybrid control of a class of stochastic nonlinear Markovian switching systems. Automatica, 2008, 44: 990-995.

[74]   Zhang Y, Sun J T, Feng G. Impulsive control of discrete systems with time delay, IEEE Trans Automat Control. 54(2009): 830-834.

[75]   Sun J T, Lin H. Stationary oscillation of an impulsive delayed system and its application to chaotic neural networks. Chaos, 2003, 18(3): 033127.

[76]   Dong Y W, Wang Q G, Sun J T. Guaranteed cost control for a class of uncertain stochastic impulsive systems with Markovian switching. Stochastic Analysis and Applications, 2009, 27(6): 1174-1190.

[77]   Sun J T, Han Q L, Jiang X F. Impulsive control of time-delay systems using delayed impulses and its application to impulsive master-slave synchronization. Phys Lett A, 2008, 372(42): 6375-6380.

[78]   Ma Y J, Sun J T. Stability criteria of delay impulsive systems on time scales. Nonlinear Analysis, 2007, 67: 1181-1189.

[79]   Weng A Z, Sun J T. Impulsive stabilization of second-order delay differential equations. Nonlinear Applications: Real World Applications, 2007, 8: 1410-1420.

[80]   Liu L, Sun J T. Stationary oscillation of impulsive system. Int J Bifurcation and Chaos, 2006, 16: 3109-3112.

[81]   Zhang Y, Sun J T. Stability of impulsive functional differential equations. Nonlinear Analysis, 2008, 68: 3665-3678.

[82]   Agrachev A A, Liberzon D. Lie-algebraic stability criteria for switched systems. SIAM J Control Optim, 2001, 40: 253-269.

[83]   Branicky M S. Multiple Lyapunov function and other analysis tools for switched and hybrid system. IEEE Trans Automat Control, 1998, 43(4): 475-482.

[84]   He Y, Wen G L, Wang Q G. Delay-dependent synchronization criterion for Lur'e systems with delay feedback control. Int J Bifurcation and Chaos, 2006, 16: 3087-3091.

[85]   Guan Z H, Qian T H, Yu X H. Controllability and observability of linear time-varying impulsive systems. IEEE Trans Circuits System I, 2002, 49(8): 1198-1208.

[86]   Guan Z H, Qian T H, Yu X H. On controllability and observability for a class of impulsive systems. Systems Control Lett, 2002, 47: 247-257.

[87]   Xie G M, Wang L. Controllability and observability of a class of linear impulsive systems. J Math Anal Appl, 2005, 304: 336-355.

[88]   Rugh W J. Linear Systems Theory. Englewood Cliffs, NJ: Prentice-Hall, 1996.

[89]   Lin H, Antsaklis P J. Switching stabilizability for continuous-time uncertain switched linear systems. IEEE Trans Automat Control, 2007, 52(4): 633-646.

[90]   Medina E A, Lawrence D A. Reachability and observability of linear impulsive systems. Automatica, 2008, 44: 1304-1309.

[91]   Xie G M, Wang L. Necessary and sufficient conditions for controllability and observability of switched impulsive control systems. IEEE Trans Automat. Control, 2004, 49(6): 960-966.

[92]   Ji Z J, Wang L, Guo X X. On controllability of switched linear systems. IEEE Trans Automat Control, 2008, 53(3): 796-801.

[93]   Wu R B, Tarn T J, Li C W. Smooth controllability of infinite-dimensional quantum-mechanical systems. Physical Review A, 2006, 73: 012719.

[94]   Xie G M, Wang L. Controllability and stabilizability of switched linear-systems. Systems Control Lett, 2003, 48: 135-155.

[95]   Cheng D. Controllability of switched bilinear systems. IEEE Trans Automat Control, 2005, 50: 511-515.

[96]   Basile G, Marro G. Controlled and conditioned invariants in linear systems theory. Englewood Cliffs, NJ: Prentice-Hall, 1992.

[97]   Isidori A. Direct construction of minimal bilinear realizations from nonlinear input-output maps. IEEE Trans Automat. Control, 1973, 18: 626-631.

[98]   Sun Z D, Ge S S, Lee T H. Controllability and reachability criteria for switched linear systems. Automatica, 2002, 38: 775-786.

[99]   Zhao J, Hill D J. On stability, L_2-gain and H^∞ control for switched systems. Automatica, 2008, 44: 1220-1232.

[100] Liu B, Marquez H J. Controllability and observability for a class of controlled switching impulsive systems. IEEE Trans Automat. Control, 2008, 53: 2360-2366.

[101] 洪奕光, 程代展. 非线性系统的分析与控制. 北京: 科学出版社, 2005.

[102] Khalil H K. Nonliear Systems. New York: Macmillan, 2003.

[103] Chatterjee D, Liberzon D. Stability analysis of deterministic and stochastic switched systems via a comparison principle and multiple Lyapunov functions. SIAM J Control Optim, 2006, 45: 174-206.

[104] Lin H, Antsaklis P J. Stability and stabilizability of switched linear systems: a survey of

recent results. IEEE Trans Automat Control, 2009, 54: 308-322.

[105] 绪方胜彦. 离散时间控制系统. 刘君华, 等, 译. 沈阳: 辽宁人民出版社, 1982.

[106] 拉萨尔 J P. 动力系统的稳定性. 廖晓昕, 等, 译. 武汉: 华中工学院出版社, 1983.

[107] Hao F, Wang L, Chu T G. Stability and dissipativeness of discrete impulsive systems. Dynamics of Continuous, Discrete and Impulsive Systems, Series A, 2004, 2: 14-19.

[108] Feng G. Robust filtering design of piecewise discrete time linear systems. IEEE Trans Signal Process, 2005, 53: 599-605.

[109] Lee T C, Liaw D C, Chen B S. A general invariance principle for nonlinear time-varing systems and its applications. IEEE Trans Automat Control, 2001, 46: 1989-1993.

[110] Wang Z D, Huang B, Unbehauen H. Robust H_∞ observer design of linear time-delay systems with parametric uncertainty. Systems & Control Letters, 2001, 42: 303-312.

[111] Xiong J L, Lam J. Stabilization of discrete-time Markovian jump linear systems via time-delayed controllers. Automatica, 2006, 42(5): 747-753.

[112] De Oliveira M C, Bernussou J, Geromel J C. A new discrete-time robust stability condition. Systems & Control Letters, 1999, 37(4): 261-265.

[113] Liu Y R, Wang Z D, Liu X H. Robust H_∞ control for a class of nonlinear stochastic systems with mixed time delay. Int J Robust Nonlinear Control, 2007, 17: 1525-1551.

[114] Lee K H, Lee J H, Kwon W H. Sufficient LMI conditions for the H_∞ output feedback stabilization of linear discrete-time systems. 43rded. IEEE Conf Decision Contr, Atlantis, Paradise Island, Bahamas, 2004.

[115] Zhang L, Shi P, Boukas E-K. H_∞ output-feedback control for switched linear discrete-time systems with time-varying delays. Int J Control, 2007, 80(8): 1354-1365.

[116] 胡宣达. 随机微分方程稳定性理论. 南京: 南京大学出版社, 1986.

[117] Skorohod A V. Asymptotic methods in the theory of stochastic differential equations. American Mathematical Society, 2008.

[118] Li Z G, Wen C Y, Soh Y C. Analysis and design of impulsive control systems. IEEE Trans Automat Control, 2001, 46(6): 894-897.

[119] Mao X, Matasov A, Piunovskiy A B. Stochastic differential delay equations with Markovian switching. Bernoulli, 2000, 6(1): 73-90.

[120] Xu S, Chen T, Lam J. Robust H_∞ filtering for uncertain Markovian jump systems with mode-dependent time delays. IEEE Trans Automat Control, 2003, 48(5): 900-907.

[121] Wu S J, Han D, Meng X Z. p-Moment stability of stochastic differential equations with jumps. Applied Mathematics and Computation, 2004, 152(2): 505-519.

[122] Zhang Y J, Chen L S, Sun L H. Maximum sustainable yield for seasonal harvesting in fishery management. Proceedings of Dynamics of Continuous, Discrete and Impulsive Systems, 2004(2): 311-316.

[123] Royden H L, Real Analysis. New York: MacMillan, 1963.

[124] Guan Z H, Liao R Q, Zhou F, Wang H O. On impulsive control and its application to Chen's chaotic syste. Int J Bifurcation and Chaos, 2002, 12: 1191-1197.

[125] Liu X Z, Teo K L. Impulsive control of chaotic system. Int J Bifurcation and Chaos, 2002, 12: 1181-1190.

[126] 黄琳. 系统与控制中的线性代数. 北京: 科学出版社, 1984.

[127] Lu G P, Ho D W C. Continuous stabilization controllers for singular bilinear systems: The

state feedback case. Automatica, 2006, 42(2): 309-314.

[128] Sun J T, Zhang Y P. Impulsive control of n-scroll grid attractors. Int J Bifurcation and Chaos, 1993, 14: 3295-3301.

[129] Clark C W. Bioeconomic Modelling a Fisheries Management. New York: John Wiley & Sons, 1985.

[130] Clark C W. Mathematical Bioeconomics: the Optimal Management of Renewable Resource. New York: John Wiley & Sons, 1990.

[131] Fan M, Wang K. Optimal harvesting policy for single population with periodic coefficients. Mathematical Biosciences, 1998, 152: 165-177.

[132] Zhen J, Zhien M, Han M A. The existence of periodic solutions of the n-species Lotka-Volterra competition systems with impulsive. Chaos, Solitons and Fractals, 2004, 22: 181-188.

[133] Qi J G, Fu X L. Existence of limit cycles of impulsive differential equations with impulses at variable times. Nonlinear Anal, 2001, 44: 345-353.

[134] Yang X F, Liao X F, Evans D J, Tang Y Y. Existence and stability of periodic solution in impulsive Hopfield neural networks with finite distributed delays. Physics Letters A, 2005, 343: 108-116.

[135] 孙继涛, 高维周期系统的平稳振荡, 南京大学学报数学半年刊, 1993(10): 99-104.

[136] 黄琳. 稳定性与鲁棒性的理论基础. 北京: 科学出版社, 2003.

[137] 韩茂安. 动力系统的周期解与分支理论. 北京: 科学出版社, 2002.

[138] 叶彦谦. 极限环论. 上海: 上海科技出版社, 1984.

[139] 傅希林, 闫宝强, 刘衍胜. 脉冲微分系统引论. 北京: 科学出版社, 2005.

[140] Ma Y J, Sun J T. Stability criteria for impulsive systems on time scales. Journal of Computational and Applied Mathematics, 2008, 213: 400-407.

[141] Ma Y J, Sun J T. Uniform eventual Lipschitz stability of impulsive systems on time scales. Applied Mathematics and Computation, 2009, 211: 246-250.

[142] 马亚军, 孙继涛. 一般时间尺度上时滞脉冲系统的双测度稳定性. 数学学报, 2008, 51(4): 755-760.

[143] Zhang Y, Sun J T. Stability of impulsive linear differential equations with time delay. IEEE Transactions on Circuits and Systems II, 2005, 52(10): 701-705.

[144] Zhang Y, Sun J T. Strict stability of impulsive functional differential equations. Journal of Mathematical Analysis and Applications, 2005, 301(1): 237-248.

[145] Chen L J, Sun J T. Boundary value problem for first-order impulsive differential equations. Dynamics of Continuous, Discrete and Impulsive Systems, Series A: Mathematical Analysis, 2004, Proceedings 2: 1-7.

[146] Chen L J, Sun J T. Nonlinear boundary problem of first order impulsive functional differential equations. Journal of Mathematical Analysis and Applications, 2006, 318(2): 726-741.

[147] Dong Y W, Sun J T, Wu Q D. H_∞ filtering for a class of stochastic Markovian jump systems with impulsive effects. Int J Robust Nonlinear Control, 2008, 18: 1-13.

[148] Liu L, Sun J T. Existence of periodic solution for a harvested system with impulses at variable times. Physics Letters A, 2006, 360(1): 105-108.

[149] Liu L, Sun J T. Finite-time stabilization of linear systems via impulsive control. International Journal of Control, 2008, 81(6): 905-909.

[150] Zhao S W, Sun J T, Liu L. Finite-time stability of linear time-varying singular systems with impulsive effects. International Journal of Control, 2008, 81(11): 1824-1829.

[151] Wu H J, Sun J T. Robust H∞ filtering for a class uncertain stochastic systems with impulsive effects. Dynamics of Continuous, Discrete and Impulsive Systems Series A: Mathematical Analysis Suppl, 2006, 11-15.

[152] Zhao S W, Sun J T, Wu H J. Stability of linear stochastic differential delay systems under impulsive control. IET Control Theory & Applications, 2009, 3(11): 1547-1552.

[153] Zhao S W, Sun J T, Pan S T. H∞ output feedback stabilisation of linear discrete-time systems with impulses. International Journal of Systems Science, 2010, 41(10): 1221-1229.

[154] Pan S T, Sun J T. Robust H∞ filtering for discrete-time impulsive systems with uncertainty. Applied Mathematics and Mechanics, 2009, 30(2): 229-236.

[155] Pan S T, Sun J T, Zhao S W. Robust filtering for discrete time piecewise impulsive systems. Signal Processing, 2010, 90(1): 324-330.

[156] Pan S T, Sun J T, Zhao S W. Stabilization of discrete-time Markovian jump linear systems via time-delayed and impulsive controllers. Automatica, 2008, 44(11): 2954-2958.

[157] Zhao S W, Sun J T. Controllability and observability for a class of time-varying impulsive systems. Nonlinear Analysis: Real World Applications, 2009, 10: 1370-1380.

[158] Zhao S W, Sun J T. Controllability and observability for impulsive systems in complex fields. Nonlinear Analysis: Real World Applications, 2010, 11: 1513-1521.

[159] Zhao S W, Sun J T. A geometric approach for reachability and observability of linear switched impulsive systems. Nonlinear Analysis: Theory, Methods & Applications, 2010, 72(11): 4221-4229.

[160] Zhao S W, Sun J T. Controllability and observability for time-varying switched impulsive controlled systems. Int J Robust Nonlinear Control, 2010, 20: 1313-1325.

[161] Zhao S W, Sun J T, Lin H. Geometric analysis of reachability and observability for impulsive systems on complex field. Journal of Applied Mathematics, 2012, 2012: 876120.

备注: 其中没有直接引用的参阅过的文献有:
[2], [7], [11], [12], [13], [15], [17], [18], [19], [20], [21], [22], [23], [25], [26], [28], [29], [30], [32], [33], [35], [36], [44], [45], [46], [47], [48], [49], [50], [51], [52], [53], [54], [55], [56], [57], [61], [69], [70], [71], [74], [75], [77], [79], [82], [83], [84], [89], [92], [93], [95], [99], [100], [101], [102], [103], [104], [105], [106], [108], [109], [110], [112], [113], [114], [115], [116], [118], [124], [125], [127], [128], [129], [130], [131], [132], [136], [137], [138], [139].

索　引